[第5版] ITエンジニアのための【業務知識】がわかる本

ITのプロ46 代表
三好康之・著

本書内容に関するお問い合わせについて

　このたびは翔泳社の書籍をお買い上げいただき、誠にありがとうございます。弊社では、読者の皆様からのお問い合わせに適切に対応させていただくため、以下のガイドラインへのご協力をお願い致しております。下記項目をお読みいただき、手順に従ってお問い合わせください。

● ご質問される前に
弊社 Web サイトの「正誤表」をご参照ください。これまでに判明した正誤や追加情報を掲載しています。

　　　正誤表　　　https://www.shoeisha.co.jp/book/errata/

● ご質問方法
弊社 Web サイトの「刊行物 Q&A」をご利用ください。

　　　刊行物 Q&A　　https://www.shoeisha.co.jp/book/qa/

インターネットをご利用でない場合は、FAX または郵便にて、下記"翔泳社 愛読者サービスセンター"までお問い合わせください。
電話でのご質問は、お受けしておりません。

● 回答について
回答は、ご質問いただいた手段によってご返事申し上げます。ご質問の内容によっては、回答に数日ないしはそれ以上の期間を要する場合があります。

● ご質問に際してのご注意
本書の対象を越えるもの、記述個所を特定されないもの、また読者固有の環境に起因するご質問等にはお答えできませんので、あらかじめご了承ください。

● 郵便物送付先および FAX 番号
送付先住所　　〒 160-0006　東京都新宿区舟町 5
FAX 番号　　　03-5362-3818
宛先　　　　　（株）翔泳社 愛読者サービスセンター

※ 本書に記載された URL 等は予告なく変更される場合があります。
※ 本書の出版にあたっては正確な記述に努めましたが、著者および出版社のいずれも、本書の内容に対してなんらかの保証をするものではなく、内容やサンプルに基づくいかなる運用結果に関してもいっさいの責任を負いません。
※ 本書に掲載されている画面イメージなどは、特定の設定に基づいた環境にて再現される一例です。
※ 本書に記載されている会社名、製品名はそれぞれ各社の商標および登録商標です。
※ 本書では TM、®、© は割愛させていただいております。

はじめに

　今回、無事4年半ぶりの改訂をすることができました。2004（平成16）年に初版を刊行してから14年、改訂に当たって改めて、初版、第2版、第3版、第4版を見直してみましたが、かなり密度が高くなっています。さすがに4年半ぶりの改訂ですからね。具体的には次のような点を加筆しています。

1. GDPを548兆円まで向上させた国の施策（未来投資戦略、Society5.0、働き方改革など）
2. 収益認識基準（第29号）、IFRS第15号などによる収益認識基準の動向
3. 2019年10月1日からの消費税増税と軽減税率の適用
4. 2018年7月公布の働き方改革関連法案とそこに至るまでの労働関連法の改正
5. 情報戦略立案プロセスを、ITを活用した事業戦略の立案に変更
6. デジタルトランスフォーメーションとデジタルマーケティングの追加
7. この4年半の間に変化があった部分

　また、第4版まで"IT"と"業務知識"を分けて書いていましたが、もはや"IT"と"業務"を分けて考えることは難しいと判断して一本化しました。これにより冗長だった業務内容が、より分かりやすくなったと考えています。

　そして今回の目玉です。なんと、各テーマごとのWebページを翔泳社に用意してもらいました。紙面とWebの連動です。紙の書籍をお使いの方は、スマホにQRコードを読ませることでテーマごとのページをチェックすることができます。電子版をお使いの方は、そのままURLリンクで同様にチェックすることができます。次の第6版が出るか、市販の在庫がなくなり第6版の改訂が中止になるかしない限り、そのWebサイトで最新情報を提供することができます。参考になる関連サイトや推奨書籍、それに今回、紙面の制約から掲載をカットせざるを得なかった記事などをアップする予定です。末永くお付き合いいただければ幸いです。

　最後になりますが、本書の発刊にあたり"いいものを作ろう"と"今回も"ギリギリまで粘っていただいた上で、企画・編集面で多大なるご尽力をいただいた翔泳社の方々にお礼申し上げます。ありがとうございました。

平成30年11月

著者　ITのプロ46代表　三好康之

◎本書の効能

　我々の役割を考えた時、いくら心の優しいエンジニアで、顧客のことが大好きで、いくら良心的に顧客のことを考えていても、知識がなければ…それだけで"ダメ"なんですよね。

「無知は罪」、「顧客が大切？言葉では何とでも言える」

　顧客のことが大好きで大切に思うなら、迷惑をかけないように勉強を始めましょう。それが顧客に対する誠意の証。本書はそのための一助になります。他にも様々な効能があります。

その1：使える知識にする

　本書は、業務知識を"使える知識"として習得するのに最適です。というのも、構成を考える段階から"使える業務知識"になることを最優先して作成してきたからです。最も注意を払ったのは構成面。具体的には、「どのようにして体系化するか？」をじっくりと考え、「なぜその業務が必要なのか？」を知ってもらえるように意識しました。パッと見ではわからない…本当に地味な工夫で伝わりにくいのですが、本書で学んだ知識を仕事で使えるようになる確率は"高い"と自負しています。ちなみに…筆者は、使える知識というのはこんな感じで考えています。

　＜筆者の考える"使える知識"の一例＞
　・業務担当者だけではなく、役員や経営者が会って話を聞いてくれる
　・顧客に業務改善を含むシステム提案を受け入れてもらう
　・部下や後輩から業務知識を教えてほしいと懇願される
　・自分の持つ知識水準が「相手から期待され、信頼されるレベル」にある
　・自分の知識に自信をもっている

　そして、そのために必要なのが、知識を体系化して記憶させることと、業務の存在理由を知ることだと考えています。

■ 知識を体系化して記憶する

　インターネットが普及して、検索スキルや Know Where（どこにその情報があるのかを知っていること）が重要だとか、Know Who（誰が知っているのかを知っていること）が重要だとか言われていますが、いやいやそんなことはありません。知識は自分の頭の中にあるからこそ使えるんです。Know Here（知識は、ここ（頭の中））。だから、信頼を得られるし、オシャレなんですよね。そのためには、まずは"知識を記憶する"ことが必要になります。

しかし、いくら知識の量が多くても、それすなわち"使える知識"ということにはなりません。自分で会話を組み立て、最適な粒度の知識を、最適なタイミング…最適な表現方法で言葉に載せるには、「知識が体系化されている状態」が不可欠なのです。体系化されている状態というのは、図のように階層化・構造化して覚えている状態のこと。上位に行くほど抽象化され、下位に行くほど具体的で詳細になります。また、上位の記憶の強さによって、下位の理解度も影響を受けるという特徴もあります。

 いずれにせよ、このように整理された状態にあるから、会話を制御できるんですよね。アナウンサーのように「あと10秒」とか、「1分間つないで」とか、「10分間で説明して」という要求にも的確に応えることができる－すなわち、相手の期待する量と質、粒度で話ができるようになる。相手に依存せず、自分で"話"を組み立てることもできる。その結果、提案や説得・交渉の時にも自信を持ってアウトプットできるようになるのです。筆者はそう考えています。

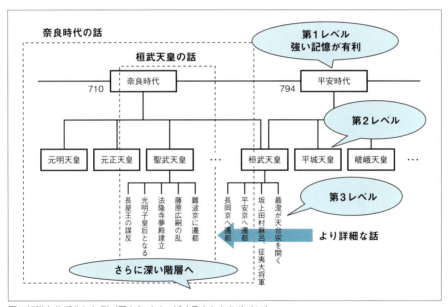

図　知識を体系化した例（歴史をイメージするとわかりやすい）

■ 業務の存在理由を知る

 そしてもうひとつが業務の存在理由を知ることです。先に説明した「知識を体系化して記憶する」というのはどんな知識であれ必要なことですが、こちらは、業務知識ならではの理由ですね。詳しい話は、後述する「業務知識の学び方」のところに書いているので、そちらを参照してください。

その2：資格を持ったITエンジニアになる！～資格取得のために活用する！～

　本書は、ITエンジニアとしてさらなるキャリアアップを図るための資格取得に有効です。対象としているのは、ITエンジニアに人気の中小企業診断士と情報処理技術者試験、ITコーディネータ、販売士など。いずれも筆者自身が受験する過程や試験対策を行う中で、あるいは、過去問題を十分に分析した中で、試験合格に必要になると判断したキーワードを中心に編纂したからです。特に情報処理技術者試験のストラテジ系知識については、この1冊で十分です。どの試験対策本よりも網羅的で詳しく説明している自負があります。ITストラテジストに必要な経営知識（経営戦略、情報戦略、マーケティング等）に関しては「第1章　会社経営」に、なんと78ページも割いていますからね。近くに、ITストラテジスト試験の合格者がいれば聞いてみてください。本書の有益性がはっきりするはずです。情報処理技術者試験の場合は、他にも、基本情報技術者、応用情報技術者、高度系午前Ⅰ、システムアーキテクトの午後Ⅰ、午後Ⅱ、データベーススペシャリスト試験の午後Ⅱなどにも有効です。本書でしっかりと勉強すれば、情報処理技術者試験が得意になるのは間違いありません。もちろん、経営の知識が必要な中小企業診断士やITコーディネータ、販売士などにも効果的です。

その3：SEを目指す学生さんや若手プログラマの方々に

　本書は、SEを目指している学生さんや若手プログラマの方々にとって、とても有益です。SEになると要件定義や外部設計が主要業務になり、顧客とのコミュニケーションの質が…量も…大きく変わります。業務に関する話題が中心になるとともに、システム開発のプロとして、自分が会話を組み立てないといけなくなるからです。

　そうした将来に備え、本書は、SEになった時に「自分が会話を組み立てる」ことができることを目標に据えて作成しました。具体的には、知識を体系化して整理しながら覚えられるように配慮するとともに、自信が持てるだけの"量"を詰め込んだのです。「キーワードをできる限り多く詰め込む」－それが本書の最大のコンセプト。

　なので、これからSEを目指す皆さん！ぜひ、本書を使って勉強してみてください。あるいは、授業や研修を企画している立場の皆さん！ぜひ、本書を使ったカリキュラムを検討してみてください。本書を使って学習すれば、早い段階で基礎が体系的に身に付き、業務知識の全体像が俯瞰できるようになるはずです。そしてそうなれば、その後現場で見聞きすること全てが学びの対象になり、吸収力も全然変わってくるでしょう。自分でも気付かないうちに業務知識が自分の中に蓄積していくので、楽に成長できること間違いありません。

その4：コンサルタントを目指すSEさんに

　本書は、さらなるステップアップを目指す現役バリバリのSEさんにとっても有益です。本書では、先に説明した通り「少しでも多くのキーワードを入れたい」という思いから、SEさんにとって最低限必要だと思われる業務知識を体系化して詰め込みました。それにより、業務知識の全体像を俯瞰できるというメリットはあると考えていますが、その一方で、どうしてもひとつひとつの用語の説明は"薄く"なっています。

　その点については、今の時代だから「キーワードさえわかっていれば、必要に応じてネットで容易に検索できる」と考えているのですが、特に有益で信頼性の高いサイトについては参照先を明記するように心がけました。検索の手間を省くとともに、ミスリードされないようにと考えてのことです。加えて、本書を読み終えた後の"知識の深耕"も大切なことだと考えて、各章の章末に「Professional SEになるためのNext Step」を付けました。そこでは今後学習を継続するための方向性や方法（有益な書籍やWebサイト）を紹介しています。もうすでに十分な業務知識をお持ちの人なら、さくっと知識の整理（体系化）だけして、早い段階でNext Stepへと進んでいただけるのではないでしょうか。もちろん、その後も本書を「業務知識のINDEX」として活用していただけると考えています。だから、読み終えても捨てたり、オークションに出したりしないでくださいね（笑）。

◎業務知識の学び方

　業務知識を学習するうえで、実務で使える知識としてストックしていくためには、意識しないといけないことが二つあります。

　ひとつは「モチベーション・コントロールが難しい」ということ。それをずっと意識しておいた方がいいでしょう。多くの知識は、明日必ず必要というものでもなく…「将来、必要になるかもしれないし、ならないかもしれない」…そんな感じのものです。よーく考えれば、だからこそストレスなく勉強できるし、必要になった時にあたふたしなくていいということなので、それ自体がメリットなのですが、ことモチベーションとなるとどうしても高まりません。しかも面白くない。本書を読んでいても全く笑えない（苦笑）。なので、資格取得を目標にするなどセルフコントロールが必要になります。

　それともうひとつ。「なぜ、その業務が必要なのか」を考えながら学ぶこと…これが重要な視点になります。会社で行われている業務には、それぞれに存在理由があります。その存在理由に着目して知識を習得することで…はじめて"顧客と話をする必要がある事とない事"、"聞いていいことと悪いこと"、"提案できることとできないこと"、"業務改善か、カスタマイズか"などが判別できるようになります。また、勉強する上でも"何を暗記すればいいのか"、"どこが理解だけでいいのか"もわかるでしょう。

　そこで本書では、業務知識を、その存在理由の違いに応じて4つのレベルに分けて説明することにしました。それがカバーにも書いてある"4つのビジネスルール"です。各レベルの詳細は次ページにまとめているので、本格的に業務知識の学習を始める前に、まずはそれぞれの違いについて目を通しておいてください。

　なお、この4つのビジネスルールは特に標準化されているものではありません。筆者独自の視点です。その点だけは理解しておいてくださいね。

レベル	当該業務の存在理由	顧客の期待他	情報収集
4	当該企業の創意工夫部分	・顧客しか知らなくても当然のこと ・要件定義、設計等でしっかり確認 ・相手主導のコミュニケーション	都度確認
3	何かしらのメリットがあるので準拠している部分 ＝業界慣習／業界標準／事実上標準	・顧客から知識・経験を期待される部分 ・効率の良いコミュニケーション ・いわゆるITエンジニアの業務ノウハウ	応用部分 経験 OJT
2	準拠するのが望ましい部分 ＝ISO規格／JIS規格／その他基準	・顧客は「知ってて当然」と思う部分 ・顧客からの説明が無い可能性が高い ・逆に、顧客が知らなければ情報提供を行わなければならない	基礎部分 机上で 事前学習
1	法律による規制がある部分		

表　業務知識の存在理由他

【第1のビジネスルール：法律】

　業務の中には、"法律で決まっているからそれに従って実施している"部分があります。まさにビジネスの"ルール"となる部分です。当然ですが…その部分に関しては"法律"を勉強しなければなりません。顧客がITエンジニアに期待するのも「事前に勉強しておいてほしい。当たり前の知識なので、必要最小限の話しかしたくない。」という感じでしょうか。独学で勉強できるところでもあるので、顧客に迷惑がかからないようにしっかりと準備しておきたいところですね。

【第2のビジネスルール：ISO規格／JIS規格／その他基準】

　法律ほど強制力はありませんが、推奨されるからやっている（あるいは、やっていない）業務もあります。各種規格で決められているものです。企業が、その"ルール"を順守するかどうかは任意ですが、ITエンジニアは常にその可能性を考えていた方がいいでしょう。ここも独学可能なところなので、事前に準備しておきたいところだといえます。特に、顧客が知らない場合は、採用されるしないに関わらず、提案しておいた方がいいところでもあります。

【第3のビジネスルール：業界慣習／業界標準／事実上標準】

　3つ目のビジネスルールは、"昔ながらの慣習"として行われている業務です。企業は、そのルールに合わせる活動をしてもいいし、そのルールに一石を投じ改革していっても良い部分です。また、レベル1やレベル2が汎用的な知識であるのに対し、このレベルは"ノウハウ"とか"経験値"に近づきます。顧客が「○○業界の経験者に担当してほしい」と期待する部分でもあります。経験値としてストックしていきたいところですね。

【第4のビジネスルール：当該企業の創意工夫部分】

　そして最後が、企業に自由度が与えられている部分。各企業は自由に活動できるわけですから創意工夫し、どうにかして競合他社よりも効率よく効果的にやっていきたいと考えている部分です。ある時点でのベストな方法はあったとしても、正解がないわけですから、各社試行錯誤しながら"ベストな方法"を探している部分だとも言えますね。顧客がシステム化を考える時に、その企業の競争力の源泉になっていたらパッケージをカスタマイズしてでも残さないといけないと考え、弱い部分になっていたらシステム導入を契機に業務改善した方がいいと考えたりする部分です。いずれにせよ、システム化の提案などの会話で、（第1レベルから第3レベルではなく）この部分が最大の論点であれば、顧客から信頼されるでしょう。

目次

はじめに _____ iii

本書の効能 _____ iv

業務知識の学び方 _____ ix

Part1

第1章 会社経営 _____ 001

学習のポイント 会社経営の学び方 _____ 002

    1-1   第4次産業革命の時代を迎えて _____ 004

    1-2   会社とは _____ 008

    1-3   経営組織 _____ 010

    1-4   経営戦略 _____ 014

    1-5   情報技術を活用した事業戦略の立案―ITストラテジストの役割― _____ 024

    1-6   マーケティング _____ 040

    1-7   管理会計 _____ 066

ITエンジニアにとってのプラスワン －様々な調査・分析技法①－ _____ 070

ITエンジニアにとってのプラスワン －様々な調査・分析技法②－ _____ 072

ITエンジニアにとってのプラスワン －様々な調査・分析技法③－ _____ 074

Professional SEになるためのNext Step ⟩⟩⟩ _____ 076

業務知識の章末チェック _____ 078

column

   シンギュラリティ（Singularity） _____ 005

   経営方針の例 _____ 016

   オペレーショナル・エクセレンス _____ 034

   無料モデル _____ 053

   その他のマーケティング用語 _____ 062

Part2

第2章 財務会計 _____ 079

学習のポイント 財務会計の学び方 _____ 080

xi

2-1	会計処理が必要な理由	082
2-2	代表的な財務諸表	084
2-3	標準的なスケジュール	094
2-4	簿記	096
2-5	決算	098
2-6	手形	106
2-7	資金調達	108
2-8	固定資産管理	110
2-9	リース	114
2-10	会計ソリューション	115
2-11	内部統制報告制度	120
2-12	帳簿書類の保存	130
2-13	IFRS（International Financial Reporting Standards）	132

ITエンジニアにとってのプラスワン 投資判断に用いられる指標ー EVA と DCF 法ー __ 136

法律を知る _____ 141

会社法 _____ 142

金融商品取引法 _____ 142

法人税法 _____ 143

消費税法 _____ 143

Professional SEになるためのNext Step ≫≫≫ _____ 144

業務知識の章末チェック _____ 146

column

株主総会と申告納税 _____ 103

決算の早期化 _____ 105

ヒアリングの勘所　財務会計 _____ 140

第3章 販売管理 _____ 147

学習のポイント 販売管理の学び方 _____ 148

3-1	新規取引開始	150
3-2	受注	154
3-3	売上	166
3-4	債権管理	174
3-5	発注	180

xii

3-6	仕入	188
3-7	債務管理	193
3-8	輸出入取引	198

法律を知る _____ 205

民法 _____ 206

商法 _____ 207

消費者契約法 _____ 208

電子消費者契約法 _____ 209

特定商取引法 _____ 210

特定電子メール法 _____ 210

割賦販売法 _____ 211

大規模小売店舗立地法 _____ 211

不正競争防止法 _____ 212

景品表示法 _____ 213

外国為替及び外国貿易法 _____ 213

Professional SEになるためのNext Step ⟩⟩⟩ _____ 214

業務知識の章末チェック _____ 216

COLUMN　計画的陳腐化 _____ 153

COLUMN　セリング _____ 169

COLUMN　SPA _____ 171

COLUMN　軽減税率に関して _____ 196

COLUMN　ヒアリングの勘所　販売管理 _____ 204

第4章　物流・在庫管理 _____ 217

学習のポイント 物流・在庫管理の学び方 _____ 218

4-1	在庫	220
4-2	在庫場所	226
4-3	在庫の引当	232
4-4	出庫（出荷）	234
4-5	入荷（入庫）	238
4-6	棚卸	241
4-7	棚卸資産の評価	244

xiii

4-8	マテハン機器	252
4-9	物流	260

Professional SEになるためのNext Step ⟫⟫ ⟫ 268

業務知識の章末チェック 270

column
出庫と出荷 237
Amazon の物流関係の特許戦略 259
ヒアリングの勘所　物流・在庫管理 267

第5章　生産管理 271

学習のポイント 生産管理の学び方 272

5-1	製造業の組織構造	274
5-2	生産方式	279
5-3	生産計画	288
5-4	製造実績情報の収集と進度管理	298
5-5	原価計算	302
5-6	ABC/ABM	309
5-7	損益分岐点分析（CVP 分析）	312

法律を知る 315

下請代金支払遅延等防止法	316
製造物責任法	317
リサイクル関連法	318

Professional SEになるためのNext Step ⟫⟫ ⟫ 320

業務知識の章末チェック 322

column
MRP → MRP Ⅱ → ERP 295
シックスシグマ 300
ヒアリングの勘所　生産管理 314

第6章　人事管理 323

学習のポイント 人事管理の学び方 324

6-1	働き方改革	326
6-2	雇用形態	330

xiv

6-3	評価制度	332
6-4	等級制度	338
6-5	賃金制度	340
6-6	HRM/HCM システム	342
6-7	福利厚生制度	346
6-7	健康保険	348
6-9	厚生年金保険	350
6-10	労働保険	352
6-11	所得税	354
6-12	住民税	358
6-13	人事部門の業務	360
6-14	給与管理システム	362

法律を知る	373
労働基準法	374
労働者派遣法	375
労働契約法	376
労働安全衛生法	377
男女雇用機会均等法	378
育児・介護休業法	379
パートタイム労働法	380
公益通報者保護法	381
個人情報保護法	382
マイナンバー法（番号利用法）	383

Professional SEになるためのNext Step	384
業務知識の章末チェック	386
SMART	335
ヒアリングの勘所　人事管理	372

索引	373

本書連動 Web ページのご案内

　本書で解説する各テーマに関連する最新情報や、参考になる Web サイト、推奨書籍、および、紙面の制約から本書への掲載を断念した記事など、さまざま情報を提供する予定です。

　下記のように各章の大見出し、「法律を知る」「Professional SE になるための Next Step」の見出しに掲載されている URL または QR コードで該当 Web ページにアクセスしてください。

1-1	第 4 次産業革命の時代を迎えて
	https://www.shoeisha.co.jp/book/pages/9784798157382/1-1/

法律を知る
https://www.shoeisha.co.jp/book/pages/9784798157382/2-L/

Professional SE になるための Next Step
https://www.shoeisha.co.jp/book/pages/9784798157382/1-N/

　本書連動 Web ページのご利用にあたっては、以下についてご理解をお願いいたします。

- 情報は、本書の刊行後に随時追加（不定期更新）の予定です
- 最初から全ての記事が揃っているわけではありません
- 補足情報が必要だと判断した場合にのみ追加されます
- 情報が提供されないページもあります

＊本書（T エンジニアのための【業務知識】がわかる本　第 5 版）の販売が終了した場合（第 6 版が刊行された場合も含む）には、Web ページの公開を終了いたします。

Part1
第1章
会社経営

　経営学における"経営"の正確な概念はさておき、経営者が会社をきりもりすることを、俗に"経営する"という。英語だと、"経営する"が"manage"で、"経営"は"management"。確かに、経営に関する専門書を読んでも、"組織化する"だとか、"目標や戦略を立てて計画する"だとか、会社全体のマネジメントの話になっている。実施主体は、もちろん経営者（経営層、経営会議等）。国や社会が会社に期待する役割が、ダイナミックに変化している昨今、いったい経営者は、何を見ながら、何を考え、会社をマネジメントしているのだろうか。最初にそれを確認していこうと思う。

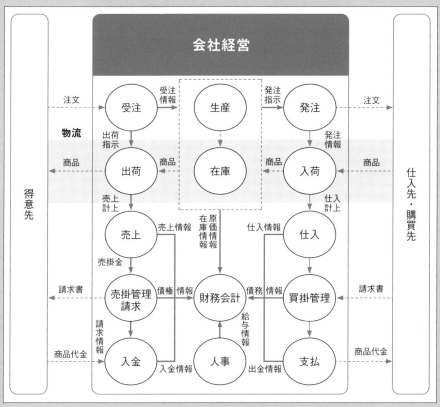

本章で解説する業務の位置づけ

会社経営の学び方

学習のポイント

当該業務の存在理由	顧客の期待他	情報収集
当該企業の創意工夫部分	・顧客しか知らなくても当然のこと ・要件定義、設計等でしっかり確認 ・相手主導のコミュニケーション	都度確認
何かしらのメリットがあるので 準拠している部分 ＝業界習慣／業界標準／事実上標準	・顧客から知識・経験を期待される部分 ・効率の良いコミュニケーション ・いわゆる IT エンジニアの業務ノウハウ	応用部分 経験 OJT
準拠するのが望ましい部分 ＝ ISO 規格／JIS 規格を知るその他基準	・顧客は「知ってて当然」と思う部分 ・顧客からの説明が無い可能性が高い ・逆に、顧客が知らなければ情報提供 　を行わなければならない	基礎部分 机上で 事前学習
法律による規制がある部分		

　経営に関する知識は、法律や各種会計基準で定められている部分はほとんどない。経営者の手腕の見せ所であり、競合他社との競争に勝利するため、英知を結集するところになっている。そういうわけで「これが正解」というものはなく、後から振り返ってみることで良かった、もしくは悪かった先例になる。つまり、学習の大部分はその前例を学ぶことになる。

■ 各業務とその存在理由

　経営に関する知識は、法律や各種会計基準で定められている部分はほとんどないが、一応表のように整理してみた。国の動向はコントロール不可能な外部環境になることが多い。また、会社に関する部分や経営組織に関する部分は、多少法律の知識が必要になってくる。しかしこれらは、特に IT エンジニアとして関与する部分でもない。常識の範囲で知っていればいいだろう。それ以外の部分で、特にマーケティング分野はダイナミックに変化している。

表：企業経営の各テーマとその存在理由

	法律等	規格等	業務等	独自
1-1　第4次産業革命の時代を迎えて	○			
1-2　会社とは	○			
1-3　経営組織	△			○
1-4　経営戦略				○
1-5　情報技術を活用した事業戦略の立案 　　－ IT ストラテジストの役割－				○
1-6　マーケティング				○
1-7　管理会計				○

■ 顧客が IT エンジニアに期待する業務知識のレベル

　経営に関する話（経営そのもの、もしくは経営の方向性）を顧客とする場合、その相手は経営層になるだろう。

　経営層と話をする場合、"木"よりも"森"について——つまり、会社全体の視点が必要になる。本書の業務知識でいうと、第2章の財務会計はもちろんのこと、第3章から第6章まで全範囲が対象になる。まずは、本書に掲載されている程度の基礎知識については、一通り理解していなければならない。

　次に、経営戦略と情報戦略、さらにはそこからの単年度や個別の計画への展開プロセスについては深い理解が必要だろう。企業によって、当然、その内容は異なるものの、一連のプロセスには、今のところ王道があるからだ。そのあたり、情報戦略立案の役割を課せられている IT エンジニアにとっては必須の知識だと言える。

　経営のプロである経営者が、今現在、IT エンジニアに期待しているのは、IT を駆使した革新的な経営技術なのかもしれない。IT の強みは、定量的数値管理や定常的モニタリング。BSC などの提案を期待しているかもしれない。

　また、デジタルトランスフォーメーションが進展し、あらゆるものがデジタル化している今、企業には CDO（Cheif Digital Officer）の役割を果たす人材が求められているのは間違いない。企業の業績を上げる提案には、デジタルマーケティングが必要になる。しかし、"マーケティング"と"IT"の両方に精通した専門家の数は少なく、大企業でさえ社内になかなか適任者がいない。そこで期待されるのが IT エンジニアである。以前、IT コーディネータ制度を立ち上げて、"経営"と"IT"の両方に精通している人材を国が育成しようとしていた時、それまで IT を勉強してこなかった方々が IT の知識を得ようとしても、なかなか難しかったのを見てきている。今回も同じだ。"マーケティング"と"IT"の両方に精通した人材を育成するのは、IT エンジニアにマーケティングを教えるのが最も確実になる。そういう意味で、昔と違って、経営面での IT エンジニアによる支援の潜在的期待は高く、とても面白い分野だと思う。

1-1 第4次産業革命の時代を迎えて

https://www.shoeisha.co.jp/book/pages/9784798157382/1-1/

インターネットが普及し始めた頃、筆者の周りでも「産業革命以来の大変革が起こる」と皆口にしていて、実際、短期間で急成長するネットベンチャー系の企業が何社も登場してきたのは記憶に新しいところである。

それからわずか数十年あまりで、また新たな変革の時代が到来した。それが"第4次産業革命"である。

■ 第4次産業革命

この概念は、18世紀末の"蒸気機関"による変革を第1次産業革命、20世紀初頭の"電力"による変革を第2次産業革命、1970年代初頭の"コンピュータ"による変革を第3次産業革命とし、それに続くという考え方になる。今回のコア技術は、AI、IoT、ビッグデータ、ロボットなどである。

参考

第4次産業革命は世界規模の変革であるが、特にわが国では、少子高齢化という最重要課題の解決策として期待されている。図1-1の右側を見てみるとよくわかる。少子化対策でもある"働き方改革"や、人生100年の超高齢化社会を迎えるうえでの高齢者の生活の充実などを実現するためにも、こうした技術の活用が必須になるからだ。そのため、政府も成長戦略の中に組み込んで官民一体で取り組もうとしている。

図1-1 内閣府が描く第4次産業革命の全体像
http://www5.cao.go.jp/keizai3/2016/0117nk/img/n16_4_a_2_01z.html

■ Industry4.0

　IoT や AI による技術革新にいち早く取り組んだのがドイツである。2011 年ドイツ政府は、製造業の情報化を推進する国家戦略プロジェクト"Industry4.0"を発表した。

　工場内の設備や情報システム等、あらゆるモノをインターネットに接続して（IoT）、設備同士（M2M：Machine to Machine）もしくは設備と人が協調動作する工場（スマートファクトリー）を官民一体で目指す戦略である。

■ コネクテッドインダストリーズ

　日本も例外ではなく、ドイツ同様の考え方を日本再興戦略や未来投資戦略（後述）の一部に取り入れ、国として取り組んできて、製造業に対しては、2017 年には"コネクテッドインダストリーズ"を打ち出している。第 4 次産業革命や、ドイツのIndustry4.0 の流れを受けての戦略になる。日本の"ものづくり"の強みを活かし独自色を出すためにも、製造現場にある極めて正確な"データ"を武器に国際競争力強化を狙っている。

■ デジタルトランスフォーメーション
　（DX：Digital Transformation）

　IT を活用したデジタルテクノロジが、あらゆるビジネスやライフスタイル、ひいては社会構造までをも変革するという考え方。

参考

ドイツの国家戦略（Industry 4.0）に続き、世界各国も同様の戦略を打ち出すことになる。中国は"中国製造2025"を、インドも"Make in India"を発表し、世界規模の IoT の団体として米国企業を中心とした IIC（Industrial Internet Consortium）なども立ち上げられた。

COLUMN　シンギュラリティ（Singularity）

　昨今の"AI"や"ディープラーニング"ブームの中で、よく耳にするようになった"シンギュラリティ"という用語。直訳すると"特異点"となる。IT エンジニアは、主に"技術的特異点"のことであると考えればいいだろう。これは、大変革を意味する未来予測の概念のひとつだ。具体的には、大変革は、自己学習を自発的に繰り返すように設定された人工知能が、指数関数的に発展して、やがては人間の脳を超えてしまうというもの。そして、その時期として一般に広まっているのが、人工知能の研究者であるレイ・カーツワイル博士の提唱する遅くとも 2045 年という説である（これを 2045 年問題ということもある）。

■ 未来投資戦略 2018

2018年(平成30年)6月15日、「未来投資戦略2018 －『Society 5.0』『データ駆動型社会』への変革－」が閣議決定された。これは、2012年に経済再生を最重要施策のひとつとして発足した第2次安倍内閣から継続されている成長戦略の2018年度版である。

2012年に政権を奪還した安倍首相は、名目GDP600兆円を目標に"アベノミクス"として三本の矢※（旧三本の矢）を公表する。その三本の矢のうち、三本目の矢となるのが"民間投資を喚起する成長戦略"で、日本経済再生本部を設置し、日本再興戦略（2013-2016）を公表した。その後、新三本の矢が公表されるなど毎年少しずつ見直され、2017年から"未来投資戦略"という名称になる。未来投資戦略2018は、その最新版（平成30年11月現在）で、第4次産業革命たるAI、IoT、ビッグデータ、ロボットがベースになっている。

Society5.0

未来投資戦略で目指すべき社会として提唱されているSociety5.0は、図1-2のように社会をその発展過程に準じて区分した上で、情報社会に続く「サイバー空間（仮想空間）とフィジカル空間（現実空間）を高度に融合させたシステムにより、経済発展と社会的課題の解決を両立する、人間中心の社会（Society）」と定義されている。

Society1.0：狩猟社会
Society2.0：農耕社会
Society3.0：工業社会
Society4.0：情報社会
Society5.0：超スマート社会

図1-2 社会の発展過程

用語解説
【三本の矢】
第1の矢：大胆な金融政策
第2の矢：機動的な財政政策
第3の矢：民間投資を喚起する成長戦略

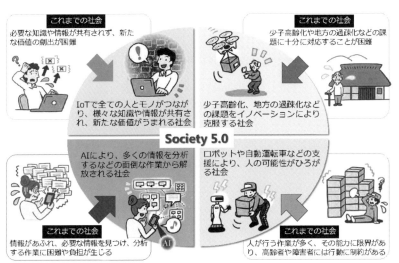

図 1-3 society5.0 で実現する社会
http://www8.cao.go.jp/cstp/society5_0/society5_0.pdf

CPS (Cyber Physical System)

　未来投資戦略で目指すべき社会として提唱されている"データ駆動型社会"の核になるのが CPS である。AI、IoT、ビッグデータなどの技術を活用して、実世界 (Physical) とサイバー空間 (Cyber) が相互連携する社会を目指す。

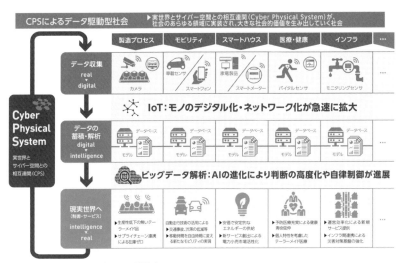

図 1-4 CPS によるデータ駆動社会
http://www.meti.go.jp/committee/sankoushin/shojo/johokeizai/pdf/004_06_00.pdf

1-2 会社とは

https://www.shoeisha.co.jp/book/pages/9784798157382/1-2/

会社とは、広義には"働く場所"を意味したり、"企業"と同義で使われたりすることもある。しかし、会社について定めている法律——会社法によれば、会社とは法人※であり（第3条）、株式会社、合名会社、合資会社、合同会社の4つである（第2条の1）と定義している（図1-5）。

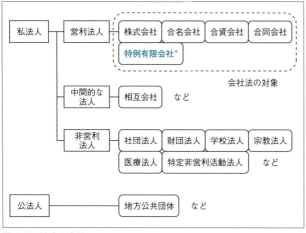

図 1-5 法人と会社

■ 株式会社

株式会社については、会社法の第25条～第574条で規定されている。注目すべき点は、所有と経営を分離しているところだろう。株式会社の機関を"株主総会"と"株主総会以外の機関"に分けて定義している。

会社を所有するのは株主になる。株主は、自分の出資の範囲で責任を負う代わりに、利益が出れば配当を受ける権利をもっている。会社の運営には参加せず、株主総会※によって会社の重要事項を決議する。

一方、会社の運営を担当するのが"株主総会以外の機関"に

参考
会社法については第2章の「法律を知る」参照。

用語解説
【法人】
法律によって認められた"人"を法人という。民法では「法人は、法令の規定に従い、定款その他の基本約款で定められた目的の範囲内において、権利を有し、義務を負う」存在であると定義している。

用語解説
【特例有限会社】
2006年5月1日の会社法施行後にも有限会社の商号を継続利用する会社。会社法で有限会社は廃止され、それまでの有限会社は、法律上は全て株式会社になるわけだが、特例として商号を継続利用することは認められている（法律上は株式会社になるが、商号には有限会社を付けなければならない）。

参考
株主総会については、会社法「第二編　株式会社」―「第四章　機関」―「第一節　株主総会及び種類株主総会」―「第一款　株主総会」（第295条から第320条）で規定されている。

参考
株主総会以外の機関については、会社法「第二編　株式会社」―「第四章　機関」―「第二節　株主総会以外の機関の設置」（第326条から第328条）で規定されている。

なる。具体的には、①取締役会、②会計参与、③監査役、④監査役会、⑤会計監査人、委員会（指名委員会、監査委員会、報酬委員会）があり、定款の定めによって設置することができるものとしている（設置の有無で表 1-1 のように、○○設置会社とよばれることもある）。ただし、完全に任意設置可能というわけではなく、公開会社かどうか、大会社かどうかによって設置義務を課すものもある。

■ 持分会社

株式会社以外の合名会社、合資会社、合同会社の 3 つを**持分会社**という。社員自ら財産を出資する会社（会社の財産が社員の持分になる）で、人的信頼関係のある少数の会社に向く形態だ。合名会社や合資会社は会社法施行以前から存在したが、合同会社が新設された。

用語解説
【株主総会】
第 2 章 財務会計「2-5 決算」参照。

参考
合同会社と同じ形態のものに **LLP（有限責任事業組合）** がある。違いは、合同会社は法人格があるが、LLP は法人格を持たないという点。成立した時期も会社法の制定と同時期である。

参考
ほかにも、会社法施行によって、法人が無限責任社員になることや、業務執行社員への責任追及、1 人での設立などが可能になった。

表 1-1 会社法で定義されている会社に関する用語の定義（会社法第 2 条の条文より抜粋）

会社の種類	
子会社	会社がその総株主の議決権の過半数を有する株式会社その他の当該会社がその経営を支配している法人として法務省令で定めるものをいう。
親会社	株式会社を子会社とする会社その他の当該株式会社の経営を支配している法人として法務省令で定めるものをいう。
公開会社	その発行する全部又は一部の株式の内容として譲渡による当該株式の取得について株式会社の承認を要する旨の定款の定めを設けていない株式会社をいう。
大会社	次に掲げる要件のいずれかに該当する株式会社をいう。 イ　最終事業年度に係る貸借対照表に資本金として計上した額が五億円以上であること[※1]。 ロ　最終事業年度に係る貸借対照表の負債の部に計上した額の合計額が二百億円以上であること。
取締役会設置会社	取締役会を置く株式会社又はこの法律の規定により取締役会を置かなければならない株式会社をいう。
会計参与設置会社	会計参与を置く株式会社をいう。
監査役設置会社	監査役を置く株式会社又はこの法律の規定により監査役を置かなければならない株式会社をいう[※2]。
監査役会設置会社	監査役会を置く株式会社又はこの法律の規定により監査役会を置かなければならない株式会社をいう。
会計監査人設置会社	会計監査人を置く株式会社又はこの法律の規定により会計監査人を置かなければならない株式会社をいう。
指名委員会等設置会社	指名委員会、監査委員会及び報酬委員会を置く株式会社をいう。
種類株式発行会社	剰余金の配当その他の第百八条第一項各号に掲げる事項について内容の異なる二以上の種類の株式を発行する株式会社をいう。

※1　貸借対照表に関する定義を省略
※2　監査役の監査の範囲に関する注記を省略

1-3 経営組織

https://www.shoeisha.co.jp/book/pages/9784798157382/1-3/

ITエンジニアが関わる会社、すなわち、情報システムを導入しようと考えている会社は、比較的大きな会社（少なくとも1人ということはない）なので、"組織"というものが存在する。

組織は階層化され、役員や従業員はそのうちのどこかに所属する。また、組織はさまざまなステークホルダー※との接点を持って存在している（図1-6）。

> 📖 用語解説
> 【ステークホルダー】
> 利害関係者。当事者として関わる役員や従業員に加えて、会社がもたらす影響を受ける人々全てを含む概念である。社会、地域社会、市場、消費者、顧客など。

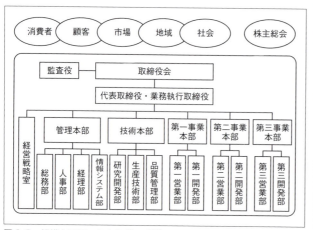

図1-6　組織とステークホルダー（例）

これは、あくまでも一例だが、典型的な組織構造については知っておかなければならない。それをここで説明しよう。

■ 職能部門別組織（機能別組織・ファンクショナル組織）

営業部門、仕入部門、製造部門、経理部門、人事部門など職能（機能）によって分類した組織。図1-6の管理本部や技術本部配下は機能別組織になっている。

■ 事業部別組織

エリア別、顧客別、製品別などを単位として組織を分割し、各組織に独立採算を適用するなど、自己完結を可能にする組織構造。図1-6の第一事業本部、第二事業本部、第三事業本部の各事業部内に経理部門や総務部門、人事部門などを持ち、独立採算を行っているようなケースは事業部別組織になる。SBU（戦略的事業単位）や、持ち株会社が主流になる以前、1990年代あたりまでは日本の組織構造の主流であった。

指揮命令系統が一元化されるというメリットはあるものの、専門技術を持った要員が各部門に冗長的に配置され、全体最適化に問題がある。ほかに縦割り構造になりセクショナリズムが発生しやすい。

■ SBU (Strategic Business Unit)

戦略的事業単位。(事業部別組織など) 既存の組織形態に所属したまま、全社戦略実施目的のプロジェクトチームを立ち上げるなど、マトリクス型の構造を持つ組織。戦略的な事業単位をタスクフォース*的に構成することができる。

マトリクス型（構成員が複数の組織に所属する形態）なので、ときに、指揮命令系統が二系統（二人の上司から相反する命令を受ける）になることもあるため、調整機能が働かない場合は構成員が板ばさみになる可能性もある。

■ カンパニー制組織

事業部別組織から、さらに部門の独立性を発展させ市場原理を持ち込んだ組織体系。社内分社制、擬似会社組織ともいう。各カンパニー（会社ではない）には、プレジデント（社長）を配置し、人事権をはじめとするさまざまな意思決定権を委譲する。カンパニーごとに社内資本金を持ち、決算処理を行う。

参考

事業部別組織の明確な定義はないため、図1-6のような組織構造でも、事業部に所属する社員が多数を占める場合は、事業部別組織ということが多い。

用語解説
【タスクフォース（型組織）】
既存の（職能部門別組織などの）組織の枠を超えて、プロジェクトチームなどを組織横断的に最適な人材を集めて結成するパターンである。所属部門との結びつきは、一時的に離れる場合や、仕事をしながらなど一概にはいえない。

参考

カンパニー制組織は1994年、ソニーが初めて導入したといわれている。

■ 持ち株会社

複数企業の株式を保有し、それらの企業を統括・管理することを目的とした会社。自ら事業を行うことはなく、企業グループの全体戦略を立案する。日本では、独占禁止法で（純粋）持ち株会社は禁じられていたが、1997年12月に条件付きで解禁された。また、連結納税制度（2003年3月期）ができるようになったため、その頃から、持ち株会社をグループの筆頭として、戦略的事業単位ごとに独立した"会社"とする組織構造が主流になってきている。

事業部制やカンパニー制と違うのは、個々の独立した会社は小集団になるため、吸収・合併など企業再編が容易になるというメリットがあることである。

■ 委員会型組織

各部門の代表者を集めて、委員長と議長を決め、定期的に会議形式で議題について話し合う組織形態である。業務改善委員会などに代表される。合議制のため、問題の発見などには向いているが、強力なリーダーシップを持って推進していく必要のある事項には向かない。

情報化のポイント！

顧客を初めて訪問するとき、最低でも、相手の会社のHPには目を通しておかなければならない。それは最低限のマナーでもある。このときに、組織図が公開されていれば、それをチェックして、できれば頭の中に叩き込んでおきたいところだ。ヒアリング、提案、見積もりなどのフェーズでも、組織図が必要になるからだ。

■ 執行役員制

執行役員制とは、経営管理機能（および責任）と業務の執行機能（および責任）を分離した制度である。この制度が導入される前の日本企業では、取締役会（意思決定機関、業務執行の監督機関）を構成する取締役は、各部門の業務執行責任者でもあった。そのため、業務執行責任の所在があいまいだったり、

参考

ここで説明している持ち株会社は、正確には、事業を自ら行うことのない純粋持ち株会社のことである。事業を継続して他社の株を持つ事業持ち株会社は、以前から問題なく運営されている。

参考

執行役員制は、元々は米国で行われていた制度で、日本では、1997年ソニーが初めて導入したといわれている。

全体最適ではなく自部門の利益を優先する傾向にあったり、いろいろな問題を抱えていた。これに対して執行役員制では、取締役会と執行役員を分離することで、業務執行に関する責任を明確にするとともに、取締役会が意思決定と監督機能に専念できるようになっている。ちなみに、執行役員は取締役会で選任される役職の呼称で、必ずしも会社法で定められている"役員"とは限らない（兼務する場合はある）。役割に応じてCxO（チーフ・〜・オフィサー）という名称で呼ばれることが多い。代表的なものを図1-7に記す。

```
CEO (Chief Executive Officer) ………… 最高経営責任者
COO (Chief Operating Officer) ………… 最高執行責任者
CIO (Chief Information Officer) ………… 最高情報責任者
CFO (Chief Financial Officer)   ………… 最高財務責任者
CTO (Chief Technical Officer) ………… 最高技術責任者
CISO (Chief Information Security Officer)…最高情報セキュリティ責任者
CMO (Chief Marketing Officer) ………… 最高マーケティング責任者
CDO*(Chief Digital Officer) ……………… 最高デジタル管理責任者
```

図 1-7　CxO の種類

■ 組織体系の変更

会社の組織体系は、毎年見直されることが多い。会社を取り巻く環境変化に対応するため新組織を立ち上げたり、外部からもわかりやすいように組織名称を変えたり、あるいは、昇進する社員のポジション確保の目的であったり、その目的はさまざまだが、会社の組織体系というものは毎年のように変わる。

それはそれでよいのだが、過去の実績データを当時の組織体系で管理しておきたいというニーズや、現状の組織の年度別推移表を見たいという場合には注意が必要である。前者を実現させる場合、組織に対して存在している有効期間を持たせないといけないし、後者を実現させる場合、旧組織と新組織の対応付けまで管理しなければならない。

> **情報化のポイント!**
> 旧組織と新組織の対応付けが、毎回、毎回1対1の対応付けなら問題ないが、旧の1組織が2つに分割した場合などは旧実績データをどのように分割するのかを紐付けるルールが必要になる。

用語解説
【CDO（Chief Digital Officer）】
デジタルトランスフォーメーション時代を生き抜くために、全社的にデジタル戦略を構築し、組織の競争力強化を図る最高責任者。

用語解説
【CDO（Chief Data Officer）】
CDOは最高データ管理責任者の意味を持つ場合もある。ビッグデータの時代に入り注目されている。企業に蓄積された膨大なデータを戦略的に利用していくために必要な職制とされている。

1-4 経営戦略

https://www.shoeisha.co.jp/book/pages/9784798157382/1-4

それではここで、経営戦略についての概略を説明しよう。経営戦略を立案する手順および位置付けの一例を図1-8に示す。もちろん、企業によって戦略立案手順は異なるので、あくまでも一例だと考えてもらえればよい。

> **参考**
> ここであげるのは、中小企業診断士、情報処理技術者試験のITストラテジスト、ITコーディネータなどの内容を参考にした例である。

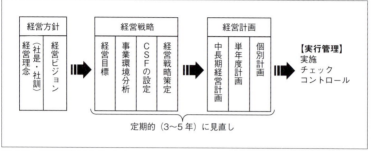

図 1-8 経営戦略立案プロセス

■ 戦略 (strategy)

情報処理技術者試験の高度系の試験区分のひとつ「ITストラテジスト」や、午前試験などの分類のひとつ"ストラテジ系"という用語、日経BP社の雑誌『日経情報ストラテジー』など、ITエンジニアにとって、"ストラテジ"は身近な言葉である。直訳すると"戦略"。元々は、戦などで使われていた軍事用語であることは有名な話。その歴史は「孫子の兵法※」にまで遡る。

経営戦略の話をすると、よく「どこまでが戦略なのかわからない」という声を聴くが、そこはシンプルに"戦い方"だと考えたらいいと思う。経営目標を達成するために、どういう戦い方をするのか―どこの市場に、どうやって攻めていくのか―例えば経営目標のひとつに「売上高、対前年比20%アップ」というものがあれば、それを達成するためのプロセスはいろいろある。どの道を通るかを決めるのが戦略だといえる。そして、「いつ、誰が実行するの？」と時間軸を加味して具体的にしていくのが計画だと考えればいいだろう。

> **用語解説**
> 【孫子の兵法】
> 中国春秋時代（B.C.770～B.C.221）の思想家"孫武"が著したとされる兵法書。現代でも生き方、戦い方、戦略のバイブルとして色あせず存在感を示している。ファンも多い。初めて戦略の重要性を説いた書物とされており「最古にして最強」と称賛されている。単に、孫子ということも多い。

■ アンゾフの成長戦略

先に示した通り"戦略"は孫子の世界まで遡るが、企業経営に"戦略"という概念を普及させたのは、1960年代のチャンドラー※だと言われている。その後、アンゾフ※が成長戦略を発表する。図1-9の成長マトリクスは有名で、市場と製品を軸にして、既存と新規の切り口で、それぞれ成長戦略を分けた。このうち、市場浸透、市場開拓、新商品開発は拡大化戦略になるが、多角化は全社戦略に位置づけられる。

		市　　場	
		既存	新規
製品	既存	市場浸透	市場開拓
	新規	新製品開発	多角化

図1-9　アンゾフの成長マトリクス

■ PPM (Product Portfolio Management)

1970年代に入ると、ボストン・コンサルティング・グループのPPM（ポート・フォリオ・マネジメント）が登場する。特定の事業ドメイン（事業領域）を設定し、その**市場成長率**と**市場占有率（シェア）**との関係を4つのポジションに分類し、それぞれ最適な経営資源の配分を行うという考え方である（図1-10）

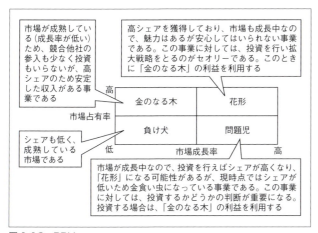

図1-10　PPM

用語解説
【チャンドラー（Alfred Du Pont Chandler）】
米国経営学者。著書『経営戦略と組織』（1962）において「組織は戦略に従う」という命題を提案した。

用語解説
【アンゾフ（H. Igor Ansoff）】
ロシア出身の米国経営学者。著書『戦略経営論』（1979）において「戦略は組織に従う」という命題を提案した。これはチャンドラーの命題とよく比較される有名なもの。

参考
"金のなる木"は、市場成長率は低い（成熟している）が、高シェアを獲得しているので安定してお金を産む。"問題児"は、市場成長率は高いのに、シェアが低いのでイマイチ流れに乗れない。そういうイメージで覚えておくと忘れにくくなる。

■ 経営方針

　経営戦略の前にあるのが経営方針である。経営方針とは、経営の方向性を描いたもので、経営戦略立案の際の価値判断の基準になるものだ。

　ひとくちに経営方針といっても、それが何を指しているのか明確な定義はない。一般的には、経営理念や社是・社訓と呼ばれる恒久的な会社の方針を意味する部分と、"将来のあるべき姿"、すなわち長期的な方向性を示す経営ビジョンの2つを意味することが多い。

　企業によって言葉の定義はまちまちだが、いずれにせよ、創業以来変わることのない恒久的な部分（経営理念や社是・社訓）と、環境変化に追随するための部分（経営ビジョン）の2種類の存在を意識しておこう。これらをもとに、経営戦略は策定される。

> **参考**
>
> 経営理念は、恒久的な会社基盤、すなわち"経営者の信念"や"魂"または"ポリシー"などで、経営ビジョンは、経営理念をベースにどう表現していくのかという長期的視点、すなわち"企業の夢"だと考えればわかりやすい。

COLUMN　経営方針の例

　自社の経営方針を、ホームページ上で公開している企業が多い。いろいろ見て回るとイメージしやすい。例えばトヨタの場合、自社のホームページ上で、企業理念として、「基本理念」、「トヨタ行動指針」、「トヨタグローバルビジョン」「トヨタ生産方式」などを公開している。

図：企業方針の例（トヨタ株式会社）
（www.toyota.co.jp/jpn/company/vision/）

■ 基本的な経営戦略策定の流れ

経営戦略の策定方法も様々だ。言うまでもなく、法律で義務付けられているわけでもなく、JIS規格化や業界慣習になっているわけでもない。「戦略なきところに勝算なし」とはいうものの、必ず策定しないといけないというものでもない。とはいうものの、よく使われている手法というものがあるのも事実なので、ここでは最初に、その流れを簡単に説明しようと思う。

最初に、経営方針に基づき3〜5年（中長期計画に合わせる）の間に達成したい経営目標を設定する。その作業と並行して、自社を取り巻く環境（外部環境）や自社の経営資源（内部環境）に関する分析、すなわち事業環境分析が行われる。そして、達成すべき経営目標に対して、外部環境と内部環境を考慮してSWOT分析を行い、目標達成に対する課題をCSF*（重要成功要因）として抽出する。最後に、その重要成功要因を実現する方法を経営戦略としてまとめるというわけだ（図1-8参照）。コアコンピタンス*の創出や強化、転換なども、このタイミングで実施することが多い。

■ 事業環境分析

環境分析の代表的なフレームワークについて整理したのが下図である。情報処理技術者試験の午前問題に出題されていたもので、きれいにまとまっているのでこれで覚えておこう。

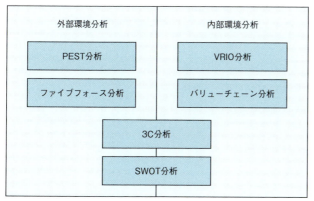

図 1-11　環境分析のフレームワーク

参考
経営戦略策定にあたっては、通常、きちんとしたウォータフォール的作業手順になるのではなく、"行きつ、戻りつ"仮説検証を繰り返しながら作成し、最終的には総合的判断になる。

用語解説
【CSF（Critical Success Factor）】
重要（主要）成功要因。企業が経営目標を達成するために鍵を握っている重要な要因指すことが多い。

用語解説
【コアコンピタンス】
企業独自のノウハウや技術で、これが利益の源泉になる。他社が真似できない強みは市場における優位性となり、他社にとっては参入障壁となる。最近の傾向としては、コアコンピタンスを見直し、コアコンピタンスに対する集中的な資本投下と、それ以外の部分をアウトソーシングすることによって、"小さな企業"を目指すことが多い。

■ SWOT分析

　最も有名な経営戦略策定方法が、このSWOT分析だろう。"SWOT"は、次の意味を表す用語の頭文字を集めたものだ。

- ・Strength：自社の強み（内部環境）
- ・Weakness：自社の弱み（内部環境）
- ・Opportunity：機会（外部環境）
- ・Threat：脅威（外部環境）

　分析対象の経営目標に対して、自社の強い部分と弱い部分（内部環境）を明確にし、合わせて機会もしくは脅威（外部環境）について情報を整理する。そして企業を取りまく環境を分析し、そこから経営目標を達成するためにカギを握っている要因、すなわち重要成功要因を導き出す（表1-2）。

表1-2 SWOT分析の例（応用情報技術者試験 平成21年度春期午後問題より）

強み（S）	弱み（W）
・高機能・高品質な製品の開発力がある。 ・施工業者との連携が強く、柔軟な施工体制をもつ。	・J社の販売価格は市場平均よりも2割ほど高い。 ・顧客情報が営業員に属人化しており、営業力、販路開拓が弱い。 ・物流部門の配送先確認・配送計画立案に時間がかかるようになっている。
機会（O）	脅威（T）
・住宅リフォーム市場は拡大傾向にある。 ・一般家庭向けセキュリティ（防犯）市場が拡大傾向にある。	・建設業界において工事需要が落ち込み、競争が激化している。 ・自動車分野で、強度が高く優れた断熱性をもつ高機能性ガラスが普及しつつある。

　また、クロスSWOT分析という手法もよく使われている。これは、機会×強み、機会×弱み、脅威×強み、脅威×弱みのように、それぞれを組み合わせて考える方法である。

参考

企業の経営資源については、人・モノ・金を三大経営資源といったり、そこに情報を加えて四大経営資源と言ったりする。

■ PEST 分析

　外部環境を分析する時に PEST 分析を使うことがある。PEST とは、P = Politics：政治、E = Economics：経済、S = Society：社会、T = Technology：技術の頭文字を取った造語。そこから、法規制、景気動向、流行の推移、新技術の状況などを洗い出し分析することをいう（表 1-3）。

参　考

PEST 分析は、コトラー（P.22 参照）が提唱した。

表 1-3　PEST の要因の例

Politics（政治）	・法律（法改正） ・税制（税制改正） ・裁判制度、判例 ・政治の動向、政策
Economics（経済）	・景気動向・個人消費 ・物価（インフレ・デフレ） ・GDP 成長率 ・為替相場・株価、日銀短観
Society（社会）	・人口動態 ・世論・流行 ・教育 ・治安・犯罪 ・宗教 ・自然環境
Technology（技術）	・技術開発 ・新技術の進展 ・特許

■ VRIO 分析

　企業内部の経営資源を次の4つの視点から分析する方法を VRIO 分析という。この4つの視点をもとに、競争優位性のタイプを評価している（競争優位性の根拠を分析する）。具体的には、表 1-4 の上段から下段に向けて（V → R → I → O）「それが無いと競争優位性はどうなるのか」を示している。

参　考

VRIO 分析は、米国の経営学者、ジェイ・B・バーニーが提唱した VRIO 理論の中での分析。

表 1-4　VRIO 分析

VRIO	競争優位性
Value（価値）	（市場）価値がなければ "競争劣位（弱み）" になる。
Rarity（希少性）	（市場）価値はあっても、希少性がなければ "競争均衡" になる。
Imitability（模倣可能性）	（市場）価値や希少性があっても、たやすく模倣されるのなら、それは "一時的競争優位" にすぎない。
Organization（組織）	（市場）価値や希少性があって、模倣可能性がない場合 "持続的競争優位" になる。但し、組織が整っていなければ競争優位性を確実に発揮できないので、しっかりとした組織体制が必要になる。

019

■ ポーターの競争優位の戦略

1980年代には、ポーター※がファイブフォース分析や競争優位の戦略を発表する。

①ファイブ・フォース分析

ファイブフォース分析とは、企業が実施する外部環境分析技法のひとつで、ファイブフォース（five forces）と名付けた図1-12のような5つの競争要因で、外部環境を分析するというもの。

競合他社との競争関係以外に、新規参入の脅威や代替品の脅威がどれぐらいあるのかや、仕入先等の供給者側の交渉力の強さや（供給者側の交渉力が強い場合は、いわゆる売り手市場になる）、顧客の交渉力の強さ（顧客の交渉力が強い場合は買い手市場になる）を分析する。新規参入や代替品の脅威はシェアに影響し、供給者及び顧客の交渉力は利益に影響を与えるとしている。

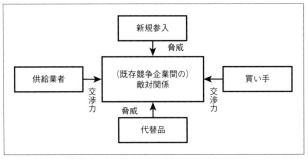

図 1-12　ファイブフォース分析

用語解説
【ポーター
（Michael E. Porter）】
米国経営学者。

②バリューチェーン

　企業の活動を、"モノ"の流れに着目して5つの主活動に分け、さらにそこに4つの支援活動を加えて分析する考え方（図1-13）。直訳すると価値連鎖。個々の活動で付加価値が生み出され、それにマージン（利益）を加えて全体の付加価値を表す。

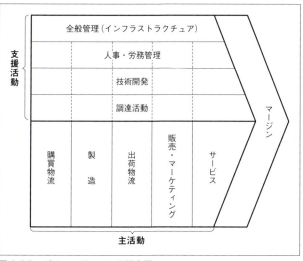

図1-13　バリューチェーンの概念図
　　　　（『競争優位の戦略』図表2.2 価値連鎖の基本形）

参　考

マイケル・ポーターの著書『競争優位の戦略―いかに高業績を持続させるか』土岐坤 訳、ダイヤモンド社（1985）で登場。

③競争優位の戦略

　次の競争優位の戦略とは、戦略ターゲットの幅と競争優位性を軸にして図のように分けたうえで、企業が競争優位を創出するためにとるのは、図1-14のように3つの基本戦略（**コストリーダーシップ戦略**※、**差別化戦略**※、**集中戦略**※）しかないということを唱えた。

		競争優位性を築くを手段	
		コスト	差別化
ターゲット	広い	コストリーダーシップ戦略	差別化戦略
	狭い	集中戦略（コスト）	集中戦略（差別化）

図1-14　競争優位の戦略

用語解説
【コストリーダーシップ戦略】
競合他社よりも低コストを実現し、優位性を確立する戦略。

用語解説
【差別化戦略】
競合他社にはない部分で優位性を確立する戦略。

用語解説
【集中戦略】
ターゲット（市場）を狭くして、そこに低コストもしくは差別化で優位性を確立する戦略。

■ コトラーの競争地位戦略

同じく 1980 年代には、マーケティングの神様として有名な**コトラー**※が、競争地位別戦略を提唱した。この戦略は、業界のシェアを基準に、リーダ、チャレンジャ、フォロワ、ニッチャの 4 つに分類して、それぞれの競争地位に応じた最適な戦略を取るという戦略である（表 1-5）。

表 1-5　ポジション別の特徴及び取りうる戦略

ポジション	特徴と取りうる戦略
リーダ	リーダ企業（通常は市場においてシェアナンバー 1 の企業）の取る戦略。市場の拡大や、利潤、名声、シェアなどの維持・向上を目標として、資金力やチャネルを活用して市場内の全ての顧客をターゲットにした**全方位戦略**や、全ての品揃えを目指す**フルライン戦略**をとる。他に、リーダが取りうる戦略としては、**同質化戦略**※や**コストリーダーシップ戦略、ランチェスター戦略の強者の戦略**など
チャレンジャ	虎視眈々と No.1 を目指し、リーダ企業に挑戦している企業。上位企業のシェアを奪うことを目標に、製品、サービス、販売促進、流通チャネルなどのあらゆる面で、まだリーダ企業が強化していないところを強化してコスト以外の部分で差別化する**差別化戦略**を取る
フォロワ	シェア上位ではないが、上位企業の戦略を模倣しながら市場でのポジションを確保している企業。競合他社からの報復を招かないように注意しつつ、リーダ企業の製品を参考にして、コストダウンを図り、低価格で勝負する
ニッチャ	ニッチャの取る戦略。潜在的需要がありながら大手企業が参入してこないような専門特化した市場に、限られた経営資源を集中して投入する**集中戦略**をとる

用語解説
【コトラー
（Philip Kotler）】
1931 〜。米国の経営学者。"マーケティングの神様"と言われている。近年、新たなマーケティングの思想になる"マーケティング 3.0"を発表している。

用語解説
【同質化戦略】
チャレンジャがとる差別化戦略に対抗し、その違いを上手に取り込み同質化し、（差を感じさせないようにして）差別化を無効にする戦略。同じような機能や効用なら、規模の大きい方が有利になる。リーダだからこそ取りうる戦略のひとつである。

用語解説
【コストリーダーシップ戦略】
【差別化戦略】
【集中戦略】
→ P.21 参照

■ 多角化戦略

アンゾフの成長戦略にもあったように、企業がこれまでの主力事業とは別に、新製品を新市場に投入して事業拡大を狙っていくのが多角化戦略である。どの分野に進出するかで、表1-6のように4つの類型に分類される。

表 1-6　多角化戦略の分類

分類	意味	例：自動車メーカーの場合の進出先
水平型	関連製品で進出	軽自動車、バイクなどの分野に進出
垂直型	製造の上流分野や、下流の販売分野に進出	部品メーカ、販売会社に進出
集中型	自社の強みを活かして進出	小型ジェット機、ロケット事業に進出
集成型	関連性ではなく、成長が見込める等の要因で新市場に進出、コングロマリット®	成長が見込めるエンタメ分野へ進出

■ ブランドエクステンション

多角化戦略と同じように、これまで積み上げてきた"ブランド"を武器に、新製品を新しいカテゴリーに投入する、すなわち市場を"拡張"する戦略をブランドエクステンションという。エクステンションとは"拡張"とか"拡大"を意味する言葉だ。

ブランドエクステンションの中には、多角化戦略の水平型と同じコンセプトのラインエクステンション（ラインナップの充実）がある。"ラインナップを充実させる"方向だ。実績のある商品と同じカテゴリにシリーズ商品を導入し、同一ブランド名での品揃えを豊富にする。

また、多角化戦略の集中型や集成型のように、ブランド名を武器に異なるカテゴリに参入するカテゴリーエクステンションがある。"カテゴリを増やす"方向を目指す。

用語解説
【コングロマリット】
集成型多角化戦略によるM&Aを積極的に行うなどで、直接関連性のない複数の事業を営む企業。複合企業ともいい巨大企業に多い。

参考
ブランドエクステンションは、新ブランドを立ち上げるよりは成功確率が高くて安全だとされている。しかし、失敗すると既存ブランドの価値を下げてしまうこともある。

1-5 情報技術を活用した事業戦略の立案 ―ITストラテジストの役割―

https://www.shoeisha.co.jp/book/pages/9784798157382/1-5/

経営層の方針や上位の経営戦略を受けて、ITエンジニア（ITストラテジストや、ITコンサルタント）は情報技術を活用した事業戦略の立案及び策定を行う（図1-15の右側）。

昔のITエンジニアは、"まず経営戦略ありき"という感じで、経営層が立案した経営戦略を受けて、その経営戦略を実現するための情報戦略を立案するという役割だった。どうすれば経営層の描く戦略を実現できるのかを考える立場に過ぎなかった。

しかし、その後ITが経営に及ぼす影響が大きくなり、経営戦略と情報戦略を同時に考えるようになっていく。そして、第4次産業革命といわれる今、もはやAIやIoT、ビッグデータ、RPA、ロボットなどの最新ITは無視できなくなってきている。いよいよ"ITありき"で経営戦略を考える時代になってきたといえるだろう。

> **参考**
> 多角的事業を営む企業やグループ企業では、経営戦略も階層化される。例えば、全社戦略、事業戦略、機能戦略のような感じである。情報技術を活用する場合、どのレベルの戦略なのかを明確にする。

> **参考**
> 情報システムは、人・もの・金などの資源を有機的に結合する経営組織体の神経系機能に位置づけられる。

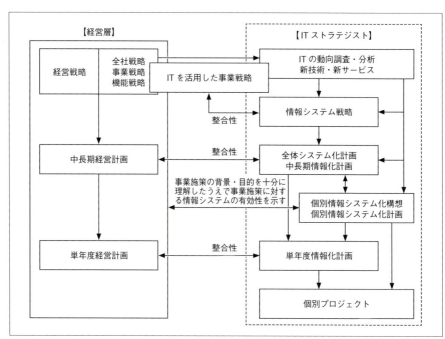

図1-15 経営戦略と情報戦略の関係

■ IT の動向調査・分析

　"IT ありき"で経営戦略を考える時代には、最新技術の動向調査と分析が必須になる。

　まずは企業の導入事例を調査する。どんな技術が、どんなレベルで実用化され、どういう使われ方をしているのかという点だ。製品やサービス、その利用企業を調査する。最初は顧客の同業種から始め、そこから異業種を含む全業種へと広げていく。また、日本の動向に限定せず世界へと広げていくのも重要だろう。

　導入事例に加えて、実用化されていない研究事例にもアンテナを張っておきたい。顧客に有益な研究があれば、その研究開発への投資や共同プロジェクトの発足などを提案するのもいいだろう。

　なお、戦略立案時には、IT エンジニアや IT コンサルタントが、経営層や経営コンサルタント（時に、法務部門や会計士なども含む）などと一緒にタスクフォースのチームを組むことがある。その時、IT 動向の調査・分析（新技術や新サービスの導入可否検討）は、間違いなく IT エンジニアの役割になる。したがって、IT エンジニアにとっては、非常に重要な部分で高いパフォーマンスが要求されるところになる。

■ IT を活用した事業戦略

　IT 動向の調査・分析の結果を受けて、IT を活用した事業戦略を立案する。

　具体的には、上位の経営戦略への適合性や、事業目標の達成の可能性などを加味しながら、IT をどのように活用していくのかを考える。そして、IT の導入効果や、業務改善の効果をシミュレーションし、それらの有効性をステークホルダに示して同意を得る。

　この時によく利用されているのがバランススコアカードだ。様々な異なる立場、数多くの人が同じベクトルを向いて合意形成するためのツールとしては秀逸である。

参 考

情報処理技術者試験の IT ストラテジスト試験では、午後 II 論述式試験で、IT の動向調査・分析をしっかりした上で、AI や IoT、ビッグデータなど最新技術を導入した経験が問われることが、ここ数年増えてきている。

Chapter
1

会社経営

■ 情報システム戦略の策定、全体システム化計画の策定

ITを活用した事業戦略を立案し、大きな方向性と全体の戦略を立案した後、ITストラテジストは、情報システム戦略から中長期の情報化計画、単年度計画、個別プロジェクトへと具体化していく。

この時の重要な視点は「3年の戦略なら3年間、5年の戦略なら5年間を見据える」ことだ。その間の変化の可能性を考え、それに配慮する必要がある。すなわち長期的視点を常に忘れないようにしなければならないということだ。

その上で、ざっくりいうと次の3点を戦略から計画に落とし込んでいく。情報システム戦略の策定段階では①の戦略を立案し、全体システム化計画の策定段階で①～③を計画に落とし込んでいく。

---

①システムの調達や導入（時には開発）戦略及び計画

　→複数ある場合、優先順位を考えながら計画する

②情報基盤（インフラ）整備計画

③情報システム部門の強化・改善計画

---

①システムの調達や導入（時には開発）戦略及び計画

情報システム戦略の策定段階で、この間に調達する情報システムの導入に必要な期間やコストを明らかにしたうえで、個々の情報システム化案件の重要度、緊急度、戦略性、実現の容易性、投資額と期待効果などを総合的に評価して優先順位を付ける。

個々のシステムが社内各部門のニーズを受けている場合には、優先順位付けに対する配慮が必要になる。「なぜ後回しなのか？」、「なぜ別の部署のシステムが先なのか？」と不満が出ることが考えられるので、客観性のある根拠を示した上で、必要に応じて各部門に納得が得られるまで説明しなければならない。

②情報基盤（インフラ）整備計画

　情報システム戦略を検討する段階で情報基盤整備計画も合わせて考え、全体システム化計画の中で確定させる。

　今はクラウドサービスが充実しているので、クラウド化する部分、オンプレミスの部分を切り分けるところから始めることが多い。そして、次のような視点で（クラウドとオンプレミスの場合で異なるが）ハードウェア、OS、ネットワーク、データベースなどプラットフォームを決めていく。

　・開発・運用・保守の経済性や効率性
　・制度改正などの事業環境変化への適応性
　・技術者の確保・育成の容易性
　・利用している技術の将来性（長期的視点）
　・セキュリティポリシ

③情報システム部門の強化・改善計画

　情報基盤整備計画同様、情報システム部門の見直しと再設計も三位一体で考える。そして、"運用から企画へシフトする"、"利用者部門の支援を強化する"など情報システム部門の方向性を決め、新たな体制や人材像に適した職位区分やキャリアパスの設定を行う。不足しているスキルを補うための他部門や外部専門家の活用も検討する。

■ 個別情報システム化構想／個別情報システム化計画

　最後に、全体システム化計画の中の個別システムに対し、個別システム化構想及び個別システム化計画を立案する。全体システム化計画の中の個々の個別システムを実現するために具体化していく。

　導入効果の測定指標を明確にし、その実現可能性を精査した上で、システム化の目的、範囲、開発体制、導入時期、システム方式などの概略を確定させ、工数見積り等を算出し、費用対効果を分析する。

参考

クラウドサービスは常に進化し続けているため、その動向には常時アンテナを張っておかないといけない。その上で、必要に応じて計画を見直すようにする。

参考

中長期経営計画がある場合には、その中で計画されている業務革新や制度改革、組織の再編などと同期が取れている中長期計画にしなければならない。

参考

中長期情報システム化計画は経営計画から見ると、情報化の投資計画になる。したがって、数年間の情報システム投資の優先順位を明らかにした上で、投資すべき分野や配分を検討し、各部門から出された情報システム化案件を選別しなければならない。

■ バランス・スコアカード

　IT 利用を前提にした経営戦略立案技法のひとつにバランス・スコアカードという考え方がある。バランス・スコアカード（Balanced Scorecard：BSC と略す）とは、キャプラン、ノートンという 2 人の経営学者が、1992 年に提唱した新しい経営戦略および経営管理の手法である。

　バランス・スコアカードでは、管理すべき項目を「財務の視点」、「顧客の視点」、「内部ビジネス・プロセスの視点」、「学習と成長の視点」という 4 つの視点に分け、それぞれの視点に対して（いくつかの）測定指標と目標値を設定する（表 1-7）。

　これらの測定指標は、決して独立したものではなく、それぞれの数字に意味があり、それぞれが影響しあったものである。そのつながりを表現したものがインフルエンスダイアグラム（影響要因図）で、バランス・スコアカードでは、図 1-16 のようにそれぞれの測定指標をインフルエンスダイアグラムでつなげて表現する。

　例えば、表 1-7 の例では、"新規顧客獲得数が 20 社"あり、"マーケットシェアが 22%"なら、売上高 200 億円が達成できる可能性が高くなることを示している（関連に仮説を立てている）。

参考

バランススコアカードが日本に入ってきた直後は、バランストスコアカードという日本語訳も付いていた。情報処理技術者試験でも平成 15 年から平成 18 年頃まではバランストスコアカードという訳を付けていたが、現在では、バランス・スコアカードという訳のほうが主流になっている。

参考

インフルエンスダイアグラムで、矢印の元を先行指標、矢印の先を結果指標または成果指標と呼ぶ。また、コントロール可能な先行指標をパフォーマンスドライバーという。

表 1-7 BSC のパフォーマンス

		測定指標（例）	目標値（例）
財務の視点	直接的にコントロールできないもので、ほかの視点の影響を受けて、結果的に向上するもの。ここで出た利益は、再度ほかの視点に投資される	売上高	200 億円
		営業利益	5 億円
		売上高営業利益率	20%
		対前年比売上高	105%
顧客の視点	顧客満足度を向上させる。製品・サービスへの顧客の要求や期待を向上させるもの。最も直接的に財務の視点に影響する	マーケットシェア	22%
		新規顧客獲得数	20 社
		顧客満足度調査	4.5 ポイント
		顧客離反率	10% 以内
内部ビジネス・プロセスの視点	業務プロセスを改善する。イノベーション、オペレーション、アフターサービスに分類し、それぞれのプロセス最適化を図る	新製品投入数	5 製品
		不良率	0.01% 以下
		原価率	30% 以下
		保守時間	24 時間以内
学習と成長の視点	企業としての能力を向上させるもので、社員の能力、モラール、組織風土などを向上させる。即効性はないが、長期的には強い競争力を育む	従業員満足度	4.5 ポイント
		資格取得者数	400 人
		従業員定着率	10 年以上 85%
		ナレッジ件数	1000 件

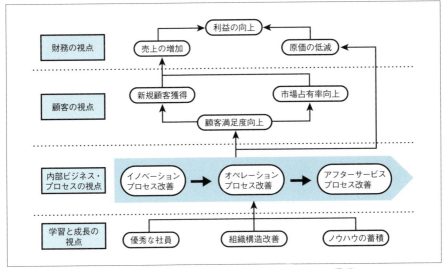

図 1-16 BSC 概要図

　また、"新規顧客獲得数が 20 社"を実現するには、さらに、顧客満足度を向上させなければならない（具体的には、表の例なら、顧客満足度調査 4.5 ポイントで、顧客離反率 10% 以内）。

　このように、バランス・スコアカードは、教育がプロセス改善や顧客満足度向上を生み、プロセス改善も顧客満足度を生む。そうして、それらが有機的に影響しあって、結果として財務上の目標が達成されるのだということを示している。また、"バランス"は4つの視点（長期的視点と短期的視点）にバランスよく目を向け、バランスよくコストや要員、設備などの資源を配分することを指し、"スコアカード"は、測定指標に対して定量的目標数値を設定することを指している。そして、すべてが有機的に絡み合い、ゴールコングルエンス※を実現するというわけだ。

　なお、こうした測定指標のことをパフォーマンスドライバや、KPI※、KGI※ということがある。

用語解説
【ゴールコングルエンス (goal congruence)】
社員はそれぞれ、自分の持つ役割の中で、個々の異なる目標達成に向けて最大限に努力する。その結果が、全体の目標達成につながる仕組みになっているという考え方。

用語解説
【KPI (Key Performance Indicator)
重要業績評価指標】
プロセスの実施状況を計測する指標、直接的にコントロール可能な指標などの意味で用いられる。

用語解説
【KGI (Key Goal Indicator)
重要目標達成指標】
目標とすべき指標、結果や成果としての指標、直接的にコントロールできない指標などの意味で用いられる。また、最終目標だけではなく、中間目標として KGI を設定する場合もある。

【参考】業績評価指標の例

参考までに、主要な業務評価指標を示しておく。

財務の視点の業績評価指標の例

成長性	
各種数字の対前年比など	
5年間の推移等	
安全性	
流動比率（％）	→「2-2 代表的な財務諸表」P.86 参照
当座比率（％）	
固定比率（％）	
固定長期適合率（％）	
負債比率（％）	
自己資本比率（％）	
収益性	
売上高総利益率（％）	→「2-2 代表的な財務諸表」P.89 参照
売上高営業利益率（％）	
売上高経常利益率（％）	
売上高当期純利益率（％）	
使用総資本回転率（回）	
固定資産回転率（回）	
棚卸資産回転率（回）	
商品回転率（回）	
商品回転期間（日）	
商品回転期間（月）	
生産性	
付加価値額（円）	→「2-2 代表的な財務諸表」P.91 参照
売上高付加価値率（％）	
労働生産性（円）	
労働分配率（％）	
労働装備率（円）	
1人当たり売上高（円）	
自己資本分配率（％）	当期純利益／付加価値額×100
使用総資本投資効率（％）	付加価値額／資産×100
投資効率	
ROE（％）	→「2-2 代表的な財務諸表」P.90 参照
ROA（％）	
ROI（％）	

 参 考

これからここで紹介する事業評価指標はあくまでも一例である。計算式も考え方によって異なる場合があるし、各業績評価指標を、どの視点に入れるのかはその企業の考え方による。同じ指標でも、顧客の視点に入れる企業もあれば、内部プロセスの視点に入れる企業もある。

顧客の視点の業績評価指標の例

顧客基本	
顧客数（人数）	
重要顧客数（人数）	
新規顧客獲得数（人数）	
新規顧客獲得率（％）	
市場占有率※（％）	
顧客1人当たり年間売上高（金額）	年間売上高／顧客数
顧客1人当たり年間利益（金額）	年間利益／顧客数
顧客対応	
1日当たり平均顧客対応時間（時間）	
従業員1人当たり顧客数（人数）	顧客数／従業員数
従業員1人当たり契約数（件数）	契約数／従業員数
契約までの平均訪問回数（回数）	訪問回数／契約数
顧客満足度／顧客ロイヤルティ	
顧客満足度（点数）	アンケート調査の5段階評価の平均点等
顧客定着数（人数）	継続契約中の顧客数
顧客喪失数（人数）	1年間に解約した顧客の数
顧客定着率（％）	期末の顧客定着数／期首の顧客数×100
顧客喪失率（％）	顧客喪失数／期首の顧客数×100
返品率※（％）	返品数／（販売数＋返品数）×100
返品高（金額）	
納期順守率（％）	納期が守られた出荷数／総出荷数×100
納期遅延回数（回数）	
苦情処理対応時間（時間）	
クレーム件数（件数）	
顧客紹介数（件数）	
顧客平均処理時間（時間）	インターネット関連操作の操作時間等
顧客ロイヤルティ指標（％）	NPS®※他
ブランドイメージ指標（％）	認知率、好感度等
リピート購買率（％）	リピート顧客数／顧客数×100
顧客支援関連	
アプローチ件数（件数）	
コンタクト件数（電話、訪問）（件数）	
情報提供回数（回数）	
無料セミナー開催回数（回数）	
新規提案件数（件数）	

用語解説
【市場占有率】
市場シェア、あるいは単に"シェア（share）"などということが多い。売上高などの金額だけではなく、販売数量や契約数などを用いる場合もある。

用語解説
【返品率】
返品には、販売した商品等に対する返品と、仕入れた商品等に対する返品があり、それぞれ計算式も異なる。左の表の例は販売に対する返品の例（返品された段階で売上と逆仕訳されるので、分母は販売数＋返品数になる）。また、数量ではなく金額で計算する場合もある。

用語解説
【NPS®（Net Promoter Score）】
顧客ロイヤルティ（顧客との関係性）を図る指標のひとつ。アンケート調査等で、顧客を推奨者（Promoter）、中立者（Passive）、批判者（Detractor）に分け、推奨者の割合から批判者の割合を引いた数値を算出する。なお、Net Promoter® およびNPS® は、ベイン・アンド・カンパニー、フレッド・ライクヘルド、サトメトリックス・システムズの登録商標である。

顧客の視点の業績評価指標の例（続き）

Webサイトの注目度を表す指標（1日や1月のように特定期間における数）	
PV（Page View）（PV）	→ 「1-6 マーケティング」P.40 参照
セッション数（回）	
UU（Unique User）（人）	

Webサイト内での動きを表す指標	
訪問別PV数（回）	→ 「1-6 マーケティング」P.40 参照
直帰率（%）	
離脱率（%）	

広告に関する指標	
期間（日、時間など）	→ 「1-6 マーケティング」P.40 参照
リーチ（人）	
インプレッション（imp、回）	
InView率（%）	
クリック（回数）	
コンバージョン（CV、回数）	
CTR（Click Through Rate）（%）	
CVR（Conversion Rate）（%）	
エンゲージメント率（%）	

広告の課金方式や投資効果を表す指標	
CPM（Cost Per Mille）（円）	→ 「1-6 マーケティング」P.40 参照
CPC（Cost Per Click）（円）	
CPA（Cost Per Acquisition）（円）	
CPO（Cost Per Order）（円）	
ROAS（Return On Advertising Spend）（%）	

内部プロセスの視点の業績評価指標の例

イノベーションプロセス（価値創造）	
研究開発費（円）	
売上高対研究開発率（%）	研究開発費／売上高×100
新製品開発件数（件数）	
研究進捗達成率（%）	
製品化までの時間（時間）	
新製品売上高比率（%）	新製品売上高／売上高×100
新製品導入率（%）	新製品導入顧客／全顧客×100

オペレーションプロセス（QCD）	
(1) Quality：品質、正確性	
不良品率（%）	不良品数量／原材料の投入数量×100
歩留率（%）	完成数量／原材料の投入数量×100
正常仕損率*（%）	仕損数量／完成品（良品）数量×100
品質改善率（%）	
再設計率（%）	再設計数量／全数量×100
再加工率（%）	再加工数量／全数量×100
総合設備効率*（OEE）（%）	稼働率×性能×品質
設備利用率（%）	実際の生産量／100%稼働状態の生産量×100
稼働率（%）	実働時間／スケジュール上の時間×100
平均故障間隔（MTBF）（時間）	
機械故障時間（MTTR）（時間）	
システム休止時間（時間）	
ライン停止時間（時間）	
(2) Cost：費用、低減	
製品別原価（金額）	
物流コスト（金額）	
在庫費用（金額）	
インターネット関連コスト（金額）	
コストダウン率（%）	
受注形態別販売割合（%）	
IT経費率（金額）	IT費用÷一般管理費
環境排出物（金額）	
(3) Delivery：納期、速さ	
各種サイクルタイム*（時間）	
納期順守率（%）	納期が守られた出荷数／総出荷数×100

【正常仕損率】
品質基準に満たないとか規格適合外とかの"失敗品"のうち、形が残っているものを仕損品という。完成予定数量に対して仕損品がどれくらいあったのか？の割合は不良品率というが、正常仕損率というと、完成した良品数のいくつで仕損分を負担するのかという指標になるので、仕損品数量／良品数になる。ちなみに、減損とは同じく失敗品だが形に残っていないものをいう。

【総合設備効率（OEE）】
生産設備の稼働効率に関する指標。リーン生産方式による効率化を図る際の代表的な業績評価指標のひとつである。性能は実際の効率／標準効率で、品質は全生産数に対する良品数（純歩留り率）を用いる。

【サイクルタイム】
ライン等で連続生産している場合の、製品が完成してくる間隔のこと。工程が複数に分かれている場合は、個々の工程のサイクルタイムのうち、最も時間のかかる工程のサイクルタイムが完成品のサイクルタイムになる。総組立時間や総作業時間との違いに注意。

内部プロセスの視点の業績評価指標の例（続き）

オペレーションプロセス（QCD）（続き）

納期遅延回数（回）	
納期遅れ削減率（％）	
調達リードタイム※（日、時間）	発注から納品までの時間
製造リードタイム（日、時間）	製造指示から製造完了までの時間
標準工数（時間）	

アフターサービス

サービス1回当たりのコスト（金額）	
対応従業員費用（金額）	営業担当者やコールセンターの人件費
営業担当者対応時間割合（％）	
保証修理費用平均金額（金額）	
保証請求率（％）	保証書の請求数／保証書の発行数
3コール以内応答電話率（％）	3コール以内の応答数／全応答数
製品への顧客満足度（点数）	

用語解説

【リードタイム】
指示してから、その指示通りの作業が終わるまでの時間。調達リードタイムは発注指示から入荷までの時間で、製造リードタイムは製造指示から製造完了までの時間になる。

COLUMN　オペレーショナル・エクセレンス

トヨタやマクドナルド、セブン-イレブンなどの企業は、そのオペレーション（現場作業）にも注目が集まっている。高生産性、高効率、継続的改善などがあるからだ。確かに、筆者もマクドナルドのドライブスルーを"たまに"利用するが、同じ店舗でも、利用のたびに微妙にオペレーションが変わっている。これぞ継続的改善の賜物なのだろう。このように、現場のオペレーションが継続的に改善され、その結果、現場オペレーションそのものが、他社との競争優位性にまで高められている状態をオペレーショナル・エクセレンスという。M・トレーシーとF・ウィアセーマの著書「ナンバーワン企業の法則（1995）」の中で提唱された概念だ。その具体的な方法論としては、シックス・シグマやリーン生産方式などが有名だが、ちょうど左表の「オペレーションプロセス」にあるような業績評価指標を設定し、その数値をより良い方向に改善していくことで達成される。

学習と成長の視点の業績評価指標の例

従業員の基礎情報

項目	算出方法
従業員数（人）	
従業員平均年齢（歳）	
正社員率（%）	正社員数／全従業員数×100
正社員の大卒率（%）	大卒の正社員数／全正社員数×100

従業員の能力向上関連

項目	算出方法
資格取得者数（人）	資格別に集計
資格取得者率（%）	資格別に算出（資格取得者数÷全従業員）×100
講座開講時間（時間）	
年間コース開講数（件数）	
講座受講者数（人）	
従業員1人当たり講座受講時間（時間）	
研修費用（金額）	

従業員の実績

項目	算出方法
従業員1人当たりの売上高（金額）	売上高／従業員数×100
従業員の生産性（金額）	
個人目標達成率（%）	

従業員のモチベーション向上

項目	算出方法
ES指標	
従業員満足度（点数）	アンケート調査等
平均欠勤率（%）	
従業員定着率（%）	

組織全体の能力向上施策

項目	算出方法
入社希望者数（人）	
入社率（%）	
特許申請件数（件数）	
特許取得数（件数）	
新技術への挑戦ＰＪ件数（件数）	
開発生産性向上ＰＪ件数（件数）	
情報検索に費やす平均時間（時間）	

■ EA (Enterprise Architecture)

EA とは、組織全体の業務とシステムを統一的な手法でモデル化し、業務とシステムを同時に改善することを目的とした、組織の設計・管理手法である。全体最適の観点から IT ガバナンスを強化し、経営の視点から IT 投資効果を高めるもの。

EA のフレームワークにもいろいろあるが、日本でも 2004 年頃に経済産業省が主導して政府に導入したフレームワークがある。それは、民間企業にも普及している。ここでは、その経済産業省のフレームワークに沿って説明していこう。なお、経済産業省では、EA 導入の狙いと EA の役割を次のようにみている。

EA 導入の狙い（メリット）

① IT 投資の合理化・効率化

　→現状を明確化、改善する

② 顧客志向への転換による高度な行政サービスの実現

　→理想像を共有する

③ 統合化・合理化プロセスの提示

　→理想に至るプロセスを共有する

EA の役割

① 業務とシステム間の関係と現状を明確化する

② 現状から理想に至る活動を明確化し、改善サイクルを確立する

③ 情報資産と業務との関係を明確化する

④ 長期的な設計思想と技術の世代管理に関する指針を示す

参考

EA は、1987 年にジョン・A・ザックマン（John A. Zachman）が発表した「A Framework for Information Systems Architecture」のザックマンフレームワークが基になっている。

EA の策定手順

続いて、EA の策定手順について説明しよう。最初に、第一段階の政策・業務分析を行い、最適化の方向性に関する統合化・合理化ビジョン（これを Principles という）を決定する。

次に、現状（AsIs）モデル分析を実施する。この時に、BA、DA、AA、TA と進めていく。現状が明確になったら、続いて理想（ToBe）モデルを設計・策定する。この時にも、現状分析同様、理想目標像、BA、DA、AA、TA の理想を、現状モデルと対比しながら策定していく（図 1-17）。

その後、EA の導入を進めていく。成果物の改訂と参照モデルの開発なども行う。

具体的には、既存の業務と情報システムの全体像及び将来の目標を明示することによって、IT ガバナンスを強化し、経営の視点から IT 投資効果を高める。

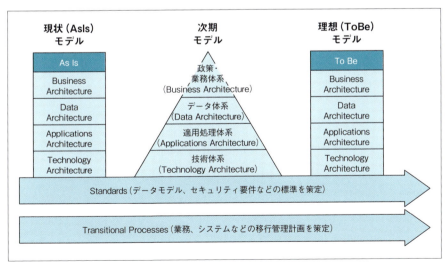

図 1-17 EA のフレームワーク
業務・システム最適化計画について（Ver.1.1）～ Enterprise Architecture 策定ガイドライン ～平成 15 年 12 月 IT アソシエイト協議会

EA の４つの体系

　EA では、先に示した４つの体系で現状業務を分析したり、理想モデルを設計したりする。この時に、誰が見ても理解可能なように可視化するところも重視している（表1-8）。

表 1-8 EA の４つの体系と成果物の例

４つの体系	成果物
BA：Business Architecture 業務体系	・業務説明書 ・DFD ・DMM ・WFA（業務流れ図）
DA：Data Architecture データ体系	・ERD ・UML ・データ定義表
AA：Applications Architecture 適用処理体系	・情報システム関連図 ・情報システム機能構成図
TA：Technology Architecture 技術体系	・ネットワーク構成図 ・ソフトウェア構成図 ・ハードウェア構成図

参照モデル

　EA 策定の際に活用できる業務タイプやデータタイプ、アプリケーション構成のオプション、技術などを広範に収集・整理したものを参照モデルという。EA において、この参照モデルは非常に重要なものになる。業務改善のスピードが速くなるからだ。経済産業省も、参照モデルを公表している。

経済産業省の EA ポータル

　経済産業省は、以前 EA を推進するために「EA ポータル」サイトを公開していた。現在は閉鎖されているが、当時のサイトは国立国会図書館のインターネット資料収集保存事業（WARP：Web Archiving Project）で保存されている。EA ポータルで公開されている資料は有意義だったと評判なので、下記に URL を示しておく。

　（warp.da.ndl.go.jp/info:ndljp/pid/2611607/www.meti.go.jp/policy/it_policy/ea/）

■ ERP (Enterprise Resource Planning)

ERPとは、統合型業務パッケージのことである。会計データベースを中心にして、企業内のあらゆる基幹系の業務(人事、販売、生産、物流など)を統合した情報システムのことを指す。

元々の概念から考えれば、特にパッケージに限定することはできないが、ERPという表現が使われ始めた頃の代表的なERPがパッケージであり、成功企業の業務プロセスをベースにしたベストプラクティス※を持っている点や、多国籍対応、DWH(データウェアハウス)機能など、従来のパッケージにはない機能を持っていたため、ERPパッケージの定義として認識された経緯がある。

したがって、ERPのメリットや、導入する時の留意点は、次のように、パッケージ製品と同じようなものになる(導入手順は図1-18参照)。

・導入の狙い(ビジネススピードの向上等)を明確にする
・フィットギャップ分析で、しっかりと見極める
・ギャップ部分の解消は、できる限り業務をパッケージに合せる(ベストプラクティスの部分は十分に検討する)

また、社内の基幹システムを統合するため、長期間にわたって部分的に順番に導入するのか、短期間で一気にシステムを切り替えるのかも慎重に検討しなければならない。加えて、経営トップの強力な推進も必要になる。

参考

ERPを直訳し、厳密に言うと「統合資源計画」になる。元々は、企業に散在する有益な資源を統合しようという概念だった(P.295参照)。しかし我が国に普及し始めた時に、そうした概念を実現する情報システムの名称として使われていたため、情報システムのERPパッケージを指すものとして認識されるようになった。

用語解説
【ベストプラクティス】
成功企業の持つ最適な業務プロセス。

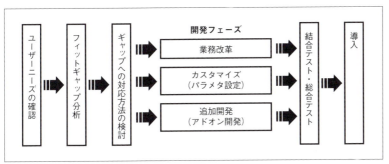

図1-18 ERPパッケージの導入手順

1-6 マーケティング

https://www.shoeisha.co.jp/book/pages/9784798157382/1-6/

経営戦略の中でも、大部分を占めるのがマーケティングである。マーケティングはそれ自体独立した分野を形成しているため、経営戦略との違い、もしくは関係性についての明確な定義はない。狭義には販売戦略になるし、広義には経営戦略そのものになる。

■ マーケティングとは

かつてドラッカー※は、マーケティングを「顧客のニーズを探り、顧客が満足を得られる価値を提供する行為」と言い、コトラーは「製品と価値を生み出して他者と交換することによって、個人や団体が必要なものや欲しいものを手に入れるために利用する社会上・経営上のプロセス」と言っている。あるいは、アメリカ・マーケティング協会※では次のように定義している。

> Marketing is the activity, set of institutions, and processes for creating, communicating, delivering, and exchanging offerings that have value for customers, clients, partners, and society at large

これらの"答え"から端的に言うならば、「ものが売れるための仕組みづくり」だと言える。具体的には、市場や顧客等の調査・分析（マーケティングリサーチ）に始まり、研究開発、商品戦略立案、販売戦略立案、広告宣伝活動（需要喚起）、各種業務プロセス改善活動など、企業の根幹をなす数多くの活動が"マーケティング活動"に該当する。一般的には、経営戦略の一部で（但し、中心に位置づけられる）、"顧客"の方を向いた戦略が"マーケティング"戦略だと解釈されている（戦略として語られることが多いが戦術や計画、活動でも同じ）。

📖 用語解説

【ドラッカー（Peter Ferdinand Drucker）】
1909～2005。オーストリアで生まれ、後に米国で活動した経営学者。世界レベルの"経営の神様"と言われている。

📖 用語解説

【アメリカ・マーケティング協会】
(www.marketingpower.com)
マーケティングについて研究している米国の非営利団体。世界中のマーケッターが参加している。

 参 考

アメリカ・マーケティング協会では、マーケティングの定義を、時代に即して定期的に見直している。この定義は2007年以後の定義。和訳には異論があるかもしれないが、日本でのマーケティングの意味を踏まえて、一部言葉を補って訳すと次のようになると筆者は考えている。「マーケティングとは、顧客はもちろんのこと、パートナーや社会全体にいたるまであらゆるステークホルダに対し、"価値ある物"を生み出し、それを伝えて、送り届けるためのあらゆる活動や仕組み、プロセスである」

■ マーケティング 1.0 −製品志向−

マーケティングの歴史はたかだか 60 年と浅い。1950 年代にニール・ボーデン（Neil Borden）がマーケティング・ミックスについて語ったところが起源だとされている。その後、1960 年代にジェローム・マッカーシー（Jerome McCarthy）が 4P 理論を提唱する（詳細は後述）。この頃を、コトラーはマーケティング 1.0 の時代だと言っている。

マーケティング 1.0 は、需要が供給を上回っているものの、競合が発生してきた世界である。競合が発生していなければマーケティングは必要ない。しかし、競合が発生しているため何かしらの施策が必要だった。需要は旺盛なので、対象は"マス（＝大衆）"になる。そして勝つために、大量生産によって低コストを実現し、それを消費者に告知するという戦略が取られていた。いわゆる製品中心の売り込むだけのマーケティングである。

マーケティング・ミックス

マーケティングにおける様々手段を組み合わせて戦略を立案すること。4P 理論や 4C 理論が有名だが、マーケティング・ミックスを最初に提唱したニール・ボーデンは、もっと多くの要素を挙げている。

4P 理論

マーケティング要素を 4 つの"P"で考える理論。代表的なマーケティングミックスのひとつ。その 4 つとは、Product（製品）、Price（価格）、Place（流通）、Promotion（販売促進）になる。この考えは戦術を考える上では今もよく使われている。ただこれは、生産側、売り手側の視点に基づく考えであった。なお、コトラーは後に、メガマーケティングにおける 6P 理論※やサービスマーケティングにおける 7P 理論※も提唱している。

参考

マーケティング 1.0 の時代の代表事例に「フォードモーターの T 型フォード」がある。1908 〜 1927 で 1,500 万台を販売した。当時は黒のフォードしかなかったが、「顧客は好みの色の車を買うことができる。好みの色が黒である限りは」という言葉を言わしめるぐらい供給側が強かった。

用語解説
【6P 理論】
コトラーが提唱したメガマーケティングにおけるマーケティングミックスの概念。規制された市場や保護された市場においては 4P に加えて 2 つの P（Public opinion ＝世論、Political power ＝政治力）が必要だという理論。

用語解説
【7P 理論】
コトラーが提唱したサービスマーケティングにおけるマーケティングミックスの概念。サービス市場においては、4P に加えて 3 つの P（Physical evidence ＝ 物的証拠、Process ＝プロセス、People ＝人）が必要だとした理論。

■ マーケティング 2.0 －顧客指向－

1970年代に入ると石油ショックを契機に米国経済は低迷する。需要が供給を下回り、モノを作れば売れる時代が終わった。市場は飽和し、競合も激しくなる。そうなると企業は、どうすれば買ってもらえるのか？を考えるようになる。それが顧客主体のマーケティング2.0だ。顧客満足を合言葉に、消費者志向で考えるようになり、戦術から戦略への転換を果たしたといわれている。

この時生まれたのがSTPの概念である。生産者志向から脱却して消費者の視点に変えていくための考え方であり、戦術としての4Pの上位に位置する戦略としての役割を果たすことになる概念だ。その後、3C分析や、LTV、CRM、ワントゥーワンマーケティングなども登場する。

STP理論

コトラーは、消費者志向を考えるには、市場における自社の競争優位性を確立するためには、セグメンテーション、ターゲッティング、ポジショニングの3つが重要であると考えた。そして、その頭文字を取ってSTP理論（他にSTP分析、STP戦略、STPマーケティングともいう）と称した（表1-9）。このSTPの概念は今でもマーケティング2.0、すなわち顧客志向の重要な概念になっている。

> **参考**
>
> マーケティング2.0の時代の代表事例は「ハーレー対HONDA」。

表1-9 STP理論におけるS、T、P

Segmentation	市場の細分化	地域や年齢、趣味嗜好、行動様式、ライフスタイルなどで市場を分割する。 例）都道府県
Targeting	ターゲット層の抽出	その中でどこを対象にするのかを決める。 例）東京都、千葉県、埼玉県
Positioning	競争優位性の設定	ターゲット層から見た時の競争優位性。 例）ビジネスパーソンに好まれる

3C分析

戦略を立案するにあたって、業界の環境分析として使用される方法のひとつに3C分析がある。Customer（市場・顧客）、Competitor（競合）、Company（自社）の頭文字をとって、3つの"C"、すなわち3C分析と名付けられている（図1-19）。

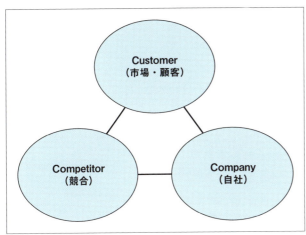

図1-19 3C分析のイメージ図

4C理論

4P理論の約30年後の1990年代前半に、ローターボーン（Robert F.Lauterborn）が新たなマーケティング・ミックスの4C理論※を発表する。4C理論は、4P理論が"売り手の視点"になっているため、それを顧客の視点で見直した理論である。

データベースマーケティング

データベースを構築し、そのデータベースを活用（分析・抽出・アプローチなど）するマーケティングのデータベースマーケティングも顧客指向のマーケティングのひとつである。大量のデータを扱えるDWHシステムをインフラに、顧客情報や購買情報、販売情報をデータベース化する。代表的なものに、CRMシステムを使ったワントゥワンマーケティング（顧客を個客ととらえて1対1で行うマーケティング）がある。

用語解説
【4C理論の4つのC】
Product → **Customer value**（顧客価値）
Price → **Customer cost**（顧客コスト）
Place → **Convenience**（利便性）
Promotion → **Communication**（コミュニケーション）
※ Customer value は、Consumer や Customer solution などと言われることもある。

■ CRM (Customer Relationship Management)

CRM とは、情報システムを活用して顧客とのつながり（顧客別購買履歴）や個人属性情報を管理することによって、顧客の望むサービスを充実させるとともに、そのサービスにタイムリーに提供し、顧客満足度を向上させるという一連の管理活動になる。情報システムを活用することで、きめ細かい支援を効率よく提供することが可能になる。

RFM 分析

RFM 分析とは、R（Recency：最終購買日）、F（Frequency：来店頻度）、M（Monetary：購入金額）の3つの要素によって顧客を分類する分析方法である。R・F・M のいずれに重点を置くかは、業種業態によって異なる。また、F×M やR×F、R×M などのように各要素をクロスさせて行う分析を特にクロス分析と呼ぶ。

RFM 分析では重点管理顧客の抽出や、顧客のグループ（自店への影響度によるランク）分け（＝セグメンテーション）などを行うことが可能になる。

LTV の最大化

CRM における目標のひとつが「LTV の最大化」だといわれている。LTV とは Life Time Value の略で、生涯価値のことである。具体的には、顧客が生涯を通じて企業にもたらすであろう利益のことである。

一般的に、新規顧客を獲得するのは既存顧客のリピート受注に対して5～10倍以上のコストがかかるといわれている。よって、企業は顧客との長期的関係を維持するほうが得策で、そのために CRM を活用することになる。

LTV の尺度をどのように設定するかは企業によって異なるが、最も重要な要素が"継続性"、すなわち"期間"になるのは共通認識である。

FSP (Frequent Shoppers Program)

　CRMを実現するためには、購買情報の収集などが必要である。そのために会員カードを発行したり、さまざまな会員特典を付与したりして会員を囲い込もうとする。こうした一連のプログラムをFSPという。FSPの特典（インセンティブ）には、会員特別価格、累進ポイントやスタンプの蓄積と還元（景品、値引き）、キャンペーンへの特別招待などがある。

　CRMとの関連でFSPを説明すると、「CRMは、FSPで収集された購買情報等を活用してワン・トゥ・ワンマーケティングを実践し、LTVを最大化すること」だといえる。

レコメンデーション

　レコメンデーションとはCRM実現のひとつの形であり、それぞれの顧客の趣味や嗜好を分析し、その顧客の興味のある情報だけを提供するサービスを行うものである。EC（電子商取引）サイトによくある"Myページ"などに"○○様へのお勧め商品"などと表示されているものが該当する。顧客にとっては、効率よく必要な情報を入手できるというメリットがあり、企業には営業効率がよくなるというメリットがある。

　レコメンデーションを実現するエンジンには、**コンテンツベースフィルタリング（内容ベースフィルタリング）**や**協調フィルタリング**などがある。前者のコンテンツベースフィルタリングとは、あらかじめ商品やサービスをグループ化しておき、顧客の購入した商品と同じグループ（属性）のものを顧客に推奨する方法である。一方、協調フィルタリングを用いると、顧客同士の購買行動の類似性を相関分析などによって求め、ある顧客Aに類似した顧客Bが購入している商品を顧客Aに勧めることができる。コンテンツベースフィルタリングでは、どうしても顧客の想像を超えるものを推奨することはできないが、協調フィルタリングを用いると、顧客の想像を超える提案も可能になる。

 参考

レコメンデーションでは、顧客の趣味や嗜好をアンケートで最初に確認したり、顧客ひとりひとりの購買履歴から嗜好を推測したりしながら顧客を分類していく。

■ マーケティング 3.0 －価値主導－

　インターネットが世界中を繋ぐ時代になると情報の交換や共有が加速するので、世界的な問題（環境破壊、貧困、戦争、経済危機など）が身近に感じられるようになったり、ブログやSNSで誰もが主役になれたりする。消費者は、マインドとハートと精神を持つ全人的存在となり、企業の行動や価値を厳しくチェックするようになってくる。

　そんな（消費者）参加型の時代においては、消費者＝生活者の共感をどうすれば得られるかが最大の命題になる。消費者は自らが主役になれる場を選び、自らが参加できる場所に行く。したがって、企業にも、共感できるビジョン、ミッション、価値が求められるというわけだ。それが、価値主導のマーケティング 3.0 である。その概念は、10 の原則として示されている。

原則 1　顧客を愛し、競争相手を敬う

原則 2　敏感にとらえ、積極的な変化を

原則 3　評判を守り、何者であるかを明確に

原則 4　製品から最も便益を得られる顧客を狙う

原則 5　手ごろなパッケージの製品を公正価格で提供する

原則 6　自社製品をいつでも入手できるように

原則 7　顧客を獲得し、つなぎとめ、成長させる

原則 8　事業はすべて「サービス業」である

原則 9　QCD のビジネス・プロセス改善を

原則 10　情報を集め、知恵を絞って最終決定を

マーケティング 3.0 の 10 原則

　また、マーケティング 3.0 の構成要素として、協働マーケティング*、文化マーケティング*、スピリチュアルマーケティング*の 3 つがあるとしている。

参考

マーケティング 3.0 の概念は、インドネシアのマーケティング会社マークプラスのヘルマワン・カルタジャヤとイワン・セティアンが考案し、そこにコトラーが加わって創生された。2010 年に「marketing 3.0:From Products to Customers to the Human Spirit」が発表される。

用語解説
【協働マーケティング】
企業の製品開発やコミュニケーションに消費者を参加させるという意味での"協働"を考えるマーケティング概念。

用語解説
【文化マーケティング】
文化的課題を企業のビジネスモデルの中心に据えるマーケティング。

用語解説
【スピリチュアルマーケティング】
自社の自己実現を考え、その価値をビジョンに埋め込む。そうすればその先に利益がついてくるという概念。利益ありきではなく、その前に精神という意味を持つ。

参考

マーケティング 3.0 の成功事例といえば、ディズニーランド、ネスカフェ、ハロウィン、乃木坂 46（P.398 参照）などといわれている。

アンバサダーマーケティング

アンバサダー（ambassador）というのは、大使を意味する英語だが、マーケティング用語として使われると、企業に代わって商品やブランドをアピールしてくれる人のことをいう。アンバサダーは、インフルエンサー（ネット上などで影響力の強い人）である必要はなく、それよりも熱狂的なファンである方がいいと言われている。

そうしたアンバサダーや、アドボケイツ（Advocates：代弁者という意味。SNS等を使って口コミで商品やブランドを強く周囲に薦めてくれる消費者）を探し出したり、任命したりして親密な関係を築いていく考え方を、アンバサダーマーケティングという。企業にとっても、顧客にとってもメリットがある手法として注目されている。

日本国内では、ネスカフェが行った「ネスカフェ・アンバサダー」が有名。家庭用コーヒーマシンをアンバサダーになった人に無償で提供し使ってもらうという施策である。その数は10万人にのぼり、コーヒーの詰め替え品の売上アップに貢献するだけではなく、コミュニティーが出来上がったり、その効果は大きい。

インバウンドマーケティング

従来の企業側からの一方的な広告宣伝活動をアウトバウンドマーケティングとよび、それらが嫌われるようになってきたことを背景に考え出された概念。

消費者にとって価値のある情報を、ブログやホームページで先に提供しておき、それを自らの意思で検索して見に来てもらった人に、興味を持ってもらい、最終的に顧客になってもらうように考える一連の活動。インバウンドやアウトバウンドというのは、元々電話の着信（インバウンド）や発信（アウトバウンド）を意味する言葉で、潜在顧客に探し出してもらったり見つけ出してもらったりして、そこで惹き付けるという考え方になる。

参考

アンバサダーとアドボケイツには、前者が企業が（時に対価を払って）任命するもので、後者が自発的に存在しているものという違いがある。そういう意味では、アンバサダーマーケティングやアンバサダープログラムは、アドボケイツをアンバサダーとして任命する行為だともとれる。

Chapter
1

会社経営

■ マーケティング4.0 −自己実現−

さらにコトラーは、2016年にマーケティング4.0を発表する。マーケティング3.0の発表からわずか6年。インターネットとSNSが普及した世界の変化は予想以上に早かった。マーケティング4.0で目指すのは、(その著書のタイトルにもなっている通り) デジタルへの転換だ。第4次産業革命 (AI、IoT、ビッグデータ等) のもたらすデジタルトランスフォーメーションに、マーケティングも対応しなければならないとしている。すなわち伝統的なマーケティングからデジタルマーケティングへの転換もしくは統合である。

自己主張、売り込み、強いリーダーシップの終焉

SNSによる誰もが自己主張する時代には、益々"プッシュ型"での売り込みが嫌われる。確かに、マネジメントでも強いリーダーシップは排除される傾向にある。強いリーダーは、時にハラスメントと捉えられ、スポーツの世界やテレビの中までも"強いリーダー"は姿を消しつつある。

顧客とつながる

デジタル時代には、いかに顧客とつながるかが重要になる。特に、今はスマホでネットに接続している時間が長くなっているが、そのデジタルの世界でどうやって"つながる"ことができるかを考えるマーケティングになる。

ペルソナ※を明確にしてカスタマジャーニーマップ※を作成して、カスタマエクスペリエンス※ (顧客経験価値) 向上を狙う。具体的には、次のようなアプローチで顧客との"つながり"を構築維持しようという考え方になる。

・コンテンツマーケティング
・オムニチャネル
・エンゲージメント・マーケティング

参考

マーケティング4.0の概念も、コトラー、ヘルマワン・カルタジャヤ、イワン・セティアンの3者で創生された。2016年に「Marketing 4.0: Moving from Traditional to Digital」が発表される。

参考

確かに顧客とつながることは重要になってきている。爆発的に増加し続ける情報の中、「どうすれば人に耳を傾けてもらえるのか？」、「どうすれば人に時間を割いてもらえるのか？」ということが最大の課題になってきているからだ。誰もが繋がれるからこそ、その繋がりの中でビジネスがクローズすることが増えてきている。

用語解説
【ペルソナ】
モデルユーザ。「52歳の男性で、都会で働くサラリーマン。専業主婦の嫁と娘2人、休日は競馬をして過ごす。趣味は…」というように属性やライフスタイルを細かく定義していくのが特徴。

用語解説
【カスタマジャーニーマップ】
ペルソナの動き (情報行動、購買行動など) を"旅行"に見立て図示したもの。

用語解説
【カスタマエクスペリエンス】
→P.51 参照

(1) コンテンツマーケティング

　Webサイトやブログなどで、価値ある"コンテンツ"を提供し続けて見込客を誘引したり、ニーズを育成したりしながら顧客にし、さらにはファンとして定着させるマーケティング。顧客と長期的な関係を構築し、顧客を育成し（あるいは顧客とともに成長し）、ファンになってもらうことを狙う。

(2) オムニチャネル

　顧客とつながる接点になる"販売チャネル"が多様化（実店舗での販売、カタログ通販、新聞や雑誌、テレビ、ラジオなどの通販、PCからのインターネット通販、スマホからのネット通販など）する中、これら顧客との接点を増やすとともに、顧客との接点となる全てのチャネル（オムニとは"全て"という意味）を融合させて、どのチャネルでも同様のサービスを受けられるようするオムニチャネルが注目されている。

　具体的には、あらゆるチャネルから購買ができて、あらゆるチャネルでモノを受け取ることができるようにしたり、各種のプロモーションからスムーズに購買できるように接続したりする。また、全てのチャネルで顧客情報やポイントを一元管理する。ネットと実店舗の融合という点では、O2O*（オーツーオー：Online to Offline）を含む概念になる。

(3) エンゲージメント・マーケティング

　顧客を、単なる愛用者（ファン）から、益々参加型を発展させ、企業価値向上を"自分のこと（自己実現）"と捉え、企業と顧客が二人三脚で共創活動を推進していこうとするマーケティングをエンゲージメント・マーケティングという。企業の価値向上と顧客の自己実現をリンクさせる。マネジメント同様、顧客の自発的貢献意欲を活性化させることがポイントになる。具体的な戦術としては、ソーシャルCRM（SNS上で顧客とコミュニケーションする）などがある。

参考

オムニチャネルのイメージは、ネットで買って店舗で受け取る。店舗で見て、その場でオンラインで購入し届けてもらう。スマートスピーカで注文するなどがわかりやすい。

用語解説
【O2O】

ネット（これをOnlineと言っている）から実店舗（これをOfflineと言っている）への顧客誘導施策のこと。ネットでクーポンを配り来店を促したり、GPSの位置情報を利用して近くにいる人のスマホに広告を出したりして来店につなげたりする。

■ デジタルマーケティング

インターネットの進展で大きく変わったライフスタイルや消費行動に対応すべく、そのインターネット上にあるデジタルデータや、デジタルチャネルをフル活用するマーケティング活動を、それまで主流だったマーケティング活動に対してデジタルマーケティングという。世の中のデジタルトランスフォーメーションの一環である。

デジタルマーケティングという用語が普及する前には、"Webマーケティング"という用語がよく使われていたが、今では、SNSやモバイルアプリ、デジタルサイネージなど、Web以外も対象に含める、より広い概念として使われている。

■ FFM（Full Funnel Marketing：フルファネルマーケティング）

特定製品に対して、認知から購買に至るまでに、徐々に人数が少なくなっていく様をファネル（漏斗：ろうと、じょうご）に例え、消費者の認知から購買に至るまでの一連の行動にバランス良くアプローチすることで全体最適化による効果の最大化を狙うマーケティング手法をFFMという。各段階の正確な実績データを得ることが可能なデジタルマーケティングでこそ可能なマーケティング手法になる。

> 用語解説
> 【デジタルトランスフォーメーション】
> → P.5 参照

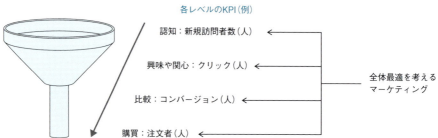

図 1-20　フルファネルマーケティングのイメージ図

■ カスタマエクスペリエンス（Customer Experience）

　誰もがデジタル（インターネット、スマホ）につながっている今の時代は、消費者が、ある商品の広告や宣伝を目にしてから、その商品を購入に至るまでの段階が、従来のAIDMAではなく、AISASに変わってきているとしている。したがって、それに合わせてマーケティングも変えていかないといけないとしている。Attention（注意）とInterest（興味）を引くコンテンツを作成するという部分は同様に考えてもいいが、ネット上で徹底的に調査するということを含むSearch（検索）と、購入した後の口コミによる評判や、共有を意味するShare（共有）は無視できなくなってきている。

　そこで、カスタマエクスペリエンス（顧客経験価値、顧客体験などもいう）の向上を戦略的に考える必要がでてきたというわけだ。顧客はもはや、当該商品の持つ"商品価値"だけでは満足しない。それを購入するという経験（初めて見た時の驚きや感動、購入前の高揚感、購入後の誇らしさや満足度などを含むすべての経験）をも楽しみたいと期待している。そこで感動できれば、顧客＝情報発信者なので、拡散が期待できる。

　特に今は、伝統的なペイドメディア（お金を払って広告を出すメディア）の効果が薄れ、それ以上にアーンドメディア（マスコミでの紹介や口コミなど、自分たちでは所有も制御もできないメディア）の影響力が大きく、そこで良い評判が立てばオウンドメディア（自分自身が所有する（＝Owned）自らコントロール可能なメディア）への誘因も可能になるため、顧客をいかに感動させるかが重要になってきている。

表1-10　トリプルメディア

メディア	例
ペイドメディア Paid Media	マスコミ4媒体、インターネット広告、プロモーションメディアなど
オウンドメディア Owned Media	自社のWebサイトやブログ・SNS、広報誌、パンフレット、電子メール、メルマガなど
アーンドメディア Earned Media	マスコミの報道、ネットニュース、SNSへの投稿、口コミサイトの評価やレビューなど

用語解説
【AIDMA】
Attention（注意）
Interest（関心）
Desire（欲求）
Memory（記憶）
Action（行動＝購入）

用語解説
【AISAS】
Attention（注意）
Interest（関心）
Search（検索）
Action（行動＝購入）
Share（共有：他の人と共有）

用語解説
【トリプルメディア】
伝統的なペイドメディアに、オウンドメディア、アーンドメディアを加えてこう呼ぶ。海外では、それぞれの頭文字"P"、"O"、"E"と、メディアの"M"を取ってPOEMということもある。

■ インターネット広告の現状

4P理論のひとつ、プロモーション※（販売促進活動）の中でも重要な役割を持つ活動が、広告宣伝活動である。

広告宣伝活動で活用する媒体には、新聞・雑誌・ラジオ・テレビなどのマスコミ4媒体や、屋外広告、交通広告、折込、POPなどのプロモーションメディア、インターネットなどがある（表1-11参照）。

このうち、デジタルトランスフォーメーションを背景に、インターネット広告が急成長を続けている。広告代理店最大手の電通が発表した2017年の日本の総広告費は約6兆4千億円だが、このうちインターネット広告は1兆5千億円で、トップを走るテレビの1兆9千億円に迫る勢いである。世界の広告費に目を向けると2018年にはインターネット広告費がテレビの広告費を上回るといわれていて、日本でも2019年には逆転するのではないかと予想されている。

その背景には、低コストで効果的な広告宣伝が可能な点や、出稿作業をはじめ自動化できる点などの理由もあるが、他のマスコミ4媒体やプロモーションメディアでは難しかったきめ細やかな"効果測定"が可能になった点も大きい。BSCなど定量的な数値管理を取り入れた経営が主流になっている今、KPIやKGIなど定量的な数値目標がないところへの投資は縮小されつつある。

今後ますます、自動化が進み、AIやビッグデータの分析を含む低コストで効果的、かつ測定可能な広告宣伝が可能になってくると、いよいよ中小企業が本格的に動き出す。そうなると、これまでは広告代理店やマーケティングの専門家に任せていた広告宣伝活動や、プロモーションもITエンジニアが担うようになるはずだ。それを見越してデジタルマーケティングの知識を身につけ、積極的にクライアントに提案していくことも視野に入れておこう。

用語解説
【プロモーション（Promotion）】

販売促進活動。広告宣伝活動にセールスプロモーションも含む活動を指す。

表 1-11　2017 年　日本の広告宣伝費（媒体別広告費）　㈱電通、2018 年 2 月 22 日公表
http://www.dentsu.co.jp/knowledge/ad_cost/2017/media.html

媒体＼広告費		広告費（億円）			前年比（%）		構成比（%）		
		2015年 (平成27年)	2016年 (28年)	2017年 (29年)	2016年 (平成28年)	2017年 (29年)	2015年 (平成27年)	2016年 (28年)	2017年 (29年)
総広告費		61,710	62,880	63,907	101.9	101.6	100.0	100.0	100.0
マスコミ四媒体広告費		28,699	28,596	27,938	99.6	97.7	46.5	45.5	43.7
	新聞	5,679	5,431	5,147	95.6	94.8	9.2	8.6	8.1
	雑誌	2,443	2,223	2,023	91.0	91.0	4.0	3.5	3.2
	ラジオ	1,254	1,285	1,290	102.5	100.4	2.0	2.1	2.0
	テレビメディア	19,323	19,657	19,478	101.7	99.1	31.3	31.3	30.4
	地上波テレビ	18,088	18,374	18,178	101.6	98.9	29.3	29.2	28.4
	衛星メディア関連	1,235	1,283	1,300	103.9	101.3	2.0	2.1	2.0
インターネット広告費		11,594	13,100	15,094	113.0	115.2	18.8	20.8	23.6
	媒体費	9,194	10,378	12,206	112.9	117.6	14.9	16.5	19.1
	広告制作費	2,400	2,722	2,888	113.4	106.1	3.9	4.3	4.5
プロモーションメディア広告費		21,417	21,184	20,875	98.9	98.5	34.7	33.7	32.7
	屋外	3,188	3,194	3,208	100.2	100.4	5.2	5.1	5.0
	交通	2,044	2,003	2,002	98.0	100.0	3.3	3.2	3.1
	折込	4,687	4,450	4,170	94.9	93.7	7.6	7.1	6.5
	DM	3,829	3,804	3,701	99.3	97.3	6.2	6.0	5.8
	フリーペーパー・ フリーマガジン	2,303	2,267	2,136	98.4	94.2	3.7	3.6	3.4
	POP	1,970	1,951	1,975	99.0	101.2	3.2	3.1	3.1
	電話帳	334	320	294	95.8	91.9	0.5	0.5	0.5
	展示・映像ほか	3,062	3,195	3,389	104.3	106.1	5.0	5.1	5.3

（注）2014 年より、テレビメディア広告費は「地上波テレビ＋衛星メディア関連」とし、2012 年に遡及して集
　　　計した。

COLUMN　無料モデル

　広告収益による無料記事や無料動画、キュレーションモデルなどが定着化して久し
い。テレビやラジオもそうだが、消費者の多くの時間は "無料" のコンテンツに費や
される。しかし、それは広告収益によるものだけではない。基本的なサービスや制限
をかけたサービスは無料で提供し、そこから高度な機能や特別な機能については課金
する仕組みの**フリーミアム（Freemium）**というビジネスモデルも定着している。オ
ンラインゲームやスマホゲーム、ネット上のサービスなどに多い。そうした背景のも
と "最初は無料が常識" だと考える人が増加する中で、何をどこまで無料で提供する
のかをじっくりと考える必要があるだろう。

■ 様々なインターネット広告

　デジタルトランスフォーメーションによって、デジタルサイネージ※が進んでいる。電車の中吊り広告がテレビに変わり、店先の広告も専用ディスプレイで時々刻々と内容が変わる。広告ではないが、居酒屋のメニューもタブレット端末に変わり内容をタイムリーに変更できるようになった。インターネットの世界も例外ではない。IT を駆使してタイムリーに内容を変えながら、広告効果を最大にする手法がいくつも開発されてきた。

　当初は、訪問者の多い検索エンジン等の、いわゆるポータルサイト上に広告枠を取るディスプレイ広告が主流だった。従来のメディア同様、幅広い層にリーチして認知度向上を目的に利用されていた。そこから、ターゲットを絞り込むため、検索サイトの検索結果を表示する一覧画面に、利用者が検索したキーワードに関連する広告を表示する検索連動型のリスティング広告が登場する。これによって、自ら検索している人に向けた広告が可能になった。

　インターネット広告は、Web サイトやアプリなど配信先が多様化複雑化してきているため、広告配信先を束ねたのがアドネットワークである。アドネットワーク事業者が広告主から広告を受注するという仕組みである。

　配信先の最適化を自動化する仕組みもいくつか登場する。広告を出す Web サイト内のコンテンツの内容を解析し、その内容に最適な広告を選択して出すタイプのコンテンツ連動型（コンテンツマッチ）広告や、トラッキング Cookie を使って閲覧履歴を収集し、その閲覧履歴に関連する広告を表示する行動ターゲティング型広告などである。効果に関しては抵抗感のある人も多く（ウザイなど）、まだまだ改良の余地はあるものの、従来にはなかった手法であることは間違いない。

　なお、インターネット広告のメリットは、タイムリーに内容を変えられるというだけではなく、広告効果の測定が可能だという部分もすごく大きい。従来の一方向通信のメディアでは取れなかった指標も確実にとれる。その指標の代表的なものを表1-12 にまとめてみた。

📖 **用語解説**

【デジタルサイネージ】
ディスプレイ装置を使って表示させる電子看板や電子掲示板などの総称。ダイナミックに内容を変えられる。

表 1-12 インターネット広告関連の指標

Web サイトの注目度を表す指標（1日や1月のように特定期間における数）		
PV（Page View）（PV）		Web サイト単位で、その Web サイト内のページが表示された（読み込まれた）回数、もしくは表示したページ数。1人の訪問者がそのサイトを訪れ、そのサイト内の 10 ページを閲覧した場合でも 10PV とカウントする。
セッション数（回）		Web サイト単位で、その Web サイトに訪れたアクセスの回数。1人の訪問者が異なるタイミングで、3回訪問した場合は3回とカウントする。
UU（Unique User）（人）		Web サイト単位で、その Web サイトに訪れた訪問者の数。特定期間内に同一ユーザが複数回アクセスしてきても1回とみなす。ただし、同一人物が異なるパソコンや、パソコンとスマホからアクセスしてきた場合には1回とみなせない。
Web サイト内での動きを表す指標		
訪問別 PV 数（回）ページ／セッション（回）	PV ／セッション数	1回のアクセスで平均何ページを閲覧しているかを把握する数値。その Web サイトの回遊性を示す数値。
直帰率（%）	1ページしか閲覧されなかったセッション数／全セッション数× 100	Web サイトや Web ページを訪問してきた人の1回のセッションのうち、1ページしか閲覧せずに去っていく（これを"直帰"に例えている）セッションの割合。直帰率が高いと、Web サイトを訪れたものの興味を示さなかった可能性が考えられるが、流入経路によって大きく変わるという点も意識して総合的に判断する必要がある。
離脱率（%）	そのページを最後に閲覧した回数／PV × 100	各ページ別の割合で、そのページが見られた数とそのページを最後に離脱した（そのページを最後に、そのサイトの閲覧を終了した）数の割合。そのページが3回観られて、そのうち2回がそのページを最後に閲覧を止めた場合、66.7%が離脱率になる。
広告に関する指標		
期間（日、時間など）		広告を掲載する期間（日、時間など）。**課金単位にもなる（1週間で 50 万円など）。**
リーチ（人）		広告が伝達できた人数。
インプレッション（imp、回）		広告が表示された回数。**課金単位にもなる（インプレッション保証型：10,000imp で 2,000 円など）。**
InView 率（%）	InView インプレッション／インプレッション× 100	インプレッションのうち、ユーザの可視範囲に入ったインプレションの割合。一般的には、広告ピクセルの 50%が、スクリーンに1秒以上（動画の場合は2秒以上）表示された状態を "InView" といい、ビューアブルインプレッションとされている。認知形成等 "見られること" を目的に出す広告では重要になる指標。
クリック（回数）		広告が表示された回数。課金単位にもなる（クリック単価、回数保証など）。
コンバージョン（CV、回数）		資料請求、会員登録、製品の購入など、あらかじめ定めておいた成果につながった数のことをコンバージョン数という。課金単位にもなる（いわゆる成果報酬型）。
CTR（Click Through Rate）（%）	クリック数／imp 回数× 100	クリック率。広告の表示回数（imp）に対してクリックされた回数の割合。
CVR（Conversion Rate）（%）	コンバージョン／クリック数× 100	クリックしたユーザのうち、どれぐらいの割合でコンバージョンにつながったのかを示す割合。
エンゲージメント率（%）	エンゲージメント数／投稿数	主に SNS で使われる指標で、1投稿で得られたエンゲージメント（いいね、シェア、コメント、リツイートなどの反応）の割合。
広告の課金方式や投資効果を表す指標		
・CPM（Cost Per Mille）（円）・CPM 課金	広告費用／インプレッション数× 1,000	・1,000 インプレッション（表示回数）にかかった広告費用。課金方式の CPM と分けて説明する場合に eCPM（effective CPM）という場合がある。・**1,000 インプレッション当たりの単価。**
・CPC（Cost Per Click）（円）・CPC 課金	広告費用／クリック数	・1クリックあたりにかかった広告費用。・**1クリック当たりの単価。**
・CPA（Cost Per Acquisition）（円）・CPA 課金	広告費用／コンバージョン	・1コンバージョンあたりにかかった広告費用。・**1コンバージョン当たりの単価。**
・CPO（Cost Per Order）（円）・CPO 課金	広告費用／注文件数	・1注文あたりにかかった費用。・**1注文当たりの単価。** 2ステップモデル（サンプル品や資料請求と、最終的な目標である注文とを2段階に分けて考えるモデル）の場合は、最初のステップを CPA とし、最終目標を CPO で計算する。
ROAS（Return On Advertising Spend）（%）	売上／広告費用	広告費用を投資とみて、その投資でどれぐらいの効果があったのかを示す指標になる。なお、売上は、あくまでも広告効果による売上に限定する。

■ DSP（Demand Side Platform）広告

　広告主と広告配信先のマッチングといえば、DSPもしくはDSP広告というプラットフォームも活用されている。

　DSPとは、需要サイドのプラットフォームを意味する言葉で、供給サイドのプラットフォームのSSPとリアルタイムにマッチングする技術で、複数の広告主と複数のアドネットワークのマッチングを行っている。

　広告主は、配信したい広告を入札金額とともにDSPに登録しておく。そして、広告枠を持っている媒体に誰かがアクセスしてくるとSSPにインプレッションの発生を通知する（図1-21の②）。SSPはDSPに順番に最適な広告を要求し、DSP側からの提案を受ける（③、④）。その時、例えば図のようにあるDSPが100円の広告を、別のDSPが120円の広告を提示してくると、価格の高い120円の入札を確定して（⑤）、その広告を広告枠に表示する（⑥）。こうした②〜⑥の処理は瞬時に行われるため、アクセスした人を待たせることはない。

> **参考**
>
> 実際の入札は、**セカンドプライスオークション**で行うことが多い。これは通常のオークションでもよく使われている方式で、入札者は出せる金額の上限を登録しておき、その中で1番高値を付けた者が入札するが、その入札金額は2番目に高値を付けた金額にプラスいくらかで入札したとする方法。図1-21だと、広告Bの入札金額を101円とする感じだ。ちなみに、図1-21で広告Bが、そのまま120円を入札金額とするのは**ファーストプライスオークション**という。

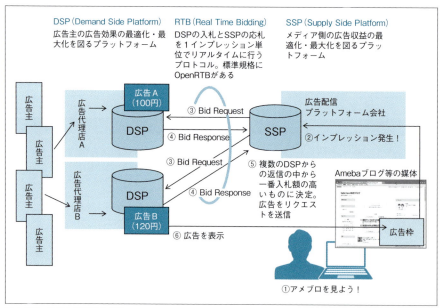

図 1-21 DSP広告の仕組み

■ インターネット広告の課金方法

　インターネット広告には様々な課金方法、料金設定がある。従来のメディア同様、広告の出稿期間による価格設定だけではなく、インプレッション数、クリック数、コンバージョン数などで単価を決める価格設定や、一定の数を保証する保証型の価格設定などだ。広告主は目的や狙いに応じて選択できるようになっている。しかも、カウントも課金も自動化されているため低価格での広告出稿も可能になっている。

■ インターネット広告の問題点

　効果測定に長けていて、効果的にアプローチできるインターネット広告にも、いくつかの問題点が指摘されている。

Viewable Impression 問題

　CPM課金の場合、本来はユーザが閲覧できる状態にあったインプレッション（Viewable Impression）だけをカウント対象にするが、実際にはその状態にない時（表示ページのずっと下の方にあって、スクロールしていないためユーザの目に触れていないような状態の時）もカウントしてしまう問題。

アドフラウド（Ad Fraud：詐欺広告）問題

　botや人海戦術で、インプレッションやクリックを行って広告効果があるように見せかけて、広告費用を水増し請求する行為。コンバージョンに対する成果報酬の場合は特に問題にはならないが、インプレッションやクリックに対する課金契約をしている場合には大きな問題になる。

ブランドセーフティ問題

　広告出稿の自動化は、広告掲載メディアを選定できないことが多く、中にはブランドイメージを大きく毀損してしまうサイトやページ、動画コンテンツなどに広告を掲載してしまうこともある。これをブランドセーフティ問題という。

■ ハイテクマーケティング

　イノベータ理論やキャズム理論は、既存技術を凌駕するようなハイテクノロジー製品に特化したハイテクマーケティングに関する考え方である。

イノベータ理論

　イノベータ理論とは1962年に米・スタンフォード大学の社会学者、エベレット・M・ロジャース教授（Everett M. Rogers）が提唱した"イノベーション"普及に関する理論である。商品購入時の購買層を表1-13の五つに分類して説明している。

表1-13　5つの層の特徴

5つの層	割合（累計）	特徴
イノベータ	2.5%　（2.5%）	新しいものを積極的に使ってみる人
アーリーアダプタ	13.5%（16.0%）	流行に敏感。他の層への影響も強い。
アーリーマジョリティ	34.0%（50.0%）	初期の多数派。慎重だが懐疑的ではない
レイトマジョリティ	34.0%（84.0%）	普及したのを確認して同じ選択をする人。
ラガード	16.0%（100%）	最も保守的。流されない。

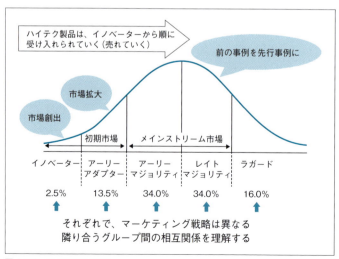

図1-22　5つの層の特徴

この5つの層は、図1-22の左（イノベータ）から右へ順番に拡大していく。最初は"新技術が大好きな"イノベータが飛びつく。続いて"先行利益に敏感な"アーリーアダプタに拡大していく。ある程度利益が見込めるとアーリーマジョリティが受入れ、過半数を超えたことを確認してレイトマジョリティも続くという感じである。また、それぞれの層に対して最適なマーケティング戦略が必要だとしている。

キャズム（Chasm）理論

　一方、米・マーケティングコンサルタントのジェフリー・A・ムーア（Geoffrey A. Moore）は、利用者の行動様式に変化を強いるハイテク製品では、イノベータ理論の5つの採用者区分（購買層）の間には断絶があり、その中でも特に乗り越えるのが困難な"深く大きな溝"＝"キャズム（Chasm）"がアーリーアダプタとアーリーマジョリティとの間にあると主張している。

　そして、ハイテク製品を市場に浸透させるためには、キャズムを乗り越える必要があるため、アーリーマジョリティに対するマーケティングが鍵を握るという「キャズム理論」を説いている。

参考

キャズム理論は、ジェフリー・A・ムーアの著書：『Crossing the chasm』（1991年）の中で提唱されている。

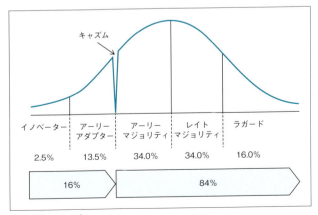

図 1-23　キャズム

■ Price（価格）の決定に関して

　4P 理論の 4P のひとつ "Price（価格）" に対する戦略もいろいろある。ここでは代表的なものをいくつか説明する。

価格弾力性

　価格変更に対する需要の反応の尺度。通常、値上げをすると途端に売れなくなったり、値下げをしたら急に売れ出したりするものを "価格弾力性が高い" という。逆に、値上げをしても値下げをしても売れ行きに変化が無いものは "価格弾力性が低い" という。

コスト志向型価格設定

　価格設定には様々な考え方がある。最もオーソドックスで理解しやすい価格設定方法は、製造原価や仕入原価をベースに価格を設定するコスト・プラス法（原価加算法）やマークアップ法だろう。いずれも原価に一定の利益を上乗せする考え方だが、前者は主に製造業で製造原価に一定の利益を上乗せし、後者は主に流通業で仕入原価に一定のマークアップ（利益率。値入率ともいう）を乗じて原価が決定される。他に目標利益を設定しそれを実現する価格に設定する目標利益法（目標価格法）もある。

需要志向型価格設定

　コスト志向型価格設定とは異なる考え方で、"売れる価格" 設定を目指す考え方を需要志向型価格設定という。

　市場調査などで "売れる価格" を探り、その価格が "適切な価格" だと認識させる方法を知覚価値価格設定という。原価は、その価格に対して適切になるようにコスト削減努力（仕様変更や原材料、部品の見直し等）で実現する。

　また、顧客層や時間、場所で需要が変動するような場合に、価格を変動させる需要価格設定や、同一製品に市場セグメントの特性に合わせて異なる価格を設定する価格差別などもある。

参考

需要志向型価格設定には、ここで紹介している消費者心理に基づくものが多いが、他に限界費用を分析する方法もある。

参考

需要価格設定は身近にある。ランチサービス、タイムセール、学割サービスなど通常よりお得感を出す価格や、グリーン車、タクシーの深夜料金など高くするものもある。

競争志向型価格設定

　伝統的な価格決定の三大要素は、原価・需要・競争である。このうち競争志向型の価格設定には、入札価格や実勢価格がある。いずれも競争相手の価格（価格予想を含む）に基づいた価格設定になる。

新規参入時の戦略的価格設定

　他に、市場のシェア獲得を意識した戦略的な価格設定の考え方もある。低価格で売り出すペネトレーションプライシングと、高価格で売り出すスキミングプライシングだ。新規参入時の価格戦略になる。

　ペネトレーションプライシング（ペネトレーション価格戦略、市場浸透価格戦略などともいう）とは、導入期から市場への早期普及を目的にした（市場に受け入れてもらえる）価格設定をする戦略である。普及させるためなら導入時はコスト割れをも厭わない。投資コストを回収し黒字化するのは、市場浸透後に規模の経済性からコスト低下につながった時である。

　一方、その真逆のスキミングプライシング（スキミング価格戦略、上層吸収価格戦略などともいう）とは、価格が高くても購入する富裕層やマニア等にターゲットを絞り込んで、導入期から高価格を設定し、しっかりと利益を確保し先行者利益を得て、投資コストを早期に回収するという戦略である。一定のシェアを獲得した後に価格を下げることもある。

EDLP と HILO

　スーパーや量販店の価格戦略に EDLP（Every Day Low Price）がある。期間を限定した値引きの販売施策を見直し、コスト削減によるローコストオペレーションを実現させて、恒常的な（すなわち Every Day）低価格（すなわち Low Price）戦略を展開する考え方だ。EDLP を認知してもらうことで広告宣伝費を圧縮する効果を狙っている。EDLP に対し、特売によって集客する戦略を HILO（High-Low Price）という。

参　考

ペネトレーション(penetration)を直訳すると"浸透する"という意味

Chapter
1
会社経営

COLUMN　その他のマーケティング用語

他にも、次のように様々なマーケティング用語がある。

■ソーシャルマーケティング

　企業の利益だけを考えるのではなく（企業の利益だけを考えるそれまでのマーケティングをマネジリアルマーケティングという）、社会全体の利益の中で考えるマーケティング。行き過ぎた顧客志向が環境破壊につながる可能性を指摘。70年代初期にコトラーによって提唱された考え方で、非営利組織への導入も見られる（非営利組織にマーケティングの考え方を取り入れるという側面もある）。

■コーズリレーテッドマーケティング

　マーケティングに企業の社会的責任活動を加味したもので、利益の一部をNPO法人やNGO等社会貢献活動をしている団体に寄付することによって、社会貢献活動を支援する信条をアピールして企業のイメージ向上を狙い、ひいては売上向上につなげていくという一連の活動。

■パーミッションマーケティング

　顧客や消費者に勧誘や宣伝活動を行う許可を取って行うマーケティング。顧客との長期的な信頼関係や友好関係の形成を重視する。

■バイラルマーケティング

　人から人へ評判が伝わることを積極的に利用することが特徴的なマーケティング。俗に言う"口コミ"マーケティング。

■ブランド・エクイティ（Brand Equity）

　特定の組織にとって自社のブランドの名前やシンボルと結び付いたブランドの資産の集合であり、製品やサービスの価値を増大させるもの。認知性（ブランドの認知度）、知覚品質（消費者が感じるブランドの品質）、ブランド連想（ブランドのイメージ）、ブランド・ロイヤルティ（ブランドへの忠誠心）などを指す。

■ マーチャンダイジング

マーチャンダイジング(Merchandising)とは、簡単にいうと、「いかに販売していくか」という課題に対して、どのように商品を取り扱うかを決定する活動のことである。具体的には下記の4つの活動のことであり、マーケティング活動の中の商品に関する部分のことだといえる。

① 商品の品揃えの決定
② 販売価格の決定
③ 陳列方法の決定
④ 販売促進活動の決定

商品の陳列方法の決定

消費者が店舗に買い物に行く場合、「これを購入しよう」ということをあらかじめ決めてから行く人は10%にも満たないという調査結果がある。つまり、消費者がどの商品を購入するかを決定するのは、ほとんどが店舗内でのことだそうだ。

そのため、店舗レイアウトや商品の陳列方法によって売上も変わるし、売れるコーナーに配置した商品はよく売れる。逆に本来よく売れるはずの商品でも、陳列によっては本来の売上に届かないことになる。

そういう観点から、陳列方法の決定や棚割計画などは非常に重要になってくるわけだが、陳列方法を決定したり棚割計画を立案したりするには、消費者の行動特性(行動科学)に起因する**売場の基礎知識(理論)**を知らなければならない。そうした知識を身につけた上で、最適な陳列と最適な棚割が可能になる。

(→第4章 物流・在庫管理 4-2 在庫場所 参照)

参考

マーケティングとマーチャンダイジングはいずれも「いかに販売していくか」を考える諸活動のことである。前者が「生産から消費者に届くまで」の活動を最適化することであり、後者は「商品計画」に特化したものだといえる。マーケティングのほうはより広い概念になり、市場選択、販路選択、製品計画なども含まれる。

参考

マーチャンダイジングの中でも、特に小売店舗のマーチャンダイジング活動をインストアマーチャンダイジングと呼ぶ。その目的は、来店する消費者に対して、効率的に商品を提供し、店舗生産性を最大にすることであり、そのためにPOSで収集した情報が活用される。

Chapter 1
会社経営

商品の品揃え（実店舗）

　店舗の陳列棚には限りがあるので、店舗生産性を最大にするには、売れない商品を店頭から排除して売れる商品を陳列しなければならない。そのためには、売れる商品（売れ筋商品）と売れていない商品（死に筋商品）を正確に把握する必要がある。

　そこで、過去の販売データ（POSデータ）等を分析し、回転率の高い商品を"売れ筋商品"、「1カ月間の販売数がゼロの商品」など、一定期間まったく動きのない商品を"死に筋"として分類する。後述するABC分析を使うことも多い。

　ABC分析とは、取扱い商品を、売れているものとそうでないものに分類し、管理水準に差を付けるなど、重点管理を実施する時の分析技法の代表的なものがABC分析である。

　図1-24のように、商品を販売数量や販売金額の高いものから順に並べて（棒グラフ）、販売数量や販売金額の累計を取る（折れ線グラフ）。そして、例えば販売数量の累計が70％になるまでを"売れ筋商品"として"Aクラス"に分類する（図1-24のA）。同様に90％になるまでを"Bクラス"、残りを"Cクラス"に分類する。どこまでをAクラスやBクラスにするかは特に決まりはないが、パレートの法則※や80対20の法則※から、Aクラスは70〜80％とすることが多い。パレート分析は、QC7つ道具のひとつなので品質管理で用いられる。

　ただし、単に自店の販売情報からのみ判断するのは危険である。商品特性ではなく別の要素があるかもしれないからである。チェーン店なら他店舗の情報を、入手可能であれば全国レベルや地域レベルの販売情報を参考にしながら判断しなければならない。

　用語解説
【パレートの法則】
イタリアの経済学者ヴィルフレド・パレート（Vilfredo Federico Damaso Pareto）が提唱した法則で、全体のごく一部の要素が全体に大きな影響を与えているという法則。80対20の法則と言われることもある。様々なものに当てはまる。

　用語解説
【80対20の法則】
全商品の20％が、売上全体の80％を占めるというような、全体のごく一部の要素が全体に大きな影響を与えているという法則。様々なものに当てはまる。

　参考
パレートの法則や80対20の法則などは、いずれも冪乗則（べきじょうそく、power law）という統計モデルになるが、他にも、ジップの法則、スタージョンの法則なども似たような法則になる。

商品の品揃え（ネットショップ）

　従来の商品戦略は、例えばABC分析の結果を受けて、Aクラスの商品を"売れ筋商品"として重点的に仕入れて、Cクラスの商品は在庫していていても売れる可能性の低い商品なので入替対象にするなどしていた。

　しかし、これはあくまでも売り場に制約のある実店舗の話で、インターネットの世界は勝手が違っていた。言うまでもなく、ネットの世界では検索機能を使えば、実店舗とは比較にならない数の商品を在庫することができる。そのため、ネットショップなどでは、80対20の法則が当てはまらなくなってきた。

　ネットショップでは、ひとつひとつの売上数は微々たるものでも、その"少ししか売れない商品"が、それこそ大量にあるので無視できない値になる。時に、売上上位の2割の商品を合計しても大した値にならないようになることもある。そういった現象をロングテールという。ロングテールとは、ちょうど図1-24に見られるように、横軸が右側に延々と伸びていくようなイメージになる。それが長いしっぽ（long tail）のように見えるので、この名前が付いたそうだ。

　ロングテールの考え方で商品戦略を考えた場合、ネットでの販売が前提になるが、例えば、郊外に大規模な物流センターを低価格で建設・運用し、そこにあらゆる種類の（俗に言うニッチな商品も含めた）商品を保管しておくという方向になる。

> **参考**
> ロングテールは、Anderson（クリス・アンダーソン）氏が2004年10月に発表した「The Long Tail」という記事の中で提唱した法則である。

> **参考**
> 例えば、ネット通販の最大手Amazonの取り扱いアイテム数は2億種類を超えるといい、現在もなお日々増殖中である。

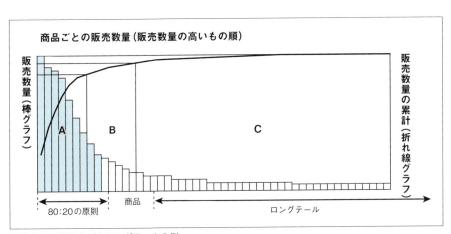

図1-24　ABC分析とロングテールの例

1-7 管理会計

https://www.shoeisha.co.jp/book/pages/9784798157382/1-7

会計は、（第2章で説明する）財務会計と管理会計に分けて説明されることが多い。

外部利害関係者向けに企業活動の貨幣的価値の記録を公開することを目的とした「制度上義務として課せられている会計」の財務会計に対し、管理会計は「内部経営管理」を目的とした「経営的意思決定に必要となる会計」といえるだろう。財務会計（制度会計）のような報告義務こそないものの、自社の経営活動に有効なデータを提供するものと位置づけられ、制度会計以上に重要視されているものだ。

管理会計といえば、予算統制と原価管理が代表的なものといわれてきた。また、制度会計では必要なかった製品別やプロジェクト別、地域別、部門別、担当者別など、より細かい単位での集計なども管理会計の守備範囲になる。管理会計という冠を付した多くの書籍やMBAのシラバスなどを見ても、経営分析、予算統制、原価管理に関する内容が中心になっている。

参考
経営分析に関しては「第2章 財務会計」で説明している。

参考
原価管理に関しては「第5章 生産管理」で説明している。

■ 予算編成

毎年、年度始めには予算が編成される。営業担当者はもちろんのこと、ITエンジニアの中にも部門予算や個人予算と格闘している人が少なくないだろう。先に説明したとおり、"予算"を用いた経営は、多くの会社が行っている最も身近な管理会計の実践例だからだ。

予算統制を行うには、予算を編成しなければならない。その方法は様々でゼロベース予算※などもあるが、一般的には、図1-25のように、過去の実績をもとに単年度計画に合わせて総合予算及び部門予算を組むことが多い。そのプロセスは次のようになる。

用語解説
【ゼロベース予算】
ゼロベース予算とは、既定の継続業務に要する費用から予算を算出する伝統的予算編成方法とは異なり、ゼロから出発して、本当に必要な費用のみを予算化する予算編成プロセスのことである。予算を申請する担当には、予算が必要な理由を証明する義務を課す。そうして、それらのうち重要度の高いものから予算化する。

＜予算確定までのプロセス（例）＞

① 各部門で、経営戦略・中長期計画・単年度計画に基づいた予算案を作成。詳細レベルで検討した数字（例えば営業部門の売上予算なら、担当者別や商品別・地域別等で算出した数字）を、各部門で積み上げる。
② 各部門予算を集計する。
③ 目標達成度や全体最適化の観点、あるいは予測財務諸表との整合性などより、経営会議等で予算を承認もしくは組み直しを行う（その場合、部門との再調整になる。上記の①～③の繰り返し）。
④ 月次計画をもとにベースライン（時系列予算配分）の調整を行って部門間の整合性を図る。

このような調整が行われた結果、例えば、商品別月別販売予算や、担当者別月別受注予算などが確定する。担当者別予算などは、人事評価と連動することも多く、当該担当者の目標となる。

> **参考**
> 予算承認に向けての調整は、子会社の場合、親会社と行わなければならないこともある。

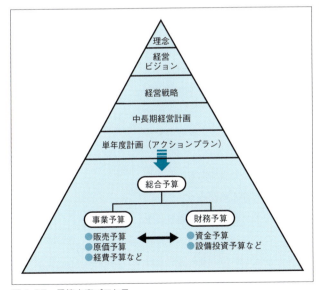

図 1-25　予算立案プロセス

■ 実績収集

予算編成が終われば、あとは、その対象となる期間（予算対象年度）に実績を収集する。そして予実管理を行う。具体的には、予算と比較して、達成度合いを確認するとともに、問題があれば早期にアクションを起こすことも考える。そのあたりは、普段からITエンジニアが行っている進捗管理や費用管理と同じだから、イメージはしやすいだろう。

なお、実績データの収集は、各業務システムを通じて集計される。以下に例を示しておこう。

・部門別担当者別経費（財務会計システムより）
・部門別担当者別販売実績（販売管理システムより）
・地域別販売実績（販売管理システムより）
・顧客別販売実績（販売管理システムより）
・製品別実際原価（生産管理システムより）

■ 予算の見直し

いったん立案した予算を定期的に見直すこともある。個人の踏ん張りや奮起を狙うなら安易に下方修正しない方が良いかもしれないが、非現実的な予算をいつまでも夢見ていても仕方がない。経営環境の変化にいち早く対応するには、直近の実績をも考慮して予算そのものも"タイムリに見直す"ことも必要である。

日本でよく行われているのは修正予算の発表である。上方修正や下方修正という言葉を耳にしたことがあるだろう。これは半期や、次年度予算編成時にこれまでの実績をもとに通年の予測を修正するものである。

また、ローリングフォーキャストという新しい考え方も登場している。ローリングフォーキャストとは、年度予算に対して、毎月あるいは四半期の結果をもとに、その翌月から一定期間（例えば3カ月など）の月別予算に対して新たなフォーキャスト

> **参考**
> 見直した直近3カ月間は"予算"と区別して"予測"ということもある。

> **参考**
> ローリングフォーキャストと良く似た概念に、ローリングバジェットやリフォーキャスティングなどというものもある。

(予測、予想)を元に見直して、年度予算を最新の状態に保つやり方である。

旧来から良く行われていた修正予算とローリングフォーキャストの概念との違いは、前者が「過去の実績をもとに(通年の最終がどうなるのかを)見直す」のに対し、後者は、「(過去の実績を参考にはするものの)将来を予測して、それに向けた行動とともに見直す」点を強調しているところだろう。

■ BBM (Beyond Budgeting Model)

従来の"年"を単位とする伝統的な予算管理制度が様々な問題を含んでいるとして、そうした"予算管理"から脱する(超越する)ことを考えたモデルが BBM(または超予算モデル)である。1997年に設立された BBRT* が提唱している。よく使われている手法は、予算を計画する場合は、月単位もしくは四半期単位という短スパンにして、柔軟に見直しをかける(ローリングフォーキャスト)というもの。

＜伝統的予算管理制度のデメリット＞
・その管理に多大な労力を費やす(作成に数か月以上かかるなど)
・状況変化への柔軟な対応の欠如
・長期的視点の欠如
・早い段階での計画値と実績値の乖離がもたらす形骸化や帳尻合わせなど

＜ BBM ＞
・ローリングフォーキャスト
　予算計画の短期間化(月単位もしくは四半期単位)と、計画的見直し
・固定的目標(ROE を 1% アップなど)ではなく、相対的目標(10 位以内に入るなど)
・業績評価は、財務指標だけではなく、非財務指標(KPI)も加えて行う。BSC とのリンク

参考

BBM には画一化された具体的モデルはない。完全に予算を廃止することもあれば、予算制度と併用しているところもある。共通するのは、従来の固定的予算制度から脱することだと言えよう。

用語解説
【BBRT】
Beyond Budgeting Round Table：超予算モデル分科会、URL：www.bbrt.org。BBM の詳細はこの URL を参照。

ITエンジニアにとってのプラスワン
－様々な調査・分析技法①－

外部環境における将来動向を予測したり、内部環境（企業や業務など）を調査・分析したりする時に使う分析技法や、意思決定のための手法（決定理論）を紹介しておこう。代表的なものに、次のようなものがある。

■ ブレーンストーミング（Brainstorming）

集団でアイデアを出し合うときの有名な方法。発想法のひとつ。集団の参加者は、自由に意見を出し合い、批判せず、結論も出さず、質より量を重視し、ただただ数多くの意見を出していく方法。

また、ブレーンストーミングを応用した発想法にゴードン法がある。ゴードン法とは、元々のテーマを抽象化したテーマ（例えば、元のテーマが"乃木坂46"であれば、それを抽象化した"アイドル"をテーマにする）でブレーンストーミングを実施し、その後もう一度、本来のテーマ（上記の例であれば"乃木坂46"）でブレーンストーミングを実施する方法。1回目に抽象化したテーマで実施することで、固定観念を打破できると考えられている。

■ KJ法

意見収束の技法の代表的なものにKJ法がある。マーケティング、品質改善活動、新商品開発などの実践的な利用だけではなく、研修におけるグループディスカッションなどにも使われる。

ある特定のテーマや問題に対し、複数の参加者が、自由に自分の意見をカードや付箋に書き込む（ブレーンストーミング）。そして、いったん出尽くした後に、同じような意味を持つものをグルーピングしていき、そこに見出しを付けることによって体系化を進めていく。要するに、ブレーンストーミングで発散した意見を、KJ法で収束させていく。ちなみに、文化人類学者の川喜田二郎氏が考案した方法。KJは自身のイニシャルである。

なお、同じような方法論、未来を予測する手法に親和図法がある。KJ法と親和図法は別のものだという意見もあるが、意見、発想などの集めたデータを、その"親和性"によってグループ化していき問題を整理するという共通部分が多いのも事実で、同じだという意見もある。

■ デルファイ法

　デルファイ法は、技術動向や市場動向、環境などが将来どうなっているのかを予測する手法のひとつで、専門家等の意見を集約する目的で利用される技法になる。現在の動向から未来を予測するだけでなく、見積り技法として使用することもできる。

　将来の予測に関しては専門家等の意見が重要になる。しかし、複数の専門家の意見をまとめるのは至難の業だ。そこには専門家ならではの偏りがある。そこで、専門家等にアンケート調査を繰り返すことによって（アンケート→結果のフィードバック→再考を繰り返す）偏りは排除し、意見を収束させていく。

　右の図は、意見の集約に「中央値（メジアン）／四分位範囲」を使用している例。中央値（メジアン）の縦軸を1とし、上位四分位数と下位四分位数を除外しながら、意見を収束させている。

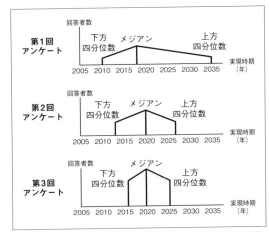

図　デルファイ法のイメージ例（情報処理技術者試験の午前問題より）

■ クロスセクション法

　未来を予測する手法のひとつ。類似の事象は時空を超えて発生するという考え方のもと、先行している事象から未来のマーケット予測などを行う。

■ 時系列回帰分析法

　未来を予測する手法のひとつ。横軸に時間を、縦軸に実績値（売上高など）をとり、そこに傾向線を引く。それを延長させることにとって、将来の値を予測する。

■ シナリオライティング法

　未来を予測する手法のひとつ。現在の状態から将来起こり得ると考えられる事象までのシナリオを描きながら将来予測をする手法。楽観的シナリオ、悲観的シナリオ、その間のシナリオを用意して考えることが多い。

ITエンジニアにとってのプラスワン
－様々な調査・分析技法②－

　調査・分析技法の中でも、顧客分析や商品分析などに用いられる分析技法をここに集めた。

■ フォーカスグループ（Focus group）

　マーケティングリサーチにおいて、ある特定のターゲット層の意見や感想を聞くことを目的として集められた小規模のグループをフォーカスグループという。新製品の企画段階などで（小規模のグループなので）手軽に実施することができ、1対1の個別面談やアンケート調査などよりも信頼性の高い回答を得ることができると考えられている。具体的には、あるテーマについて適切なメンバを選抜し、モデレータやオブザーバ（観察・記録）を入れてディスカションを進めていったり、参加者だけで議論させ、それをビデオ等で外から見ながら進めて行ったりする方法など、進め方は様々である。

■ モンテカルロ法

　乱数を使うなど、ランダムに数値を発生させシミュレーションを繰り返し、その実験結果から現実世界での結果を予測する方法。自然現象や社会現象など、確率論とは無関係のところに確率論を持ち込んで考えるのが特徴。カジノでお馴染みのモナコのモンテカルロにちなんで命名された。

■ クラスタ分析

　統計的分析手法の代表的なもの。集団の中から、同じような特徴をもった集団"クラスタ"を作り、当該集団を分類して"クラスタ"ごとに分析する手法。

■ コレスポンデンス分析

　ブランドが持つ複数のイメージ項目を散布図にプロットし、それぞれのブランドのポジショニングを分析する手法。

■ コンジョイント分析

　商品が持つ価格、デザイン、使いやすさなど、購入者が重視している複数の属性の組合せを分析する手法。

■ デシル分析

　顧客ごとの売上高、利益額などを高い順に並べ10等分し、各ランク（デシル1～10）の購入比率や売上高構成比を分析し、対売上高貢献度の高い自社のビジネスの中心をなしている顧客を分析する手法。デシルとはラテン語で10分の1という意味である（1リットルの10分の1が1デシリットルなどで有名）。

■ コーホート分析

　「同一世代は年齢を重ねても、時代が変化しても、共通の行動や意識を示す」ということに注目した、消費者の行動を分析する手法。時系列データを分析する際に、年齢の違いや、時代の違いに加えて「団塊世代」、「ゆとり世代」などいわゆる"世代"の違いを加味した分析になる。なお、コーホート（cohort）とは人口学で使われる概念である。同年や同期間に出生した集団を意味する言葉。日本語だと"世代"という意味が近い。

■ 多次元分析

　データウェアハウスにおいて、集められたデータを様々な切り口から観察、あるいは分析すること。多次元データベースに対し、スライシング、ダイシング、ドリルダウン／ドリルアップなどを行う。

■ データマイニング

　データウェアハウスなどの膨大なデータを、コンピュータを使って統計的、数学的な分析をすることで、人が気付かない未知の法則を発見する技術や手法。データマイニングツールには、統計解析ツールや知識発見ツールなどがある。統計解析ツールは、主成分分析、クラスタ分析、相関分析などを用いて変数間の分析を行う。知識発見ツールは、分類、ニューラルネットワーク、アソシエーションなどの方法を用いる。

■ マーケットバスケット分析

　同時購買されやすい商品を抽出する分析技法で、バスケット分析や併売分析ということもある。データマイニングで利用されることが多い。具体的には、顧客の1回の購買時点の商品情報（1回の買い物で購入した商品など）の中に見られる相関性を分析するもの。データマイニングによるマーケットバスケット分析によって「缶ビールを購入する顧客は、同時に紙おむつを購入する割合が高い」などの関係を見出した例は有名。

ITエンジニアにとってのプラスワン
－様々な調査・分析技法③－

　調査・分析技法の中でも、顧客分析や商品分析などに用いられる分析技法をここに集めた。

■ 回帰分析（Regression analysis）

　原因の変数（独立変数又は説明変数）と結果の変数（従属変数又は被説明変数、目的変数）の間に因果関係があると仮定して表現した数式モデルを用いる分析。例えば、独立変数として価格、従属変数として売上高として、その間にある関係を数式で表す。そうすることによって将来予測が可能になる。この両者の関係が直線で表される場合を特に線形回帰といい、一般的に"回帰分析"といえば、この線形回帰のことを指す。また、独立変数が一つの場合を単回帰分析といい、複数個ある場合を重回帰分析という。

　ちなみに、横軸に時間を設定して、縦軸に何かしらの実績値（売上高など）をとって傾向線を引き、その傾向線を延長させることによって、将来の値を予測する分析方法を時系列回帰分析法という。

■ 決定木分析

　決定木分析とは、データマイニングや機械学習（教師あり学習）のひとつで、大量のデータを分類・分析して"決定木"を作成し、そこから最も影響の大きいセグメントを明確にして、それを予測として活用するモデルである。

　例えば、大量の購買履歴データがあったとする。どういう属性の人が購買するのか、商品の購入可能性が最も高いセグメントを予測したい時などに決定木分析を使う。購買履歴データに説明変数（性別・年齢別・職業・年収などの属性）があることが条件だが、それぞれの属性ごとに購買比率を求め、最も大きな影響を与えた説明変数から順次ツリー構造にして並べ、複数の属性を組み合わせてセグメント化した上で、最も購買意欲の高いセグメントを探る。

■ セグメンテーション変数

　消費財のマーケティングでは、市場を細分化して分析を行うことが一般的だが、その時の切り口をセグメンテーション変数という。地理的変数、人口動態変数、心理的変数、行動変数などがある。それぞれ具体的な変数には、次のようなものがある。

表：セグメンテーション変数

セグメンテーション変数	例
地理的変数	都市規模、人口密度、気候、政府による規制、文化など
人口動態変数※	年齢、性別、家族構成、職業、所得水準、国籍など
心理的変数	パーソナリティ、ライフスタイル、価値観、購買動機など
行動変数	使用頻度、ロイヤルティ、購買状況、購買パターンなど

※人口動態変数はデモグラフィック変数ともいい、顧客を分類する時によく用いられている。

　なお、産業財のマーケティングでは、購買者の特性や購買方法などのオペレーション変数が加わる。

Professional SEになるためのNext Step

https://www.shoeisha.co.jp/book/pages/9784798157382/1-N/

　最後に、"プロフェッショナル"を目指すITエンジニアのために、次の一手を紹介しておこう。（本書で基礎を身につけた）ここからが、本当のスタートになる。

1. 業務知識が必要になるまでに学習しておくべきこと

　本書の読者のうち、まだ経営に関する知識が必要ないという人は、おそらく会社経営に関する経験もないだろうし、経営者と直接話をする機会も少ないだろう。そのため、まずは第2章から第6章までの知識習得に励んでおくのが先決になる。

　それが完了したら、経営戦略とマーケティングに関する知識を習得しておくことをお勧めする。特に、第4次産業革命やデジタルトランスフォーメーションという大きな変革の中にいる今、どうすれば競争に勝てるか、どうすれば売り上げが上がるか、そこにITやデジタルがどう関与するのかなどが、必ず問われるようになる。その時に必要なのが"売れるための仕組みづくり"たるマーケティングに関する知識だ。"売れるものには理由がある"とマーケッターはよく口にするが、マーケティングの基礎知識がなければ、そもそもなぜ売れているのかが理解できない。そのため、早い段階でマーケティングの知識が欲しい。特に、デジタルマーケティングの分野は絶対的に人材不足である。低コストでのプロモーションが可能になった今、いよいよ100万社以上の中小企業が動き出す。大きなビジネスチャンスになる可能性が高い。

　あとは、自分の会社についての理解を深めることだ。自社の経営理念、戦略、組織構造などを教科書代わりに学んでおこう。そうすれば、自分自身、自社、顧客の3者の利益の最もいいバランスを考えながら仕事をするようになれるだろう。

■ スキルアップに役立つ資格

　ITエンジニアにとって経営知識が身に付く資格は3つある。ひとつは中小企業診断士、それとITコーディネータ、最後に情報処理技術者試験のITストラテジストである。最も基礎から勉強するならば、中小企業診断士の一次試験のテキストを使うのがいい。ほかの2つは「ITと経営の連結部分」について、あるいは、ITから見た経営という位置付けでカリキュラムが組み立てられているからだ。"経営だけ"に焦点が当てられている部分も体系的に学ぶには、それがベストである。

2. 業務知識が必要になったら

　経営層と話をするようになったら、そのテーマごとに専門書を数多く読破しなければ
ならないだろう。例えば、組織改革のテーマで話をするようなシーンでは、相手の経営
者は、「ほかの企業はどんな組織構造なのか」、「国内の有力企業は？」、「海外の事例は？」、
「ベンチャーなど新しい組織構造は？」という情報は調査済みだろう。組織構築専門のコ
ンサルタントから情報を得ているかもしれない。そんな経営層を前に、同じレベルでとい
うのは不可能だし無意味なことだが、少なくとも常識程度には知っておかなければならな
い。そこで、テーマごとの専門書はひととおり目を通しておきたい。

■ 本書関連の Web サイトをチェック！

　まずは本書関連の Web サイトをチェックしよう。ページの制約上、詳しく書けなかっ
たことを書いている。参考になる Web サイト（特に、未来投資戦略や Society5.0 など
ダイナミックに行われている国の施策（方向性）や、参考書籍、最新情報なども随時更
新していく予定である。

■ スキルアップに役立つ資格

　経営関連の資格は先にあげたとおりである。いずれも資格価値としては高いものなの
で、どうせ知識を習得するなら資格も取得してしまおう。

3. ただし……

　経営に関しては、「いくら勉強したところで、知識は知識の域を超えない」ということ
も知っておこう。第2章から第6章は、知識があればその業務をうまくこなすことは可能
になるかもしれない。しかし、こと経営に関してはそうではない。

　あくまでも知識は知識であるし、汎用的なカリキュラムに登場するものは、経営面で
いうと、あくまでもセオリーの域を超えない。それに、ある人は「経営とは人間を知るこ
と、つまり人間学である」といい、ある人は「今とられている戦略は全て、過去の歴史の
中で実践されたものだ」といっている。要するに、経営はひとりで行うものではないので
人間をよく知らなければならないし、その答えは歴史の中にあるということだ。行き着く
ところは、歴史などを通じた人間学ということになるかもしれない。

☑ 業務知識の章末チェック

次の章に移る前に、本章で学んだ分野の業務知識についてチェックしてみよう。

第 4 次産業革命の時代を迎えて

- ☐ 第 4 次産業革命、Industry4.0、未来投資戦略など、世の中の変化を理解している

会社とは

- ☐ 会社法に定義されている 4 種類の会社を理解している

経営組織

- ☐ 様々な経営組織の形態を理解している

経営戦略

- ☐ 経営戦略立案のプロセスを理解している
- ☐ 様々な事業環境分析、経営戦略を理解している

情報技術を活用した事業戦略の立案

- ☐ IT ストラテジストの役割について説明できる
- ☐ BSC と業績評価指標 について説明できる
- ☐ EA の概要を説明できる

マーケティング

- ☐ マーケティング 1.0、2.0、3.0 、4.0 を理解している
- ☐ デジタルトランスフォーメーションについて説明できる
- ☐ 様々なインターネット広告について説明できる
- ☐ 価格戦略を理解している
- ☐ ハイテクマーケティング他、様々なマーケティング理論について説明できる
- ☐ マーケティングとマーチャンダイジングの違いを理解している
- ☐ ABC 分析とロングテールを理解している

管理会計

- ☐ 予算立案プロセスを理解している

Part2
第 2 章
財務会計

　自社の活動を貨幣的価値で記録・集計・管理する"会計"は、その目的によって、財務会計（第 2 章）と管理会計（第 1 章 1-7）に大別される。このうち、ここで説明する財務会計は、法律（会社法、金融商品取引法、法人税法）によって義務付けられている、いわば制度としての"会計"だ。会社法や金融商品取引法は、債権者や投資家などの利害関係者への報告（による保護）が目的で、法人税法は租税目的になる。なお、具体的な"決まり事"は、簿記や企業会計原則をはじめとする各種会計原則に規定されている。したがって、財務会計に関する知識を深めていこうとするならば、そうした"ルール"を学ぶところから始めることになるだろう。

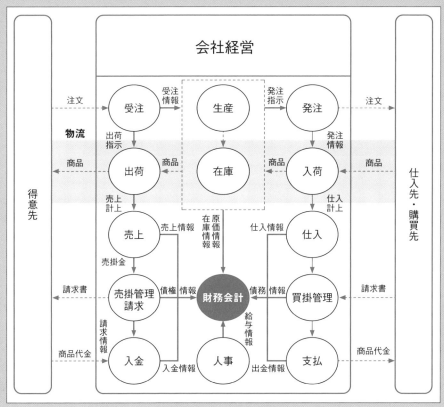

本章で解説する業務の位置づけ

財務会計の学び方

▶ 学習のポイント

当該業務の存在理由	顧客の期待他	情報収集
当該企業の創意工夫部分	・顧客しか知らなくても当然のこと ・要件定義、設計等でしっかり確認 ・相手主導のコミュニケーション	都度確認
何かしらのメリットがあるので 準拠している部分 =業界習慣／業界標準／事実上標準	・顧客から知識・経験を期待される部分 ・効率の良いコミュニケーション ・いわゆるITエンジニアの業務ノウハウ	応用部分 経験 OJT
準拠するのが望ましい部分 = ISO規格／JIS規格を知るその他基準	・顧客は「知ってて当然」と思う部分 ・顧客からの説明が無い可能性が高い ・逆に、顧客が知らなければ情報提供 を行わなければならない	基礎部分 机上で 事前学習
法律による規制がある部分		

　財務会計は、法律や各種会計基準で定められている部分になる。上の表でいうと、基礎部分だ。したがって、財務会計に強くなるには、法律や各種会計基準について学習するのが一番の近道になる。そのため本書でも、どのような法律や会計基準が存在しているのか、そこを中心に説明している。

■ 各業務とその存在理由

　ここでは、本書で紹介する各財務会計に関する業務と、その存在理由の組合せを示す。もちろん、はっきりとした境界線があるわけでもなく、解釈の違いもあるだろう。それを理解した上で大胆に分類してみた。

表：財務会計の各業務とその存在理由

	法律等	規格等	業界等	独自
2-1　会計処理が必要な理由	○			
2-2　代表的な財務諸表	○			○
2-3　標準的なスケジュール	○			
2-4　簿記	○			
2-5　決算	○			
2-6　手形	○			
2-7　資金調達	△			○
2-8　固定資産管理	○			
2-9　リース	○			
2-10 会計ソリューション	－			
2-11 内部統制報告制度	○			
2-12 帳簿書類の保存	○			
2-13 IFRS	△	○		

この表に見られるように、財務会計＝制度会計という性格上、ほとんどが法律等によって決められている業務に該当する。「2-2　代表的な財務諸表」及び「2-7 資金調達」には、"独自"の部分にチェックを入れているが、前者の場合は（本書では）経営分析の指標をここに入れているからなのでその部分を指している。一方、後者は、資金調達にまつわるテクニックが法律や規則から逸脱しない中で企業あるいは担当者の裁量に委ねられていることを指している。

■ 顧客が IT エンジニアに期待する業務知識のレベル

　財務会計部分のシステム化に関して、顧客が IT エンジニアに期待する知識レベルは比較的高い。それもそのはず、（先に説明したとおり）業務知識とはいっても、その中身は法律や各種基準で規程されていることなので、事前にいくらでも情報収集できるからだ。簿記や公認会計士という資格制度――すなわち学習環境も十分整備されている。

　顧客も、その辺は十分承知しており「財務会計システムを担当する IT エンジニアなら、簿記の勉強をしているはず」と思っている。その結果、簿記に出てくる用語については"知っている"ことが前提で会話は進んでいく。

　知識の深さ――レベル的には、最低でも日商簿記 3 級レベルは必須。そこに出てくる用語を知らないと、はっきり言って話にならない。顧客が製造業だったら 2 級の工業簿記も必要だろうし、上場企業だと、時に、日商簿記 1 級レベルの知識も必要になる。

　その上で、各種財務会計システムに関する知識を押さえておく。財務会計システムは、パッケージ化しやすいこともあって、今や数多くのパッケージ製品が存在する。それら数多く存在するパッケージの特徴やメリット、デメリットを十分理解して、顧客にそれぞれの違いを説明できる……顧客は最低でもそのレベルを望んでいる。

2-1　会計処理が必要な理由

https://www.shoeisha.co.jp/book/pages/9784798157382/2-1/

会社は、会計帳簿を作成し、少なくとも年に1回は決算を行って"財務諸表"を作成しなければならない。会社法（第二節会計帳簿等）や法人税法で義務付けられているからだ。さらに、上場企業等金融商品取引法の適用を受ける会社だと、これ（すなわち決算処理）が年4回（3カ月ごとに）になる（四半期決算）。

■ 企業会計原則

財務諸表を作成するルールは、企業会計原則で定められている。各種法律では、表2-1のように"公正妥当な"慣行に従うとしているが、何を隠そう、その慣行こそ企業会計原則にほかならない。

企業会計原則とは、1949年（昭和24年）に、それまで慣習として発達してきた会計処理や表示の仕方を、理論的に体系付けてまとめたもので、当時の企業会計制度対策調査会（現・企業会計審議会）によって公表された会計の**実務規範**である。非常に古い原則だが、今現在でも、会計法令に対する指導的役割（**道徳規範**）や公認会計士が行う監査の判断基準（監査の**実践規範**）としても機能している。

その内容は、一般原則、損益計算書原則、貸借対照表原則で構成され、さらに一般原則のひとつに"正規の簿記の原則"がある。財務諸表の具体的な作成手順が、簿記（複式簿記）に準じているのはそのためだ。

> **参考**
> 会社法では、"財務諸表"という表現ではなく、"**計算書類等**"としている。しかし、実際には"財務諸表"ということが多いので、本書でも"財務諸表"に統一して説明することにしている。

> **参考**
> 企業会計原則の最終改正は1982年。その後は、ASBJ（企業会計基準委員会）で個別の"**企業会計基準**"、"**企業会計基準適用指針**"という形で順次作成・公表されている。現在、企業会計基準だけでも第25号まで公表されている。詳しくはASBJのサイトで確認。基準等も自由にダウンロードできる。

表2-1　各法律の"公正妥当な会計慣行に従う"という記述部分

法律	規定内容
会社法（第431条）	株式会社の会計は、一般に公正妥当と認められる企業会計の慣行に従うものとする
法人税法（第22条第4項）	第二項に規定する当該事業年度の収益の額及び前項各号に掲げる額は、別段の定めがあるものを除き、一般に公正妥当と認められる会計処理の基準に従って計算されるものとする
金融商品取引法（第193条）	この法律の規定により提出される貸借対照表、損益計算書その他の財務計算に関する書類は、内閣総理大臣が一般に公正妥当であると認められるところに従って内閣府令で定める用語、様式及び作成方法により、これを作成しなければならない

■ 会計帳簿

では、会計帳簿とは何を指すのだろうか？ いずれの法律も、企業会計原則（うち正規の簿記の原則）に準ずることを考えれば、簿記で用いられる次のような帳簿を会計帳簿だと考えておけば良いだろう（図2-1）。

図 2-1　会計帳簿の例

■ 財務諸表（計算書類等）

同様に、財務諸表は何を指すのだろうか？ こちらは法律によって異なる（表2-2）。会社法では計算書類等（計算書類、事業報告及び付属明細書）、金融商品取引法では財務諸表とそれぞれ定義されている（今後本書では、便宜上、いずれも"財務諸表"だと表現する）。個々の財務諸表については次項以後で説明する。

表 2-2　計算書類等と財務諸表

会社法の計算書類等	金融商品取引法の財務諸表（有価証券報告書）
Ⅰ．計算書類 ①貸借対照表 ②損益計算書 ③**株主資本等変動計算書**※ ④**個別注記表**※ Ⅱ．事業報告 Ⅲ．付属明細書 　①計算書類の付属明細書 　②事業報告の付属明細書	①貸借対照表（連結貸借対照表） ②損益計算書（連結損益計算書） ③株主資本等変動計算書 　（連結株主資本等変動計算書） ④キャッシュフロー計算書 　（連結キャッシュフロー計算書） ⑤付属明細表（連結付属明細表） ※ 狭義の財務諸表には含まない

法改正に注意！　アンテナを張っておこう

会社法、金融商品取引法が改正されると、要求される財務諸表も変わる可能性がある（実際に会社法制定に伴い変更されている）。また、企業会計原則との関係についても変更がないかをチェックしよう。

📖 用語解説
【株主資本等変動計算書】
会社法の施行とともに、従来の「利益処分案（損失処理案）」に変わって財務諸表に加えられたもの。貸借対照表の純資産の部に属する各項目（株主資本（資本金、資本剰余金、利益剰余金、自己株式）、評価・換算差額、新株予約権、非支配株主持分）の変動内容を記載する。

📖 用語解説
【個別注記表】
重要な会計方針に関する注記、貸借対照表に関する注記、損益計算書に関する注記等、今まで各計算書類に記載されていた注記を一覧にして表示するもの。ただし、必ず「注記表」という独立したひとつの表ではなく、貸借対照表等の注記事項として記載してもいい。なお金融商品取引法の財務諸表でも、貸借対照表等で注記が必要な場合には記載しなければならない。

2-2 代表的な財務諸表

https://www.shoeisha.co.jp/book/pages/9784798157382/2-2/

続いて、財務諸表のうち"三大財務諸表"と呼ばれている代表的なもの——貸借対照表、損益計算書、キャッシュフロー計算書について確認してみよう。

■ 貸借対照表（B/S：Balance Sheet）

貸借対照表は、決算日などある一時点における資産・負債・純資産の財政状態を表す財務諸表である。簡単に「今、何を保有しているのか？」を示しているシートだと考えておけば良いだろう。

流動（資産、負債）と固定（資産、負債）

表2-3にあるとおり、貸借対照表は3部構成（資産、負債、純資産）になっている。そしてさらに、資産と負債は流動性配列法※に従って"流動"と"固定"に分けられている。

その分類基準は、原則、1年基準※が適用されるが、一部の資産には営業循環基準※を適用する。1年基準を厳密に適用して「1年以内に処分する設備」を流動資産に、「1年以上在庫している商品」を固定資産にしてしまうと実態を表さないことになってしまうからだ。

貸借対照表の様式

貸借対照表には、勘定式と報告式という2種類の様式が用意されている。勘定式とは、簿記の学習をしているときによく目にするもので、左側に資産の部、右側に負債の部と純資産の部を並列して記載する様式である。資産と負債・純資産の対比がしやすい。一方、報告式とは有価証券報告書等縦長のA4用紙に記載しやすいように、資産の部、負債の部、純資産の部を一列に並べた様式である。こちらは、期間の比較がしやすいと言える（表2-3は、報告式）。

用語解説
【流動性配列法】
貸借対照表に勘定科目を区分表示する際に、流動性の高いもの（資産は換金性の高いもの、負債は返済期間の短いもの）を上から順番に並べる方法。一般的に用いられている。

用語解説
【1年基準】
決算日から1年以内に動くものに関しては流動とし、1年を超えて動かないものを固定とする基準。負債に関しては原則1年基準が適用される。

用語解説
【営業循環基準】
通常の営業循環で回転している資産に関しては流動資産とし、それ以外を固定資産とするという基準。

表 2-3 賃借対照表サンプル

（単位：百万円）

	前事業年度 （平成29年3月31日）	当事業年度 （平成30年3月31日）
資産の部		
流動資産		
現金及び預金	888	1,221
繰越税金資産	—	11
短期貸付金	※1 756	※1 563
未収入金	※1 119	※1 130
その他	※1 11	※1 13
流動資産合計	1,775	1,938
固定資産		
有形固定資産		
建物	371	369
構築物	0	0
工具、器具及び備品	2	3
土地	804	1089
有形固定資産合計	1,178	1,462
無形固定資産		
ソフトウェア	2	3
電話加入権	3	3
無形固定資産合計	6	7
投資その他の資産		
投資有価証券	219	232
関連会社株式	912	893
繰延税金資産	145	201
保険積立金	110	110
その他	13	13
貸倒引当金	△4	△4
投資その他の資産合計	1,396	1,446
固定資産合計	2,582	2,916
資産合計	4,357	4,855
負債の部		
流動負債		
短期借入金	200	165
1年内償還予定の社債	20	20
未払金	※1 50	※1 23
未払法人税等	3	5
未払費用	4	3
預り金	1	1
繰延税金負債	1	—
その他	6	8
流動負債合計	288	227
固定負債		
社債	70	50
長期借入金	100	285
再評価に係る繰延税金負債	7	7
退職給引当金	12	13
役員退職慰労引当金	85	86
預り保証金	※1 100	※1 115
固定負債合計	375	558
負債合計	664	785
純資産の部		
株主資本		
資本金	1,534	1,534
資本剰余金		
資本準備金	131	131
その他資本剰余金	1,722	1,722
資本剰余金合計	1,853	1,853
利益剰余金		
利益準備金	45	48
その他利益剰余金		
繰越利益剰余金	278	622
利益剰余金合計	323	671
自己株式	△60	△60
株主資本合計	3,651	3,999
評価・換算差額等		
その他有価証券評価差額金	24	53
土地再評価差額金	16	16
評価・換算差額等合計	41	69
純資産合計	3,693	4,069
負債純資産合計	4,357	4,855

貸借対照表の分析

続いて、貸借対照表の見方……すなわち、財務分析について説明する。

結論からいうと、貸借対照表を見れば企業の安定感がわかる。その安定感をいろいろな方向から見てみることを、財務分析では安全性分析といっている。安全性分析は、企業の支払能力に焦点を当てたもので、貸借対照表の中の項目の比率（静態比率[※]という）を算出して分析する。ここでは、そのうち代表的な6つの静態比率を紹介しておこう。

なお、静態比率を計算するとき、その項目に含んだ方が良いもの、含まない方が良いものがある。ここでは一般的な考え方を書いておくが、分析の目的次第では、例えば固定資産に、有形固定資産しか含まずに計算することもある。数字を見るときは、あくまでも目的を達成するために合理的な方法でチェックするようにしよう。

---

①流動比率（％）＝（流動資産÷流動負債）×100
②当座比率（％）＝（当座資産÷流動負債）×100
③固定比率（％）＝（固定資産÷自己資本）×100
④固定長期適合率（％）
　＝（固定資産÷（自己資本＋固定負債））×100
⑤負債比率（％）＝（負債÷自己資本）×100
⑥自己資本比率（％）＝（自己資本÷資産）×100

---

①流動比率

流動比率は、短期の借金（流動負債）と短期の収入見込み（流動資産）の割合を示すもので、企業の短期の支払能力を表す指標である。200％以上であることが望ましい（2対1の原則[※]）とされている。しかし、日本企業は、取引決済条件の信用期間が長いので、「売掛金と受取手形」や「買掛金と支払手形」など債権と債務の同額追加（資産と負債の両方に計上）が多くなり、どうしても流動比率は100％に近づいていく。よって推移を見ながら判断しなければならない。

用語解説
【静態比率】
静態比率とは、貸借対照表の資本構造を分析することによって、一時点での財務状態を判定するために用いられる比率のこと。

参考
計算式に何を含むかで大きく変わったのが"自己資本"である。会社法施行以前の旧会計基準だと、自己資本＝資本の部だったが、現在は次のように考えるのが一般的だ。
自己資本＝株主資本＋評価・換算差額等。別の見方だと、自己資本＝純資産の部－（新株予約権＋少数株主持分）になる。

用語解説
【2対1の原則】
流動資産は、流動負債の2倍以上あれば安全という原則。

②当座比率

　当座比率も流動比率同様に、企業の短期支払能力を表す指標である。流動比率との違いは、短期の収入見込みとして、流動資産の中でも、より現金化の高い当座資産※のみを対象としているところである（現金化の可能性の低い棚卸資産※などを除いて考えている）。100%以上が望ましいとされている。

③固定比率

　固定比率は、長期にわたって回収が必要な固定資産投資と自己資本の割合を示すもので、財務安全性を示す指標である。固定資産に対する資金の源泉には、自己資本をあてるのが望ましいとされている。100%以下が望ましい。

④固定長期適合率

　固定長期適合率も財務安全性を示す指標である。固定資産に対する資金の源泉に、自己資本だけでなく固定負債を加えた場合の比率のことで、100%以下でなければ厳しい。100%を下回っていなければ流動負債があてられることになるからである。

⑤負債比率

　負債比率も財務安全性を示す指標である。負債に対する資金の源泉に、自己資本をあてた場合の比率のことで、100%以下が望ましい。100%を下回っていなければ、支払いに対して借入金などの他人資本があてられることになるからである。

⑥自己資本比率

　自己資本比率は、自己資本と借入金などの負債合計（他人資本）との比率のことで、50%以上が望ましいとされている。しかし、この比率が高すぎると、他人資本が活用できていない、すなわちレバレッジが効いていないということになり、収益性の観点での魅力が小さくなるともいえる。

用語解説
【当座資産】
現金、預金、受取手形、売掛金、短期の有価証券など。

用語解説
【棚卸資産】
商品や原材料など。

参考
財務安全性を表す指標（固定比率、固定長期適合率、負債比率、自己資本比率）は、「もしも今、急にすべてを精算しなければならないとしたら……」という視点から見ていると捉えることができる。

参考
自己資本を"株主持分"と言うこともある。その場合、自己資本比率も、株主持分比率という名称が使われる。また、株主資本比率というと、自己資本比率と同じものを意味することもあるが、純粋に株主資本だけを使って、株主資本÷総資産で求めることもある。

■損益計算書（P/L：Profit and Loss Statement)

　"一時点"における財政状態を表す貸借対照表に対し、"一定期間"の営業成績を表す財務諸表が損益計算書である。表2-4に示すサンプルにあるように、売上や利益を確認することができる。最大の特徴は、後述する"5つの利益"が示されているところだろう。それぞれの利益の違いについては、正確に理解しておこう。

表2-4　損益計算書のサンプル

（単位：百万円）

	前事業年度 （自　平成28年4月1日 至　平成29年3月31日）		当事業年度 （自　平成29年4月1日 至　平成30年3月31日）	
売上高	※1	354	※1	507
売上原価		19		32
売上総利益 …………………… ①		334		474
販売費及び一般管理費	※1,2	278	※1,2	300
営業利益 ……………………… ②		56		174
営業外収益				
受取利息及び受取配当金	※1	15	※1	8
有価証券利息		0		0
投資有価証券売却益		2		—
投資有価証券売償還益		—		11
投資事業組合運用益		3		—
その他		3		3
営業外収益合計		25		23
営業外費用				
支払利息		4		4
社債利息		0		0
社債発行費		4		—
支払保証料		0		0
投資事業組合運用損		—		2
為替差損		0		2
賃貸費用		1		—
営業外費用合計		11		9
経常利益 ……………………… ③		69		189
特別利益				
投資有価証券売却益		1		0
子会社株式売却益		—		39
特別利益合計		1		39
特別損失				
固定資産除却損		0		0
投資有価証券評価損		4		5
子会社株式評価損		83		—
特別損失合計		88		5
税引前当期純利益又は税引前当期純損失(△)④		△17		222
法人税、住民税及び事業税		△0		△76
法人税等調整額		7		△80
法人税等合計		7		△157
当期純利益又は当期純損失(△) …………… ⑤		△24		379

088

5つの利益とは、売上総利益、営業利益、経常利益、税引前当期純利益、当期純利益である。それぞれ、何を意味するものなのかを把握しておこう。

①売上総利益

＝売上高－売上原価※（表2-4の①）

俗にいう"粗利"または"荒利"のことである。

②営業利益

＝売上総利益－販売費及び一般管理費※（表2-4の②）

会社の営業活動、すなわち本業で得られた利益。ここがマイナスの場合、過渡期で一過性のものなら問題ないかもしれないが、そうでない場合、事業活動自体の見直しを考えなければならない。ビジネスモデルが破綻している可能性がある。

③経常利益

＝営業利益＋（営業外収益※－営業外費用※）（表2-4の③）

本業に投資活動の損益を加味した利益のことで、投資活動を含めた企業の"稼ぐ力"を示すもの。簡単にいえば"財テク"を考慮したもので、高金利時代は重要な指標であったが、今は本業回帰志向が強いので営業利益のほうが重視されている。

④税引前当期純利益

＝経常利益＋（特別利益※－特別損失※）（表2-4の④）

本業、投資活動に加え、単年度の突発的な損益を加味した利益（表2-4では、税金等調整前当期純利益としている）。

⑤当期純利益

＝税引前当期純利益－法人税等（表2-4の⑤）

税金を支払った後に残った利益のことで、今期の処分前の利益である（前年度繰越利益を含む、旧商法の当期未処分利益とは異なるもの）。

用語解説
【売上原価】
購入品（仕入品）の場合は仕入金額。製造品の場合は製造原価。だが、仕入の場合は仕入原価。

用語解説
【販売費及び一般管理費】
家賃、間接人件費、各種経費など。仕入原価や製造原価に繰り入れしていない本業のために使用した費用。

用語解説
【営業外収益と営業外費用】
利息、配当金、支払利子など本業以外の収益。

用語解説
【特別利益と特別損失】
固定資産売却益（損）、災害で発生した臨時損失など。当期だけに発生する特別な利益および損失。

参考
会社法施行以前は、商法では当期利益、証券取引法では当期純利益と、その呼び方が違っていたが、これを会社法施行に伴う新会計基準で、当期純利益に統一した。

損益計算書の分析

続いて、損益計算書の見方も見ていこう。損益計算書を使えば次のような収益性分析が可能になる。ただし、損益計算書だけだと可能な分析は限られているため、貸借対照表と併せて分析することになる。

【売上高に対する各種利益率】

売上高総利益率（％）＝売上総利益÷売上高×100

売上高営業利益率（％）＝営業利益÷売上高×100

売上高経常利益率（％）＝経常利益÷売上高×100

売上高当期純利益率（％）＝当期純利益÷売上高×100

【売上高から見る各種回転率】

使用総資本回転率＊（回）＝売上高÷総資本

固定資産回転率（回）＝売上高÷固定資産

棚卸資産回転率（回）＝売上高÷棚卸資産（＊1）

商品回転率（回）＝売上高÷在庫金額（＊1）

【売上高で求める各種回転期間】

商品回転期間＊（日）＝在庫金額÷売上高×365

商品回転期間（月）＝在庫金額÷売上高×12

※このほか、回転率の分母と分子を入れ換えると、すべて回転期間として算出できる。

【投資効率】

ROE＊（％）＝利益（＊2）÷自己資本（＊3）×100

ROA＊（％）＝利益（＊2）÷総資産（＊3）×100

ROI＊（％）＝利益÷投下資本×100（＊4）

※1 在庫関連の場合、売上高の代わりに売上原価や製造原価のように原価で算出するほうがより正確になる。
※2 利益には、(税引後)当期純利益が用いられることが多い。
※3 自己資本や総資産は期首と期末の平均値を用いることがある。
※4 利益と投下資本の解釈は多様だが、利益には「経常利益＋支払利息」を、投下資本には「自己資本＋社債発行額＋借入金」を使うことが多い。

用語解説
【回転率】
投じた資産や負債、資本などの1年間の回収回数のことで、単位は回数である。売上高を固定資産などの項目で割ることによって求められる（分子＝売上高）。

用語解説
【回転期間】
回転率の逆数。日数や月数で表す。

用語解説
【ROE（Return On Equity）】
自己資本利益率、または株主資本利益率という。自己資本によってどれだけの収益をあげたかを見る指標である。

用語解説
【ROA（Return On Assets）】
総資産利益率。総資産によってどれだけの利益をあげたかを見る指標である。

用語解説
【ROI（Return On Investment）】
投下資本利益率、または（使用）資本利益率という。

損益計算書の推移を見れば、成長性分析も可能になる。過去と現在の売上高や利益を比較して、同業他社や業界平均と比較して成長しているかどうかがわかる。

　損益計算書と人事の資料を用いれば、生産性分析も可能になる。労働や資本といった生産要素の投入に対して、どれだけの効果（売上や利益）があったのかを見たい場合に行われる。

労働生産性（円）＝付加価値 ÷ 従業員数

労働分配率（%）＝人件費 ÷ 付加価値 ×100

労働装備率（円）＝有形固定資産 ÷ 従業員数

一人当たり売上高（円）＝売上高 ÷ 従業員数

一人当たり人件費（円）＝人件費 ÷ 従業員数

　生産性分析では、産出量に付加価値が用いられることが多い。付加価値とは、企業が新しく生み出した価値のことで、算出方法は控除法（生産高や売上高 − 前給付原価 *）と加算法（当期利益 ＋ 人件費 ＋ 金融費用 ＋ 賃借料 ＋ 租税公課 ＋ 減価償却費）がある。

その他の指標

　損益計算書と貸借対照表から安全性分析も可能になる。インタレストカバレッジがそれだ。

インタレストカバレッジ

　＝（営業利益＋受取利息）÷ 支払利息割引料

　インタレストカバレッジとは、営業利益に対する金融費用の割合のこと。この指標が1以下であれば、有利子負債のほうが営業利益よりも多いということなので、非常に危険である。これまでの推移や同業他社との比較で適正値を判断する。

📖 用語解説

【前給付原価】

原材料や外注費に運送費などの外部用役費を加えた外部から購入した原価のこと。

📖 参考

成長性分析には、前年対比売上高、前月対比売上高、前年対比経常利益率など、いくらでも分析の切り口は存在する。

Chapter
2

財務会計

■ キャッシュフロー計算書

貸借対照表、損益計算書に続く第3の財務諸表がキャッシュフロー計算書になる（表2-5）。その名称どおり、キャッシュ（現金及び現金同等物※）の増減を表している。

キャッシュフロー計算書の構成要素は以下の3つ。

最初は営業活動によるキャッシュフロー。企業の本業、すなわち営業活動によるキャッシュの増減を表している。その作成および表現方法には、直接法※と間接法※の2種類あるが、いずれもプラスなら本業が順調なことを、マイナスなら本業でキャッシュが減少していることを表している。

ふたつめは投資活動によるキャッシュフロー。これは、自社の設備投資（有形固定資産）や他社への投資（有価証券）、貸付金などの収支によるキャッシュの増減を表している。この値がプラスなら消極的投資を、マイナスなら積極的投資を意味する。

そして最後が財務活動によるキャッシュフローになる。これは、営業や投資活動を維持するために必要とする資金調達または返済の収支（株式、社債、借入金など）によるキャッシュの増減だ。プラスなら資金調達をしたことを、マイナスなら資金返済を進めていることがわかる。

フリーキャッシュフロー（FCF：Free Cash Flow）

キャッシュフロー計算書からフリーキャッシュフローを求めることがある。フリーキャッシュフローは、簡単にいうと、本業で稼いだキャッシュから、投資に使ったキャッシュを引いた残りのキャッシュのこと。これがプラスなら、確実に現金化された"お金"の範囲内で（身の丈に合った）投資をしていることになり、とても健全な経営をしていると判断できる。計算式は次のとおり。

フリーキャッシュフロー
　＝営業利益 ×（1－実効税率）＋減価償却費 － 設備投資
　± 運転資本の増減額

 用語解説
【現金および現金同等物】
現金、普通預金、当座預金、3カ月以内の定期預金、譲渡性預金、公社債投資信託など。

用語解説
【直接法】
営業活動による収入や、商品仕入の支出や人件費の支出などの増減を計算して、すなわち、現金の動きを計算して求める方法。

用語解説
【間接法】
税引前当期利益に、減価償却費や引当金繰入額などの非現金支出費用を加え、貸借対照表の現預金等以外の残高を調整して求める。

参考
今は、直接法で作成するのに相当な事務負担があるので、間接法で作成している企業が多い

参考
フリーキャッシュフローの算出にこの計算式を使うのは、昔ながらの厳密な方法と言われている。キャッシュフロー計算書が作成されるようになって、簡単な計算方法も使われるようになってきた。「Ⅰ.営業活動によるキャッシュフロー」の値と「Ⅱ.投資活動によるキャッシュフロー」の値を合計したものだ。

表 2-5 キャッシュフロー計算書のサンプル　　　　　　　　　　　　　　　　　　　（単位：百万円）

	前連結会計年度 （自　平成28年4月1日 至　平成29年3月31日）	当連結会計年度 （自　平成29年4月1日 至　平成30年3月31日）
営業活動によるキャッシュ・フロー		
税金等調整前当期純利益	172	448
減価償却費	109	63
長期前払費用償却額	6	1
減損損失	16	20
子会社株式売却損益（△は益）	—	△63
店舗閉鎖損失	—	1
貸倒引当金の増減額（△は減少）	92	△83
賞与引当金の増減額（△は減少）	21	△15
返品調整引当金の増減額（△は減少）	△19	15
役員退職慰労引当金の増減額（△は減少）	1	1
退職給付に係わる負債の増減額（△は減少）	8	30
投資有価証券評価損益（△は益）	4	5
投資事業組合運用損益（△は益）	△3	2
投資有価証券売却損益（△は益）	△3	△0
投資有価証券償還損益（△は益）	—	△11
固定資産売却損益（△は益）	△0	△0
固定資産除却損	0	1
為替差損益（△は益）	1	9
社債発行費	4	—
受取利息及び受取配当金	△1	△1
支払利息	29	19
売上債権の増減額（△は増加）	48	△48
たな卸資産の増減額（△は増加）	83	25
仕入債務の増減額（△は減少）	△33	31
営業投資有価証券の増減額（△は増加）	△97	△249
前受金の増減額（△は減少）	3	9
前払費用の増減額（△は増加）	△1	△3
未収入金の増減額（△は増加）	△76	△41
未払金の増減額（△は減少）	△7	10
未払消費税等の増減額（△は減少）	△3	1
未収消費税等の増減額（△は増加）	1	21
その他	46	△26
小計	406	173
利息及び配当金の受取額	1	1
利息の支払額	△30	△21
法人税等の支払額	△212	△42
法人税等の還付額	3	59
営業活動によるキャッシュ・フロー	167	171
投資活動によるキャッシュ・フロー		
定期預金の預入による支出	△12	△11
定期預金の払戻による収入	70	—
有形固定資産の取得による支出	△41	△319
有形固定資産の売却による収入	0	1
無形固定資産の取得による支出	△17	△48
投資有価証券の取得による支出	△3	—
投資有価証券の売却による収入	16	0
投資有価証券の償還による収入	—	30
連結の範囲の変更を伴う子会社株式の売却による支出	—	※2　△52
短期貸付金の回収による収入	—	430
長期前払費用の取得による支出	△5	△1
敷金及び保証金の差入による支出	—	△0
敷金及び保証金の回収による収入	28	—
預かり保証金の受入による収入	—	15
預かり保証金の返還による支出	△0	—
投資活動によるキャッシュ・フロー	36	43
財務活動によるキャッシュ・フロー		
短期借入金の純増減額（△は減少）	135	△84
長期借入による収入	380	300
長期借入金の返済による支出	△583	△227
社債の発行による収入	95	—
社債の償還による支出	△305	△70
リース債務の返済による支出	△3	△3
自己株式の取得による支出	—	△0
配当金の支払額	△32	△32
連結の範囲の変更を伴わない子会社株式の取得による支出	△0	—
その他	△0	△0
財務活動によるキャッシュ・フロー	△314	△118
現金及び現金同等物に係わる換算差額	△1	△2
現金及び現金同等物の増減額（△は減少）	△111	94
現金及び現金同等物の期首残高	2,480	2,368
現金及び現金同等物の期末残高	※1　2,368	※1　2,463

2-3 標準的なスケジュール

https://www.shoeisha.co.jp/book/pages/9784798157382/2-3/

会計に関する業務を担っているのが経理部門だ。会社の規模や業種によって、そこで行われている業務も違ってくるが、一般的には次のようなことが行われている。

■ 月間業務スケジュール

経理部門における月間業務スケジュールの一例を図2-2に示す。経理部門には、日々、各部門から様々な伝票が回ってくる。それを仕訳処理しながら、月次決算をしている場合には、毎月財務諸表を作成する（一般会計）。債権と債務の管理も実施する。債権については、一定のルールに基づき請求書を発行し、それに対する入金をチェックする。他方、債務については随時送られてくる請求書を処理し、一定のタイミングで支払処理を実行する。営業部門に回収状況を報告するなど、各部門への情報提供なども重要な業務になる。

> **参考**
> 大企業においては資金に関する業務を行う「財務部」とそれを記録する「経理部」に分かれていることもある。

> **参考**
> 経理部門で働く人々が、「数字に強くて計算の速い人たち」だという印象は昔の話である。今は、「横領や着服などを絶対に行わない、信用のおける人」を配置する傾向が強い（入社時に、犯罪の抑止力として連帯保証人を求める企業もある）。また、経理部門の長には、資金繰りの重要性から、金融機関と対等に交渉できる人、金融機関に顔の利く人が求められている。

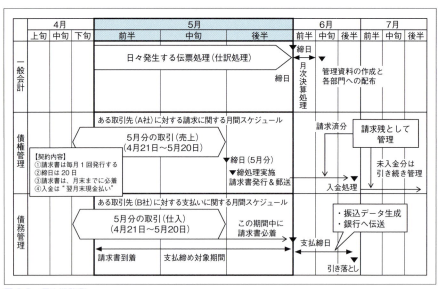

図2-2 月次業務例

■ 年間業務スケジュール

一方、1年を通じての動きは図2-3（決算期3月の例）のようになる。

3月末で会計を締め、そこから決算処理を始める。後述する「2-5 決算」のところで詳細スケジュールを説明するが、納税が2カ月以内で、株主総会が3カ月以内（日本の慣習で基準日＝決算日とすることが多いため）なので、およそ6月末までは、その処理に追われる。

また、税制は毎年改正されているため、そこにもアンテナを張っておき、必要に応じて対応していかなければならない。その税制改正の一般的な流れは次のようになる。

① 税制改正大綱発表（12～1月）
② 国会に法案提出（1～2月）
③ 国会で審議されて可決（3月上旬までに）
④ 改正税法施行（4月～）

> **参考**
> 経営のスピード化に伴い、大企業だけでなく、中堅・中小企業においても月次決算が定着化してきている。

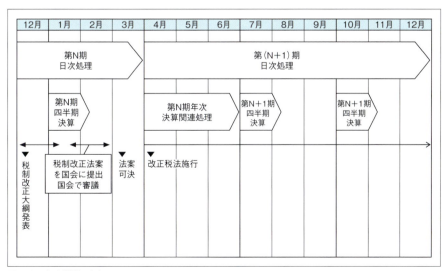

図 2-3　年次業務の例

2-4 簿記

https://www.shoeisha.co.jp/book/pages/9784798157382/2-4/

財務諸表を作成するために行う手続が簿記になる。企業で行われている取引の事実を帳簿に記録して、報告書を作成するための一定のルールを定めたものだ。

■ 簿記一巡の手続き

簿記に定められている事務処理手順を図2-4に示す。この流れは簿記一巡の手続きというもので、日々の仕訳に始まり、決算後、財務諸表の作成までの一連の手続きを示している。しっかりと理解しておこう。

■ 仕訳

日々発生する取引は、その発生順に、適切な勘定科目※を用いて借方要素と貸方要素に分けて記録していく（図2-5・6）。ひとつの取引を二面的に見ているだけなので、借方と貸方の金額は必ず同じになる。

> 📖 **用語解説**
> 【勘定科目】
> 会計処理（単式・複式簿記）で用いる表示金額の名目のことで、企業活動における取引内容によって分類整理するための科目。貸借対照表や損益計算書の内訳明細として表現される。JIS X 0406では、4桁の勘定科目コードを定義している。なお、実務では、どういった収入・費用が、どの勘定科目になるのか？ が焦点になる。

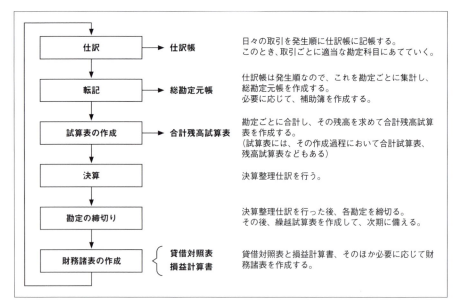

図2-4 簿記一巡の手続き

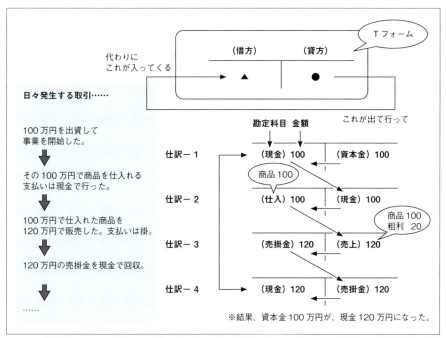

図 2-5 複式簿記による仕訳イメージ

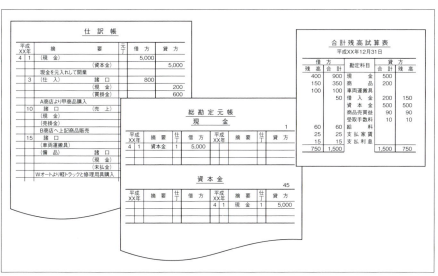

図 2-6 各帳簿サンプル

2-5 決算

　会社は、通常、1年間をひとつの会計期間として、設立時に定めた事業年度末（期末）に決算を行う。株主への開示義務や、後述する申告と納税の義務（法人税法等）、決算公告や有価証券報告書の開示義務（会社法や金融商品取引法）を果たすためである。

　ちなみに、会計期間の最初の日を**期首**、最後の日を**期末**もしくは**決算日**という。そして、1年に1度決算日に行う決算を、特に**年次決算**とか**本決算**、**期末決算**などという。

図2-7　会計期間に関連する用語

　決算と決算後にやるべきことをまとめたのが図2-8である。決算日が3月末日の企業を例にしている。

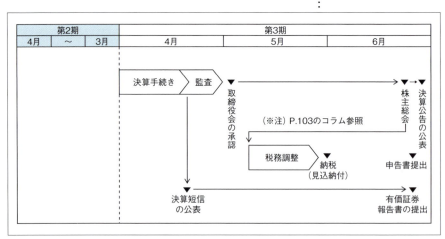

図2-8　決算手続きに伴うスケジュール例

■ 決算手続き

決算日を過ぎたら決算手続きを開始する。これは1年間の事業活動をまとめる手続きであり、おおよそ次のような手順で行われる。

【決算手続き】
① 各部門での入力締切（仕訳帳の締切）
② 試算表の作成
③ 決算整理事項の調査
④ 精算表の作成
⑤ 決算整理仕訳※の帳簿記入
⑥ 帳簿締切の手続き
⑦ 財務諸表の作成

■ 決算の確定

日本では確定決算主義※が取られている（法人税法74条）。そのため、日々の会計処理から事業年度末に決算を行い、それをまずは確定させる必要がある。株式会社の場合は、最終的に株主総会を開催して承認を受けなければならない。

そのあたりの経緯は、会社の規模や形態によっても異なるが、おおよそ次のように考えておけばいいだろう。その上で、例えば監査が必要のない企業では、その手順を"無し"と考えればいい。

【決算確定までの手順】
① 監査
② 取締役会（決算取締役会）での承認
③ 株主総会での承認

なお、株主総会は、一般的には決算日から3か月以内に開催される。3月末決算の上場企業が、こぞって6月末に行うのもその期限があるからだ。

参考
一連の決算手続きの細かい内容は、日商簿記の3級の勉強をすることで習得できる。

用語解説
【決算整理仕訳】
棚卸資産の計上、未収・未払金の計上、固定資産の減価償却関連処理などを行う。

用語解説
【確定決算主義】
確定した決算（会社法会計等）で算出した企業利益を基に、課税所得を計算すること。

参考
会社法では、大会社、委員会設置会社、会計監査人の任意設置会社は、会計監査人監査が義務付けられている。

参考
会社法の第296条「株主総会の招集」では「毎事業年度の終了後一定の時期」としか規定されていないが、同法の第124条で、招集する株主名簿の効力が基準日より3か月以内で、定款で、その基準日を決算日としているのが一般的なので「決算日より3か月以内」と言われている。

■ 連結決算

　連結決算とは、個別企業だけで決算するのではなく、グループ全体でひとつの決算書（財務諸表）を作ることである。

　親会社の会計に、（親会社の影響力の強い）子会社[*]と関連会社[*]の会計を加算し、グループ間取引を財務諸表から排除することで、グループ全体の正確な財務状態を把握することができるようになる。

　連結決算によって作成される財務諸表は、連結財務諸表といい、連結貸借対照表・連結損益計算書・連結キャッシュフロー計算書・連結株主資本等変動計算書などからなる（図2-9）。それぞれ個別決算の財務諸表とほぼ同じレイアウトであるが、連結貸借対照表の非支配株主[*]持分や、連結損益計算書の非支配株主利益など、連結決算独自の項目がある。

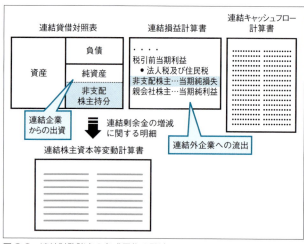

図 2-9　連結財務諸表の各成果物の関連

用語解説
【子会社】
親会社が、株式の過半数（50％を超える割合）を超えて保有している会社（持株比率基準）、あるいは実質的に支配している会社（支配力基準）のこと。従来の持株比率基準から、経済的一体性を持つ会社は子会社とするという支配力基準へと改められている。

用語解説
【関連会社】
子会社に該当しない企業で、かつ親会社が株式の20％以上（特定の者の議決権と合わせてでも可）を保有している会社（持株比率基準）か、あるいは15～20％以内で、かつ親会社が経営に重要な影響を与える会社（影響力基準）のことをさす。持分法という簡易な連結手続が適用される。

用語解説
【非支配株主】
100％出資でない子会社では、一部の株式を親会社（または連結対象企業）以外の企業が保有している。これを非支配株主と呼ぶ。以前は少数株主といっていたが、より正確に表現するために変えられた。

連結決算の手順を簡単に説明すると、次のような手順になる。

① 子会社から単独決算書、その他の必要情報の収集
② 連結調整処理
③ 資本連結
④ 相殺処理
⑤ 関連会社（持分法適用会社）の処理
⑥ 財務諸表作成
⑦ セグメント情報※の作成

最初に子会社から単独決算書ほか必要情報を入手する。その後、連結するにあたって勘定科目の調整や通貨レート換算を実施する。もちろん決算日が異なる場合も、しかるべき調整を行わなければならない（連結調整処理）。

次に資本連結を実施する。資本連結では、①親会社が子会社を取得したときの差額が連結調整勘定で処理され、②子会社以外の非支配株主持分を処理する。グループ内で持ち合っている資本については相殺される。その後、グループ内での相殺処理※を実施するとともに、関連会社（持分法適用会社）の処理を行う。その後、必要に応じてセグメント情報を作成し、セグメントごとの財務諸表へまとめていく（図2-10）。

用語解説
【セグメント情報】
事業の多角化や国際化の進展に対応するために、いったんグループ全体で連結した財務諸表を、①事業別、②国別などのセグメントごとに分類して作成する開示情報のこと。

用語解説
【相殺処理】
親会社と子会社の間で、売掛金と買掛金、受取手形と支払手形、貸付金と借入金などの相殺を実施する。

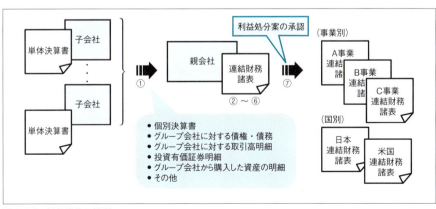

図2-10 連結決算の処理フロー

■ 申告と納税

続いて行わなければならないのは申告と納税である。日本では**申告納税制度**が採用されているので、法人も確定申告を行って納税額を計算し、それを税金として納めなければならない。納付期限は**事業年度終了後2か月以内**である。

税務調整

納税額の計算は、株主総会で承認された決算内容に税務調整を行って算出する。税務調整とは、会計上の損益を求めたうえで（財務会計の処理を行って損益計算書を作成したうえで）、その税引前当期純利益から、税法の規定に基づいて加減算して課税所得を求める時の"調整"の処理である。具体的には"**益金**"と"**損金**"のプラスマイナスを行う。

```
会計上の損益 ＝ 収益 － 費用
税務上の損益（課税所得） ＝ 益金 － 損金
```

このように計算するのは会計処理が企業の実態を正確に把握する目的で、国等が戦略的に税収を確保する目的の税務処理とは、微妙に違いが出てくるからだ。それぞれ算入（＋）か不算入（－）かは、ちょうど次の表のようなイメージになる。

表 2-6　会計処理のイメージ

税務上の損益の加減算	例（年度や会社規模によって異なるので注意。あくまでも一例として参考程度に）
損金不算入	交際費に関して、会計上は飲食費を含め全額経費扱いしている。しかし、税務上は交際費の飲食費のうち50％は損金算入可能だが50％は損金不算入になる。他にも役員報酬の月給や賞与を著しく超えるものなどいくつかある。この処理は多い。
損金算入	原則、会計処理の段階で損金処理（経費処理）しておかないものは損金として算入できない。これを**損金経理**※という。したがって損金算入はそれ以外になるので多くはないが、欠損金（前年度等の赤字）の繰越は損金算入が認められている。
益金不算入	受取配当金や税金の還付金は会計処理に関わらず益金にはならない。二重課税になるからだ。この処理も多い。
益金算入	退職給付引当金や修正申告の対象になった売上計上漏れなど。会計上は収益ではないものでも、税務上は益金として計算しなければならない。これはない方がいい。

用語解説
【損金経理】
法人税法では第2条（定義）第二十五号において、「法人がその確定した決算において費用又は損失として経理することをいう。」と定義されている。

こうして算出した課税所得に、法人税等の実効税率を乗じて納税額を求める。

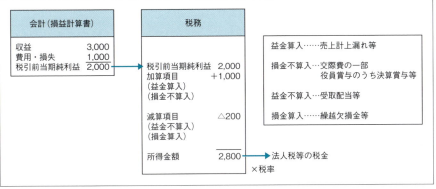

図 2-11 税務調整による課税所得の求め方

COLUMN　株主総会と申告納税

　株主総会と申告納税の関係は、先に説明した通り、株主総会が先で、その後税務調整を行い申告納税するという順番になる。

　しかし、先に行わなければならない株主総会の開催期限が決算期から3か月以内で、実際、3か月目に開催している企業がある中で、その後続の申告納税は決算期から2か月以内に終えなければならない。この場合、どういう手続きをしているのだろうか。

　こういう場合、①申告期限の延長の特例の申請を行う。そうすると、株主総会に合わせて1か月申告を遅らせることができる。そして、②決算日から2か月以内にいったん見込納付を行っておく。"申告"を遅らせた場合でも"納税"は遅らせてはいない、遅れると延滞税を取られることになるからだ。納税額が増える可能性があるのなら、それを加味して多めに納付しておく。そうすると増えた部分にも延滞税はかからない。

　なお、申告期限の延長ができるのは法人税、法人住民税（都民税、都道府県民税、市町村民税）、法人事業税で、消費税と事業所税には申告期限の延長はない。

■ 財務諸表の提出及び公表

　決算が確定した後に行わなければならないことがもうひとつある。それが財務諸表の提出及び公表である。

　株式会社は、会社法で決算公告が義務付けられており、貸借対照表を（大企業の場合は、合わせて損益計算書も）、官報もしくは時事に関する日刊新聞紙等の紙媒体か、自社のWebサイト上に掲載しなければならない。

　また、上場企業は、金融商品取引法で有価証券報告書を広く一般に公表することが義務付けられており（その場合、決算公告は不要）、有価証券報告書をEDINET※上に公開する必要がある。財務諸表部分はXBRL※化して提出する。そのためにEDINETでは、EDINETタクソノミ※を提供している。

　証券取引所に株式を公開している場合（いわゆる上場している場合）は、当該取引所のルールに基づいて提出しなければならない。国内の金融商品取引所の場合、TDnet（適時開示情報閲覧サービス）に提出したり、（必要に応じて）自社のWebサイトのIRライブラリで公開したりする。なお、TDnetには、有価証券報告書や後述する四半期報告書に先だって決算短信※を提出する。

■ 四半期決算と月次決算

　会社によっては、1年に1回行う期末決算（年次決算）以外にも、四半期（3か月）に1回（四半期決算）行う四半期決算や、1か月に1回行う月次決算を行う場合がある。

　上場企業は、金融商品取引法で四半期報告書の提出が義務付けられているため、四半期決算を行わなければならない。提出期限は各四半期終了後45日以内である。

　一方、月次決算は特に何かしらの法律に基づいて義務付けられているものではなく、必要だと考えている企業が戦略的に行うものである。なお、リアルタイムに財務状態を把握したい場合は、販売、生産など全てのシステムと財務会計システムがシームレスに連携しているERPの導入を検討する。

【EDINET (Electronic Disclosure for Investors' NETwork)】
金融商品取引法に基づく有価証券報告書等の開示書類に関する電子開示システム。投資家が、ここでまとめて有価証券報告書を入手できるように金融庁が運営しているサイト。

用語解説
【XBRL (eXtensible Business Reporting Language)】
財務諸表部分を効率的に作成・流通・利用できるよう国際的な標準形式を定義したXMLベースの言語。

【タクソノミ】
タクソノミとは、元々は"分類"という意味。EDINETタクソノミは、EDINETが提供する財務報告のための電子的雛形である。有価証券報告書等の提出者はEDINETタクソノミを使用して財務諸表を作成する。

用語解説
【決算短信】
証券取引所が要請する決算のポイントをまとめた速報ベースの報告書。投資家にいち早く報告するためのもので監査を受ける前のもので良い。

参考
四半期報告書の提出義務のない会社の中には、半期報告書の提出義務を持つ会社もある。この場合の提出期限は3か月以内。

COLUMN　決算の早期化

　平成 30 年 6 月 8 日　東京証券取引所が毎年恒例の決算短信発表状況の集計結果を公表した（「平成 30 年 3 月期決算発表状況の集計結果について」URL：https：//www.jpx.co.jp/news/1023/nlsgeu0000035dbl-att/nlsgeu0000035de8.pdf）。その資料によると、平成 30 年 3 月期の決算短信発表までの所要日数は 39.1 日（2,335 社の平均）。前年（39.5 日）よりも 0.4 ポイント前進した。

　この数字をどう見るかはさておき、東京証券取引所では、上場規程に基づいて事業年度もしくは四半期ごとに、それぞれ決算短信を開示することを義務付けているが、それらが、投資家にとって重要な投資判断の基礎情報となることから、決算発表の早期化を要請している。具体的には、事業年度における決算短信については、遅くとも決算期末後 45 日以内に開示し、できれば同 30 日以内の開示が望ましいとし、逆に 50 日を超える場合には、その理由や翌事業年度に向けての計画等を提出しなければならないとしている（詳細は、2018 年 8 月「決算短信・四半期決算短信作成要領等」を参照）。四半期決算短信については、金融商品取引法で義務付けられている "45 日以内" でいいとしているため、東証独自のルールは設けていない。

　こうした法的あるいは証券取引所の要請だけではなく、投資家をはじめとする企業を取り巻くステークホルダにタイムリーに情報開示することで、企業運営がしっかりしていることをアピールできるとして、上場企業にとっても決算の早期化は重要な経営課題のひとつになっている。

　決算を早期化するためには、子会社等の個別単体決算そのものの作成スピードを早めるということも重要だが、連結決算の部分を早めることも重要になる。そのためには、会計方針の統一も視野に入れていかなければならない。

　例えば、決算日ひとつ取ってみてもそうだ。全ての連結対象子会社の決算日が、親会社と同じ決算日であれば "決算日の問題" はない。しかし、親会社と子会社の決算日が違う場合は注意が必要だ。現在の日本の会計基準では、決算日のズレが 3 か月以内であれば、そのまま（決算日が異なるまま）双方の通常処理した単体決算書を連結に用いることができる。しかし、決算日のズレが 3 か月を超える場合、親会社の決算日に子会社も合理的な決算処理を実施しなければならないとしている。しかも、現段階の IFRS には 3 か月以内の決算日の違いを許容するということはない。なので、子会社は、親会社の決算日に別途決算をしなければならない。結構な手間である。

　他にも、勘定科目の処理方法を統一するなど、決算の早期化のための対策はいろいろある。もちろんそこには財務会計システムの連結決算機能も大きなウエイトを占めるだろう。しかし、それだけではなく、会計面での業務改善も合わせて提案できるように、決算を早めるための事例についても、しっかりと情報収集しておこう。

2-6 手形

https://www.shoeisha.co.jp/book/pages/9784798157382/2-6/

企業間の取引では手形を利用することがある。手形とは、手形法に定められた記載条件（振出人、支払期日など）を満たす有価証券のことで、約束手形と為替手形がある。

約束手形は、図2-12のように債務者が振出人となって債権者（名宛人）に対して振り出す。支払期日（満期日＝引落日）が30日後などと設定されているだけで、考え方は小切手と同じと考えて良い。

一方、為替手形は、債権のある取引先企業などに、代金の支払いを委託する形になる。為替手形を発行し、その引き受けを依頼する。引受人となった企業は、手形の指定期日になると、指図人に指定金額を支払わなければならない。

用語解説
【手形のサイト】
手形を振り出してから支払期日（満期日）までの期間を「サイト」と呼ぶ。手形のサイトは何日でもかまわないが、通常は30日や60日というように30日＝1月を単位として用いる。

用語解説
【手形の割引】
受け取った手形（約束手形や為替手形）は、満期日（支払期日）までに金融機関に持ち込んで現金化することもできる。現金化する際には、満期日までに発生するはずだった利息分が額面金額から減算される。これを手形の割引といい、割り引かれた手形は割引手形と呼ばれる。割り引かれた金額は手形売却損として仕訳する。

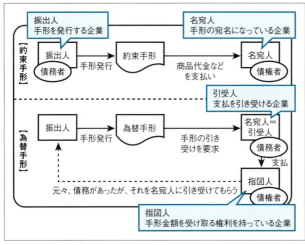

図2-12 約束手形の仕組み

受取手形あるいは支払手形は、現金化されるまでの間（満期日まで）、手形番号、振出人、振出日、満期日（支払期日）、支払銀行などを管理しておく。

用語解説
【手形の裏書き】
受け取った手形（約束手形や為替手形）は、満期日（支払期日）までに取引先（仕入先など）への支払いに使うこともできる。債務の支払いに使う場合、約束手形や為替手形の裏面に必要事項を記入する。これを手形の裏書譲渡（または単に裏書き）といい、裏書された手形を裏書手形と呼ぶ。

参考
現在、為替手形は輸出入管理業務の"荷為替"として使われる程度で、それ以外はあまり利用されていない。

■ 電子記録債権

　歴史ある手形取引においても電子化の波は避けられず、最近では、電子の手形ともいえる電子記録債権の取引量が増えてきている。

　電子記録債権とは、電子記録債権法※に基づいて提供される新しい決済サービスのことで、次のような"紙ベースの手形"の弱点を解消できると期待されている。

```
紙ベースの手形の弱点
①作成や保管にコストがかかる
②印紙税が必要
③紛失や盗難のリスクがある
④分割ができない
```

　サービスを提供するのは、電子記録債権法に基づき運営される電子債権記録機関※である。サービス名称は、電子債権記録機関によって異なっているものの、サービス内容には大差はない。紙ベースの手形と同様、期日決済、割引、譲渡などが可能なことに加え、(上記の②に対して) 印紙税の負担もなく、(上記の①や③に対して) 電子債権記録機関で厳重に管理してくれているので利用者側の負担もない。また電子データなので分割することも可能になる。

用語解説
【電子記録債権法】
平成20年（2008年）12月施行。それまで紙でしか流通できなかった手形を、電子的記録（電子データ）でも可能と定めた法律。厳密には売掛金や手形とは異なる新しい類型の金銭債権。

用語解説
【電子債権記録機関】
金融庁の監督の下、電子記録債権法に基づいて運営される中核的な役割を担う機関。平成30年10月現在、全銀協やメガバンク系列の5社がある（左記参照）。電子債権の登記所のような存在で電子債権の記録原簿（債権者と債務者の名前、支払額、支払期日などの情報を含む）を備えている。

表 2-7　電子債権記録機関

電子債権記録機関	系列	サービス名称他
日本電子債権機構㈱（JEMCO）	三菱UFJ	日本初の電子手形。通称「電手（でんて）」。
SMBC電子債権記録㈱	三井住友銀行	SMBCでんさいネット
みずほ電子債権記録㈱	みずほ銀行	愛称「電ペイ」
㈱全銀電子債権ネットワーク	全銀協	通称「でんさいネット」。参加金融機関は約600。
Tranzax電子債権㈱	Tranzax	非金融機関初。

2-7 資金調達

https://www.shoeisha.co.jp/book/pages/9784798157382/2-7/

経理部門の重要な業務に資金管理がある。大きな組織になると、資金管理のみ独立した財務部などとして会計処理部門と分ける場合もある。資金管理は、資金調達や資金（繰り）計画を立案する。ここでは特に、資金調達について説明する。

資金調達にはいくつかの方法があり、その性質によって、出資と融資、負債と株主資本、直接金融と間接金融※ などに分類されることがある。

■ 株式発行

会社が株券を発行することによって資金調達する方法である。株式公開している企業では、証券市場を通じて一般から資金調達することが可能になる。株式公開していない場合でも、機関投資家※や個人投資家※、ベンチャーキャピタル※、企業などに株式を譲渡して資金調達を行うことができる。

借入金や社債と異なり、出資者（株主）は、一定の株主としての権利を持つことができる。株式発行で集めた資金に対しては配当によって出資者に還元される。企業買収や合併などの時にも株式交換という形で資金調達が行われることもある。

■ 社債発行

社債は、会社が社債券という有価証券を発行して資金調達するもので、普通社債と新株予約権付社債がある。必要な資金を小口に分散して、不特定多数から直接資金調達を実施する。社債には、償還期間（多くの場合2年から30年の間）と償還率（支払利息）があらかじめ決められている。

用語解説
【直接金融と間接金融】
お金を出す人が直接相手先を意識しているかどうかで分類する。相手を直接意識している場合を直接金融といい、直接相手を意識していない場合を間接金融という。前者には株式発行や社債発行、後者には金融機関からの借入金がある（金融機関の預金者は、その預金がどこの企業の融資に使われるのかは意識していない）。

用語解説
【機関投資家】
個人等から多くの投資資金を集めて投資する投資家。投資顧問会社、投資信託、保険会社など。

用語解説
【個人投資家】
機関投資家に対する呼び方で、エンジェルと呼ばれることもある。

用語解説
【ベンチャーキャピタル（VC）】
投資会社の中でも特に、ベンチャー企業に創業時から投資してハイリターンを狙う企業。

■ 融資

　銀行や日本政策金融公庫などの金融機関や、個人、企業から資金を借り入れる資金調達方法を融資という。会計上は借入金になる。通常は、支払利息を含めた返済計画を双方合意の上決定する。企業の信用力によって融資額が制限される。信用力が低い場合には担保を設定したり、信用保証協会 * を利したりすることも検討する。

■ ファクタリング

　売掛金（債権）があれば、それを譲渡することで資金を早期に調達する方法もある。そのひとつがファクタリングを利用する方法だ。ファクタリング会社に、売掛金を債権のまま譲渡する（買い取ってもらう）ことで、顧客（債務者）からの入金を待つことなく現金化できる金融サービスである。

　手数料は取られるものの、資金調達が早くなる（回収の早期化）、貸倒リスクが転嫁されるなどのメリットに加え、例えば自社が返済能力に乏しいと判断され"銀行融資"が受けられない場合でも、自社の信用力ではなく顧客（販売先）の信用力が審査基準になるので、顧客が大手企業で信用力が高い場合などは利用できる可能性が高くなるというメリットもある。

　ファクタリングには、①ファクタリング会社と②債権者（ファクタリングの利用者、売主）、③債務者（顧客）、の三社間で行う三社間ファクタリング * と、①ファクタリング会社と②債権者（ファクタリングの利用者、売主）の二社間だけで行う二社間ファクタリング * がある。

　なお、ファクタリングには、ここで説明している商取引における売掛金の回収タイミングを埋めるファクタリング（これを"一括ファクタリング"という）以外に、医療報酬債権ファクタリング（医療機関を対象としたもの）、保証ファクタリング（回収のタイムラグを埋めるのではなく、倒産などによる回収不能に対する保険的役割のもの）、国際ファクタリング（輸出時の債権）などもある。

用語解説
【信用保証協会】
中小企業の資金繰りの円滑化を図ることを目的に設立された公的機関で、中小企業が金融機関から融資を受ける際に、その債務を保証してくれる。

参考
売掛金の早期回収や、手形を割り引いて早期回収する方法なども、当面の資金調達としては有効である。

用語解説
【三社間ファクタリング】
ファクタリング会社は"利用者の顧客（債務者）"から回収する。そのため、顧客の承諾を得る必要があり、それによって「資金繰りが苦しいのか？」と勘繰られるなどのデメリットがあるが、二社間ファクタリングに比べてリスクが低いので手数料は低く（約1%～5%）設定されている。

用語解説
【二社間ファクタリング】
ファクタリング会社は"利用者（債権者）"から回収する。それゆえ顧客に通知する必要はないが、債権者が回収後にファクタリング会社に支払わないというリスクもあるので、手数料は高め（約10%～30%）に設定されている。

2-8 固定資産管理

https://www.shoeisha.co.jp/book/pages/9784798157382/2-8/

企業の保有する資産のうち、販売目的でなく、1年以上の長期にわたって使用するものを固定資産という。固定資産は何らかの基準を用いて、その時点での資産価値を金額で求めて、貸借対照表に表さなければならない。

■ 有形固定資産と無形固定資産

固定資産には、①土地・建物、機械装置、車両運搬具など"形のある"有形固定資産と、②営業権、借地権、知的財産権、ソフトウェアなど"形のない"無形固定資産、③投資有価証券などの投資その他の資産に分けられる。

■ 減価償却資産と非減価償却資産

固定資産のうち、使用するにつれ価値が目減りする資産については減価償却処理を行う必要がある。これは、複数年にわたって使用する固定資産の費用計上は、複数年に分配するのが適切だとする考え方に基づく処理で、購入時には費用とならない固定資産を数年にわたって費用計上する手続きになる。

具体的には、決算期に決算処理の中で、減価償却資産ごとに決められている耐用年数※に従って当該年度分の減価償却費を求めて費用計上するとともに、その分、取得原価※から資産価値を減少させていく。この時の処理方法に、後述する定額法や定率法がある。

なお、減価償却の対象になる資産を減価償却資産といい、有形固定資産では建物や機械装置、車両運搬具などが、無形固定資産では営業権や特許権、ソフトウェアなどが該当する。一方、減価償却の対象にならない資産を非減価償却資産といい、土地や借地権などが該当する。

用語解説
【耐用年数】
ここで説明する"耐用年数"は、税務処理で使う法人税法（省令）で規定されている法定耐用年数のことを指す。メーカーが決める耐用年数や実質的に使用する年数とは異なる場合もある。コンピュータ関連では、ざっくりと、パソコン4年、サーバなどその他の電子計算機5年、LAN機器10年、LAN配線18年など。ただし、細分化されていたり、変わることもあるので毎年確認が必要。

用語解説
【取得原価】
固定資産を取得するときに要した費用。取得原価は、購入代金だけではなく、当該固定資産を使えるようになるまでに要した一切の費用（手数料、運送費、環境整備費、据付費など）を含む。

参考
【少額減価償却資産の一括償却】
固定資産であっても、1単位あたりの単価が20万円以上30万円未満のものを少額減価償却資産とし、減価償却ではなく取得年度に一括経費計上を可能にしている。適用できる会社や適用上限なども定められている。

■ 定額法と定率法

減価償却の代表的な計算方法に定率法と定額法がある。

定額法とは、毎年一定の額を償却する方法で次の計算式によって求められる。

減価償却費＝（取得価額－残存価額※）÷耐用年数

例：取得原価が500,000円、耐用年数5年、残存価額なし（備忘価額の1円）で計算した場合

単位：円

	期首未償却残高	減価償却費	期末未償却残高
1年目	500,000	100,000	400,000（500,000－100,000）
2年目	400,000	100,000	300,000（400,000－100,000）
3年目	300,000	100,000	200,000（300,000－100,000）
4年目	200,000	100,000	100,000（200,000－100,000）
5年目	100,000	99,999	1（100,000－ 99,999）

一方、定率法とは、毎年一定の率（償却年数5年であれば0.369というように、償却年数によって一律決まっている割合）を乗じて償却費用を求める方法。式は下記のとおりである。

減価償却費＝期首未償却残高×償却率

例：取得原価が500,000円、耐用年数5年、残存価額10％、償却率0.369で計算した場合

単位：円

	期首未償却残高	減価償却費	期末未償却残高
1年目	500,000	184,500	315,500（500,000－184,500）
2年目	315,500	116,420	199,080（315,500－116,420）
3年目	199,080	73,461	125,619（199,080－ 73,461）
4年目	125,619	46,354	79,265（125,619－ 46,354）
5年目	79,265	29,265	50,000（ 79,265－ 29,265）

用語解説

【残存価額】
耐用年数を満了した時に残っている価額。昔は取得原価の10％を残存価額とするようにしていたが、平成19年4月の税制改正で、それ以後に取得した固定資産については残存価額をゼロとして計算することも認められるようになった（完全償却後の帳簿価額は1円。これを備忘価額と言う）。選択して適用できる。

参 考

平成28年度の税制改正で、建物附属設備及び構築物並びに鉱業用減価償却資産（建物、建物附属設備及び構築物に限る）の償却方法で、定率法が廃止される。

定率法に関しては、残存価額をゼロで計算することを可能にした平成19年4月以後に取得したものに250%定率法※が、平成24年4月以後に取得したものに200%定率法※が適用されることになった（これにより、平成19年4月より前の定率法を旧定率法という）。

例：取得原価が500,000円、耐用年数5年、200%定率法で計算した場合

単位：円

	期首未償却残高	減価償却費	期末未償却残高
1年目	500,000	200,000	300,000(500,000−200,000)
2年目	300,000	120,000	180,000(300,000−120,000)
3年目	180,000	72,000	108,000(180,000− 72,000)
4年目	108,000	54,000	54,000(108,000− 54,000)
5年目	54,000	53,999	1(54,000− 53,999)

耐用年数5年の改定償却率は0.5、保証率は0.10800（償却保証額は上記の例だと54,000円）になる。3年目までは減価償却費が償却保証額の54,000円を上回っていたので、償却率0.4で計算するが、4年目には0.4で計算すると46,354円になり償却保証額の54,000円を下回るので改定償却率0.5で計算する。すると54,000円になる。また5年目は最低保証額に満たないため以後は償却保証額が減価償却費になる（但し、備忘価額1円を残すので53,999円になる）。

■ 固定資産の会計処理

企業会計原則では、固定資産の会計処理は「原則として、当該資産の取得原価を基礎として計上しなければならない。」としている。これを取得原価主義とか取得原価主義会計などという。

固定資産の中でも「その他有価証券」のうち市場価格のあるものなど一部の有価証券には時価会計が適用される。時価会計とは、原価を毎期末の時価（市場価格）で評価替え（再評価）し、取得原価との差額を損益計算書に反映させるという考え方である。

用語解説
【250%定率法】
定額法の償却率の2.5倍の償却率になるので250%定率法と言われている。考え方は200%定率法に同じ。

用語解説
【200%定率法】
定額法の償却率の2倍の償却率になるので200%定率法と言われている。例えばこの例のように耐用年数が5年の場合、定額法だと毎年20%の償却率になるが、定率法の償却率はこの2倍の40%で計算する。

参考
時価会計は、「金融商品に関する会計基準」によると、他にも流動資産の売買目的有価証券にも適用される。

また、平成18年3月期から「固定資産の減損に係る会計基準」によって上場企業等に減損会計が強制適用されることになる（中小企業にも適用が望ましいとしている）。

　ここでいう減損会計とは、「資産は利益を生み出すから価値がある」という視点に立ち、収益性の低下分について、その固定資産の資産価値を下方修正する考え方である。例えば、資産価値が1,000万円（帳簿価額）になっている機械があったとしよう。しかし、新技術の登場などで、この機械が今後利益を生み出す可能性が300万円しかないとする。そうした状況において帳簿価額1,000万円を下回っているので、減損の発生700万円を認識して、帳簿価格を300万円とするという処理である。

　但し、固定資産における時価会計や減損会計の評価損が税務処理上損金になるのかどうかはケースバイケースなので、注意が必要である。

■ 固定資産管理の留意点

　固定資産管理の中心は固定資産管理台帳による管理である。具体的には、個々の固定資産に一意の固定資産管理番号を付与して、固定資産番号、固定資産の種別、名称、取得年月、取得価額、耐用年数、累計償却額などの情報を管理する。そして、会計処理や税務処理に必要な減価償却や、評価替え、除却や廃棄などの処理を行う。

　また、必要に応じて、設置場所や管理責任者、使用者などの管理情報も記録する。固定資産の現物管理には、管理用のシールを添付したり（その場合ラベルシール発行機能を持つシステムがあると便利である）、管理ラベルシールが貼れないものは、写真を撮ったりするなど工夫して管理している。常に、帳簿上と現物に差が出ないように、現物の設置場所が移動したり、廃棄処分や贈与、売却などでなくなったりした場合には、タイムリに台帳をメンテナンス管理ルールを決めることも重要になる。

 参考

金融商品に関する会計基準等、他の会計基準が適用される固定資産は、減損会計の対象資産にはならない。

参考

固定資産には、固定資産税がかかるものがあるので、その場合に固定資産税を計算する機能を固定資産管理システムに持たせることもある。

2-9 リース

https://www.shoeisha.co.jp/book/pages/9784798157382/2-9

　リース（取引）とは、リース会社が対象資産を購入し、一定の期間（年数）の使用を前提に、リース会社が使用者に貸し出す契約のことをいう。

　例えば、使用者が100万円のコンピュータ（新品）を使用したいとする。そのとき「5年間、料率2%」でリース会社と契約すると、リース会社がそのコンピュータを購入して使用させてくれるというわけだ。使用者が支払うリース料金は、購入価額100万円の2%なので毎月2万円になる（5年間の支払総額は120万円）。また、5年経過後も継続して使用したい場合には、より低い料率（通常1年間の使用料が1カ月分のリース料になる）で再リース契約を行うことも可能である。この場合だと、年間の再リース料が2万円ということになる。

■ ファイナンスリースとオペレーティングリース

　リース会社の商品名がどうであれ、会計上は、その実態に照らしてファイナンスリースとオペレーティングリース※に大別される。

　ファイナンスリースとは、その名のとおり金融色の強い取引のことだ。①ノン・キャンセラブル（解約不能もしくは、解約時に違約金＝リースペナルティを支払うケース）と、②フルペイアウト（全額支払）の2点が条件になる。ファイナンスリースは、さらに所有権が移転するか否かで、所有権移転ファイナンスリースと、所有権移転外ファイナンスリースに分かれる。他方、オペレーティング・リースは、それ以外のリースになる。金融色ではなく賃貸借色の強い取引だ。

　そういうわけで、（賃貸借色の強い）オペレーティングリースは、原則、賃貸借処理（経費処理）になるが、金融色の強いファイナンスリースは、原則、売買処理（資産として計上）をしなければならない。

📖 **用語解説**

【オペレーティングリース】
リース期間満了時の残価設定（残存価値の設定）を定めることによって、ファイナンスリースより（同期間であれば）安いリース料を設定できる。また、リース期間もファイナンスリースより短期間で設定することが可能（この場合、月額リース料は高くなる）。リース期間満了後は、①物件返却、②2次リース、③公正市場価格にて購入、のいずれかを選択できる。

2-10 会計ソリューション

https://www.shoeisha.co.jp/book/pages/9784798157382/2-10/

　1960年代に飛躍的な進化を遂げたコンピュータが、日本の企業に普及し始めたのは1970年代あたりから。まだ40年ぐらいの歴史しかない。一般にまでブレイクしたMicrosoft社のWindows 3.1（日本語版）が登場したのが1993年なので、これがおおよそ中間点である。

　それはさておき、企業にコンピュータシステムが導入され始めたとき、最初に検討されたのが財務会計システムになる。それまで手作業で行っていた"計算"や"転記作業"をコンピュータ処理に変えることで、大幅に業務の効率化が見込まれると考えられたからである。計算と転記作業は、言うまでもなくコンピュータの最も得意な分野になるので、（手作業からの脱皮という点において）投資効果が最も大きい分野だといえるだろう。

　また、財務会計業務は、簿記や会計基準で細かいルールが決まっていて、企業間で差のない業務分野になる。それで、その後すぐ"パッケージ商品"が生まれ、"ASPサービス"、"クラウド"などへと進化していくのも、会計業務からだった。

　1990年代後半になると、日本にもERPパッケージが普及しはじめる。それまで個別に進められてきた個々の業務のシステム化（サイロ型システム*）だと、どうしてもデータ連携部分が弱くなるので、生産や販売から会計に至るまでをひとまとめにし、データの一元管理を図ろうとしたパッケージである。ERPの普及初期の時代こそ低評価だったが、企業のグローバル化の進展や2000年問題、2000年代半ばの内部統制強化の義務付けなどの環境変化によって、さらに導入が進んだ。

　現在では、金融商品取引法の規制をうける企業は当然のこと、そうでない企業にも内部統制を意識したシステムが求められている。

> **用語解説**
> 【サイロ型システム】
> 経理部門だけが使う財務会計システムのように、部門最適のシステムのことをいう。サイロとは、飼料などの貯蔵庫もことで、そこから「窓がなく周囲が見えない」という意味も持つ。

■ 財務会計システムの機能一覧

最もパッケージ化しやすいシステムのひとつ、それが財務会計システムである。業種による違いや企業における独自性を出す部分がほとんどなく、"やらなければならないこと"は法律や各種会計基準で決まっているからだ。その機能は、オプションも含めて表2-8のようになる。

表2-8　財務会計システムの機能一覧

処理タイミング／処理・機能			概要	関連業務知識(本書参照箇所)
導入時処理（初期設定）			次のような基本的な情報を設定する ・会社情報（会計期間、決算月など） ・科目体系（勘定科目、補助科目など） ・事業部門、消費税関連、納税者情報など	
日次処理	仕訳処理	仕訳入力	財務会計システムの軸になる処理。日々発生する取引を仕訳データとして登録する。入力に多大な負荷がかかる場合、入力負荷軽減機能が求められる	2-4 簿記
		データ連携	仕訳入力の負荷を軽減するため、ほかのシステムで作成されたデータを取り込む処理。二重入力の防止により、入力ミスの防止にもつながる。ERPだと即時更新、それ以外はバッチ更新が多い	
月次〜年次	決算処理	決算仕訳処理	決算期に必要となる決算期特有の仕訳処理	2-5 決算
		決算報告書	決算報告書を作成して出力する	
	帳票出力		各種法律で定められている帳票を出力する（企業によって必要な帳票は決まっている） ・会計帳簿（主要簿、補助簿） ・試算表 ・財務諸表	2-2 代表的な財務諸表
オプション機能	税務申告		財務会計システム（本体）から決算情報、消費税情報など、税務申告に必要な情報を引き継ぎ、法人税、消費税等の税務申告書を作成する。 ・人事給与システムの法定調書と連動 ・固定資産管理システムとの連動（法人税別表）など	
	電子帳簿保存		電子帳簿保存法適用企業が使用する機能。 ・システムで作成した電子データを電子データのまま管理する機能 ・スキャンしたデータを管理する機能	2-12 帳簿書類の保存
	手形管理		手形での取引が多い場合に導入を検討する。手形のサイト管理、手形発行機能など。 電子手形管理機能を持つものもある	2-6 手形
	固定資産管理		固定資産が多くて管理が必要な場合に導入を検討する。個々の固定資産に管理番号を振り、設置場所、管理責任者、使用者、購入価額、現在価値等を購入から除却・廃棄まで管理する。 リース資産を管理するものもある	2-8 固定資産

■ 仕訳入力

　仕訳伝票は、原則仕訳入力画面から入力する。図2-13は仕訳入力画面の例である。この例では、借方と貸方を入力しながら処理を進めていく。

　しかし、すべての取引を仕訳伝票入力で登録していくのは大変な労力であるため、定型仕訳※や自動仕訳※などによって入力負荷の軽減を図っている。

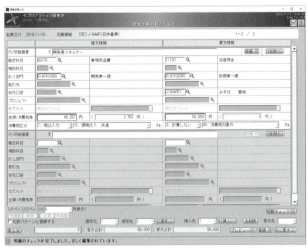

図2-13　仕訳入力画面の例
　　　　　SCSK株式会社「ProActive E²」より
　　　　　(http://proactive.jp/)

■ 財務会計システムで出力される会計帳簿と財務諸表

　財務会計システムのパッケージは、入力機能や更新機能はシンプルだが、出力帳票は多い。代表的なものだけ以下に挙げておく。

- 仕訳帳
- 総勘定元帳
- 合計試算表／合計残高試算表
- 損益計算書
- 貸借対照表
- キャッシュフロー計算書

用語解説
【定型仕訳】
仕訳処理には毎月定期的に発生する処理がある。電気代や水道代、家賃支払いなどである。これらの処理の摘要欄の項目や金額をあらかじめ定型仕訳として登録しておき、入力負荷の軽減を図る機能である。

用語解説
【自動仕訳】
会計取引のうち売上、仕入れなどの定型取引について、販売管理システム、生産管理システムなどの関連システムから自動的に仕訳データとして取り込む処理のこと。

■ 他システムとの連携

　財務会計システムは、仕訳入力機能は用意されているものの自動仕訳すなわち、他システムからのデータ取り込み（またはリアルタイム処理）が非常に重要になってくる。

　連携方法はシステムのコンセプトや採用するアーキテクチャによってさまざまだが、どういった仕組みにせよ、どのシステムとどういう連携が必要なのかは知っておかなければならない。特に内部統制を考えればなおさらである。連携の概略は、図2-14のようになる。

　販売管理システムからのデータ取り込みは、「売上データ」と「仕入データ」、「売掛・買掛データ」、「入出金データ」などを取り込む（入出金入力まで販売管理で用意されている場合）。生産管理システムからは原価計算に必要な情報を、物流・在庫管理システムからは在庫関連の情報を、それぞれ取り込む。ほかに、人事給与システムからも給与データなどは取り込める。また、最近では、グループウェアの進展で交通費精算や各種申請業務など非定型業務がシステム化されているので、そういった各種経費データも連携が可能かもしれない。

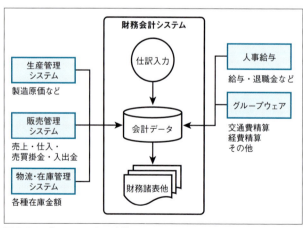

図2-14　他システムとの連携

■ セキュリティ機能

経済産業省が公表した「システム管理基準　追補版　追加付録※」の付録8では、「IT統制のための財務会計パッケージソフトウェア向けプロテクション・プロファイル（シナリオ例）」が紹介されている。その中に記載されている、財務会計パッケージが具備している標準的なセキュリティ機能（TSF）は次のようなものだ（当該資料より引用。一部修正）。

（1）識別と認証機能

どのシステムもそうだが、アクセス制御機能は必須。安全なパスワードを設定し、安全な運用管理をする。

（2）監査ログ記録機能（主に会計担当者の作業を記録）

勘定科目マスタ、仕訳データの入力、修正、削除された履歴や、識別と認証試行の失敗、識別と認証情報の登録、修正、削除などの履歴を、日付・時刻、操作プログラム、操作者などと伴に記録し、必要時には即プルーフリストを出力できるようにしておく。当該プルーフリストは、標準機能で容易に修正、削除できてはいけない。

（3）監査機能（主に会計責任者による監査）

監査ログをレビューする際に、特定の監査ログを検索したり、解釈しやすい形式で表示する機能。不正や誤謬に関連する可能性がある特定の事象が発生した場合、これを監査証跡（事象の日付・時刻、事象の操作プログラム、操作者、事象の内容など）として保管する機能。

（4）会計データ更新ロック機能

会計責任者が、会計担当者による一定時期（日次、月次、年度）以前の会計データの更新を禁止するために、その期間の会計データをロックする機能。　更新ロック処理後の伝票訂正は、赤黒伝票での処理になる。

※平成19年12月16日に経済産業省から公表された「システム管理基準　追補版（財務報告に係るIT統制ガイダンス）追加付録」のこと

Chapter
2
財務会計

119

2-11 内部統制報告制度

https://www.shoeisha.co.jp/book/pages/9784798157382/2-11

金融商品取引法では、上場企業に有価証券報告書とともに**内部統制報告書**※の提出を義務付けている（第24条の4の4）。投資家等が、当該企業の公表する**財務諸表を含む財務報告の信頼度**について判断できるようにするためだ。

これにより、経営者は、内部統制が有効に機能するように整備するのは当然のこと、自社の内部統制の整備状況に責任を持ち、自ら評価して報告しなければならないようになり、監査人（公認会計士や監査法人）は、財務諸表の監査報告書とともに、内部統制報告書についても監査し、内部統制監査報告書を提出しなければならないようになった（第193条の2の第2項）。

本制度そのものは上場企業に義務付けられたものであるが、当然だが、中小企業でも不正会計は許されない。会社法でも内部統制を整備するように明記されていることもあり、上場企業等を参考に内部統制を整備することが望まれている。

■ 内部統制の実施基準

金融商品取引法には、具体的な実施基準についての定めがない。そこで法律とは別に、金融庁の企業会計審議会から、実務上遵守すべきより具体的な内容が公表されている（表2-9）。

参考
内部統制報告制度は、米国のSOX法を参考にしているため、J-SOX法とも呼ばれている。米国に続き、日本でも相次ぐ不正会計や会計操作が発覚したことを受け、平成20年4月1日以後に開始する事業年度より内部統制報告書の提出を義務付けるようにした。

用語解説
【内部統制報告書】
自社の内部統制に関する現況を社長名で公表する報告書。「内部統制が有効」、「重要な欠陥がある」、「有効かどうか表明できない」などと報告する。2008年4月1日以降に開始する事業年度から適用される。「重要な欠陥」は、「開示すべき重要な不備」に変更される予定。

表2-9 内部統制関連の金融庁公表資料

資料の種類	資料名
基準	財務報告に係る内部統制の評価及び監査の基準 （平成23年3月30日　企業会計審議会）
実施基準	財務報告に係る内部統制の評価及び監査に関する実施基準 （平成23年3月30日　企業会計審議会）
内部統制府令	財務計算に関する書類その他の情報の適正性を確保するための体制に関する内閣府令 （平成19年8月10日内閣府令第62号）
内部統制府令ガイドライン	「財務計算に関する書類その他の情報の適正性を確保するための体制に関する内閣府令」の取扱いに関する留意事項について（平成23年3月　金融庁総務企画局）
Q&A	内部統制報告制度に関するQ&A （平成23年3月31日改訂（全体版））

■ 内部統制の目的と基本的要素

　財務報告に係る内部統制の評価及び監査に関する実施基準では、内部統制を次のように定義している。「内部統制とは、以下に掲げる目的を達成するために、業務に組み込まれ、組織内のすべての者によって遂行されるプロセスをいい、次の6つの基本的要素から構成される」（表2-10）。

■ 内部統制構築の３点セット

　内部統制構築にあたっては、経営者も監査人も、内部統制の現状や整備状況を把握する必要がある。そのためのツールとして次の３つのツールを準備する必要がある。

内部統制３点セット（フォーマットは原則自由）

1. 業務記述書
2. 業務フローチャート
3. RCM（リスク・コントロール・マトリクス）

　これは、財務報告に係る内部統制の評価及び監査に関する実施基準で、その必要性について言及されているもので、通称「（内部統制の）３点セット」といわれている。内部統制を強化する前段で必要になるツールである。

参　考

「財務報告に係る内部統制の評価及び監査に関する実施基準」にある４つの目的のうち、３つの目的は COSO フレームワークがベースになっている。これに、資産の保全が加えられた形になる。

参　考

「財務報告に係る内部統制の評価及び監査に関する実施基準」にある６つの基本的要素のうち、５つの要素は COSO フレームワークがベースになっている。これに、IT への対応が加えられた形になる。

用語解説
【COSO フレームワーク】
COSO（the Committee of Sponsoring Organization of the Treadway Commission：米国のトレッドウェイ委員会組織委員会）から公表された内部統制のフレームワーク。米国 SOX 法における内部統制の実施基準になっているだけでなく、世界レベルで内部統制のデファクトスタンダードになっている。

表2-10 内部統制の目的と基本的要素

<table>
<tr><td rowspan="4">目的</td><td colspan="2">・業務の有効性及び効率性
・財務報告の信頼性
・事業活動にかかわる法令などの遵守
・資産の保全</td></tr>
<tr><td rowspan="6">基本的要素</td><td>①統制環境</td><td>組織の気風を決定し、統制に対する組織内のすべての者の意識に影響を与える基盤（経営方針、組織構造など）</td></tr>
<tr><td>②リスクの評価と対応</td><td>組織目標の達成を阻害する要因をリスクとして識別、分析及び評価するプロセス</td></tr>
<tr><td>③統制活動</td><td>経営者の命令及び指示が適切に実行されることを確保するために定められる方針及び手続</td></tr>
<tr><td>④情報と伝達</td><td>必要な情報が識別、把握及び処理され、組織内外及び関係者相互に正しく伝えられることを確保すること</td></tr>
<tr><td>⑤モニタリング</td><td>内部統制が有効に機能していることを継続的に評価するプロセス</td></tr>
<tr><td>⑥IT（情報技術）への対応</td><td>適切な方針及び手続を踏まえて、業務の実施において組織の内外の IT に対し適切に対応すること</td></tr>
</table>

■ IT（情報技術）への対応のポイント

内部統制におけるITへの対応には、全般統制と業務処理統制の2つがある。

全般統制は、ITを利用した業務処理統制が有効に機能する環境を保証する間接的な統制のことで、情報システムの企画・開発・運用管理の各フェーズにおいて、安全性・信頼性・有効性などが確保できるようにコントロールすることである。

一方、業務処理統制とは、個々のアプリケーション・システムにおいて、承認された取引がすべて正確に処理され、記録されることを確保する、コンピュータ・プログラムに組み込まれた統制をいう。経済産業省では、具体的なIT統制の整備や評価の方法について、次のような資料を公表している。

経済産業省　公表資料名
システム管理基準 追補版※（財務報告に係るIT統制ガイダンス） （平成19年3月30日）
システム管理基準 追補版（財務報告に係るIT統制ガイダンス）追加付録 （平成19年12月26日）

本章に関係している詳細内容は、表2-11～表2-13の通りだが、ざっくりと次のように考えればいいだろう。

> ①データの登録者と承認者を分離し、承認されたものだけを本登録とする機能
> ②システムの重要な設定変更は管理者のみが行い、その変更履歴もすべてログに残す
> ③他システムからのデータ取り込み、全社連結、企業間取引を自動化する
> ④すべてのデータの根拠が容易に把握できる
> 　損益計算書・貸借対照表　→　総勘定元帳・補助元帳
> 　→　仕訳データへと容易に追跡可能

用語解説
【システム管理基準 追補版】
これらは、その名称からもわかると思うが、システム監査でお馴染みの「システム管理基準」を、財務報告に係る内部統制で求められている「ITへの対応」を具体的に示すために作成公表されたものである。業務ごとに、リスクや統制活動の例や、財務会計パッケージソフトウェアに必要となる機能などを整理してくれている。本書でも「業務処理統制のポイント」として、引用しているので目を通していただきたい。

表2-11　仕訳計上プロセスのリスク、統制活動の例

＊1　仕訳作成については、仕訳作成のタイミングは、企業の実態に合わせる
＊2　会計システムにデータを送信する際に仕訳を自動的に業務側で作成することを想定している
＊3　仕訳の受け入れ時に貸借の一致の確認をしていることを想定している
＊4　会計システム側では、期間帰属を確認して受け入れることを想定している
＊5　仕訳の訂正は、赤伝票、黒伝票のみで行うことを想定している
＊6　伝票の承認が手作業か電子承認か承認を何段階にするかは会社の事情により異なる

項番		IT統制目標	リスク	統制活動の例	統制活動の評価
	関連する勘定科目：全勘定科目				
1	マスタ登録	正当性	承認されていない勘定科目が登録される	経理部長が承認した勘定科目のみが登録される	経理部長が承認した勘定科目のみが登録されていることを確かめる
2				自動仕訳の設定は経理部長が承認した仕訳で設定されている	自動仕訳の設定は経理部長が承認した仕訳で設定されていることを確かめる
3				マスタの入力者は、アクセス権で制御されている	マスタ入力者は、アクセス権で制御されていることを確かめる
4		完全性	マスタの二重登録や不足がある	マスタ登録後にプルーフリストを出し、登録内容を確認する	プルーフリストによる確認が実施されていることを確かめる
5		正確性	マスタ登録に誤りがある	マスタ登録後にプルーフリストを出し、登録内容を確認する	プルーフリストによる確認が実施されていることを確かめる
6		維持継続性	正当でない勘定マスタが登録される	マスタの登録内容を一定時期にたな卸をし、更新する	マスタの登録内容のたな卸が実施されていることを確認する
7	計上	正当性	正当でない仕訳が計上される	入力者は、アクセス権で制御されている	入力者は、アクセス権で制御されていることを確かめる
8				マスタに登録されていない科目への登録はできない	マスタに登録されていない科目への登録はできないことを確かめる
9				各業務システムからの伝送されるデータはあらかじめ設定された自動仕訳で送信される	各業務システムからの伝送されるデータはあらかじめ設定された自動仕訳で送信されることを確かめる
10				個別の仕訳伝票は経理部長が承認する	個別の仕訳伝票は経理部長が承認していることを確かめる
11		完全性	仕訳の二重入力、入力漏れが発生する	入力後にプルーフリストを出し、登録内容を確認する	プルーフリストによる確認が実施されていることを確かめる
12				伝票番号は自動採番される	伝票番号は自動採番されることを確かめる
13				伝送されるデータはコントロールトータルチェックを行う	伝送されるデータはコントロールトータルチェックが行われていることを確かめる
14		正確性	入力に誤りがある	入力後にプルーフリストを出し、登録内容を確認する	プルーフリストによる確認が実施されていることを確かめる
15				マスタに登録されていない科目への登録はできない	マスタに登録されていない科目への登録はできないことを確かめる
16				日付は入力日か伝送時の日付で登録される	日付は入力日か伝送時の日付で登録されることを確かめる
17				伝送されるデータは期間帰属の日付チェックを実施する	伝送されるデータは期間帰属の日付チェックを実施していることを確かめる
18				いったん登録された伝票の訂正は赤伝票、黒伝票でしかできない	いったん登録された伝票の訂正は赤伝票、黒伝票でしかできないことを確かめる
19				各業務システムからの伝送されるデータはあらかじめ設定された自動仕訳で送信される	各業務システムからの伝送されるデータはあらかじめ設定された自動仕訳で送信されることを確かめる
20		維持継続性	仕訳ファイルに権限者以外が不正な入力をする	入力者は、アクセス権で制御されている	入力者は、アクセス権で制御されていることを確かめる
21				各業務システムの月次の合計と各勘定の月次の合計を経理で照合する	各業務システムの月次の合計と各勘定の月次の合計を経理で照合している

表 2-12　個別決算プロセスのリスク、統制活動の例

＊1　会計方針についいては適切な選択が実施されていると想定している
＊2　評価や見積りのプロセスはここでは対象からはずしている
＊3　分析等の監視的業務を誰が実施するかはその組織の実態できめるべきであり、ここでは特定していない

項番		IT 統制目標	リスク	統制活動の例	統制活動の評価
1	マスタ登録	正当性	承認されないマスタ登録が行われる（会計方針と異なる登録）	マスタ登録の内容（勘定科目、償却の方法等）は会計方針にそって承認されたものだけが登録される	承認された内容のみがマスタ登録されていることを確かめる
2				入力者は、アクセス権で制御されている	入力者は、アクセス権で制御されていることを確かめる
3		完全性	マスタの二重登録や不足がある	マスタ登録後にプルーフリストを出し、登録内容を確認する	プルーフリストによる確認が実施されていることを確かめる
4		正確性	マスタ登録に誤りがある	マスタ登録後にプルーフリストを出し、登録内容を確認する	プルーフリストによる確認が実施されていることを確かめる
5		維持継続性	マスタが最新でなく、継続使用できない	マスタの登録内容が最新の状態に更新されていることをリストを出して確認する	マスタの登録内容が最新の状態に更新されていることをリストを出して確認する
6	集計	正当性	承認されない財務情報の入力が行われる	入力者は、アクセス権で制御されている	入力者は、アクセス権で制御されていることを確かめる
7				管理者により承認された財務情報のみが入力される	管理者により承認された財務情報のみが入力されていることを確かめる
8				伝票の訂正は赤黒伝票のみで実施する	赤黒以外に伝票訂正ができないことを確かめる
9				月次締後は、月次決算は修正できない	月次締後の変更ができないことを確かめる
10		完全性	財務情報の二重入力、入力漏れが発生する	入力後にプルーフリストを出し、登録内容を確認する	プルーフリストによる確認が実施されていることを確かめる
11			全ての財務情報が集計されない	一部を手で再計算している	再計算により確認していることを確かめる
12		正確性	入力に誤りがある	入力後にプルーフリストを出し、登録内容を確認する	プルーフリストによる確認が実施されていることを確かめる
13				関連する数値のチェック機能（関連数値、貸借一致）によるチェック結果を確認する	チェック結果を確認し、異常が無いことを確かめる
14			集計に誤りがある	一部を手で再計算している	再計算により確認していることを確かめる
15		維持継続性	財務情報の集計ファイルに権限者以外が不正な入力をする	入力者は、アクセス権で制御されている	入力者は、アクセス権で制御されていることを確かめる
16				前期比較表等の差異分析表を作成し、異常点を分析する	差異分析表をレビューし異常点を確認する
17	修正仕訳	正当性	不正な仕訳が入力される	承認された仕訳のみが入力されていることをプルーフリストで確かめる	承認された仕訳のみが入力されていることをプルーフリストで確かめる
18				入力者は、アクセス権で制御されている	入力者は、アクセス権で制御されていることを確かめる
19		完全性	修正仕訳の二重入力、入力漏れが発生する	仕訳のプルーフリストで確認する	仕訳のプルーフリストで確認していることを確かめる
20		正確性	誤った修正仕訳が入力される	入力後にプルーフリストを出し、登録内容を確認する	プルーフリストによる確認が実施されていることを確かめる
21				前期比較表等の差異分析表を作成し、異常点を分析する	差異分析表をレビューし異常点を確認する
22		維持継続性	修正仕訳ファイルに権限者以外が不正な入力をする	入力者は、アクセス権で制御されている	入力者は、アクセス権で制御されていることを確かめる
23				前期比較表等の差異分析表を作成し、異常点を分析する	差異分析表をレビューし異常点を確認する

124

項番	IT統制目標		リスク	統制活動の例	統制活動の評価
24	報告	正当性	承認されない財務報告が作成される	承認された財務報告が出力される	出力される財務報告は承認されていることを確かめる
25		完全性	財務報告に重複や漏れがある	関連する数値のチェック機能（関連数値、貸借一致）によるチェック結果を確認する	チェック結果を確認し、異常が無いことを確かめる
26				前期比較表等の差異分析表を作成し、異常点を分析する	差異分析表をレビューし異常点を確認する
27		正確性	財務報告が正確ではない	関連する数値のチェック機能（関連数値、貸借一致）によるチェック結果を確認する	チェック結果を確認し、異常が無いことを確かめる
28				前期比較表等の差異分析表を作成し、異常点を分析する	差異分析表をレビューし異常点を確認する
29		維持継続性	財務報告が不正に変更される	財務報告は確定後に変更ができないようにロックされる	確定後にロックされていることを確かめる

表2-13　連結決算プロセスのリスク、統制活動の例

＊1　連結方針や連結資料の様式等は、決定されていることを想定している
＊2　個別財務諸表は適正に作成されていることを前提とし、連結用の様式への記載のプロセスはここでは省いている
＊3　連結の範囲やセグメント等の決定のプロセスはここでは省いている
＊4　修正仕訳等の仕訳自体の適正性の判断のプロセスは省いている経理部長は適正な承認をしていることを想定している

項番	IT統制目標		リスク	統制活動の例	統制活動の評価
1	マスタ登録	正当性	承認されないマスタ登録が行われる（連結方針と異なる登録）	マスタ登録の内容は連結方針にそって承認されたものだけが登録される	承認された内容のみがマスタ登録されていることを確かめる
2				入力者は、アクセス権で制御されている	入力者は、アクセス権で制御されていることを確かめる
3		完全性	マスタの二重登録や不足がある	マスタ登録後にプルーフリストを出し、登録内容を確認する	プルーフリストによる確認が実施されていることを確かめる
4		正確性	マスタ登録に誤りがある	マスタ登録後にプルーフリストを出し、登録内容を確認する	プルーフリストによる確認が実施されていることを確かめる
5		維持継続性	マスタが最新でなく、継続使用できない	マスタの登録内容が最新の状態に更新されていることをリストを出して確認する	マスタの登録内容が最新の状態に更新されていることをリストを出して確認する
6	集計	正当性	承認されない財務情報の入力が行われる	入力者は、アクセス権で制御されている	入力者は、アクセス権で制御されていることを確かめる
7				管理者により承認された財務情報のみが入力される	管理者により承認された財務情報のみが入力されていることを確かめる
8		完全性	財務情報の二重入力、入力漏れが発生する	入力後にプルーフリストを出し連結対象会社の財務情報が全て、登録されたことを確認する	プルーフリストによる確認が実施されていることを確かめる
9			全ての財務情報が集計されない	一部を手で再計算している	再計算により確認していることを確かめる
10		正確性	入力に誤りがある	入力後にプルーフリストを出し連結対象会社の財務情報が全て、登録されたことを確認する	プルーフリストによる確認が実施されていることを確かめる
11				関連する数値のチェック機能（関連数値、貸借一致）によるチェック結果を確認する	チェック結果を確認し、異常が無いことを確かめる
12			集計に誤りがある	一部を手で再計算している	再計算により確認していることを確かめる
13		維持継続性	財務情報の集計ファイルに権限者以外が不正な入力をする	入力者は、アクセス権で制御されている	入力者は、アクセス権で制御されていることを確かめる
14				一次入力後の修正入力は、リストに出力され、検証される	一次入力後の修正入力は、リストに出力され、検証されていることを確かめる

項番		IT 統制目標	リスク	統制活動の例	統制活動の評価
15	開始仕訳	正当性	不正な開始仕訳が入力される	開始仕訳の前年との連続性を経理部長が確かめる	開始仕訳の前年との連続性を経理部長が確かめていることを確認する
16				期首剰余金の分析は、経理部長が承認している	期首剰余金の分析は、経理部長が承認していることを確かめる
17				期中の資本移動の会計処理は経理部長が承認している	期中の資本移動の会計処理は経理部長が承認していることを確かめる
18				アクセス権で制御されている	アクセス権で制御されていることを確かめる
19		完全性	開始仕訳の二重入力、入力漏れが発生する	開始仕訳の前年との連続性を経理部長が確かめる	開始仕訳の前年との連続性を経理部長が確かめていることを確認する
20				開始仕訳プルーフリストで入力漏れが無いことを確認する	開始仕訳プルーフリストで入力漏れが無いことを確認する
21		正確性	誤った開始仕訳が実施される	開始仕訳の前年との連続性を経理部長が確かめる	開始仕訳の前年との連続性を経理部長が確かめていることを確認する
22				期首剰余金の分析は、経理部長が承認している	期首剰余金の分析は、経理部長が承認していることを確かめる
23				期中の資本移動の仕訳プルーフリストと経理部長の承認したリストと照合している	期中の資本移動の仕訳プルーフリストと経理部長の承認したリストと照合していることを確かめる
24		維持継続性	仕訳ファイルに権限者以外が不正な入力をする	開始仕訳はプルーフリストに出力され経理部長が確認する	開始仕訳はプルーフリストに出力され経理部長が確認していることを確かめる
25				入力者は、アクセス権で制御されている	入力者は、アクセス権で制御されていることを確かめる
26	取引消去	正当性	不正な消去仕訳が入力される	消去仕訳の実行者は、アクセス権で制御されている	アクセス権で制御されていることを確かめる
27				連結方針にそった消去仕訳が計上されていることを消去仕訳リストで確認する	消去仕訳リストでの確認が実施されていることを確かめる
28		完全性	消去仕訳の二重入力、入力漏れが発生する	期首剰余金の分析は、経理部長が承認している	期首剰余金の分析は、経理部長が承認していることを確かめる
29		正確性	誤った消去仕訳が実施される	期首剰余金の分析は、経理部長が承認している	期首剰余金の分析は、経理部長が承認していることを確かめる
30				関連する数値のチェック機能（関連数値、貸借一致等）によるチェック結果を確認する	チェック結果を確認し、異常が無いことを確かめる
31		維持継続性	仕訳ファイルに権限者以外が不正な入力をする	二次修正、三次修正等の入力は、出力され検証される	二次修正、三次修正等の入力は、出力され検証されていることを確かめる
32				入力者は、アクセス権で制御されている	入力者は、アクセス権で制御されていることを確かめる

項番		IT統制目標	リスク	統制活動の例	統制活動の評価
33	修正仕訳	正当性	不正な仕訳が入力される	承認された仕訳のみが入力されていることをブルーフリストで確かめる	ブルーフリストが確認されていることを確かめる
34				入力者は、アクセス権で制御されている	入力者は、アクセス権で制御されていることを確かめる
35		完全性	修正仕訳の二重入力、入力漏れが発生する	仕訳リストで消去仕訳を確認する	仕訳リストで消去仕訳を確認していることを確かめる
36		正確性	誤った修正仕訳が入力される	関連する数値のチェック機能（関連数値、貸借一致）によるチェック結果を確認する	チェック結果を確認し、異常が無いことを確かめる
37				開始仕訳はブルーフリストに出力され経理部長が確認する	開始仕訳はブルーフリストに出力され経理部長が確認していることを確かめる
38		維持継続性	仕訳ファイルに権限者以外が不正な入力をする	二次修正、三次修正等の入力は、出力され検証される	二次修正、三次修正等の入力は、出力され検証されていることを確かめる
39			仕訳ファイルへの入力が誤っている	入力者は、アクセス権で制御されている	入力者は、アクセス権で制御されていることを確かめる
40				経理部長が前期比較等の仕訳の分析により、異常な数値が無いことを確認している	経理部長が前期比較等の仕訳の分析により、異常な数値が無いことを確認していることを確かめる
41	科目組替	正当性	不正な科目の組替が行われる	承認された連結方針にそった科目の組替のみが入力される	承認された科目の組替のみが入力されていることを確かめる
42				入力者は、アクセス権で制御されている	入力者は、アクセス権で制御されていることを確かめる
43		完全性	科目の組替が二重に実施されたり、入力漏れがある	連結方針にそった科目組替が実施されていることを仕訳リストで確認する	仕訳リストで確認していることを確かめる
44				科目組替伝票番号は連版管理される	科目組替伝票番号は連番管理されていることを確かめる
45		正確性	科目の組替が正確に入力されない	関連する数値のチェック機能（関連数値、貸借一致）によるチェック結果を確認する	チェック結果を確認し、異常が無いことを確かめる
46		維持継続性	科目組替のファイルに権限者以外が不正な入力をする	二次修正、三次修正等の入力は、出力され検証される	二次修正、三次修正等の入力は、出力され検証されていることを確かめる
47				経理部長が前期比較等の仕訳の分析により、異常な数値が無いことを確認している	経理部長が前期比較等の仕訳の分析により、異常な数値が無いことを確認していることを確かめる
48				入力者は、アクセス権で制御されている	入力者は、アクセス権で制御されていることを確かめる
49	報告	正当性	承認されない財務報告が作成される	承認された財務報告が出力される	出力される財務報告は承認されていることを確かめる
50		完全性	財務報告に重複や漏れがある	関連する数値のチェック機能（関連数値、貸借一致）によるチェック結果を確認する	チェック結果を確認し、異常が無いことを確かめる
51				修正入力は、リストに出力され、検証される	修正入力は、リストに出力され、検証されていることを確かめる
52		正確性	財務報告が正確ではない	関連する数値のチェック機能（関連数値、貸借一致）によるチェック結果を確認する	チェック結果を確認し、異常が無いことを確かめる
53				修正入力は、リストに出力され、検証される	修正入力は、リストに出力され、検証されていることを確かめる
54		維持継続性	財務報告が不正に変更される	経理部長は前期比較等の分析により、異常点が無いことを確認している	経理部長は前期比較等の分析により、異常点が無いことを確認していることを確かめる
55			財務報告が誤って変更される	財務報告は確定後に変更ができないようにロックされる	財務報告は確定後にロックされていることを確かめる

表 2-14　固定資産プロセスのリスク、統制活動の例

＊1　仕訳作成については、下記表では省略している。　仕訳作成のタイミングは、企業の実態に合わせる
＊2　固定資産の評価については、評価プロセスは、省略している
＊3　ここではある程度大規模な固定資産の購入を想定している。このため、固定資産購入計画に基づく事前稟議を想定している
＊4　全ての固定資産の購入はいったん、建設仮勘定を経由してから各勘定科目の振り替えることを想定している

関連する勘定科目：固定資産、未払金、建設仮勘定、修繕費

項番		IT 統制目標	リスク	統制活動の例	統制活動の評価
1	マスタ登録	正当性	承認されていない固定資産が購入される	固定資産購入計画で承認された固定資産購入し予算稟議が承認される	承認された予算のみがマスタ登録されていることを確かめる
2				承認された固定資産項目のみが登録される	承認された固定資産項目のみが登録されていることを確かめる
3				マスタの入力者は、アクセス権で制御されている	マスタ入力者は、アクセス権で制御されていることを確かめる
4			正当でない償却方法や計算式等が登録される	承認された償却方法のみが登録される	承認された償却方法のみが登録されていることを確かめる
5		完全性	マスタの二重登録や不足がある	マスタ登録後にプルーフリストを出し、登録内容を確認する	プルーフリストによる確認が実施されていることを確かめる
6		正確性	マスタ登録に誤りがある	マスタ登録後にプルーフリストを出し、登録内容を確認する	プルーフリストによる確認が実施されていることを確かめる
7		維持継続性	正当でない固定資産マスタが登録される	マスタの登録内容を一定時期にたな卸をし、更新する	マスタの登録内容のたな卸が実施されていることを確認する
8	計上	正当性	正当でない固定資産が計上される	入力者は、アクセス権で制御されている	入力者は、アクセス権で制御されていることを確かめる
9				マスタに登録されていない科目への登録はできない	マスタに登録されていない科目への登録はできないことを確かめる
10				予算稟議番号の該当の無い固定資産は登録できない	予算稟議番号の該当の無い固定資産は登録できないことを確かめる
11				予算限度を超える金額は登録できない	予算限度を超える金額は登録できないことを確かめる
12		完全性	固定資産の二重入力、入力漏れが発生する	入力後にプルーフリストを出し、登録内容を確認する	プルーフリストによる確認が実施されていることを確かめる
13				伝票番号は自動採番される	伝票番号は自動採番されることを確かめる
14				全ての固定資産関連の支払は、全て建設仮勘定に入力し、そこから振替えられ、直接入力はできない	全ての固定資産関連の支払は、全て建設仮勘定から振替えられ、直接入力はできないことを確かめる
15		正確性	入力に誤りがある	入力後にプルーフリストを出し、登録内容を確認する	プルーフリストによる確認が実施されていることを確かめる
16				建設仮勘定への登録は経理が証拠書類を確認後に入力する	建設仮勘定への登録は経理が証拠書類を確認後に入力していることを確認する
17		維持継続性	発注ファイルに権限者以外が不正な入力をする	入力者は、アクセス権で制御されている	入力者は、アクセス権で制御されていることを確かめる
18				建設仮勘定の残の内容を経理が4半期ごとに検証している	建設仮勘定の残の内容を経理が4半期ごとに検証していることを確かめる
19	科目振替	正当性	発注ファイルに権限者以外が不正な入力をする	資産と費用の分類は基準通りに分類して振替えられていることを経理が確認している	資産と費用の分類は基準通りに分類して振替えられていることを経理が確認していることを確かめる
20		完全性	計上すべき資産や費用に漏れがある	建設仮勘定の残の内容を経理が4半期ごとに検証し、振替漏れが無いかを確認する	建設仮勘定の残の内容を経理が4半期ごとに検証し、振替漏れが無いかを確認していることを確かめる
21				資産の計上時に固定資産番号で区分される	資産の計上時に固定資産番号で区分されていることを確かめる
22		正確性	計上すべき資産や費用が正確でない	費用と資産の振替は経理で内容を確認している	費用と資産の振替は経理で内容を確認していることを確かめる

項番		IT統制目標	リスク	統制活動の例	統制活動の評価
23	償却計算	正当性	会社の会計方針に沿って償却計算を実行できない	マスタに登録した償却計算しか実行できない	マスタに登録した償却計算しか実行できないことを確かめる
24			償却計算の開始は、会社の規則（検収基準等）によっていない	償却計算の開始は、会社の規則（検収基準等）により、経理が設定する	償却計算の開始は、会社の規則によって経理が設定していることを確かめる
25		完全性	償却計算の二重入力、入力漏れが発生する	同一の資産番号は2回計算されない	同一の資産番号は2回計算されていないことを確かめる
26				償却計算を実施していない資産はリストされ経理が償却漏れが無いかを確認している	償却計算を実施していない資産はリストされ経理が償却漏れが無いかを確認していることを確かめる
27		正確性	会社の会計方針に沿って償却計算を実施できない	費用と資産の振替は経理で内容を確認している	費用と資産の振替は経理で内容を確認していることを確かめる
28				一部、経理が償却計算を検証している	一部、経理が償却計算を検証していることを確かめる
29		維持継続性	償却計算ファイルに権限者以外が不正な入力をする	入力者は、アクセス権で制御されている	入力者は、アクセス権で制御されていることを確かめる
30				経理は償却の合計額を分析し異常点が無いかを検証している	経理が償却の合計額を分析し異常点が無いかを検証していることを確かめる
31	評価	正当性	資産価値の無い資産が計上される	経理は資産の期末時点での価値を評価し、経理部長の承認によりその結果を反映している	経理は資産の期末時点での価値を評価し、経理部長の承認によりその結果を反映していることを確かめる
32				資産のたな卸により、資産の実在を確かめ、経理部長の承認により、結果を帳簿に反映する	資産のたな卸により、資産の実在を確かめ、経理部長の承認により、結果を帳簿に反映していることを確かめる
33		完全性	固定資産評価に漏れがある	固定資産台帳上で評価減された資産は明示され、経理が漏れが無いかを確認している	固定資産台帳上で評価減された資産は明示され、経理が漏れが無いかを確認していることを確かめる
34		正確性	誤った評価が実施される	固定資産台帳上で評価減された資産は明示され経理が誤りが無いかを確認している	固定資産台帳上で評価減された資産は明示され経理が誤りが無いかを確認していることを確かめる
35		維持継続性	固定資産ファイルが不当に書き換えられる	アクセス権は制御されている	アクセス権は制御されていることを確かめる
36	廃棄	正当性	承認されない廃棄が行われる	固定資産の廃棄は廃棄申請により管理者が承認する	固定資産の廃棄は廃棄申請により承認し廃棄していることを確かめている
37				廃棄終了の報告により、廃棄登録を固定資産台帳に入力する	廃棄終了の報告により、廃棄の登録をしていることを確かめる
38				廃棄入力は経理の担当のみが可能である	廃棄入力は経理担当のみが可能であることを確かめる
39		完全性	廃棄資産の二重計上、計上漏れが発生する	廃棄申請は番号で管理される	廃棄申請は番号で管理されていることを確かめる
40				廃棄申請の未廃棄分はリストされ、廃棄実施の漏れが無いかを経理が確認する	廃棄申請の未廃棄分はリストされ、廃棄実施の漏れが無いかを経理が確認していることを確かめる
41		正確性	誤った廃棄の計上が実施される	廃棄リストは固定資産台帳から作成される	廃棄リストは固定資産台帳から作成される
42		維持継続性	廃棄資産のファイルは不当に変更されない	アクセス権は制御されている	アクセス権は制御されていることを確かめる
43				固定資産台帳の増減分析を経理で実施し、異常点が無いことを確認する	固定資産台帳の増減分析を経理で実施し、異常点が無いことを確かめる

2-12 帳簿書類の保存

https://www.shoeisha.co.jp/book/pages/9784798157382/2-12/

　国税関係の帳簿や書類は、法人税法で、その事業年度の確定申告書の提出期限の翌日から7年間、原則、紙で保存しなければならないと決められている。また、会社法で保存義務のある会計帳簿は10年間（法人税法、会社法の両方で保存義務のあるものは長い方の期間）保存しなければならないと決められている。

> **参考**
> 国税関係の帳簿や書類の保存期間は、欠損金の繰越期間によって9年もしくは10年になることがある。

■ 電子データでの保存の経緯

　しかし、平成10年に**電子帳簿保存法**が施行され、取引先から受領した電磁的記録（以下、電子データという。PDFの領収書を受領した時など）は、そのまま保存できるようになった（電子帳簿保存法第10条。これは特に税務署長等の承認は必要ない）（表2-15の②）。

　加えて、一定の要件を満たして所轄税務署長等の承認を受ければ、自社の情報システムで作成した帳簿書類も電子データのまま保存することができる（紙で出力して保存しなくてもよくなる）（表2-15の①）。

　平成17年には**e-文書法**の施行に伴い電子帳簿保存法も改正され、取引先から紙で受領した領収書等も、スキャナで読み取って電子データ化し保存することが可能になった（これも一定の要件を満たし所轄税務署長等の承認は必要）（表2-15の③）。

> **参考**
> 電磁的記録以外に、COM (Computer Output Microfilm) いわゆるコンピュータで作成したマイクロフィルムでの保存も可能。

表2-15　国税関係の帳簿書類と電子データでの保存の関係

	例	作成	保存
帳簿	総勘定元帳、仕訳帳、現金出納帳、売掛金元帳、買掛金元帳、固定資産台帳、売上帳、仕入帳など	自社	①所轄税務署長の承認で、そのまま電子データでの保存が可能
書類	決算関係書類	自社で作成する棚卸表、貸借対照表、損益計算書など	自社	
書類	取引関係書類 （証憑類）	受領する注文書、契約書、領収書など	他社（電子）	②電子データの保存が可能
			他社 or 自社で作成した写し(紙)	③所轄税務署長の承認で、スキャンした電子データで保存が可能

■ 電子データ保存の要件

税務署長の承認が必要な自社で作成する電子データの保存要件（表2-15の①）には次のようなものがある。

【自社で作成する電子データの保存要件】

①真実性の確保

・訂正・削除履歴の確保（帳簿）

・相互関連性の確保（帳簿）

・関係書類等（システム関係書類等：システム仕様書など）の備付け

②可視性の確保

・見読可能性の確保

・検索機能の確保

一方、スキャナ保存（表2-15の③）の要件にも、真実性の確保と可視性の確保が必要になるが、加えて"タイムスタンプ"も必要になる。スキャナ保存の要件は、当初（平成17年）は限定的で厳しかったが、平成27年、28年の税制改正で大幅に緩和された。現在（平成30年10月）では、例えばスマートフォンでの読み取りも可能になっている。

■ 電子データでの保存のメリット

従来の紙での保存を電子データでの保存に変えることによって、一般的には次のようなメリットがあると言われている。導入を検討する際には、そのメリットの大きさや投資効果を検討すればいいだろう。

① 保管場所のコスト（賃料等）の削減

② 社内の事務手続きや移動のコスト（人件費）の削減

③ 検索が必要な場合のコスト（人件費）の削減

参考

税務署長等の承認を得るためには、この要件を満たす情報システムが必要になる。したがってITエンジニアは、この要件については、最新の情報を詳細に知っておく必要がある。

参考

【当初（平成17年）の要件】

当初は、3万円未満の領収書等に限定されていたり、電子署名が必要だったり、スキャナも原稿台と一体型に限定されていたりと非常に厳しかった。

参考

【電子帳簿保存法の承認件数】

国税庁では、毎年、電子帳簿保存法の承認件数の推移を公表している。平成29年度時点での承認件数は200,726件で、そのうち法人税・消費税は148,055件だった。

Chapter 2 財務会計

2-13 IFRS (International Financial Reporting Standards)

https://www.shoeisha.co.jp/book/pages/9784798157382/2-13/

　IFRSとは、IASB*（国際会計基準審議会）が策定する"世界標準を目指す"財務報告基準のことである。和訳では、国際財務報告基準とか、単に国際会計基準などと言われている。

　IASBが活動を開始したのは2001（平成13）年。2005（平成17）年にEU域内上場企業への強制適用を契機に急速に広がりはじめ、2018（平成30）年4月時点では図のようになっている。自国基準を用いているのは米国、中国、インドなど7法域で、日本は強制適用はしていないものの任意適用を認める12法域の一つになっている。

> 📖 用語解説
> 【IASB（International Accounting Standards Board：国際会計基準審議会）】
> 2001年より活動を開始したIFRSを決める最重要組織。前身はIASC（International Accounting Standards Committee：国際会計基準委員会）。IASCもIAS（International Accounting Standards：国際会計基準）の策定を行っていたが、より実効性のあるものにする目的で、"IASB & IFRS"として再スタートすることになる。本部はロンドン。

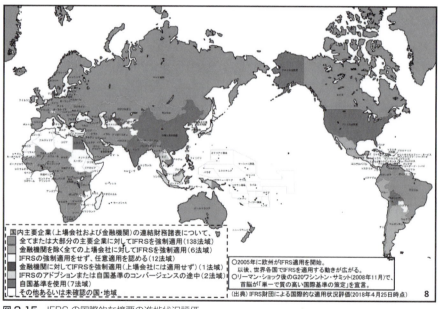

図2-15　IFRSの国際的な摘要の進捗状況評価
　　　　金融庁「会計基準の品質向上に向けた取組み」平成30年7月5日の資料より
　　　　https://www.fsa.go.jp/singi/singi_kigyou/siryou/soukai/20180705/4.pdf

■ 日本におけるIFRSの適用状況

日本ではASBJが中心になって、2007（平成19）年8月の東京合意＊以来、IFRSとの差異を収れんさせていく（近づけていく）方法で日本の会計基準を変えてきたが、まだ強制適用には至ってはいない。

その代りに、2010（平成22）年3月31日以後終了する連結会計年度からIFRSの任意適用が開始された。その後、日本再興戦略でIFRSの任意適用企業拡大促進が打ち出されたこともあり、任意適用企業は順調にその数を伸ばしてきている。

2018（平成30）年7月5日に行われた企業会計審議会の「会計をめぐる動向について」の報告によると、2018（平成30）年6月末時点でのIFRS任意適用・適用予定企業数は197社、時価総額は約218.7兆円である。

用語解説
【東京合意】
2007年8月8日に、東京で、IASBとASBJとがIFRSと日本の会計基準との中長期的な統合化につい話し合った。その結果、日本の会計基準をIFRSに収斂させることに合意する。

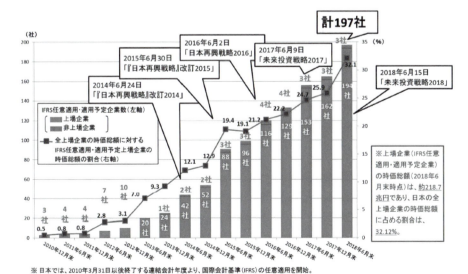

図2-16 日本におけるIFRS適用状況
金融庁「会計基準の品質向上に向けた取組み」平成30年7月5日の資料より
https://www.fsa.go.jp/singi/singi_kigyou/siryou/soukai/20180705/4.pdf

■ IFRS の導入方法

IFRS の導入方法には、表2-16に示すように4種類の方法がある。IFRS が話題になった当初は、日米はアドプションにするのか、コンバージェンスにするのかという議論で進んでいたがその後、日本はエンドースメント、米国はコンドースメントを検討するようになってきている。

 参考
エンドースメントはEUで採用されている方法である。エンドースメントは、カーブアウトやカーブインがなければアドプションと変わらないという意見もある。

表2-16　IFRS の導入方法

IFRS の導入方法	言葉の意味
アドプション adoption：適用	IFRS そのものを自国基準として採用する。自国独自の意思決定ができなくなり、税制や税務会計との乖離が大きくなったり、管理が複雑になったりする可能性がある
コンバージェンス convergence：収れん	自国の会計基準を残したまま、IFRS との差異を収れんさせていく（近づけていく）方法
エンドースメント endorsement：承認	IFRS の個々の基準を、自国の会計基準として承認していく方法。自国の基準に合わないものは、カーブアウト（除外）やカーブイン（追加）することも検討されるが、それが IFRS かどうかの議論は残る
コンドースメント condorsement	コンバージェンス＋エンドースメントの造語。両者の中間的アプローチで、最終的にはエンドースメントを目指すが、その過程において IFRS との差異を収れんさせていく方法

■ IFRS の特徴

IFRS には、それまでの日本の会計基準とは異なる概念（思想あるいは考え方）がある。

一つは"原則主義"に立っている点。日本の会計基準は、規則主義とかルール主義だといわれるもので、具体的かつ、時に定量的にあれこれと細部にわたって決まっている。しかし、IFRS にはそういったものがなく、判断するときの考え方や枠組みを示しているだけだ。原則のみ示して詳細な規則は示さないので、企業ごとにその原則を解釈して、細かい手続きやルールは企業側で決定することになる。

二つ目の特徴は、"資産・負債アプローチ"といわれるもの。別の言い方をするとB/S（貸借対照表）重視になる。従来の「収益と費用の差額から（当期純）利益を算出する」という"収益・費用アプローチ"に対し、現状の資産状況は将来生み出すであろうキャッシュフローの源泉という思想に基づき、期首と期末の純資産の差額から包括利益を算出する。

 参考
マネジメントアプローチは、2007年8月 東京合意で、重要な差：中期目標（2011年6月までに解消）として設定されたが、その後、2008年3月 企業会計基準第17号「セグメント情報等の開示に関する会計基準」等によって解消されている（適用は2010年4月開始）。

そして三つ目の特徴がマネジメントアプローチだろう。これは、ある意味、財務会計と管理会計を近づけようとする考え方といえるかもしれない。財務報告のセグメント情報を、実際に行われているマネジメント単位（企業の最高意思決定機関が行う意思決定や業績評価に使用する企業活動の区分単位）に合わせて開示するというもの。これにより、経営者の視点で投資判断できることが期待されている。

　具体的には表2-17のような点に配慮してみなければならない。

表2-17　IFRS 任意適用時のポイント

財務会計システムへの影響
・財務諸表の変更 ・複雑なリース会計 ・開発費の資産計上
販売管理システムへの影響
・売上計上時期の変更 　IFRS 第 15 号「顧客との契約から生じる収益」 ・製品保証の費用を分離 ・サービスの提供は、工事進行基準 ・ポイントは売上金額から分離 ・収益の純額表示 ・酒税・たばこ税等の間接税の売上計上禁止 ・消化仕入れ、直送売上の禁止 ・リベートの取扱いの変更
固定資産管理システムへの影響
・耐用年数の二重管理（同一種類の資産でも、使用頻度によって変わる） 　→税法上の耐用年数、実態を表した耐用年数の算定 ・固定資産の減損テスト ・借入費用の資産化→資金管理システムとの連携が必要 　（個々の固定資産の借入の有無、借入額、利息など） ・解体・除去費用の取得原価算定時繰り入れ 　→将来の除却費用、現在価値への割引
人事給与システムへの影響
・有給休暇の処理の変更 ・退職給付債務（年金資産）の予算と実績の差を一括償却

ONE ★★★★★ ITエンジニアにとってのプラスワン
投資判断に用いられる指標 −EVA と DCF 法−

■ EVA® (Economic Value Added)

EVA は、経営分析における収益性指標のひとつで経済的付加価値や、エコノミックプロフィットと呼ばれている指標である。米国のスターン・スチュワート社が開発したものだ（EVA はスターン・スチュワート社の登録商標である）。

EVA を算出するための計算式は次のようになるが、簡単に言うと、企業が産出した利益（付加価値）から、そのために必要だった株主や債権者に支払われるコスト（資本コスト）分を差し引いたものになる。もっとシンプルに考えれば、ある事業で得た利益から、その事業のために借りた資金の支払利息を差し引いて残った利益だといえる。

$$EVA = NOPAT − 資本コストの額$$
$$= NOPAT − （投下資本額 × 加重平均資本コスト）$$

※ 加重平均資本コストとは、他人資本提供者が期待する収益率と、自己資本提供者が期待する収益率を加重平均したもの

EVA は、本業で得た利益（NOPAT）が資本コストを上回った時（プラスの時）に株主の期待を超える価値を創造したことを意味し、逆にマイナスの場合は、期待した利益が獲得されなかったことを意味する。EVA がマイナスの場合は、投資そのものを継続する意味がないとも考えられ、継続するのか撤退するのかの判断にも用いることができる。

なお、EVA はファイナンスの概念に基づいているので、会計ベースの ROA や ROE よりも恣意性が入りにくいとされており、事業に必要な投資の資金調達コストと、その成果としての利益を比較している点からも、投資家にとって有益な指標だといわれている。

また、管理会計としても機能する。会社全体だけではなく事業単位にも EVA は求められるので、継続か撤退かという事業継続の判断に加えて、当該事業そのものの収益性向上や、資金調達コストを減少させることで、EVA の改善を目指すというものだ。

NOPAT（Net Operating Profits After Tax：税引後営業利益）

　本業で得た"営業利益"から税金を引いたもの。財務活動（受取利息や支払利息など）や特別収支を差し引いている（税引前利益ではない）点に注意。計算式は次の通りで、営業利益以外にEBITを使うこともある。

　　　NOPAT ＝営業利益 × （1 －実効税率）
　　　NOPAT ＝ EBIT × （1 －実効税率）

EBIT（Earnings Before Interest & Taxes：利払い前・税引き前利益）

　営業利益に、金利（受取利息と支払利息）以外の営業外損益を加えた値。企業の収益力を、借り入れを行っている場合の支払利息による減少分を除いて見るための指標で、借入の大きな企業や、事業部単位の評価に利用する。ただ、次のように統一された計算式はないので、（計算方法によって数値が変わってくることもあるので）どの計算式を使用したのかを明記することが多い。なお、EBITに、さらに減価償却費を加えたものをEBITDA（earnings before interest, taxes, depreciation, and amortization：利払い前・税引き前・減価償却前利益）という。

　　　EBIT ＝税引前当期純利益＋支払利息－受取利息
　　　EBIT ＝経常利益＋支払利息－受取利息
　　　EBIT ＝営業利益

137

■ DCF (Discounted Cash Flow) 法

投資効果を判断する時や、収益資産の価値を評価する時に使う代表的な方法が DCF 法である。将来産出されるだろう収益（キャッシュフロー）を予測し、一定の割引率を用いて現在価値（NPV）に置き換えるという方法を取る。企業価値や理論株価、不動産などの評価に用いられている。

NPV (Net Present Value：正味現在価値)

投資対効果の評価指標の一つ。正味現在価値。投資が生み出す将来のキャッシュフロー（FCF：フリーキャッシュフロー＝キャッシュ・インフロー－キャッシュ・アウトフロー）を現在価値に直したものの総和。なお、NPV がゼロとなる割引率を IRR（内部収益率）という。計算式と計算例は次の通り。

$$\text{NPV} = \Sigma\ (\text{n 年目の FCF} \diagup (1 + \text{割引率})^n)$$

すなわち…

$$\text{NPV} = 1\ \text{年目の FCF} \diagup (1 + \text{割引率})$$
$$+\ 2\ \text{年目の FCF} \diagup (1 + \text{割引率})^2$$
$$+\ 3\ \text{年目の FCF} \diagup (1 + \text{割引率})^3$$
$$\vdots$$
$$+\ \text{n 年目の FCF} \diagup (1 + \text{割引率})^n$$

（例）投資効果を NPV で評価した時の例

表 2-18　案件 X（割引率：2.5%）

年	0	1	2	3	4	5
キャッシュイン		100	90	80	60	50
キャッシュアウト	200					

$$-200 + \frac{100}{1.025} + \frac{90}{1.025^2} + \frac{80}{1.025^3} + \frac{60}{1.025^4} + \frac{50}{1.025^5}$$

1 年目は 1 年分の、2 年目は 2 年分の金利が付くことになるので、それらの地点からの現在の価値となると金利分だけ差し引かれたものになる。この例だと、1 年後の 50 万円は、金利が 1 年間分しかつかないので現在の価値も高く約 48.7 万円ほどになるが、これが 5 年後の 50 万円だと、5 年間で約 6 万円も金利が付くので現在の価値としては約 44 万円程度になる。

IRR（Internal Rate of Return）

投資利回りの計算技法で、内部投資収益率という。投資金額に対して、いくら戻ってきたのか（リターン）、その割合のこと。NPVが0になるときの利回り。

【参考】現在価値と割引率の考え方

割引率とは、将来得られる収益の価値（将来的価値）を、現在の価値に置き換える時に用いる値になる。設定にあたっては、安全性の高い長期国債の利回りなどを基準にリスクなどを加味して考える。

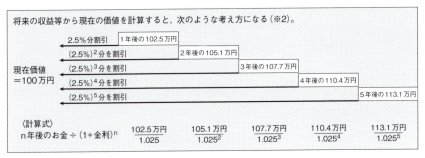

図：割引率と現在価値の関係に対する考え方

この図のように、銀行にお金を預ければ金利分だけ増えていく。当然だが、1年目は1年分の、5年目は5年分の金利が付く（※1のケース）。割引率と現在価値は、そのちょうど逆の考え方で、5年後に入手するであろう113.1万円が現在の100万円になるという考え方になる。つまり、将来の収益は現在価値で考えると金利分（2.5％）だけ少なくなる。これが割引率の基本的な考え方である（※2のケース）。

実際の割引率を設定する場合、様々なリスクを加味して考えるため、金利＝割引率というわけではないが、同じように考えてみるとわかりやすくなる。

COLUMN ヒアリングの勘所 財務会計

＜事前調査＞ ヒアリングの前に調査しておこう

　ヒアリングに行くにせよ、提案に行くにせよ、その企業の人と話をすると
きには、最低限、次の情報は仕入れていかなければマナー違反である。

1. 一般情報

　ヒアリング先の会社の HP を確認する。あるいは、会社や先輩が保有
している資料があれば目を通しておく。確認すべき事項は次のとおり
だ。HP の「会社概要」には多くの情報があるだろう。
   - 代表者・取締役などの経営陣、関連会社など
   - 社歴・沿革／ 経営理念、社是・社訓、念頭初心、社長の言葉など
   - 組織体制／ 経営戦略・事業戦略
   - CSR、環境への取り組み、認証 (ISMS や ISO9000 など)
   - 社員募集の採用情報ページをチェック

2. 上場企業など IR が公開されている場合、チェックしておこう

＜ヒアリング時＞ 以下の現状をひとつずつ確認していこう

1. 勘定科目処理要領

　しっかりとした企業では、このようなマニュアルが存在し、「○○の費
用は、××の勘定科目」という対応表が作成されている。

2. 社員の経費などの承認・精算方法の確認

3. 会計帳簿と財務諸表、手形管理、固定資産管理方法を確認

　今現在利用している会計帳簿と財務諸表を全て確認。加えて、手形・
固定資産などの管理方法も確認する。

4. 他システムとの連動

　今現在、他システムとデータ連携しているかどうか？　また、そのと
きの取り込み方法などを確認する。

法律を知る

会社法

平成17年 7 月26日公布
平成18年 5 月 1 日施行

趣旨 第1条 会社の設立、組織、運営及び管理については、他の法律に特別の定めがある場合を除くほか、この法律の定めるところによる。

　会社法とは、"会社"を作ったら守らなければならないルールを規定している法律だと理解しておけば良いだろう。本法律で定義されている"会社"は次の4つ。このうち、株式会社以外の3つ（合名会社、合資会社、合同会社）は、持分会社と総称されている（第575条）

会社の種類	略記		特徴
株式会社	（株）		出資者（株主）は資金を出し、経営者は株主から委任されて経営を行う（所有と経営の分離）。出資者は（出資金のみの）有限責任
合名会社	（名）	持分会社	無限責任社員のみ
合資会社	（資）		無限責任社員と有限責任社員が混在
合同会社	（同）		有限責任社員のみ

※ 持分会社：出資者＝経営者（社員）という形態の会社で所有と経営が一体。多くの規定を定款に記載することで、全会一致の経営を可能とする
※ 有限責任：債務弁済に対する責任が、出資金の範囲内にとどまるということ
※ 無限責任：債務に対して、個人財産を用いても完済するまで責任をもつということ

金融商品取引法

平成18年 6 月14日公布
平成19年 9 月30日施行

目的 第1条 この法律は、企業内容等の開示の制度を整備するとともに、金融商品取引業を行う者に関し必要な事項を定め、金融商品取引所の適切な運営を確保すること等により、有価証券の発行及び金融商品等の取引等を公正にし、有価証券の流通を円滑にするほか、資本市場の機能の十全な発揮による金融商品等の公正な価格形成等を図り、もつて国民経済の健全な発展及び投資者の保護に資することを目的とする。

　上記の第1条に書かれている通り、投資家の保護を目的に、金融商品を取り扱う際の関係者のルールを決めている法律になる。

・金融商品取引所（東京証券取引所や大阪取引所など）

・金融商品取引業者（証券会社や投資信託委託業者、投資顧問会社など）

・金融商品（株券や社債券などの有価証券など）を発行する企業（俗に言う上場企業）

法人税法

昭和40年〜
毎年改正される

> 第1条　この法律は、法人税について、納税義務者、課税所得等の範囲、税額の計算の方法、申告、納付及び還付の手続並びにその納税義務の適正な履行を確保するため必要な事項を定めるものとする。

　法人税法は、昭和40年に当時の所得税法（昭和22年制定）を全面改正し独立する形で制定された法律である。歳入の確保や景気対策を加味して、毎年のように改正されたり、臨時や特例の措置（これらは租税特別措置法に規定される）がとられたりする。①課税の公平性・公正性を図ること、②課税の明瞭性・簡便性などの実務的な要請への配慮、③租税政策上の配慮が必要になるからだ。毎年年末前後に税制改正大綱が公表され、それをもとに改正法案が提出される。

消費税法

昭和63年12月30日公布
昭和63年12月30日施行

> 第1条　この法律は、消費税について、課税の対象、納税義務者、税額の計算の方法、申告、納付及び還付の手続並びにその納税義務の適正な履行を確保するため必要な事項を定めるものとする。

　いわゆる消費税について定めている法律である。平成元年4月1日から消費税3%が導入されたが、その根拠法になる。第2項では消費税が目的税（年金、医療及び介護の社会保障給付並びに少子化に対処するための施策）であることも示している。平成28年の改正で、平成31年（2019年）10月1日から消費税率が10%引き上げられるとともに、軽減税率が適用される（P.196参照）。

消費税率及び地方消費税率

平成31年10月1日（適用開始日）以後に行われる資産の譲渡等、課税仕入れ及び保税地域から引き取られる課税貨物に適用される税率は次のとおりとなります。

○　適用開始日以後に行われる資産の譲渡等のうち一定のものについては、適用開始日前の税率（以下「旧税率」といいます。）を適用する等の経過措置が講じられています（旧税率を適用する場合の経過措置の内容は最終ページをご覧ください。）。

適用開始日　区分	現　　行	平成31年10月1日 標　準　税　率	平成31年10月1日 軽　減　税　率
消　費　税　率	6.3%	7.8%	6.24%
地 方 消 費 税 率	1.7% （消費税額の17/63）	2.2% （消費税額の22/78）	1.76% （消費税額の22/78）
合　　　　　計	8.0%	10.0%	8.0%

Professional SEになるためのNext Step

https://www.shoeisha.co.jp/book/pages/9784798157382/2-N/

"プロフェッショナル"を目指すITエンジニアのために、最後に、次の一手を紹介しておこう。本書で、財務会計業務の全体像と、基礎知識を学んだ後、以下を参考に自己啓発に励むようにしよう。

1. 業務知識が必要になるまでに学習しておくべきこと

今や財務会計に関する知識は、会計システムを担当するしないにかかわらず必須の知識だといっていい。そのため、しっかりと日ごろから学習を進めておかなければならない。ただ、ほかの業務と違って財務会計に関しては、"簿記"というしっかりとしたカリキュラムが用意されている。この簿記検定試験を活用しながら学習を進めていこう。まずはそれだけでいい。

■ スキルアップに役立つ資格

財務会計に関しては、どんなハウツー本よりも簿記のテキストがベストである。だから、まずは簿記3級のテキストで最低限の基礎知識を習得しておこう。そして、自慢できないかもしれないが、簿記3級の資格をひとまず社会人の常識として取得しておこう。本書も、簿記3級取得者を意識して書いたもので、簿記3級レベルの知識については割愛している（ただし、手形、固定資産などの一部重要用語については説明あり）。

2. 業務知識が必要になったら

実際に、財務会計のことで顧客と打ち合わせをするようになったり、あるいはシステム設計するようになったり……。つまり、自分に必要となってくると、もう少し深い知識が必要になる。

■ 書籍

こちらも基本的な軸は簿記の資格である。2級から1級へと進めていこう。それは後述（次ページ「スキルアップに役立つ資格」）するとして、ほかには、中小企業診断士試験の財務のテキストを使うのもいいし、簿記の勉強で基礎が身についていれば、"株式会社をつくる"などのような創業関連のハウツー本も役に立つ。また、今後の動向を

把握するために、IFRSに関する書籍に目を通して、最新の事情を理解しておくことも有効だろう。

■ 本書関連のWebサイトをチェック！

まずは本書関連のWebサイトをチェックしよう。ページの制約上、それ以上詳しく書けなかったことを書いている。参考になるWebサイトや参考書籍、最新情報（特に、会計基準の変更は定期的に行われるので、そういった情報を提供しているサイト）なども随時更新していく予定である。

■ スキルアップに役立つ資格

財務会計の資格は充実している。その代表的なものが簿記、税理士、公認会計士の3つである。このうち、これまで簿記3級は必須だといってきたが、原価計算などは2級になるし、連結決算や税効果会計、キャッシュフロー計算書など大企業の会計キーワードは1級になる。そこで、資格取得計画を立てて計画的に学習を進めよう。税理士は税法に特化しているので縁遠いかもしれないが、会計士やそれこそ税理士のカリキュラムを使って勉強することはできる。モチベーションの高い人は、より高みを目指そう。

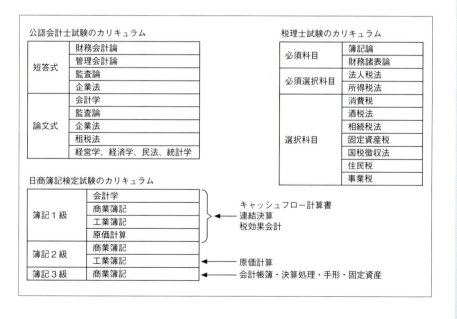

☑ 業務知識の章末チェック

次の章に移る前に、本章で学んだ分野の業務知識についてチェックしてみよう。

会計処理が必要な理由

☐ 会社法、金融商品取引法、法人税法の違いを理解している

代表的な財務諸表

☐ P/L、B/S、C/F を理解している

☐ 財務分析で使われる各種評価指標を理解している

簿記／決算

☐ 簿記一巡の手続きを理解している

☐ 決算の手続きを理解している

手形／資金調達／固定資産／リース

☐ 約束手形と為替手形の違いを理解している

☐ ファクタリングを理解している

☐ 減価償却の定額法及び定率法を理解している

☐ ファイナンスリースとオペレーティングリースの違いを理解している

会計ソリューション

☐ 会計ソリューションの機能について説明できる

内部統制報告制度

☐ 内部統制の IT 全般統制と業務処理統制について説明できる

☐ 業務処理統制のポイントを説明できる

帳簿書類の保存

☐ 保存期間について理解している

☐ 電子帳簿保存法と e- 文書法について説明できる

IFRS

☐ IFRS の全体を理解している

☐ IFRS を適用する場合のおおよその留意事項について説明できる

法律を知る

☐ 関連法規について理解している

Part2
第3章
販売管理

広く、販売管理というと、第1章で説明しているマーケティングや店舗販売に関連するマーチャンダイジングも含む概念になるが、我々ITエンジニアにとって馴染みが深いのは、企業間取引を主とした"販売管理システム"を使って管理される一連の業務だろう。具体的には、受注管理、売上管理、発注管理、仕入管理、入出荷管理、債権債務管理、入出金管理、在庫管理などである。本章では、このうち営業部門や仕入部門で実施されている受注管理、売上管理、発注管理、仕入管理、債権債務管理、入出金管理の6つの業務について説明し、入出荷管理と在庫管理は第4章「物流・在庫管理」で説明することにしている。

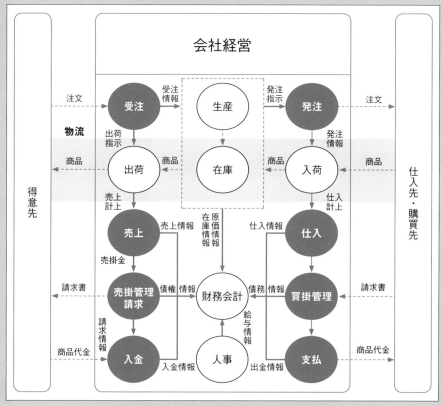

本章で解説する業務の位置づけ

販売管理の学び方

学習のポイント

当該業務の存在理由	顧客の期待他	情報収集
当該企業の創意工夫部分	・顧客しか知らなくても当然のこと ・要件定義、設計等でしっかり確認 ・相手主導のコミュニケーション	都度確認
何かしらのメリットがあるので 準拠している部分 ＝業界習慣／業界標準／事実上標準	・顧客から知識・経験を期待される部分 ・効率の良いコミュニケーション ・いわゆる IT エンジニアの業務ノウハウ	応用部分 経験 OJT
準拠するのが望ましい部分 ＝ ISO 規格／JIS 規格を知るその他基準	・顧客は「知ってて当然」と思う部分 ・顧客からの説明が無い可能性が高い ・逆に、顧客が知らなければ情報提供 　を行わなければならない	基礎部分 机上で 事前学習
法律による規制がある部分		

　販売管理業務については、日ごろ消費者として接しているため、身近で簡単なように考えがちである。だが、概要を理解しただけで安心していると足をすくわれるだろう。日本の商慣習は複雑だといわれているところに加えて、インターネットの進展により、商取引のルールも頻繁に変わっているからだ。学習に当たっては、財務会計上のルールとそうでない部分とに切り分けることがポイントになるだろう。

■ 各業種とその存在理由

　販売管理業務と、その存在理由の組合せを以下に示してみた。もちろん、はっきりとした境界線があるわけでもなく、解釈の違いもあるだろう。それを理解した上で大胆に分類してみた。

表：販売管理の各業務とその存在理由

	法律等	規格等	業界等	独自
3-1　新規取引開始	○			○
3-2　受注			○	○
3-3　売上	○			
3-4　債権管理	○			
3-5　発注			○	○
3-6　仕入	○			
3-7　債務管理	○			
3-8　輸出入取引		○		

販売管理業務を理解するには、財務諸表をイメージしてもらえればわかりやすいだろう。売上と仕入から入出金に至るまでの動きは、会計情報として集計して記録していかないといけないというルールがある。そこに自由度が入ると脱税や粉飾等の不正すら防げなくなる。そういう意味で、売上計上後、仕入計上後、入出金までは、そうした会計ルールを覚えていくことになる。

　対して、受注業務や発注業務は、ある程度内部統制上のルールには従わないといけないものの、競合相手の手法や、異業種のやり方を参考にしながら、自分たちの創意工夫のできるところになる。つまり、顧客と一緒に作り上げていくところだ。ヒアリングで現状を確認し、IT エンジニア側からは他社の成功事例を紹介したり、改善提案をしたりすることのできる部分。受注や発注の活動ベースの原価を計算したり、KPI を設定してモニタリングするような提案も可能だろう。

■ 顧客が IT エンジニアに期待する業務知識のレベル

　繰り返しになるが、販売管理とはいえ、その業務の多くは"財務会計"のルールによって決められている。そういう意味で、財務会計に関する知識は必須になる。そして法規制のある部分——基本となるのは、民法、商法だ。これらは商取引の基本になるため、顧客も、当然 IT エンジニアは知っているものとして会話を組み立ててくる。

　顧客の業種が、小売業や個人相手の商売の場合、個人情報保護法、消費者契約法、電子消費者契約法、特定商取引法などの法律についてもそれなりの知識が必要になる。顧客もそこまでは期待していないかもしれないが、例えば、ネットビジネスを始める場合、その法律を知らないと違法なサイトを構築してしまうかもしれない。

　あとは、財務会計とは関係のない受注部分、発注部分（データ発生時点）を中心に、情報システムの持つ機能について知ることだろう。情報システムを使えば、どの部分の業務が効率化されるのか、あるいは、どういった情報が利用できるようになるのか、そのあたりを顧客に訴求できる……顧客が期待しているのは、そのレベルになる。

3-1 新規取引開始

https://www.shoeisha.co.jp/book/pages/9784798157382/3-1/

日本では、企業間の取引は掛取引が一般的になっている。掛取引とは、商品の注文や納品の時に代金を支払うのではなく、1か月に1回など（一定期間の取引を）まとめて請求し、それに対して支払いを行う形式の取引のことである。取引先を信用した取引だということから信用取引ということもある。

■ 取引先信用調査

新たな取引先と掛取引を行うかどうかを検討する場合、信用のおける会社かどうかを見極めるとともに、相手企業の安定性等を調査して、取引条件や与信限度額を設定する。信用調査は、独立した審査部門があればそこで実施するが、小さな会社では、営業部門や経営者が直接行う。また、帝国データバンクなどの民間信用調査会社の報告を利用したりすることも多い。

【参考】さまざまな与信残高の計算例

与信限度額3,000万円と設定したA社との取引が、①から④まで4回行われている（図3-1）。そして6月1日の与信残高を3つの計算方法で示している（CASE-1〜CASE-3）。

```
取引先企業：A社      与信限度額 3,000万円の場合

取引①   4/2    売上計上    400万円
        5/31   現金回収    400万円

取引②   4/5    売上計上    200万円
        5/31   手形回収    200万円 （7/31 満期）

取引③   4/25   売上計上    400万円

取引④   4/30   受注        600万円

現在（6月1日）の与信残高は？

CASE-1  売掛金残高（400万円）のみで計算した場合 ………2,600万円
CASE-2  売掛金残高（400万円）＋受注分（600万円）
        で計算した場合 ………………………………………2,000万円
CASE-3  売掛金残高（400万円）＋受注分（600万円）
        ＋満期日前の手形（200万円） …………………1,800万円
```

図3-1 与信残高の計算例

参考

掛取引は、クレジットカードで購入した時をイメージするとわかりやすい。リスクや仕組みは全然別物だが、①購入時には支払わない後払いの点、②月1回などまとめて請求が来る点、③利用枠（信用限度額）がある点など共通点が多いので、イメージするには最適である。

用語解説

【与信限度額】
信用取引（掛売）を行っている場合に、取引先や請求先単位に設定する売掛金等の限度額。"信用"を"金額"に換算したもので、クレジットカードの利用限度額と同じようなものと考えれば良い。与信限度額の計算には様々な考え方がある。また、与信残高の計算方法にも様々な考え方がある（参考）。会社によって考え方が違うので、システム設計の際には確認しておいた方が良い。

参考

審査の結果、信用力に乏しくて与信限度額が設定できなくても（0円と設定）、現金で取引を開始することもある。

参考

よく見かけるのはCASE-2だが、企業によってはCASE-1やCASE-3で運用している企業もある。

■ AI 審査

　個人や企業の信用力を調査する際、AIを用いる"AI審査"が増えている。メガバンクも、平成30年にはAI審査を開始することを表明している。今はまだ、銀行等が行う個人向け融資での利用が先行しているが、企業の信用調査にも徐々に活用され始めており（そのレベルはバラバラだが）、今後、様々な領域で活用されていくことは間違いないだろう。

スコアレンディング

　昔から、クレジットカード会社等で行われているスコアリング審査（統計的スコアリング）のというものはあったが、それは過去の実績情報でスコアリングするだけで、評価のポイントも少なく、ネガティブ情報中心で、必ずしも実際の信用力を表しているとはいえなかった部分がある。

　AI審査でも、同様にスコアを算出するが（それをスコアレンディングという）、仕事の内容や家族構成、住居の状況、趣味などだけではなく考え方や生き方、ポジティブ情報なども含めた様々な角度からの質問を用意し、その答えから"その人の将来の信用力（将来の支払い能力）"を予測する点が異なり、新規性を有する。

ビッグデータ審査（与信）

　また、信用調査に使用するデータとしてビッグデータを活用する動きも進んでいる。銀行においても、現状の貯金額だけで判断するのではなく、預金口座の大量にある入出金データを使って審査することで、お金の使い方から顧客の取引先の安定性まで財務諸表には表れない"真実"を見抜き、その実態に沿った柔軟な融資が可能になると期待されている。

　金融機関以外でも、Amazon等の大手小売業者が金融サービスを開始しているが、その場合自社にある大量の販売動向を分析に活用している。"お金の使い方を含む行動"を見て、その人の信用力を判断する時代が、もうそこまで来ているのだろう。

参考

請求書を発行してから入金までの時間によって"支払"に対する考え方や姿勢だと判断される時代も近いのかもしれない。"データを見れば思考が分かる"、ある意味、正直者が正当に評価されることになるのかもしれない。

■ 売買契約書締結

売買が成立すると、売買契約書を締結する。大きな商談の場合には、取引の都度、売買契約書を締結することもあるが、一般的には、初回取引開始時に基本契約書を締結し、その後、個々の注文に対して、個別契約書や覚書、注文書などを交わすことが多い。なお、その場合には、基本契約書の中で、決済条件や返品についての取り決めを記載し、個別契約書（覚書、注文書）の中で各取引の商品、契約金額、納期などを記載する。特に今後は、IFRS第15号や企業会計基準第29号の適用が進むことが予想され、そうなると、契約の中で"履行義務"を明確にしておく必要も出てくるだろう。

なお、契約書を紙面で行う場合、取引するいずれかの企業（受注側が多い）が2部作成し、両者押印後、必要に応じて印紙※を貼った上、1部ずつ持ち合う。

■ 取引先登録

信用調査の結果を考慮して与信限度額を決定し、各種契約条件とともに取引先を登録する。ここでのポイントは、内部統制上、不正な取引先を登録できないようにしている点である（図3-2）。

用語解説

【印紙】
印紙とは、領収書や契約書に添付され消印されている切手のようなものである。印紙は、印紙税法で義務づけられている印紙税を納付するために使われる。印紙が必要になるのは、契約書や手形、領収書などの課税文書であり、契約書などに記載されている金額によって印紙の金額が決まっている。

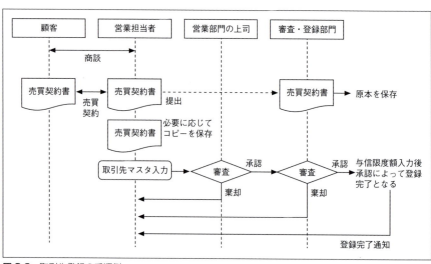

図3-2　取引先登録の手順例

■ システムに求められる業務処理統制

　マスタ登録業務に関しては、不正な登録はないか、二重登録や登録漏れ、登録誤りがないかをコントロールする。販売業務特有の部分としては、取引先に関する情報で、取引条件や与信限度額に関してのコントロールだろう。

参考

表3-1の例示では、与信限度額の設定金額そのものは適切であることを前提としている。

表3-1　販売プロセス（マスタ登録）及び購買プロセス（マスタ登録）のリスク、統制活動の例

関連する勘定科目：売上、売掛金、未収入金、仕入、買掛金、未払金					
項番		IT統制目標	リスク	統制活動の例	統制活動の評価
1	マスタ登録	正当性	正当でない得意先が登録される	取引先の登録ルールに基づいて承認された取引先のみが登録される	承認された取引先のみがマスタ登録されていることを確かめる
2				マスタの入力者は、アクセス権で制御されている	マスタ入力者は、アクセス権で制御されていることを確かめる
3			正当でない与信限度や取引条件が登録される	与信会議で承認された与信限度、取引条件のみが登録される	与信会議で承認された与信限度、取引条件のみが登録されていることを確かめる
4		完全性	マスタの二重登録や不足がある	マスタ登録後にプルーフリストを出し、登録内容を確認する	プルーフリストによる確認が実施されていることを確かめる
5		正確性	マスタ登録に誤りがある	マスタ登録後にプルーフリストを出し、登録内容を確認する	プルーフリストによる確認が実施されていることを確かめる
6		維持継続性	取引先、取引条件、与信限度が見直されず正当でない取引先が登録される	マスタの登録内容を一定時期に見直し、更新する	マスタの登録内容の見直しが実施されていることを確認する

システム管理基準　追補版（財務報告に係るIT統制ガイダンス）追加付録9．IT業務処理統制における業務プロセスごとの、リスク、統制活動、統制活動の評価手続きの例示（経済産業省（平成19年12月26日））より

COLUMN　計画的陳腐化

　マスタには履歴管理が必要なものがある。"モノ"に関するマスタは特にそうだ。その背景には、家電製品や自動車、携帯電話など多くの製品が定期的に新製品を投入してくることがあげられる。確かに技術の進展などもあるだろう、しかし、計画的陳腐化を狙っていることも否めない。計画的陳腐化とは、製品やサービスの"陳腐化"を、計画的、すなわち意図して行っていき買い替え需要を生み出していく手法である。通常、陳腐化というのは、製品ライフサイクルにおいて、当該製品ニーズがなくなることで売上や利益が下降線をたどる段階のことをいう。これを人為的に行うのが計画的陳腐化である。機能がまだ十分に使用可能なのに新しいデザインにしたり（**心理的陳腐化**）、機能アップしたり（**機能的陳腐化**）することで、既存製品からの移行を進めていく。他に、あえて耐久性を弱めておいて陳腐化させる（**物理的陳腐化**）という「なんだかな～」というケースもある。

3-2 受注

https://www.shoeisha.co.jp/book/pages/9784798157382/3-2/

顧客から注文を受けることを受注という。注文は売上に直結する重要な業務ではあるものの、この段階ではまだ会計帳簿に記録する必要はないので、財務会計関連の法律で規制されている業務ではない（民法での契約行為には該当するが）。それゆえ、電話、FAX、電子メール、ネット、タブレット端末など様々なインタフェースを使って行われており、加えて小型デバイスやスマートスピーカなどの最新のITを投入しやすい業務だともいえるだろう。つまりは、ITエンジニアの提案が期待されている部分である。

基本的な機能は、注文と出荷及び売上計上の間にタイムラグがあるので、その間忘れないようにきちんと管理しておこう（受注残管理）という内容になる（表3-2）。

> **参考**
> 受注前の商談時に"見積り"を交わすことが多い企業では、見積管理や商談管理サブシステムを利用することがある。これらのシステムは受注管理の前に位置付けられるもので、その場合、受注入力で見積データを呼出して入力負荷を軽減する機能を持たせたりする。

表3-2 販売管理システム（受注管理）の機能一覧

処理タイミング／処理・機能			概要
日次	受注管理	受注入力	・顧客から注文を受けたときに行う入力処理で、受注データを作成する。データの発生時点になる重要な入力処理 ・電話で注文を受けながらリアルタイムに入力するケースや、営業担当者が受注後、帰社してから、後処理として入力するケースなどがある ・受注時に商談が発生する場合、確実に受注に結び付けるために、商談時に必要な様々な機能を持たせる
		直送受発注入力	・直送品に対する受注があったときに行う入力処理（受注入力の一機能として組み込まれることがある） ・受注データと発注データを同時に作成する
		受注一覧表 受注チェックリスト	・データ発生時点における不正（架空受注、価格操作）や誤り（入力漏れ、内容誤り、重複入力）を防止するために、（受注段階で行う）チェック処理で使用する ・受注日順、得意先別、商品別等、当該企業に必要な検索及び絞り込み（範囲指定）の機能を持つ
		受注照会 受注問合せ	・顧客から受注に関する問合せがあったときに利用 ・受注日、得意先、商品等、当該企業に必要な様々な切り口で検索をかけられる機能を持ち、該当データを画面に表示させる ・出荷済み、未出荷をチェックできる機能などもある
		受注伝票	・受注伝票を発行する（必要時） ・納品までに変更がほとんどないケースだと、ほかの伝票（売上伝票、納品伝票等）と複写式にして、受注のタイミングでほかの伝票も発行しておくこともある
		受注残一覧表 受注残チェックリスト	・受注後未出荷もしくは未売上計上のものの一覧表（帳票） ・長期にわたる出荷忘れの有無をチェックできる ・納期を超えた出荷忘れの有無をチェックできる ・機能としては、受注一覧表と同じ

■ システムに求められる業務処理統制

　受注管理業務の場合、故意や過失によって情報が操作された
としても、その時点では財務諸表には反映されない。そのため、
財務の観点から考えれば必要ないかもしれないが、受注は、売
上に続く入り口である（表 3-3）。この段階で、しっかりと統制を
かけておきたい。

　最低でも、注文書などの受注の確証と、受注チェックリスト
を用いて、上司による日々のチェックは必要だろう。できれば、
受注からその注文が売上計上されるまで（例えば出荷段階ま
で）に、上司の承認を必須としたいところだ。つまり、上司の
承認済みの受注でないと出荷できないなどという運用である。

表 3-3 販売プロセス（受注）のリスク、統制活動の例

項番		IT 統制目標	リスク	統制活動の例	統制活動の評価
	関連する勘定科目：売上、売掛金、未収入金				
1	受注	正当性	正当でない受注が計上される	受注入力者は、アクセス権で制御されている	受注入力者は、アクセス権で制御されていることを確かめる
2				マスタに登録されていない取引先の受注は登録できない	マスタ登録されていない取引先の受注が登録されないことを確かめる
3				与信限度を超える受注は登録できない	与信限度を超える受注は登録できないことを確かめる
4				在庫引当ができない受注は登録できない	在庫引当ができない受注は登録できないことを確かめる
5		完全性	受注の二重入力、入力漏れが発生する	入力後にプルーフリストを出し、登録内容を確認する	プルーフリストによる確認が実施されていることを確かめる
6				受注番号は自動採番される	受注番号は自動採番されることを確かめる
7				受注残リストが出力され検証される	受注残リストが出力され検証されていることを確かめる
8		正確性	入力に誤りがある	入力後にプルーフリストを出し、登録内容を確認する	プルーフリストによる確認が実施されていることを確かめる
9				販売単価は得意先ごとにマスタ登録された掛率でのみ登録される	マスタ登録された販売掛率のみで登録されてることを確かめる
10				受注番号は自動採番される	受注番号は自動採番されることを確かめる
11		維持継続性	受注ファイルに権限者以外が不正な入力をする	入力者は、アクセス権で制御されている	入力者は、アクセス権で制御されていることを確かめる
12				受注状況与信残は毎日集計され、営業担当者に報告され確認される	営業担当者が報告を確認していることを確かめる

システム管理基準　追補版（財務報告に係る IT 統制ガイダンス）追加付録 9．IT 業務処理統制における業務プロセスごとの、リスク、統制活動、統制活動の評価手続きの例示（経済産業省（平成 19 年 12 月 26 日））より

155

■ 受注入力

　顧客から電話やFAXで注文が入り、それを営業担当者やアシスタントが対応するという受注形態の場合、図3-3のような受注入力を利用することが多い。

　受注時に登録する項目は企業によって異なるので、しっかりとヒアリングをする必要があるが、標準的な項目として次のようなものがある。

> ・取引先に関する情報（どこからの注文か？）
> ・取引条件（請求先、支払条件、掛率、値引の有無など）に関する情報（いつも通りなのか、それとも今回は違うのか？）
> ・納品場所、納期
> ・注文品に関する情報（品名、数量、単価など）
> 　※ 通常は1回の注文で複数の注文品を受注できるように画面上では複数行入力できるようにしている

参考
図3-3のような受注入力画面から受注登録をするのは、最もオーソドックスな方法になる。電話で顧客と話をしながらリアルタイムに入力するケースや、営業担当者が客先訪問から帰社してから入力するケースがある。タブレット端末やスマホで外出先でリアルタイムに入力するケースもある。

参考
必要に応じて軽減税率への対応（区分記載請求書等保存方式や適格請求書等保存方式）を行う。
→ P.196参照

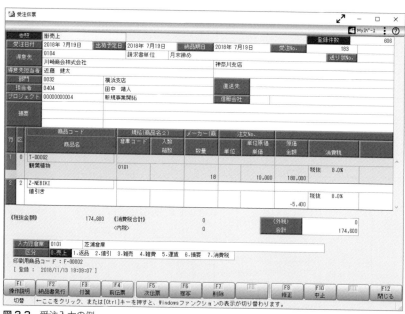

図 3-3 受注入力の例
　株式会社オービックビジネスコンサルタント「商奉行 i10」より（http://www.obc.co.jp/）

在庫問い合わせ機能

　注文主（顧客）は、商品を注文するときに、「その商品が、必要な時期に入手できるかどうか？」を確認するために納期を聞いてくることがある。そういう場合は、その問い合わせに即座に対応するために、在庫問い合わせ機能が必要になる。在庫を調べたい商品の商品コードを入力して、在庫場所別に現在在庫数や受注可能数などを表示する機能である。

在庫引当て機能

　受注が確定すれば、その受注分の在庫を確保しておかなければならない。手作業なら、倉庫に行って現物にラベルを貼るなどするだろうが、コンピュータで在庫管理を行う場合、（理論在庫の）受注可能数から受注確定数量を減じる処理をする。この機能を在庫引当て機能という。

　この在庫引当て処理、同一商品の在庫場所が複数あるケースや、ロット単位の引き当てが存在するなど、複雑なケースも少なくない（図3-4）。そういう場合は、自動引き当てではなく、受注入力の都度、どれを引き当てるのかを"人"が判断することも含めての検討が必要だろう。いずれにせよ、受注入力を設計するときの重要ポイントのひとつなので、しっかりと詳細を確認するようにしなければならない。

参考

いくら高機能のシステムを導入しても、正確な在庫確認ができるとは限らない。運用面で次の条件を満たさないといけないからである。①常に理論在庫と実在庫が一致している、②受注時に受注入力がリアルタイムに処理され、排他制御もかかる。特に①を実現するには、盗難、置き忘れ、移動ミス、持ち出し忘れなどを防止できる運用が必要になる。

Chapter
3

販売管理

```
    ＊＊  現在の在庫情報  ＊＊
商品A      A倉庫      200個
           B倉庫      100個
           C工場      150個
    .........
```

出荷場所ごとに引き当てが必要

「取引先X社から、商品Aの注文が300個入った。
X社に最も近い倉庫から優先的に引き当てたい」

「取引先Y社から、商品Aの注文が200個入った。
Y社に最も近い倉庫はB倉庫だが、
1ヶ所から出せるところから優先的に引き当てたい」

```
    ＊＊  現在の在庫情報  ＊＊
商品B      ロットNo.10001      200個
           ロットNo.10002      100個
           ロットNo.10003      150個
    .........
```

ロット番号で引き当てが必要

「商品Bは、ロット単位に引き当てをして、
出荷後のロット管理も行いたい」

「商品Bは、ロットによって品質が異なる。
だから、顧客の用途に応じて最適な
ロットを引き当てなければならない」

図 3-4　複雑な在庫引き当て処理の例

後継品、代替品、類似品の検索機能

　顧客の注文の仕方というのは"もの"によってさまざまである。医薬品や化粧品なら用途や効能で注文してくることもあるし、家電製品なら古いモデルの型番で、「これの最新機種」と注文してくるかもしれない。機械部品なら、在庫がないときには同等の適合品をリクエストしてくるだろう。受注時に、顧客とこのようなやり取りが必要な場合には、後継品や代替品、類似品といった切り口で、商品検索できる機能（商品コードや品目コードを入力すると、その商品（品目）の類似品、代替品、後継品などを一覧表示する機能）が求められることがある。

直送受発注入力機能

　仕入先と直送※の契約をしている場合、直送受発注入力機能があれば便利だ。直送分に対しては、受注データを作成すると同時に発注データを作成し、適切なタイミングで発注する。出荷指示の対象に入れず、受注残の管理も違いが分かるようにしておき、発注先とデータ連携が可能かどうかも検討するといいだろう。

　なお、仕入先との事前の取り決めで、送り主を、仕入先（実際の送付元）ではなく、顧客が注文した受注企業の名前にするのが一般的だ。商流はそうなっているからだ。

与信限度額の確認機能

　掛取引では、取引先ごとに信用調査を行って与信限度額を設定していることが多い。加えて、受注段階で与信限度額を基に受注可否を判断している企業では、何かしらの方法で、受注入力時にそれができるような機能を持たせておく必要があるだろう。受注確定時に与信限度額の加減算を行い、その額を超える受注は入力不可にしたり、アラームで注意喚起するなどの方法を検討する。

用語解説

【直送（ちょくそう）】

自社で受注した商品等を、自社では在庫せずに、仕入先から顧客（注文主）に"直接送る"ことを直送といい、そういう取扱い商品を特に"直送品"という。

在庫を持たないので在庫リスクがなく安全で、自社を経由して顧客に行くこともないので入荷や発送の手間もかからないので大きなメリットがある。

■ 特殊な受注形態

一般的な受注形態に加えて、ここでは内示受注と見計らい受注についても説明しておく。

内示受注（内示登録）

製造業に多い形態で、内示登録（受注ではなく、登録して管理しているだけという概念）という場合もある。

① 4月1日：3カ月先の7月分について、製品Aの内示（受注）30,000個
② 5月1日：7月分の内示（受注）を35,000個に変更
③ 6月15日：7月5日納期の確定受注4,000個
④ 6月25日：7月10日納期の確定受注10,000個

⋮

見計らい、委託販売

「あのスペースに並べるぬいぐるみを、金額は3万円ぐらいで入れといて」というような形態で、買い手が特定の商品を指定するのではなく、ある程度の要望を伝えて、売り手の判断に任せる方法を“見計らい”とか“見計らい受注”という。

また、よく似た形態に委託販売というのもある。委託販売とは商品が売れたときに売上計上を行うもので、客先へ搬入した時点では、受注処理も売上処理もしない（一般的には、客先の店頭をひとつの倉庫として考え、倉庫間移動で処理する）。

■ コンタクトセンターシステム

　電話受注や電話問合わせの多い企業では、コールセンターを運営していることがある。このときに利用されているのが、コンタクトセンターシステムだ。

　このシステムを利用するのはオペレータで、受付台に座って、（図のような初期画面の前で）電話がコールされるのを待っている（待機状態）。待機中に顧客から着信し、その電話に応答すると、目の前の端末に当該顧客情報が自動的に表示される（ポップアップ機能）。

　初期ポップアップ画面の代表的な機能は、大きく分けて4つある（図3-5）。顧客情報表示フレームでは、顧客の基本属性や、購買履歴、コンタクト情報などを表示させる。応対スクリプトは、その画面ごとに表示される「標準的な応対パターン」のことで、このスクリプトをオペレータが読み上げることによって、サービスの均一化や、新人教育の短縮化が可能になる。

参考

電話に加えて、FAXや電子メールも顧客とのコンタクトに使われるようになってきたため、"コール（＝電話）センター"という表現が不相応になってきた。そこで、昨今は（電話だけであっても）コンタクトセンターと呼ばれることが多くなっている（本書ではコンタクトセンターで統一する）。

参考

コールセンターの着台数（オペレータの座席数）は、1〜4席程度の小規模で運用しているところもある。

参考

オペレータ、テレアドバイザー、テレコミュニケータなど、いろいろな呼称がある。

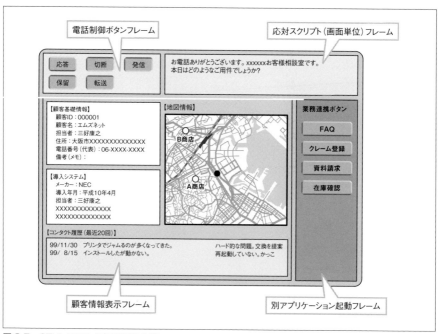

図3-5　CTIシステムの初期画面の例

コンタクトセンターのシステム等で利用されているコンピュータと電話を連携させる技術をCTI（Computer Telephony Integration）という。CTIを使えば、電話の着信を受けて発信者番号を元に顧客データを検索して顧客情報を受注入力画面にポップアップさせたり、コンピュータから電話に対して制御命令を出して発信したりできる。コンタクトセンターのシステムで電話応対業務の効率化を図るために導入されている技術である。

また、企業の電話システムはPBX※を使っている場合があり、CTIを通じてPBXの制御を行っているケースもある。その時に、PBX関連の専門用語が登場する。そのいくつかを簡単に紹介しておこう（表3-4）。

📖用語解説
【PBX（Private Branch eXchange）】
企業に設置する構内（電話）交換機。複数の外線（トランク）、複数の内線を収容可能。IP電話を利用できるIP-PBXもある。

Chapter
3
販売管理

表3-4 コンタクトセンターの用語

コンタクトセンター システム特有の専門用語	説　明
インバウンド	コンタクトセンターに外部から入ってくる電話の呼。着信呼に対する業務（受注・問合せなど）をインバウンド業務という
アウトバウンド	コンタクトセンターから外部に発信する電話の呼。発信呼に対する業務（商品案内、テレマーケティングなど）をアウトバウンド業務という
エスカレーション機能	電話の呼やPC画面を転送する機能。一次応対者から二次応対者、バックオフィスなどに保留したまま転送する
ACD機能	Automatic Call Distribution：着信呼自動分配機能。着信呼を振り分けるルールには、席順、通話時間の短い順、着信回数の少ない順などがある
IVR装置	Interactive Voice Response：音声自動応答装置。発信者（とその端末操作）に対して、録音した音声で応答しながら、適切な部署に誘導したりメッセージを返す装置
MIS端末	Management Information System：管理情報端末。コンタクトセンターの稼働状況（受付台の状態、総応答呼数、総通話時間など）を収集管理する端末装置

情報化のポイント！

電話と電子メールも同時に処理しているセンターでは、（それぞれの量にもよるが）少し工夫が必要になる。例えば、メール着信に対するACD機能や、メール着信と同時に、電話着信を拒否する機能なども検討が必要である。

161

■ SFA (Sales Force Automation)

　SFAとは、属人的になりがちな営業活動をIT技術を駆使して高度化、効率化しようとする活動、あるいはそのシステムのことである。IT を駆使して営業担当者が武装化するというところがポイントになる。

　SFA には、次のような機能が含まれる（図 3-6）。

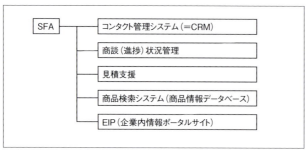

図 3-6　SFA の機能

コンタクト管理システム

　コンタクト管理システムとは、これまで担当者の頭の中にしかなかった顧客のさまざまな情報や顧客との関係（訪問回数、頻度、商談進捗、取引量など）をデータベース化しておき、それを会社の資産として共有する仕組みである。これにより、"その顧客と古い関係のベテラン担当者"と、誰もが同じ知識を持って対応することが可能になる。CRM とほぼ同じ概念であるともいえる。そのため、「SFA/CRM システム」としていることも多い。

商談（進捗）状況管理システム

　商談（進捗）状況管理システムは、顧客との商談状況をデータベース化し、顧客と担当者の商談について現状どこまで進んでいるのかを、必要な範囲で共有するシステムである。担当者の営業活動を管理したり、指導したりするのに効果的である。

見積支援システム

　見積支援システムは、保険、コンピュータシステム、住宅、各種工事など、営業活動の中に、作成に一定のノウハウが必要な見積もり作業が含まれている業種・業界で利用される。見積もり業務の効率化が図れることや、ミスによる構成間違いが減少するなど、導入効果は高い。次に説明する商品データベースは必須である。

商品検索システム

　商品検索システムは、商品情報をデータベース化したもので、さまざまな条件で検索できるシステムである。商談をしているときには、とても役に立つ。ただ、商品データベースを常に最新の状態にしておかなければならないため、運用負荷がかかる。

　最後に、SFA では、開発したり購入したりする"SFA アプリケーション"も確かに必要であるが、電子メールやグループウェア、モバイルノート、オフィスソフトなど、標準的な OA システムを活用することで十分対応できる。

EIP（企業内情報ポータルサイト）

　EIP（企業内情報ポータルサイト）は、さまざまな Web サイトやシステムへの入り口をひとつの画面に集約して表示し、必要な情報を効率よく収集するための仕組みである。企業内外に散在する情報に対して、効率的にアクセスするため、会社がポータルサイトとして用意することが多い。その場合、社員は、Web ブラウザのトップページに設定して利用する。

■ EDI (Electronic Data Interchange)

　企業間で電子データを交換すること（またはその仕組み）を
EDIという。

EOS (Electric Order System)

　EDIの中でも、特に受発注データを交換するシステムをEOS
（自動発注システム）という。古くから、主に小売店（発注側）
と卸売業者（受注側）の間で利用され発展してきた。まだイン
ターネットも普及していない時代の電話回線やISDN回線を用
いたEDIになる。

　発注側の小売店は、あらかじめ決められている時間（毎日17
時など）までに発注入力をし、発注データをVAN会社や相手
のホストコンピュータに送信しておく。受注側の卸売業者は決
まった時間（毎日17時半など）にVAN会社にオンライン接続
してデータを受信したり、ホストコンピュータを確認して注文
を受ける。

B2B

　時代が進みインターネットが普及してくると、インターネッ
ト回線を用いたデータ交換へと移行が進んできた。当初はそれ
をインターネットEDIと呼んでいた。そこからさらにインター
ネットが当たり前の時代になり、B2Bという表現が一般化して
きた。そこから派生して、表のような様々な呼び方が登場して
いる。

参考

EOSでは、欠品時の処理
ルールをあらかじめ決めて
おくが、受注残としては残
さず発注がなかったものと
して処理することが多い。
また、卸売側には発注に対
する出荷義務（すなわち、
在庫を確保する義務）を持
たせ、一定以上の欠品率に
なれば、ペナルティを課す
ような契約もある。

参考

プロトコルも電話回線のプ
ロトコルであるJCA手順や
全銀手順が使われていた。

表3-5　様々なネットを通じた取引の呼び方

呼び方	意味
B2B B to B	Business to Business。 企業と企業の間の取引、eマーケットプレイスを通じた取引など。
B2C B to C	Business to Consumer。 企業と消費者の取引。一般消費者向けのECサイトなど。
B2G B to G	Business to Government。 企業と政府間の取引。競争入札のサイトなど。
B2E B to E	Business to Employee。 企業や提携する外部の業者と従業員の間の取引。割安社員販売など。
C2C C to C	Consumer to Consumer。 消費者同士の取引。ヤフオクやメルカリなど。

■ 最新デバイスによる受注

小売大手のAmazonのDASHボタン（写真上）のように、今後はリピートオーダの省力化を図り、顧客の囲い込みを図るための工夫が進んでいくだろう。

過去に遡ると、インターネットがない時代には"専用の発注端末を得意先に設置させてもらう"という方法で顧客の囲い込みを図っている企業もあった。そこから、オーダーブック方式※や注文専用のサイトを公開するようになり、そこから専用の小型デバイスの開発に発展してきている。

さらに、AI搭載のスマートスピーカを使って音声で発注できるようにもなってきた。Amazonは画面付きのスマートスピーカも発表していて、画面付きだとイメージを確認しながら発注できるため利便性は高まるだろう。

こうしたテクノロジは、今のところB2Cで実用化されてきて、まだまだ広く普及しているわけではない。B2Bで広く使われるようになるのはまだ少し先かもしれないが、いずれは応用されるようになるだろうから、その動向には注目しておきたい。

参考

Amazon DASHボタンでも採用されている"1クリック注文"は、これまで長らくAmazonが特許を保有し保護されてきたが（いわゆる"1クリック特許"）、米国では2017年に、日本でも2018年9月に特許が切れた。そのため、今後の競合企業の動向に注目が集まっている。

用語解説

【オーダーブック方式】
バーコード等を印刷した商品カタログのようなものを取引先に渡しておき、そのバーコード等を読ませることで容易に発注できる方式。

https://amazon-press.jp/Prime/Prime/Presskit/amazon/jp/Devices/Dash-additionals-June-2017/download/jp/Devices/Dash-additionals-June-2017/s170627-10577_s/

3-3 売上

https://www.shoeisha.co.jp/book/pages/9784798157382/3-3

受注した商品等を買い手に引渡した段階で、会計帳簿に"売上"を記録しなければならない。この時、意図的な操作ができないように、**売上計上基準**や**収益認識基準**といわれる"売上を記録するタイミング"が細かく決められている。

■ 中小企業の売上計上基準

日本の売上計上基準は、企業会計原則の「**売上高は、実現主義の原則に従い、商品等の販売又は役務の給付によって実現したものに限る。(以下略)**」という原則に則った基準になる。具体的には、**出荷基準**、**納品基準（引渡基準）**、**検収基準**などである（図3-7の①～⑥）。後述するように、2021年以後日本でも包括的な会計基準が適用されるが、中小企業は引き続き従来通りの基準で構わないとされている。

> **参考**
> 売上のタイミングを企業が都合よく操作できてしまうと不正会計（脱税や粉飾）が可能になる。それを避けるために、売上計上基準や収益認識基準が定められている。なお、いったん決定した基準は継続して用いなければならない。

> **参考**
> "実現主義"の意味合い的には納品基準や検収基準が適当だが、出荷基準も弊害がないとして実務慣行で認められている。日本で最も広く用いられているのが出荷基準である。

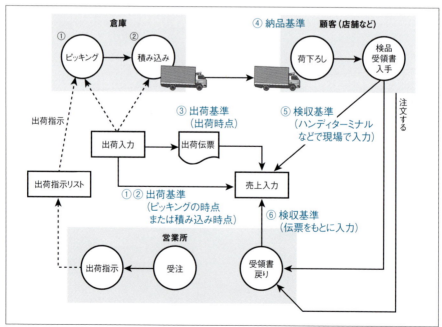

図 3-7 売上計上のタイミング

166

■ 上場企業等の収益認識基準

2018（平成30）年3月30日に企業会計基準第29号「収益認識に関する会計基準」が公表され、2021年4月1日以後開始する事業年度の期首から適用されることが決定している（早期適用も可能）。この基準は、後述するIFRS第15号の公表を受け、ASBJがIFRS第15号に合わせる形で、収益認識に関する包括的な会計基準を定めたものである（その内容に関しては、下記IFRS第15号を参照）。

ただし、財務諸表間の比較可能性を大きく損なうものではないと考えられる場合には代替的な取扱いが可能だとしている。したがって、原則はIFRS第15号と同じだが、従来の収益認識基準（図3-7）をそのまま（ゆえに出荷基準も）継続利用できる可能性が高い。

■ IFRS任意適用企業の収益認識基準

IFRSを任意適用している企業の収益認識基準はIFRS第15号「顧客との契約から生じる収益」の適用を受ける（2018年1月1日以後開始する事業年度から）。

その内容は5つのステップを適用して収益を認識するというもので、確実な契約に基づき、何をもって履行義務の支配が移転したとするのかを識別して、その履行義務の支配移転パターンに合わせて、一定の期間または一時点のタイミングで収益を認識するとしている。つまり、個々の契約の履行義務が「検査完了」までなら検収基準、「納品場所に届けること」なら納品基準になる。

■ 担当顧客の収益認識基準（売上計上基準）

ここで記載している収益認識基準（売上計上基準）の判断は、あくまでも目安である。中小企業でも上場企業の連結子会社になる場合、戦略的にIFRS第15号を適用する場合、非上場企業の大企業の場合、出荷基準では弊害がある場合など、当該企業の実情に応じて決まってくる。

参考
この収益認識基準が適用されるまでは、日本には包括的な収益認識基準がなく、"企業会計原則の実現主義"に則った売上計上基準（図3-7）が企業規模に関係なく用いられてきた。

参考
中小企業は、従来通りの企業会計原則に則った基準でいいので、結果、上場企業等が対象になる。

用語解説
【5つのステップ】
STEP1＝契約の識別
STEP2＝履行義務の識別
STEP3＝取引価格の算定
STEP4＝履行義務への取引価格の配分
STEP5＝収益の認識

参考
日本がIFRSに合わせる形で収益認識を作ったのは、IFRS第15号が米国の会計基準（Topic606）と同期をとる形（共同プロジェクト）で作成された点も大きいといわれている。

参考
様々な収益認識基準のパターンを理解して、顧客企業と会話できるレベルにはしておこう。

■ 売上入力

顧客からの注文を正常に処理できたら売上処理を行う。このとき販売管理システムでは、受注データをもとに、売上データを作成することが多い。

その作成方法にもいろいろある。例えば、売上計上基準を出荷基準にしている場合だと、出荷入力等の出荷処理と同時に、売上を自動計上する（売上データを作成する）。あるいは、客先に商品等を届けて受領したタイミングや、受領書が事務所に届いた段階で、システムに入力して売上データを計上することもある。

加えて、売上処理をした段階で財務情報に変わるので、返品や値引、リベート、売上訂正、売上取消など、会計に合わせた処理機能も必要になる。

 参考

必要に応じて軽減税率への対応（区分記載請求書等保存方式や適格請求書等保存方式）を行う。
→ P.196参照

表 3-6 販売管理システム（売上管理）の機能一覧

処理タイミング／処理・機能			概要
日次	売上管理	売上入力	・売上データを登録する処理 ・売上データの自動計上（受注データを出荷入力時に計上する等）をしている場合、それ以外の売上で利用 ・売上取消入力、返品処理、値引き処理等で売上データを変更する時に利用する
^	^	直送売上仕入入力	・直送品に対する売上入力 　（売上入力の一機能として組み込まれることがある） ・売上データと仕入データを同時に作成する
^	^	売上照会 売上問合せ	・顧客から売上に関する問合せがあったときに利用 ・売上日、得意先、商品等、当該企業に必要な様々な切り口で検索をかけられる機能を持ち、該当データを画面に表示させる ・売上取消、売上データの内容変更等も検索可能にする
^	^	売上一覧表 売上チェックリスト	・売上データは、財務会計上の"売上"の元データになるので、内部統制上の機能としても利用できる帳票 ・データ確定時点における不正（架空受注、価格操作）や誤り（入力漏れ、内容誤り、重複入力）を防止するために、（売上確定段階で行う）チェック処理で使用する ・売上日順、得意先別、商品別等、当該企業に必要な検索及び絞り込み（範囲指定）の機能を持つ ・売上取消、売上データの内容変更したデータ等も含んだり、もしくはそれらだけの一覧表を出力する機能なども持つことがある（内部統制上）
^	^	売上伝票	・売上伝票を発行する ・バッチ処理で、全部及び一部を出力する ・売上入力処理に含む場合あり（入力時点発行） ・納品書や受領書と複写伝票になっていることもある 　→納品書に関しては、第6章参照
^	出荷関連処理		→ 第4章 「物流・在庫管理」参照

■ システムに求められる業務処理統制

売上に関しては、財務情報に直接的に影響するため、水増し（粉飾決算目的）も申告漏れ（脱税目的）もあってはならない。不正はもちろんのこと過失についても、想定されるリスクを設定し、コントロールしていかなければならない。

 参 考
当該資料には「売上」というものはなく「出荷」が売上に影響するとしている

表 3-7 販売プロセス（出荷）のリスク、統制活動の例

関連する勘定科目：売上、売掛金、未収入金					
項番		IT統制目標	リスク	統制活動の例	統制活動の評価
1	出荷	正当性	正当な受注以外の出荷が行われる	受注データからのみ出荷指図が作成される	受注データからのみ出荷指図が作成されることを確かめる
2				在庫引当された受注のみが出荷指図される	在庫引当された受注のみが出荷指図されることを確かめる
3		完全性	出荷指図の二重入力、入力漏れが発生する	同一の受注番号は2回引当されない	同一の受注番号は2回引当されていないことを確かめる
4			出荷漏れが発生する	出荷後に出荷確認入力をする	出荷後に出荷確認入力がされていることを確かめる
5				出荷残リストが出力され検証される	出荷残リストが出力され検証されていることを確かめる
6			売上の二重計上、計上漏れが発生する	出荷確認データから売上データに転送時のコントロールトータルを設定し一致を確認している	出荷確認データから売上データへのデータ転送のコントロールトータルを確認していることを確かめる
7		正確性	誤った出荷が行われる	受注データからのみ出荷指図が作成される	受注データからのみ出荷指図が作成されることを確かめる
8		維持継続性	出荷ファイルに権限者以外が不正な入力をする	入力者は、アクセス権で制御されている	入力者は、アクセス権で制御されていることを確かめる
9				出荷残リストが出力され検証される	出荷残リストが出力され検証される

システム管理基準　追補版（財務報告に係るIT統制ガイダンス）追加付録9．IT業務処理統制における業務プロセスごとの、リスク、統制活動、統制活動の評価手続きの例示（経済産業省（平成19年12月26日））より

COLUMN　セリング

売上アップの戦術をセリングという。セリングにも様々な方法があるがよく見かけるのがクロスセリングやアップセリングだ。

クロスセリングは、商品の購入希望者に対して、その商品に関連する別の商品又は組合せ商品などを推奨して販売することだ。ハンバーガーショップの「ドリンクはいかがですか？」とか「ポテトもいかがですか？」は、代表的なクロスセリングになる。

また、**アップセリング**というのもある。こちらは、商品の購入希望者に対して、その商品よりも高級または高価格なものを推奨して販売することをいう。

赤黒処理

売上入力後の売上訂正や取り消し処理は、たとえ、それが単純ミスだったとしても、内部統制上、その経緯を記録して保存しておく必要がある。

そこで、売上訂正入力や売上取り消し入力を行った場合、まずマイナスの伝票を発行し、その後、訂正の場合は訂正後の伝票を発行する。前者を「赤伝」、後者を「黒伝」といい、こうした処理を「赤黒処理」と呼ぶ。

値引処理・返品処理

商品を販売したら、値引や返品についても適切に処理しなければならない。値引処理では、売上伝票単位、明細行単位、請求書単位など、その対象がいくつか存在する点に注意が必要である。また、返品処理では、返品理由がいろいろある点に注意しなければならない。

（例）クーリングオフなどによって返品された商品は、再度在庫計上して在庫場所に保管する。故障品なら修理後の判断。傷物ならば即破棄など。

リベート処理

リベートとは、報奨金、販売促進費、目標達成金、協力金などいろいろな別称があるが、端的にいうと、一定期間の売上実績に対するインセンティブである。財務上は"売上割戻し"にするのが一般的だ。その計算ルールは、企業によって大きく異なるし、複雑になっていることも多い。

納品書発行

顧客に商品を納品するときは納品伝票を付けて納品する。このときに利用するのが納品書発行機能である。コンピュータが導入され始めた 1980 年代などは、この納品書発行がコンピュータ導入の主要な目的であった（その頃は、販売管理システムではなく、伝票発行システムと呼んでいたこともある）。

参考

リベート処理のシステム化には、悩むことも多いだろう。この部分をシステム化するかどうか、財務処理（金額だけを売上割戻しで入力）だけにとどめるのか、顧客と十分話し合おう。

参考

リベートの根拠は顧客ランク、販売数量、販売金額、新規契約数、年間総販売額、重点商品販売数などさまざまで、さらに、期間限定や見直しも多い。

参考

必要に応じて軽減税率への対応（区分記載請求書等保存方式や適格請求書等保存方式）を行う。
→ P.196 参照

通常、納品伝票は3～5枚の複写式（①相手先に渡す納品書、②相手先に渡す請求書〔請求を都度行う場合〕、③受領書、④売上伝票〔自社保管用〕、⑤経理や営業の控えなど）になっている（図3-8）。

なお、納品書を客先が指定するケースも少なくない（指定伝票）。そういう場合には、**指定伝票発行システム**※というソリューションを組み込むのもひとつの手である。

用語解説

【**指定伝票発行システム**】
利用者側で簡単に伝票フォーマットを作成できるシステム。印字する項目と印字位置が設定できるため、取引先の指定伝票が多いところには効果的である。

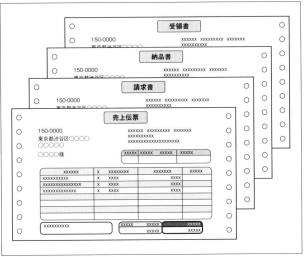

図 3-8 売上伝票の例

COLUMN　SPA

　SPAは、広義にはあらゆる業界での"製造小売業"を指す用語だが、狭義には"アパレル業界における"新業態としての製造小売業を指す用語として用いられる。

　アパレル業界において、商品企画から生産、販売までを行い、自社ブランドの商品を消費者に直接提供する。従来の小売業が企画・製造まで行うようになるケースや、製造業者が自らブランドを確立し小売りを行うようになるケースもある。

■ POS システム

　小売店のレジ（キャッシュドロアの付いたキャッシュレジスター：図3-9）、これに情報収集機能を持たせたシステムを POS システムという。正確には、Point Of Sales、つまり "販売時点" で行う情報収集システムを意味し、売上情報を精算時に収集、蓄積しておくシステムということになる。

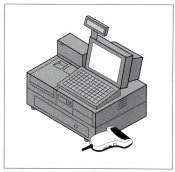

図 3-9　POS システム

　POS の導入メリットには、精算業務の効率化を目的とする**ハードメリット**と、収集した情報を分析し経営に役立てる**ソフトメリット**がある。具体的なメリットを図3-10 に示す。

```
POS のハードメリット
（レジ精算業務の効率化）
① バーコードスキャナによる入力負荷の軽減
② 釣銭の自動精算
③ CAT※、デビットカードなどのカード決済

POS のソフトメリット
（収集した POS 情報を分析して・・・）
① 売れ筋・死に筋商品の把握とインストア
　マーチャンダイジングへの適用
② 顧客サービスの向上
③ 商品陳列、POP 広告などへの展開
```

図 3-10　POS 導入の具体的メリット

参考

2019 年 10 月 1 日からは、軽減税率（区分記載請求書等保存方式や適格請求書等保存方式）に対応した POS が必要になる。
→ P.196 参照

用語解説

【CAT（Credit Authorization Terminal）】
クレジットカードの認証を行う端末。

POSが普及し始めた頃は、ハードメリットばかりが注目されていた。このハードメリットとは、レジでの精算業務の効率化であるが、次のような理由でソフトメリットの活用が実現し、今ではソフトメリットを提案できなければPOSを販売することはできない（図3-11）。

POS のソフトメリット活用の背景
① JAN コードの普及で商品単品単位で情報が取得できる
② 顧客カードの活用により顧客の購買情報が取得できる
③ データ保存する磁気ディスクの大容量化
④ 情報処理の高速化（コンピュータの性能向上）

図 3-11 POS のソフトメリット活用の背景

POS システムを導入する場合、経営者の要求事項を十分に確認し、要件に応じた機種を選択するのが基本である。しかし、それだけでは充分ではない。経営者が気づいている顕在的ニーズだけでなく、潜在的ニーズにも対応できなければならない。必ずしもすべての経営者が売上や利益を向上させる方法論に精通しているとは限らない。また、IT を駆使して有益な最新情報を入手できることを知っているとも限らない。

そのため、POS システムを提案する場合、そこで蓄積された情報をどのように分析し、新たにどのような情報が創出され、それをどのように活用できるかというところまで訴求する必要はあるだろう。よって、IT エンジニアにはデータウェアハウスや情報分析システムに関する知識とともに、そこからアウトプットされた情報の「見方」や「活用の仕方」に関する知識も必要になってくる。特に後者に関しては、マーチャンダイジングをはじめとする店舗業務を習得するところがスタート地点となる。

情報化のポイント！

POS の種類にもいくつかある。以前はキーボードに部門コードを対応させ、部門コードを押して金額を入れるようなもの使われていたが、現在はバーコードリーダによって JAN コードやインストアコードを読ませるだけで、単品単位の品名と金額を入力する「JAN-POS」が主流である。将来的には IC タグを使うことによって、商品に手を触れることなく瞬時に精算できるようになると期待されている。

173

3-4 債権管理

https://www.shoeisha.co.jp/book/pages/9784798157382/3-4/

　掛取引で商品や製品を販売した場合、売上計上と同時に"売掛金"という債権が発生する。売掛金は、その後請求書を発行して回収することになるが、その間（売上から回収完了までの期間）の管理業務を債権管理業務といい、その業務で使用される情報システムを債権管理（サブ）システムという。

　債権管理システムを導入して行う債権管理の例を図3-12に示す。得意先（顧客）との契約に基づき、一定期間納品した商品を締め切って請求書を発行しなければならない。そのための処理を行い（請求締処理）、請求書を発行する。電子データで送信する契約の場合は請求データを作成して転送する。

　請求書が顧客に届くと期日には顧客からの入金があるので、その入金を確認して入金処理を行う。その後入金消込処理を行い、これで一連の取引が完了する。すべての債権が回収できない場合には、売掛残の情報として再度請求する対象に加えて次の請求に載せる。

> 📖 用語解説
> **【債権】**
> 特定の相手（債務者）に一定の行為を要求するための内容の権利のこと。その権利を持つものを債権者という。商行為で発生した売掛金を特に商事債権という。簡単に言うとお金を払ってもらう権利のこと。債務に対する用語。

> 📖 参考
> 債権管理システムは、通常は販売管理システムや財務会計システムなどの基幹系システムの一部（サブシステム）になっていることが多い。

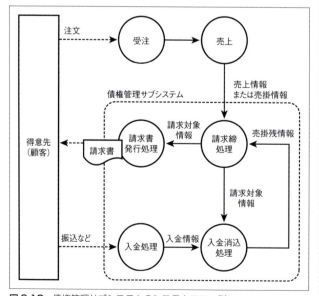

図 3-12　債権管理サブシステムのシステムフロー例

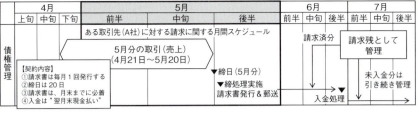

図3-13 請求締処理

■ 請求締処理

掛取引を行う場合、通常、契約時（最初の取引開始段階）に「20日締めの翌月末払い」などというように、請求するタイミングやまとめる期間、支払日を決めるのが一般的である。

図3-13の例の場合だと「毎月1回、前月21日から当月20日までの間の取引をまとめて請求するので、それに対して翌月の月末に支払いをお願いします。」ということになる。

この時の「20日締め」の"20日"を締日という。締日は取引先ごとに異なることが多く、同じ取引先でも1か月の間に1回とも限らない。"10日、20日、月末締め"というように複数回のケースもある。したがって、請求締処理（以下、締処理とする）は月に何回も行われることが多い。

締処理を実行するタイミングは、例えば20日締めの場合、20日のデータがいつ集まってくるのか、締処理を実行する時に間に合わなかった場合に翌月回しにできるのか、そもそも取引先には請求書が何日必着なのかなどを考慮して決める。

締処理を実行した後には、請求先ごとの請求対象データに問題が無いかどうかをチェックリスト等で確認する。取引の中には、営業担当者と顧客との合意の元、請求するタイミングを通常よりも遅らせたりする場合（翌月回し）があり、そのあたりも正しく処理されているかどうかを確認しなければならない。

> **参 考**
>
> **帳端（ちょうは）** とは、元々は決算のときに、締切日（20日など）から決算日（月末）までの間の取引（帳面の端という意味）のことをさしていたが、今では「今月売上、翌月請求」など、請求対象にあるものを次回請求（つまり、今回の締め処理の対象としない）にする区分として使われている。

情報化のポイント！

取引先関係のマスタに締日を属性として持たせる場合、ひとつの請求先に対して、締日が複数必要なのかどうか、現在もしくは将来にわたって最大いくつ必要なのか、都度請求なのかなどを確認する。

■ 請求書発行処理

　締処理を実行し、請求対象データに問題がなければ請求書を発行する。郵送での送付を希望する取引先には郵送し、電子データでの送信を希望する取引先には電子データで送信する。

　郵送の場合は請求書をプリントアウトするが、その時に複写伝票を使う場合もある。1枚は取引先に送るもの、もう1枚は保存義務のある経理部門の控え、最後の1枚は営業部門の控え（チェックや問合せ用）などだ（その場合は3枚複写になる）。

情報化のポイント!

取引先が郵送を希望する場合は仕方が無いが、"控え"に関しては電子帳簿保存法の承認を受けると電子データでの保存が可能になる。印字コスト及び保管コストの削減が見込めそうなら導入を検討してもいいだろう。

　また、取引先によっては指定請求書で請求しないといけない場合がある。取引量が少ない場合には手書きや表計算ソフト等を活用して作成しても構わないが、大量になる場合にはシステム化（指定請求書をプリンタにセットしてシステムからの指示で印字するシステム）を検討する。

■ 入金処理

　取引先に請求書を送付すると、通常なら、契約上決められた期日に決められた方法（銀行振込、手形など）で取引先から入金される。入金された段階で債権は消滅し一連の取引は完了する。なお、現金回収時や、取引先からの要請がある場合には領収書を発行する。

■ 入金の消込処理

　入金があり回収できた取引に関しては、入金の消込処理（売掛金の消込処理、または単に消込処理などともいう）を行う。残りの債権（未請求の取引分や請求済み未入金の取引分）を把握しておく必要があるからだ。

　情報システムを利用している場合は、入金入力を行うととも

参考

必要に応じて軽減税率への対応（区分記載請求書等保存方式や適格請求書等保存方式）を行う。
→ P.196 参照

用語解説
【複写伝票】

感圧紙（ノーカーボン紙）やカーボン紙をインパクト型のプリンタにセットして、筆圧により"当該伝票を1枚印刷する命令"で、複数枚同じ内容が印字できる伝票。昔は主流だった。同じことをレーザープリンタやインクジェットプリンタでやろうとすると、複数枚の印刷命令になる。

用語解説
【指定請求書】

送付先が指定するフォーマットの請求書。取引先と商談時に合意したり、基本契約の中で決められたりしている場合に、その取引先の請求書は、相手指定の者を使うことになる。

用語解説
【領収書（receipt）】

商品やサービスを提供し、その対価（代金）を受け取ったことを証明するために発行する書類。

に、どの取引に関する入金なのかを対応付けて、当該取引が"入金済み"になったことが把握できるように処理する。

しかし、この消込処理に手間がかかっているケースが少なくない。請求情報（データ）と入金情報（データ）の対応付けが困難な場合である。複数の請求をまとめて入金しているケースや請求先と振込名義が異なるケースから、金額が合わないというイレギュラーなケースなどである。特に、金額が合わない場合は、経理担当者が営業担当者に確認を求め、営業担当者が顧客担当者と話をして（必要に応じて督促を行い）、その結果をまた経理担当者に伝えるというように多くの人の手を煩わせることになる。

そこで、ある一定のルールを決めて自動消し込みの機能を持たせて、金額が合わないケース以外の消し込みを自動化したり、RPA や AI を使って金額が合わないケースの問合せメールや、督促メールを自動化したりすることが検討される。

表 3-8　販売管理システム（債権管理）の機能一覧

処理タイミング／処理・機能			概要
締日	請求処理	請求締更新	締日に実行して、請求対象データを抽出する。操作は、画面から、今回処理する締日（10 月 20 日など）を入力して実行するだけのケースが多い
		請求明細一覧表 請求書 請求明細書	請求締処理で抽出した請求データと、残っている債権から請求書と請求明細書を作成する。請求明細一覧表等で内容を確認して問題なければ、正式な請求書としてプリントアウトする
随時	入金処理	入金入力	請求先から入金があれば、都度、入金入力をする。振込の場合は、銀行から入金データとして受け取る場合もあるが、その場合はそのデータを入金データとして取り込む。入出金区分を設けて、入力段階で勘定科目ごとに分けておくと便利だ
		入金消込処理	入金データと請求データあるいは売上データを突き合わせて、どの取引の債権が消滅したのかを明確にするための処理。必要に応じて、何らかのルールを決めておかなければならない
	債権管理帳票	債権残高一覧表 債権残高明細表	全ての請求先に対して、異常な債権が残っていないかを確認するための帳票。いつの取引に対する債権なのかがわかるようにすることがポイント
		入金予定一覧表 入金予定明細表	入金予定と実際の入金の有無をチェックするための帳票。チェックしやすいように、入金日別請求先別になっていることが多い
		入金確認表 入金確認消込表	実際に入金があったものの一覧表。入金予定表と突き合わせてチェックする。入金予定と実績をひとつの帳票にすることもある

【参考】入金消込処理の例

それではここで、請求の消し込みロジックの一例を見てみよう。

問題文の記述

〔入金の確認〕

(1) 顧客は，請求書に記載されている請求年月日の翌月の月末日までに，請求金額を銀行振込によって支払う。その際，振込人欄に請求書に記載された顧客番号を記入する。

(2) 各事業所の請求担当者は，銀行から入金情報（振込人，入金日，入金金額）を取得する。振込人欄に記載された顧客番号で，当該顧客の請求済で未入金の請求書と照合して，次のように消込みを行う。

　① 入金金額を未消込金額に設定し，ゼロを不足金額に設定する。

　② 請求年月日の古いものから順に，最新の請求まで，次のいずれかを行う。

　　・ 未消込金額が未収金額以上の場合，未消込金額から未収金額を差し引いた額を未消込金額に設定し，(a) 未収金額を消込金額として記録する。(b) 未収金額にゼロを設定する。(c)

　　・ 未消込金額がゼロよりも大きく，かつ，未消込金額が未収金額よりも小さい場合，未収金額から未消込金額を差し引いた額を，不足金額と未収金額に設定し，未消込金額を消込金額として記録する。(d) 未消込金額にゼロを設定する。(e)

　　・ 未消込金額がゼロの場合，不足金額に未収金額を加算する。(f)

(3) 消込みの結果，顧客ごとの不足金額がゼロより大きければ，不足金額の支払を求める。また，顧客ごとの未消込金額がゼロより大きければ，未消込金額を返金する。

〔損金処理〕

請求後1年以内に回収できない請求は，未収金額をゼロにして損金処理を行う。

| 入金確認 | 事業所ごとに，銀行から取得した入金情報によって，顧客を特定し，その顧客の請求データと照合する。照合結果として，請求入金の消込金額を記録し，請求データの未収金額を更新する。同時に，未収金額がゼロになった請求は，請求データの請求状態を"入金済"にする。 |

関係スキーマ

請求（請求番号，顧客番号，事業所コード，請求対象年月，請求年月日，請求金額，入金日，未収金額，累積未収金額，請求状態）

入金（入金番号，振込人，入金日，入金金額）

請求入金（請求番号，入金番号，消込金額）

【消込処理の例】

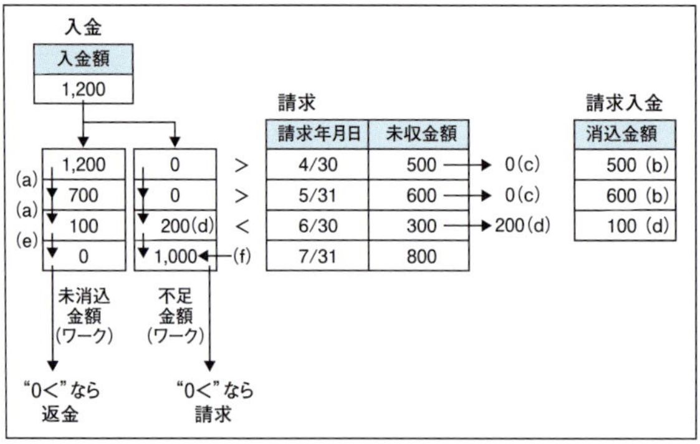

入金

入金額
1,200

			請求		請求入金
			請求年月日	未収金額	消込金額
(a)	1,200	0 >	4/30	500 → 0(c)	500 (b)
(a)	700	0 >	5/31	600 → 0(c)	600 (b)
(e)	100	200(d) <	6/30	300 → 200(d)	100 (d)
	0	1,000 ←(f)	7/31	800	

未消込金額（ワーク） → "0<"なら返金

不足金額（ワーク） → "0<"なら請求

図3-14　入金消込処理の例（情報処理技術者試験データベーススペシャリスト試験 平成22年春期 午後Ⅱ問1より一部加筆）

参考

図3-14の例の設定

請求は4/30、5/31、6/30、7/31の4つで、それに対して1,200が入金された。

4/30の請求（完）

最初に最も古い4/30の500を消し込む。問題なく完了。消込金額は500、未消込金額は700。

5/31の請求（完）

次に5/31の600を消し込む。ここでも問題なく完了。消込金額は1100、未消込金額は100。

6/30の請求（未）

6/30の300は100しか消し込みできない。消込金額1200、未消込金額0、不足額200で消込せずに残る。

7/31の請求（未）

最後に7/31の800を処理する。当然不足額に加算される（1,000）請求は残る。

■ システムに求められる業務処理統制

請求処理、回収処理に関する業務処理統制を示しておく。

表 3-9 販売プロセス（請求，回収）のリスク、統制活動の例

関連する勘定科目：売上、売掛金、未収入金					
項番		IT統制目標	リスク	統制活動の例	統制活動の評価
1	請求	正当性	正当でない請求が行われる	請求書は取引条件により締め日毎に売上データから作成される	請求書が取引条件通りに作成されていることを確かめる
2				請求書は営業部長の承認なしには発送されない	営業部長の承認なしには発送されないことを確かめる
3		完全性	請求の二重計上、計上漏れが発生する	請求済みの売上はフラグで消し込まれ2回請求されない	請求済みの売上はフラグで消し込まれていることを確かめる
4				請求番号は自動採番される	請求番号は自動採番されていることを確かめる
5				請求残リストが出力され、営業部長がレビューする	請求残リストが出力され、営業部長がレビューしていることを確かめる
6		正確性	誤った請求が行われる	請求書は取引条件により締め日毎に売上データから作成される	請求書は取引条件により締め日毎に売上データから作成されていることを確かめる
7				請求書は営業部長の承認なしには発送されない	請求書は営業部長の承認なしには発送されないことを確かめる
8				請求済みの売上はフラグで消し込まれ2回請求されない	請求済みの売上はフラグで消し込まれていることを確かめる
9		維持継続性	請求ファイルが不正に改ざんされる	アクセス権は制御されている	アクセス権は制御されていることを確かめる
10				請求残リストが出力され検証される	請求残リストが出力され、営業部長がレビューしていることを確かめる
11	回収	正当性	正当でない入金データがある	入金データは経理で請求番号と消し込まれる	入金データは経理で請求番号と消し込まれていることを確認する
12				貸方科目は、担当部の管理者の承認なしには計上されない	貸方科目の承認を確かめる
13		完全性	回収の二重計上、計上漏れが発生する	入金データは経理で請求番号と消し込まれる	入金データは経理で請求番号と消し込まれていることを確かめる
14				消し込み残リストは営業に確認し、処理される	消し込み残リストは営業に確認し、処理されていることを確かめる
15				回収残リストが出力され経理と営業でレビューされる	回収残リストが出力され経理と営業でレビューされていることを確かめる
16		正確性	誤った消し込みが行われる	入金データは経理で請求番号と消し込まれる	入金データは経理で請求番号と消し込まれていることを確かめる
17				消し込み残リストは営業に確認し、処理される	消し込み残リストは営業に確認し、処理されていることを確かめる
18				回収残リストが出力され経理と営業でレビューされる	回収残リストが出力され経理と営業でレビューされていることを確かめる
19		維持継続性	回収ファイルが不正に改ざんされる	アクセス権は制御されている	アクセス権は制御されていることを確かめる
20				売掛金の滞留等の分析が実施される	売掛金の滞留等の分析が実施されていることを確かめる

システム管理基準　追補版（財務報告に係る IT 統制ガイダンス）追加付録 9．IT 業務処理統制における業務プロセスごとの、リスク、統制活動、統制活動の評価手続きの例示（経済産業省（平成 19 年 12 月 26 日））より

3-5 発注

https://www.shoeisha.co.jp/book/pages/9784798157382/3-5/

商品や原材料、部品などを注文することを発注という。発注は仕入に直結する重要な業務ではあるものの、この段階ではまだ会計帳簿に記録する必要はないので、財務会計関連の法律で規制されている業務ではない。それゆえ、電話、FAX、電子メール、ネット、タブレット端末など様々なインタフェースを使って行われており、加えて小型デバイスやスマートスピーカなどの最新のITを投入しやすい業務だともいえるだろう。受注同様、ITエンジニアの提案が期待されている部分である。

基本的な機能は表3-10のとおり。注文と入荷及び仕入計上の間にタイムラグがあるので、その間をきちんと管理（発注残管理）する内容になる。

> **参考**
> 発注処理は、受注の裏返し、もしくは受注処理と対にして理解しよう。

> **参考**
> 原材料や買入部品の注文は"資材発注"や"**手配**"というケースがある。

> **参考**
> 必要に応じて軽減税率への対応（区分記載請求書等保存方式や適格請求書等保存方式）を行う。
> →P.196参照

表3-10 販売管理システム（発注管理）の機能一覧

処理タイミング／処理・機能			概要
日次	発注管理	発注入力	・仕入先に商品を発注するときに行う入力処理で、発注データを作成する。データの発生時点になる重要な入力処理 ・定番商品の補充発注が多いところでは、オーダーブックや棚に貼られているバーコードをハンディターミナルでスキャンしてから必要数量を入力し、発注データを作成するケースもある
		発注一覧表 発注チェックリスト	・データ発生時点における不正（架空取引、価格操作）や誤り（入力漏れ、内容誤り、重複入力）を防止するために、（発注段階で行う）チェック処理で使用する ・発注日順、仕入先別、商品別等、当該企業に必要な検索及び絞り込み（範囲指定）の機能を持つ ・受注データと関連紐付けが明確な場合、対応する受注データを表示することもある
		発注照会 発注問合せ	・仕入先から発注に関する問合せがあったときに利用 ・発注日、仕入先、商品等、当該企業に必要な様々な切り口で検索をかけられる機能を持ち、該当データを画面に表示させる ・入荷済み、未入荷をチェックできる機能などもある
		発注伝票	・発注伝票を発行する（必要時） ・入荷までに変更がほとんどないケースだと、ほかの伝票（仕入伝票、入荷伝票等）と複写式にして、発注のタイミングでほかの伝票も発行しておくこともある
		発注残一覧表 発注残チェックリスト	・発注後未入荷もしくは未仕入計上のものの一覧表（帳票） ・長期にわたる未入荷、入荷入力忘れの有無をチェックできる ・納期を超えた未入荷、入荷入力忘れの有無をチェックできる ・機能としては、発注一覧表と同じ
		発注点割れ問合せ 発注点割れ一覧表	・商品別に発注点を管理している場合、発注点を割ったものの一覧表を出力する ・発注に関する意思決定に利用（発注対象品や発注数量を決める） ・発注点割れのものを画面表示させ、そのまま発注する機能を持たせるケースもある（自動発注）

■ システムに求められる業務処理統制

　発注業務も、受注業務同様、直接的には財務諸表に影響をもたらすものではない。しかし、やはり仕入や買掛につながるデータの発生元になるため、次のようなリスクを加味して対応すべきだろう（表3-11）。

　特に、発注段階で発注先の選定が可能な場合には注意が必要である。業者選定ができるという立場を利用して、発注先から賄賂を受け取るなどの不正が入りやすかったり、日ごろの付き合いや情によって発注先を選定して判断を誤ったりするリスクが大きい。

　また、不正ではなくても過失による発注ミスが発生すると、それが売れ残るなど大きな損失につながることもあるので、しっかりした統制活動が必要になる。

表 3-11　購買プロセス（発注）のリスク、統制活動の例

項番		IT 統制目標	リスク	統制活動の例	統制活動の評価
関連する勘定科目：仕入、買掛金、未払金					
1	発注	正当性	正当でない発注が計上される	発注入力者は、アクセス権で制御されている	発注入力者は、アクセス権で制御されていることを確かめる
2				マスタに登録されていない取引先への発注は登録できない	マスタ登録されていない取引先への発注が登録されないことを確かめる
3				与信限度を超える発注は登録できない	与信限度を超える発注は登録できないことを確かめる
4				発注権限者が承認しない発注はできない	発注権限者が承認しない発注はできない
5		完全性	発注の二重入力、入力漏れが発生する	入力後にプルーフリストを出し、登録内容を確認する	プルーフリストによる確認が実施されていることを確かめる
6				発注番号は自動採番される	発注番号は自動採番されることを確かめる
7				発注残リストが出力され検証される	発注残リストが出力され検証されていることを確かめる
8		正確性	入力に誤りがある	入力後にプルーフリストを出し、登録内容を確認する	プルーフリストによる確認が実施されていることを確かめる
9				発注単価は取引先ごとにマスタ登録された単価でのみ登録される	マスタ登録された購買単価のみで発注されることを確かめる
10				発注番号は自動採番される	発注番号は自動採番されることを確かめる
11		維持継続性	発注ファイルに権限者以外が不正な入力をする	入力者は、アクセス権で制御されている	入力者は、アクセス権で制御されていることを確かめる
12				発注状況・与信残は毎日集計され、発注担当者と管理者に報告され確認される	発注担当者、管理者が報告を確認していることを確かめる

システム管理基準　追補版（財務報告に係る IT 統制ガイダンス）追加付録9．IT 業務処理統制における業務プロセスごとの、リスク、統制活動、統制活動の評価手続きの例示（経済産業省（平成19年12月26日））より

■ 需要予測

発注時には、"発注数量"と"発注タイミング"を決定するが、在庫(店頭在庫なども)を抱える商品や見込み生産の原材料などは、多過ぎると不良在庫につながるし、少なすぎると機会損失につながる。タイミングが早過ぎると陳腐化リスクが高まることもあるので、"最適な数量を最適なタイミングで発注"しなければならない。その時に必要になるのが需要予測である。商品等が"いつ、どれぐらい"売れるのかを予測することだ。

しかし、言うまでもなくこれがなかなか難しい。需要は多くの要因で変動するからだ。そこで、これまでにも様々な需要予測モデルが考えられてきた。

【需要予測モデルの例】

・移動平均法 ※　・指数平滑法 ※
・線形回帰モデル　・傾向モデル
・連続予測モデル

需要予測にもAIが用いられるようになってきたが、重要なのは最適な需要予測モデルを選択することになる。商品によって需要特性が全然違うからだ。

また、AIだからといって画期的な需要予測モデルを発見できるわけではない。全ての競争相手が勝つために自らを変革し続けることを考えていて、それで時事刻々と競争環境が変化している需要予測の分野はAIの得意分野ではない。過去の膨大なデータの陳腐化(人の意識の変化等によって未来予測に対する有効性がなくなる)が早いからだ。

そこで、複数の需要予測モデルを組み合わせて考える方法や、フィードバック制御の考え方を用いて、いつどれくらいの在庫が必要なのかという方向性をあらかじめ人が決めた上で、時々刻々と変化する現状を加味して予測をブラッシュアップする方法など、予測精度を高める工夫が開発されている。

用語解説
【需要】
購入したいという欲求。欲すること。

参考
需要予測の最も原始的な方法は、ベテラン従業員の読み、いわゆるKKD(勘・経験・度胸)による方法である。

用語解説
【移動平均法】
今日から1週間、明日から1週間、明後日から1週間など、一定期間(1週間、1か月、1年など)の需要量を計算し、その傾向(伸びているのか、衰退しているのか)から需要予測につなげる。

用語解説
【指数平滑法】
移動平均法の、より新しいデータ(直近のデータ)を重視する(加重する)モデル。

■ 伝統的な二つの発注方式

需要予測に基づき商品等を発注する。この時"いつ、いくつ発注するのか？"を合理的な計算によって求める方法が古くから用いられてきた。その代表的な二つの発注方式が「定期発注方式」と「定量発注方式」である。

①定量発注方式

定量発注方式は、「在庫が 3,000 個を下回ったら 10,000 個発注する」というように、あらかじめ決めておいた水準を在庫が下回った時に一定量を発注する方式である。

定量発注方式に向いている商品は、常に在庫量をチェックし、一定の在庫量をキープしないといけない商品である。また、①需要の変動が小さく、②比較的安価な商品、③在庫切れを起こしてはならない重要商品や部品などの発注に向いている。

発注点（ROP=Reorder Point、OP=Order Point）

定量発注方式の"あらかじめ決めておいた水準"のことを発注点といい、次の公式によって求められる。

> 発注点＝（平均調達期間 ※ × 1 日平均需要量）＋安全在庫 ※

例えば、平均調達期間を 10 日間、1 日平均需要量を 200 個、安全在庫を 1,000 個だと仮定すると、発注点は次の計算式で求められる。

発注点＝ 10（日間）× 200（個／日）＋ 1,000（個）
    ＝ 3,000 個

発注点は 3,000 個なので、この商品については、在庫が 3,000 個を下回ったときに発注するということになる。なお、売れた分、使った分だけ補充する補充発注も、定量発注方式の一種だといえる。

参考

物流の発達によって短サイクルの補充発注が一般化した昨今では、意識しなくてもいいケースが増えているが、それでもリードタイムが長い場合などで活用されている。

参考

定量発注方式は、発注点まで在庫が下がったら発注するので、発注点発注方式と呼ばれることもある。

用語解説
【平均調達期間】
発注してから納品されるまでに要する期間の平均値。平均リードタイムのこと。

用語解説
【安全在庫】
最小在庫量ともいう。予想より多く売れたり、予想より調達期間が長くなっても品切れを起こさないように持っておく在庫量。

Chapter
3

販売管理

経済的発注量(Economic Order Quantity：EOQ)

また、1回の最適な発注量を求める時に経済的発注量を計算によって求めて利用する場合がある。

$$EOQ = \sqrt{\frac{2 \times 一定期間の需要量(個) \times 1回あたりの発注費用(円)}{在庫維持費用(円)}}$$

在庫維持費用(円) = 在庫品目の単価(円) × 在庫費用率

この公式は、**在庫関連費用**（**発注費用**と**在庫維持費用**※の合計）の最小点を見つけるための公式である。

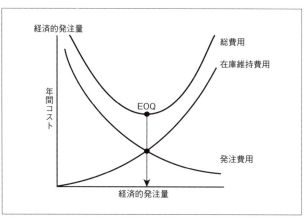

図3-15 経済的発注量

商品を発注する場合、1回に大量発注すれば、商品1個あたりの発注費用は減少する。しかし、大量発注による在庫増によって在庫維持費用は増加する。逆に、1回の発注量が少なければ、常時在庫量も少ないので在庫維持費用は減少するが、発注回数が多くなるので発注費用は増加する。そのトレードオフの関係にある発注費用と在庫維持費用の合計（総費用）を最小にする発注量が、経済的発注量である（図3-15）。

用語解説
【在庫維持費用】
在庫を持つために必要な、倉庫費・運搬費・倉庫の人件費などの貯蔵経費や、損耗や陳腐化、保険料、金利などの在庫品損費のこと。

例えば、単価が 2,000 円の商品(A)の経済的発注量を求めてみる。この商品が、年間 10,000 個出荷されると仮定すると、一定期間の需要量(年間需要量)は 10,000 個になる。また、在庫費用率※ を 20％ とした場合、在庫維持費用は 400 円／個となる。この商品(A)の 1 回あたりの発注費用が 20,000 円の場合、経済的発注量は 1,000 個となる。

$$EOQ = \sqrt{\frac{2 \times 10,000(個) \times 20,000(円)}{2,000(円) \times 0.2}} = 1,000$$

念のため、年間需要量が 10,000 個のケースを、以下の 3 パターンで総費用を求めて検証してみるが、やはり 1,000 個／回のケースが最も低くなっている。

① 1,000 個／回 × 年間 10 回発注 のケース
　発注費用 20 万円＋年間在庫維持費用 20 万円＝40 万円
② 500 個／回 × 年間 20 回発注 のケース
　発注費用 40 万円＋年間在庫維持費用 10 万円＝50 万円
③ 2,000 個／回 × 年間 5 回発注 のケース
　発注費用 10 万円＋年間在庫維持費用 40 万円＝50 万円

②定期発注方式

定期発注方式は、「毎月 1 日」というように、ある決まった時期(定期)に、発注する量をその都度変えながら行う発注方式である。

在庫量をチェックするのは、発注するとき(上記の例では、毎月 1 日)だけでいいので、定量発注方式に比べて、在庫管理が楽になるが、その分欠品する可能性も高くなる。そういう特性があるため、比較的高価な商品(在庫数が少なく＝把握可能、回転率が低い商品)に向いている。

また、「今月まで売れていたけれど、来月はもう売れない」というようなケースも勘案して発注量を決めることができるので、季節物や流行物など需要の変動が大きい商品にも適している。

用語解説

【在庫費用率】
商品価格と在庫費用の割合で年間保管率ともいう。在庫費用率 20％ とは、1000 円の商品を 1 年間在庫するのに 200 円かかることを表している。在庫費用率は、年間在庫費用÷平均在庫金額で求める。

参考

年間在庫維持費用は平均在庫量×単価×在庫費用率で求められる。なお、年間の平均在庫量は 1 回あたりの発注量の 2 分の 1。

■ 計画購買、発注点購買、スポット購買

　発注処理には"ECサイトで本を注文する"のと同じように、パソコンの専用サイトやタブレット端末からリアルタイムに注文するようなケースだけではなく、工場の生産管理システムからの要求や、倉庫の在庫管理システムからの要求を受けて、1日1～数回まとめて発注するようなケース（バッチ処理）もある（図3-16）。

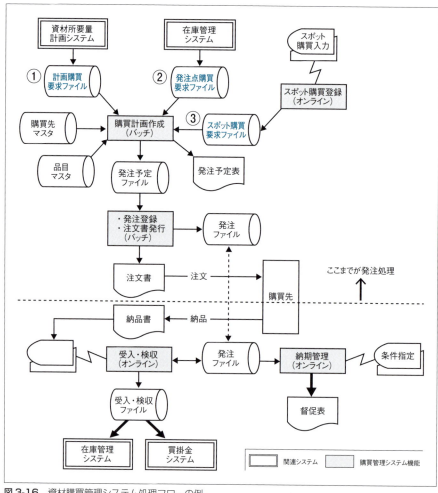

図3-16 資材購買管理システム処理フローの例
　　　　（情報処理技術者試験 アプリケーションエンジニア平成9年度 午後Ⅰ 問4より）

この例では、発注予定ファイルを作成する購買計画作成処理の入力データが、計画購買要求ファイル（①）、発注点購買要求ファイル（②）、スポット購買要求ファイル（③）の３つになっている。これは、必要となる資材を決める形態が、計画購買（①）、発注点購買（②）、スポット購買（③）に分かれていることを示している。

　計画購買では、生産計画に基づいてMRP（資材所要量計算）を行って必要資材を決定し、発注点購買では、在庫データの発注点を下回った場合に決定する。このほか、緊急発注するときにはスポット購買で直接決定することもできる。

　この３つの形態で作成された各種要求データから、購買計画作成処理で発注予定ファイルを作成する。この発注予定を、担当者がチェックし発注品を確定させると、発注登録を行う。発注登録処理では、発注データを作成するとともに、注文書を発行する。

　発注した資材は倉庫に入荷される。倉庫では、入荷資材に対して受入・検収が行われる。検収に合格した資材に関しては、納品書をもとに「受入・検収入力」を行い、オンラインで発注ファイルを更新する。未入荷の資材については、発注残として管理する。また、この例では納期管理を行っている。納期が遅れているものに対して、必要に応じて督促表を出力して、発注先に対して督促をかける。

　ざっとこんな流れになる。

■ その他の発注方法

　資材購買管理で購入するのは間接材※ではなく、直接材に限られることが多い。直接材とは、自社で製造する製品に直接組み込まれたり、直接的に影響を与えたりするもの。だから、安定的な供給が可能かどうか、品質面で信頼がおけるかなどの視点で調達しなければならない。

　一方、間接材の場合はコストや手間の削減重視で、EC調達※を行うケースが多い。調達先企業の選別は、ネット入札※や逆オークション※によって行われることもある。

用語解説
【間接材（MRO：Maintenance, Repair and Operations）】
備品や事務用品など、製品に直接影響を及ぼさないものを間接材と呼ぶ。ネット調達では最も効果の大きい対象として注目されている。

用語解説
【EC調達（Electronic Commerce Procurement）】
インターネットを利用して行う財・サービスの調達方式。e-プロキュアメントとも呼ばれる。調達先企業への見積依頼、交渉、契約プロセスを電子化することで、コスト削減、在庫圧縮、リードタイム短縮を実現する方式のことである。なお、調達先をオープンに求めるパターンとクローズドなパターンがある。

用語解説
【ネット入札】
購買側が複数の販売者に対して購入条件を提示し、供給者から提示された見積書を基準に取引先を決定する。

用語解説
【逆オークション】
一般的なオークションとは逆で、複数の供給者が販売希望価格を公表し、購入する側がより低い販売価格を提示した供給者に決定する。ネット入札の場合は、見積りが１回限りだが、逆オークションの場合は競い合う。

3-6 仕入

https://www.shoeisha.co.jp/book/pages/9784798157382/3-6/

発注した商品や原材料、消耗品などが送られてきて、受け取った段階で、会計処理と在庫の計上を行う。

■ 仕入

販売目的の商品や製造目的の原材料等を購入することを"仕入"とか"仕入れる"という。消耗品や事務用品、固定資産などの"購入"や"調達"と分けて使うのが一般的である。

この使い分けは、会計処理の勘定科目によるものだが、細かいことをいうと、費用収益の原則より購入してから販売や使用するまでの期間と、それ以後で下表のように変わってくる。

> **参考**
> 会計処理では、自社で使用したり消費したりする目的で購入したものは"仕入"とはいわない。

> **参考**
> 実務では、製造目的の原材料等の購入を"調達"や"手配"、消費や社内で使用する目的の購入は"購買"などとして、販売目的の購入に限り"仕入"といって使い分けている企業もある。

> **参考**
> 必要に応じて軽減税率への対応(区分記載請求書等保存方式や適格請求書等保存方式)を行う。
> → P.196 参照

表 3-12 購入目的別の仕訳の考え方

購入目的	勘定科目	
	購入時〜使用まで	使用後
販売	棚卸資産 (商品)	販売された後は、棚卸資産からマイナスされ、損益計算書の売上原価にプラスされる
製造	棚卸資産 (原材料、買入部品等)	製造のために使用されると、棚卸資産からマイナスされ、損益計算書の製造原価にプラスされる
会社で使用又は消費	未使用分は、資産(消耗品や固定資産)として貸借対照表に計上する	使用分は、消耗品費、事務用品費として計上する。固定資産の場合は、減価償却を行う

※ 但し、購入時に処理するか決算時に処理するかはケースバイケース

■ 各種システム

発注した"モノ"を受け取った段階で、会計処理のために情報システムにデータ登録するのが一般的だが、ここでも購入目的によって使用している情報システムが異なる場合がある。

表 3-13 購入目的別の情報システムの例

購入目的	情報システムの例
販売	販売管理システムの仕入管理サブシステム
製造	生産管理システム
会社で使用又は消費	購買管理システム

■ 販売管理システム（仕入管理）の機能一覧

　それではここで、購入処理の一連の流れの例として販売管理の仕入管理サブシステムの機能一覧を紹介しておこう（表3-14）。生産管理システムや購買管理システムでも、名称が異なるものの、おおよその機能は同じである。読み替えてもらえればいいだろう。

　発注管理業務がシステム化されている場合、発注入力時に作成されたデータを活用して仕入データを作成する。そのタイミング（仕入計上基準）は、納品基準もしくは検収基準が一般的である。売上計上基準の出荷基準のように、まだ所有権や履行義務が移転していないのに計上するということがないため（仕入側にはメリットがないので）、実態に合わせて仕入計上している。具体的には、入荷入力時に在庫計上と同時に仕入計上しているケースが多い。なお、その場合、**分割納入**を許容するかどうかでシステムの機能が異なるので注意が必要である。

　仕入入力は、仕入返品や仕入データの修正、取り消しなどを行ったり、発注管理業務がシステム化されていない場合の入力に使ったりする。

参考

仕入計上基準にも売上計上基準同様にいろいろな選択肢があるが、検収基準（入荷した商品を受け取って検品後）が一般的である。したがって入荷入力時に同時に仕入計上することが多い。

用語解説
【分割納入（分納）】
発注した商品等が複数回に分かれて納入されること。在庫が発注数に満たない場合に、ある分だけ先に納入したり、最初からそういう契約であったりする場合が多い。分納を許容しない場合は、在庫不足の場合にはキャンセル扱いになったり、在庫が確保されるまで待ったり、契約によって決める。

表3-14 販売管理システム（仕入管理）の機能一覧

処理タイミング／処理・機能			概要
日次	仕入管理	仕入入力	・仕入データを登録する処理 ・仕入データの自動計上（発注データを入荷入力時に計上する等）をしている場合、それ以外の仕入で利用 ・仕入取消入力、返品処理、値引き処理等で仕入データを変更する時に利用する
		仕入照会 仕入問合せ	・仕入先から仕入に関する問合せがあったときに利用 ・仕入日、仕入先、商品等、当該企業に必要な様々な切り口で検索をかけられる機能を持ち、該当データを画面に表示させる ・仕入取消、仕入データの内容変更等も検索可能にする
		仕入一覧表 仕入チェックリスト	・仕入データは、財務会計上の"仕入"の元データになるので、内部統制上の機能としても利用できる帳票 ・データ確定時点における不正（架空仕入）や誤り（入力漏れ、内容誤り、重複入力）を防止するために、（仕入確定段階で行う）チェック処理で使用する ・仕入日順、仕入先別、商品別等、当該企業に必要な検索及び絞り込み（範囲指定）の機能を持つ ・仕入取消、仕入データの内容変更したデータ等も含んだり、もしくはそれらだけの一覧表を出力する機能なども持つことがある（内部統制上）
		仕入伝票（自社伝票）	・仕入伝票を発行する ・バッチ処理で、全部及び一部を出力する ・仕入入力処理に含む場合あり（入力時点発行）
	入荷関連処理	→ 第4章「物流・在庫管理」参照	

■ システムに求められる業務処理統制

"モノを買う"業務は、最も不正の入りやすい業務である。"業者選定"という特権や、"財布を握っている"という職制上、担当者への誘惑（担当者個人へのインセンティブ、リベートのキックバックなど。賄賂も含む）も多く、結果的に会社も社員も不幸になることがある。それを防止するためにも、しっかりと統制をかけておきたい。

最も基本的なことは、購買担当者（購買業者の選定、価格交渉、購買条件の決定、発注作業）と、購買要求者（現場の需要者）を分離する（それぞれ別の担当者にして、相互牽制機能を働かせる）ことである（表3-15）。

他にも"不正"を防止するという観点から、1人の人の独断で決定できないようにしたり、一定期間で担当先を変えたりする工夫も必要になる。後述する様々な購買方法の採用と、それに合わせた人事を考えることも重要になる。

表3-15 購買プロセス（入荷）のリスク、統制活動の例

関連する勘定科目：仕入、買掛金、未払金

項番		IT 統制目標	リスク	統制活動の例	統制活動の評価
1	入荷	正当性	正当な発注以外の出荷が行われる	発注データからのみ入庫予定が作成される	発注データからのみ入庫予定が作成されることを確かめる
2				入庫予定と入庫データは消し込まれ発注番号のある納品のみが入庫される	発注番号のある納品のみが入庫されることを確かめる
3		完全性	入庫の二重入力、入力漏れが発生する	同一の発注番号は2回消し込まれない	同一の発注番号は2回消し込まれていないことを確かめる
4			納品漏れが発生する	入庫予定と入庫データは消し込まれる	入庫予定と入庫データは消し込まれていることを確かめる
5				入庫残リストが出力され検証されてから入庫確定データが作成される	入庫残リストが出力され検証されてから確定データが作成されていることを確かめる
6			仕入の二重計上、計上漏れが発生する	入庫確認データから仕入データに転送時のコントロールトータルを設定している	入庫確認データから仕入データに転送時のコントロールトータルを確認する
7		正確性	誤った入庫が行われる	発注番号は自動採番されている	発注番号は自動採番されることを確かめる
8				入庫時に検品が実施され、入庫予定と不一致の納品は受け取らない	入庫時に検品が実施され、入庫予定と不一致の納品は受け取らないことを確かめる
9		維持継続性	出荷ファイルに権限者以外が不正な入力をする	入力者は、アクセス権で制御されている	入力者は、アクセス権で制御されていることを確かめる
10				入庫残リストが出力され検証される	入庫残リストが出力され検証されていることを確かめる

システム管理基準　追補版（財務報告に係るIT統制ガイダンス）追加付録9．IT業務処理統制における業務プロセスごとの、リスク、統制活動、統制活動の評価手続きの例示（経済産業省（平成19年12月26日））より

■ 集中購買と拠点別購買

　全国各地に複数の店舗や事業所、工場を持っている場合、集中購買をしているケース、拠点別購買（工場別購買、事業所別購買）をしているケース、その２つが混在しているケースがある。

　拠点別購買のメリットは、**近くの購入先から購入することで発注から入荷までのリードタイムが短かったり、地域特性を出すことができたりする**ところになる。そういうニーズ（緊急性を有する場合や、地元色を出したい場合）がある場合には、工場や営業所が直接手配した方が良い。

　一方、集中購買のメリットは、**購入先とボリュームディスカウントの交渉を行うことで安く購入できたり、発注事務処理の効率化による経費削減ができたりする**ところだ。また、内部統制を考えた場合も、本社側（取りまとめて発注する部門）で相互牽制機能を働かせておくだけでよく、ともすれば目の行き届きにくくなる拠点での不正リスクが軽減できるというメリットもある。そのため、拠点別購買を認める場合でも、発注先や発注条件の決定等は本社が行う場合もある。

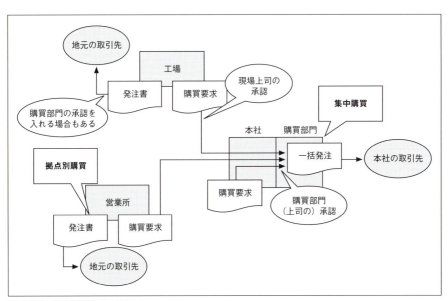

図 3-17　集中購買と拠点別購買

■ 複社購買

複社購買とは、同一の品目でも、複数の会社から購買するという考え方である。リスク分散（品目の確保）、内部統制、仕入先の相互牽制、取引先の供給量、取引先との関係など、様々な目的で行われている。

複社購買をする場合、内部統制の観点からいうと、仕入先の決定（振り分け）に関する明確なルール（規則性）が必要になる。ここが不透明だと、癒着による不正発注につながりかねないし、それ以前に、承認時に妥当性の判断ができない。そして、ルールが簡単なことが条件だが、その規則性をシステム上に持たせておけば、自動振分が可能になるとともに、内部統制上も好ましい。

■ 外注委託加工

製造工程の分業が進むと、ある工程を外注作業に出す場合がある。外注は、情報システム開発プロジェクトにおいても多用されているので、IT エンジニアはイメージしやすいだろう。

但し、ソフトウェア開発での"外注"と違い、形ある"モノ"を加工する場合、加工前の資材を外注先に渡して、それを加工してもらい、また引き取るという出し入れがある。このとき、有償支給する場合と、無償支給する場合で会計上の処理が異なるため注意が必要である。

有償支給の場合は、売上（加工前の資材）と仕入（加工後の資材）になる。一方、無償支給の場合は、単に在庫場所の移動（棚卸資産（仕掛品））になる。

3-7　債務管理

https://www.shoeisha.co.jp/book/pages/9784798157382/3-7/

　商品や原材料を仕入れて仕入計上した時点や、消耗品を購入して消耗品として計上した時点で、現金決済の場合を除き、取引先に対して債務が発生する。勘定科目でいうと、仕入は買掛金、固定資産や事務用品、消耗品等は未払金だ。その債務の管理を債務管理といい、そこで使われている情報システムを債務管理（サブ）システムなどという。

　債務管理システムを導入して行う債務管理の例を図3-18に示す。月に1回または数回、取引先との契約条件に合致する締日ごとに支払締処理を実施する。この時に、販売管理システムや生産管理システム、購買管理システムなど複数のシステムで生成されたデータをまとめることもある。

　そして、今回支払い対象のもの、翌月回しのものなどを調整して支払予定表を作成し、取引先から送られてきた請求書と突合せチェックをした後に（支払確認処理）、問題なければ支払処理を行ったうえで、支払消込処理を行う。

> 📖 用語解説
>
> 【債務】
> 特定の相手（債権者）に一定の行為をなす義務のこと。その義務を負うものを債務者という。債権に対する用語。商行為で発生した債務を特に商事債務という。代表的なものが買掛金。

> 📖 参考
>
> 通常、本来の営業取引から生じる債務は買掛金に、それ以外の取引で継続的な取引（家賃や電気代など）から生じる債務は未払費用に、非継続的な取引（固定資産の購入等）から生じる債務は未払金になる。

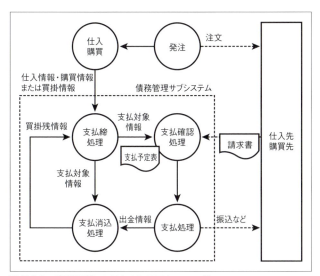

図3-18　債務管理システムのシステムフロー例

表3-16 販売管理システム（債務管理）の機能一覧

処理タイミング／処理・機能			概要
締日	支払処理	支払締処理	仕入先や購買先と、一定の支払条件を決めている場合、その条件に合わせて締更新処理を実施し、支払い対象データを生成する
		支払予定表	支払締更新で作成した支払い対象データを基に、支払予定表を作成。日付別、支払先別等で出力し、送られてくる請求書を突き合わせてチェックする
随時	出金処理	出金指示入力出金入力	出金処理をした場合、その出金情報を入力する。この場合も、勘定科目と出金区分を連携させておけば、財務会計システムへのデータ連携がスムーズにいく
		FB 連携	FB（ファームバンキング）システムと連携させる場合、FBの要求するフォーマットで振込指示のデータを作成する
		支払消込処理	出金データと相手先からの請求データあるいは仕入・購買データを突き合わせて、どの取引の債務が消滅したのかを明確にするための処理。出金入力時に紐付ける場合もある
	債務管理帳票	債務残高一覧表債務残高明細表	全ての購買・仕入先に対して、債務が残っていないかを確認するための帳票。いつの取引に対する債務なのかがわかるようにすることがポイント
		支払実績表	支払予定表と実際に支払いの行われた実績を突き合わせてチェックするための帳票。口座引き落としの場合は預金通帳と、現金の場合は現金出納帳との突き合わせにも使用される

■ 銀行振込処理

　入金処理と同様、支払（出金）処理も多様な選択肢がある。現金、振込、小切手、手形、電子記録債権、相殺などだ。今後は電子マネーなども出てくるだろう。但し、支払う側なので、現金振込などポピュラーな方法なら、特に他の方法を考慮しておく必要はない。

　実際の支払い処理では、銀行等に出向いて支払処理をする場合もあるが、振込先が大量にある場合などは金融機関のEB（Electronic Banking）サービスの利用を検討する。いわゆる電子決済で、社内の端末から支払処理ができる。EBサービスには、インターネットを利用するインターネットバンキング（IB）と、昔からあるインターネットではなく公衆回線を使って通信するファームバンキング（FB）がある。

■ システムに求められる業務処理統制

　なお、ここも"お金"が絡む部分なので、業務処理統制においてもリスクが多い（表3-17参照）。その統制活動の例とともに確認しておこう。

用語解説
【インターネットバンキング】
オンラインバンキングとか、インターネットFB、あるいはそのままファームバンキングなどということもあり、今では従来のFB＝公衆回線、IB＝インターネットという定義も崩れ、垣根なく使っていることもある。

用語解説
【ファームバンキング】
金融機関に対して行う入出金処理を、オンラインネットワークを通じて効率的に行うシステムのこと。データの様式は全国銀行協会が統一仕様としてまとめている（全銀協フォーマット）。従業員に対する給与振り込みや、取引先への支払い時には、そのデータを作成してこのシステムを使って送るだけでよい。

表3-17 購買プロセス（請求請け処理、支払）のリスク、統制活動の例

関連する勘定科目：仕入、買掛金、未払金

項番		IT 統制目標	リスク	統制活動の例	統制活動の評価
1	請求請け処理	正当性	正当でない請求が行われる	請求書は発注番号で管理され、入庫ファイルと照合され、一致しないと支払リストに計上処理されない	入庫ファイルと一致しないと支払リストに計上されないことを確かめる
2				請求書は発注担当者、管理者の承認なしには経理で支払いをしない	請求書は発注担当者、管理者の承認なしには経理で支払いをしないことを確かめる
3		完全	請求の二重計上、計上漏れが発生する	請求書は発注番号で管理され、入庫ファイルと照合され、一致しないと処理されない	請求書が入庫ファイルで消し込まれていることを確かめる
4				未払ファイルの請求請け番号は自動採番される	請求請け番号は自動採番されていることを確かめる
5				請求書は全て未払ファイルに登録後、支払をする	請求書は全て未払ファイルに登録後、支払をしていることを確かめる
6		正確性	誤った請求請け処理が行われる	請求書は発注番号で管理され、入庫ファイルと照合され、一致しないと処理されない	請求書が入庫ファイルで消し込まれていることを確かめる
7				請求書は発注担当者、管理者の承認なしには経理で支払いをしない	請求書は発注担当者、管理者の承認なしには経理で支払いをしないことを確かめる
8		維持継続性	請求ファイルが不正に改ざんされる	請求ファイルへのアクセス権は制御されている	請求ファイルへのアクセス権は制御されていることを確かめる
9				請求書一覧が支払い毎に作成され、発注担当者のレビューを受ける	請求書一覧が支払い毎に作成され、発注担当者のレビューを受けていることを確認する
10	支払	正当性	正当でない支払データがある	請求支払一覧と請求書は経理部長が照合し未払ファイルから銀行支払依頼を作成する	請求支払一覧と請求書は経理部長が照合していることを確かめる
11				借方科目は、担当課の管理者と経理部長の承認なしには計上されない	借方科目の担当課管理者経理部長承認を確かめる
12				銀行への支払依頼未払ファイルからのみ作成される	銀行への支払依頼未払ファイルからのみ作成されていることを確かめる
13		完全性	支払の二重計上、計上漏れが発生する	未払ファイルからのみ銀行の支払依頼は作成される	未払ファイルからのみ銀行の支払依頼は作成されることを確かめる
14				入庫データと未払データは照合され、入庫済みで未請求分のリストが出力され、未払計上漏れが無いかを経理で検証する	未払計上漏れリストを経理が検証していることを確かめる
15				支払リストと支払残リストが出力され経理と購買でレビューされる	支払リストと支払残リストが出力され経理と購買でレビューされていることを確かめる
16		正確性	誤った消し込みが行われる	経理部署は支払リストにエラー項目が無いことを確認し支払承認をする	経理部署は支払リストにエラー項目が無いことを確認し支払承認をしたことを確かめる
17		維持継続性	支払ファイルが不正に改ざんされる	アクセス権は制御されている	アクセス権は制御されていることを確かめる
18				一定の条件で支払状況を抽出し、異常点がないかを経理が確かめる	異常点の検証が経理により、レビューされていることを確かめる
19				支払リストと支払残リストが出力され経理と購買でレビューされる	支払リストと支払残リストが出力され経理と購買でレビューされていることを確かめる

システム管理基準　追補版（財務報告に係る IT 統制ガイダンス）追加付録9．IT 業務処理統制における業務プロセスごとの、リスク、統制活動、統制活動の評価手続きの例示（経済産業省（平成 19 年 12 月 26 日））より

Chapter
3
販売管理

195

COLUMN　軽減税率に関して

　2019年10月1日から消費税が変わる。標準税率が8%から10%に変更されるとともに、次に示す一部の品目には軽減税率の8%が適用されることになる。つまり、消費税率が二種類になるわけだ。消費税が導入されてから、初めての複数税率制度が実施されることになる。

【軽減税率（8%）の対象になる品目】

・飲食料品（外食、ケータリング、一部の一体商品、酒類を除く）

・定期購読契約が締結された週2回以上発行される新聞

　複雑になるのは申告・納税処理である。適正な課税を確保する観点から、複数税率制度に対応した仕入税額控除の方式として、「適格請求書等保存方式」が2023年10月から導入される。一応、事業者の準備等に配慮し2019年10月から4年間は簡素な方法として「区分記載請求書等保存方式」及び税額計算の特例が導入されるものの、これから準備を進めていく必要はあるだろう（これらの方式に対して、従来の方法を請求書等保存方式という）。

　情報システムにおいては、請求書そのものが変わるのは当然のこと、見積書や納品書も変更しなければならないし、受注や売上入力、発注や仕入入力、商品管理などにも影響が出てくる。飲食料品を取り扱う小売業では、同一商品で二つの税率を持たなければならないようにもなる。個々の商品等を販売した時、商品や物品を購入した時に消費税率を分けて管理しなければならないからだ。

　なお、2023年10月から導入される適格請求書等保存方式とは、インボイス方式とも呼ばれる方式で、仕入税額控除を受けようとする場合に（これを受けないと売上の10%もしくは8%をそのまま全額納税しなければならないので、普通は仕入消費税分は控除する）、その要件として「適格請求書発行事業者」が交付する「適格請求書」等の保存が必要になる。そして、その適格請求書発行事業者になるには、税務署長に申請して登録を受けなければならないとしている（課税事業者限定）。その発行事業者になったら右ページにある「事業者番号　XXX-XXX」がもらえることになる。ちなみに、その申請書は2021年10月1日から提出することが可能になっている。

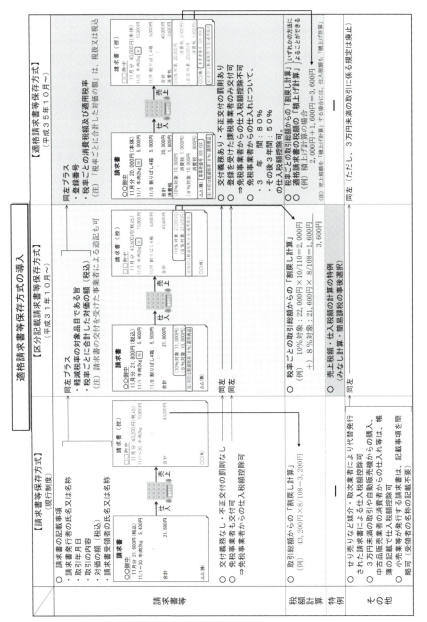

図：適格請求書等保存方式の導入
https://www.gov-online.go.jp/tokusyu/keigen_zeiritsu/jigyosya/donna_taio.html

3-8 輸出入取引

https://www.shoeisha.co.jp/book/pages/9784798157382/3-8

言語、文化、商慣習の異なる海外企業との取引では、(そうした違いを考慮した) 輸出入取引ならではの業務が発生する。ここでは、そのあたりを中心に見ていこう。

■ インコタームズ (貿易取引条件解釈の国際規則)

何はさておきチェックしておきたいのが、貿易に関する国際統一ルールになる。異国企業と、安全かつスピーディに取引を実施するため、そうした国際統一ルールをベースに取引されているケースが多いからだ。その代表格が、ICC※ の作成したインコタームズ※ になる。

■ 貿易条件と価格

インコタームズ 2000 では 13 種類、インコタームズ 2010 では 11 種類の貿易条件を定めている (表 3-18)。この条件は、契約上の責任範囲 (価格に含まれる範囲) になる。利用に当たっては「本契約で使用されている貿易条件は、インコタームズ 2010 によって解釈する。」という約款を入れる。この時、双方が合意すれば古い版を利用しても構わない。

> **用語解説**
> 【ICC (International Chamber of Commerce)】
> 国際商業会議所。インコタームズや信用状統一規則など、貿易に関する国際統一ルールを策定・公表している民間団体。

> **用語解説**
> 【インコタームズ (Incoterms)】
> 国際商業会議所が策定した貿易条件に関する定義。最初のものは 1936 年に出されており、1980 年以後は 10 年ごとに改訂されている。現在は、2011 年に発行された「インコタームズ 2010」が最新版となっている。

表 3-18 貿易条件 (インターコムズ 2010)

コード:名称		邦訳例		費用負担の範囲 (保険範囲を含む)
あらゆる輸送形態に適した規則				
EXW	Ex Works	工場渡	輸出国側	売主の工場敷地で引渡
FCA	Free Carrier	運送人渡		指定の運送人に引渡すまで
CPT	Carriage Paid To	輸送費込	輸入国側	指定場所まで
CIP	Carriage and Insurance Paid To	輸送費、保険料込		指定場所まで (保険料含む)
DAP	Delivery at Place	仕向地持込渡		指定場所まで (荷卸しなし)
DAT	Delivery at Terminal	ターミナル持込渡		指定場所まで (荷卸し込み)
DDP	Delivered Duty paid	関税込持込渡		指定場所まで全ての費用
海上および内陸水路輸送のための規則				
FAS	Free Alongside Ship	船側渡	輸出国側	本船の横まで
FOB	Free On Board	本船渡		本船に積込むまで
CFR	Cost and Freight	運賃込	輸入国側	海上運賃込み
CIF	Cost, Insurance and Freight	運賃、保険料込		海上運賃+保険料込

198

■ FOB と CIF

　FOB（Free On Board）は、本船渡や船積渡と訳されるが、これは図 3-19 のように、船に荷物を積み込むまでが売り側の責任（リスクがあり、かつ価格に含まれる部分）になり、それ以後の費用は発生しない。だから、一般的に FOB では、船積みが完了したことがトリガとなって、出荷完了、売上計上、売上債権の発生などの処理を行う。

参 考

FOB はインコタームズ 2000 では「荷物が本船の手すりを越えた段階まで」だったが、インコタームズ 2010 では、「船上に貨物を置いた時点」に変更された

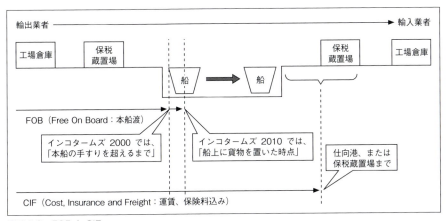

図 3-19 FOB と CIF

　一方、CIF（Cost, Insurance and Freight）は、FOB に海上運賃と保険料を加えた価格になる。そのため、CIF 価格になると、その価格でカバーできる範囲は、仕向港の揚地や、保税蔵置場までになる。

　元々、貿易といえば船舶輸送が主流だったため、FOB のように、船が前提の貿易条件になっている。それに対して、現代は（積荷にもよるが）航空輸送や複合輸送が主流になっているところもある。その実情に合わせてインコタームズは改訂されてきたものの、旧来の取り決めのまま FOB や CIF を使っている企業も少なくないが、インコタームズの意図からすると、複合輸送の場合なら、FCA（FOB 建てで契約するケース）や CIP（CIF 建てで契約するケース）を使ったほうがいいのだろう。

参 考

ただし、これは価格に含まれる範囲であって、リスクの分岐点に関しては FOB と同様となっている。

■ 決済条件

　海外企業との取引には、(遠距離取引という点で)代金の回収に関してのリスクが大きいことから、決済方法も工夫されている。

　その代表格がL/C取引(信用状取引：L/C = Letter of Credit = 信用状※)だ。売手(輸出業者)は、買手(輸入業者)からL/Cを入手しておけば、出荷を証明できる書類(船荷証券などで、L/Cにあらかじめ記載しておく)とともに銀行に持ち込むことで、安全かつ直ちに回収できるという仕組みである(詳細は後述)。ちなみに、L/C取引に関しても、ICCによって国際統一ルール(信用状統一規則※)が策定・公表されている。

　ちなみに、L/C取引以外だと、為替取引のD/P取引、D/A取引、送金による決済などがある。D/P取引やD/A取引は、信用状を使わずに荷為替による代金回収を行うやり方であり、送金による決済は、振込に近い決済方法になる。

■ 輸出入業務における一連の流れ(例)

　それではここで、輸出入業務におけるL/C取引の流れを確認していこう(図3-20)。L/C取引の流れ、通関手続きの流れ、輸出業者側の手続き、輸入業者側の手続き、保険契約の順に説明する。

用語解説
【Letter of Credit (信用状)】
輸入業者側の取引銀行が、支払を保証する(信用を与える、債務保証をする) letterで、輸入業者からの依頼に基づき、通知銀行を経て輸出業者の元へ渡される。

用語解説
【信用状統一規則】
正式名称は、荷為替信用状に関する統一規則および慣例。国際商業会議所によって1933年に作成され、その後定期的に改訂が行われている。2007年7月にUCP 600が発効された。

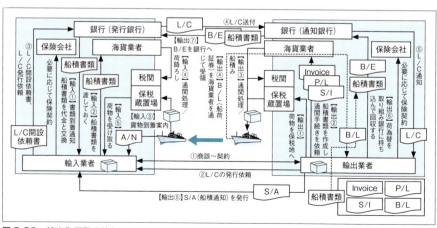

図3-20　輸出入業務の流れ

L/C 取引の流れ

最初に、L/C 取引の流れをみてみよう。商談が成立し、L/C 決済での取引が決まったら（①）、売り手（輸出業者）は買い手（輸入業者）に L/C 発行依頼を出す（②）。

それを輸入業者が受け取ると、自国の取引銀行（L/C 発行銀行）に対して、L/C 開設依頼書を提出する（③）。L/C 発行銀行は、L/C を発行し、輸出国側の通知銀行を通じて（④）、輸出業者に通知する（⑤）。

L/C を受け取った輸出業者は、（これで代金の回収が保障されたため）出荷（船積）準備に入る（輸出①②）。その後、無事に船積みが完了すると、船会社から B/L（Bill of Lading：船荷証券）を受け取り（輸出④）、L/C や船積書類とあわせて B/E（Bill of Exchange：荷為替手形）を発行。それを銀行に持ち込めば代金を受け取ることができる（輸出⑥）。

一方、輸入業者側が荷物を受け取るには、船積書類が必要になる。船積書類は通知銀行を通じて発行銀行まで届けられているので（輸出⑦）、輸入業者は、L/C 発行銀行に代金を支払って船積書類を受け取る（輸入①）。その船積書類を海貨業者に渡しておけば（輸入②）、それと交換に荷物を受け取って運んできてくれる（輸入④、輸入⑤）。

通関手続きの流れ

輸出入取引の場合、税関を通す必要がある。具体的には、関税法で規定されている手続きに従って税関に申請し、許可を得なければならない。いわゆる通関手続（輸入通関手続と輸出通関手続）だ（輸出③、輸入④）。

国内取引と異なり、（輸出の場合も輸入の場合も）貨物は、いったん、税関の監視下にある場所（保税蔵置場などの保税地域※）に搬入されストックされる（輸出①、輸入④）。輸出だと、そこはまだ国内（これを内国貨物＝内貨という）で、輸入だと、そこはまだ外国（これを外国貨物＝外貨という）扱いになる。

輸出の場合、輸出申告書を作成し、インボイス（Invoice）、

参考

商談プロセスは国内取引と同様。そのときに使われる用語には次のようなものがある。proposal（勧誘）、inquiry（引合）、offer（契約条件を提示して申込）、counter offer（逆に契約条件を提示）、firm offer（確定申込）、acceptance（承諾）。また、貿易条件と価格、決済条件、保険契約等についても取り決めておく。

参考

②のところで、L/C ではなく送金取引等だと、L/C の発行依頼の代わりに、送金依頼（請求書発行）を行う。

用語解説
【保税地域】
国内にありながら関税が留保される場所で、海外へ輸出する内国貨物や、海外から輸入した外国貨物を一時的に保管しておくところ。財務大臣が指定する指定保税地域（DHA）や、税関長が許可した保税蔵置場（H/W）、保税工場（H/M）、保税展示場（HAD）、総合保税地域（IHA）など、5 種類の保税地域がある。

梱包明細書やその他必要に応じて輸出許可書などを添付して税関に提出する。その後、書類と貨物のチェックを行い、問題がなければ許可が下りる。

　他方、輸入の場合は、その保税地域を管轄する税関官署へ、輸入（納税）申告と関税や消費税などの納付を行う。税関では、書類の確認や貨物の検査（必要時のみ）が行われ、問題がなければ輸入の許可が下りる。

　なお、こうした通関手続きは、輸出入業者ではなく国際物流会社等に委託することもある（輸出②、輸入②）。

輸出業者側の手続き

　輸出業者側では、ほかに、保税蔵置場に商品を搬入したり、必要に応じて各種手配を行ったりする必要がある。

　我が国だと、経済産業省に輸出承認を申請し許可を得たり、保険会社と保険契約を締結（CIF 建ての場合など）したり、先物市場で外国為替の先物予約を実施したりすることが考えられる。

　通関手続や船積みを海貨業者に依頼している場合でも、船積書類（輸出申告書、インボイス、P/L=Packing List など）を作成し、S/I（Shipping Instructions：船積依頼書）とともに海貨業者に渡しておかなければならない（輸出②）。

　船積みが完了して、船会社から B/L が発行されると、それを、海貨業者経由で入手して、買い手に対して S/A（Shipping Advice：船積通知）を発行する（輸出⑤）。

　最後に代金回収だ。B/E や Application（荷為替手形買取依頼書）を作成し、それに、L/C（原本）、B/L、船積書類（インボイス、海上保険証券など）、為替予約票、補足資料などを添付して、銀行に買取を依頼（荷為替を取り組むという）して代金を受け取る（輸出⑥）。

参 考

海外から輸送されてきた貨物を、いったん保税地域に入れ、そのまま海外へ輸送する処理を積戻しという。国内貨物になる前（外国貨物のまま）に海外へ輸送される。

輸入業者側の手続き

　一方、輸入業者側でも、必要に応じて各種手配を行う。我が国だと、輸入承認が必要なものに関しては経済産業省で許可を得なければならないし、保険会社と保険契約を締結（FOB建ての場合など）することもある。先物市場で外国為替の先物予約を実施することもあるだろう。通関処理および荷下ろしまでの一連の手続きを海貨業者に依頼する場合は、その手配も行っておく。あとは、L/C取引の流れで説明した通り、銀行に代金を支払って船積書類を入手し、それを海貨業者に渡しておけば、それと引き換えに荷物を受け取ってきてくれる（輸入④、輸入⑤）。

保険契約

　貿易関連の保険は、貨物海上保険と貿易保険に分けることができる。

　貨物海上保険とは、民間の保険会社が用意している荷物に対する損害保険で、荷物が損傷を受けたときなどに損失をてん補する。BOF建てのときに買い主が（CIF建てのときなら売り主が）かけるのもこの保険である。保険契約の内容に関しての基本条件は、ロンドン保険業者協会（ILU：Institute of London Underwriters）が定めた貨物海上保険特別約款（ICC：Institute Cargo Clause）を参考にしているところが多い。また、貨物海上保険を契約すると、その証拠書類として保険証券（I/P：Insurance Policy）が発行される。これは、船積書類のひとつになっている。

　一方、貿易保険とは、荷物の損害ではなく、貿易取引そのものに存在するリスク（相手先の倒産、回収不能から、輸入規制、内乱など）が発生したときに、その損害をてん補する保険である。その種類には、輸出手形保険や輸出保証保険、前払輸入保険などがある。なお、保険の取り扱いは、独立行政法人日本貿易保険（NEXI）や、財団法人貿易保険機構などが行っている。

参考

貨物海上保険の保険証券も、証拠書類、保険クレーム時の提出書類になる点では生命保険のそれと同じだが、貿易取引の場合、船積書類のひとつとして扱われる点が異なる。

参考

貿易取引においては、国内取引では考えなくてもよい、戦争や暴動、海賊の襲撃などのリスクもある。

COLUMN　ヒアリングの勘所　販売管理

＜事前調査＞ヒアリングの前に調査しておこう

① 一般情報……第2章の「財務会計」を参照

② 営業部門、仕入部門の仕事の進め方（学生向けリクルート情報などのサイトで公開されている場合がある）

＜ヒアリング時＞以下の現状をひとつずつ確認していこう

1. 受注に関する内容

   受注場所、受注手段、受注形態の確認

   受注時に顧客に対して確認する内容（納期、納入先など）

   受注時に必要な情報（顧客支援目的：在庫情報、代替品情報など）

   受注時の承認ルール（伝票の流れ）と内部統制

2. 売上に関する内容

   売上計上基準（どの収益認識基準を採用しているか？）

   売上取消、値引き、返品処理、リベート処理

   売上伝票

   売上承認ルール（伝票の流れ）と内部統制

3. 発注に関する内容

   発注方法

   発注時に伝える内容

   発注承認ルール（伝票の流れ）と内部統制

4. 仕入・購買に関する内容

   仕入計上基準

   検収方法

   仕入取消、値引き、返品処理、リベート処理

   仕入伝票・購買伝票

   承認ルール（伝票の流れ）と内部統制

5. 軽減税率の影響、輸出入の有無など

法律を知る

https://www.shoeisha.co.jp/book/pages/9784798157382/3-L/

民法 | 商法 | 消費者契約法 | 電子消費者契約法 | 特定商取引法 | 特定電子メール法 | 割賦販売法 | 大規模小売店舗立地法 | 不正競争防止法 | 景品表示法 | 外国為替及び外国貿易法

民法

明治29年 4 月27日法律第89号
明治31年 7 月16日施行

　私法（私人＝市民間の法律）の一般法（広く一般に適用される法律）で、実体法（権利義務関係を定めた法律）に分類される法律。簡単に言うと、日常生活に起こり得るトラブルの判断基準になる法律だといえる。全体の構成は全部で五編（第一編から第三編が"財産"に関するもので、残りの第四編、第五編が"家族"に関するもの）に分けられている。

　特に、ビジネスにおいては後述する商法のベースになる"契約行為"について定めている条項（第三編債権第2章　契約：第521条〜第696条）が重要になる。そこでは13種類（贈与、売買、交換、消費貸借、使用貸借、賃貸借、雇用、請負、委任、寄託、組合、終身定期金、和解）の"契約"（これを典型契約という）について規定している。

【最近の改正】

　平成29年5月26日、第193回国会の参議院本会議で民進党等の一部を除く賛成多数で可決成立し、民法制定以来約120年ぶりの抜本的な見直しが行われた。公布は6月2日、施行は2020年4月1日と予定されている。この改正のうち、IT エンジニアに強く関連する部分は次の通り。

・いわゆる"バグ"に対する修整責任は瑕疵担保責任から契約不適合責任という名称に変わる。期間も、適合がある事実を知った時から1年間。最長で目的物の引渡し又は仕事の終了時から10年間権利行使ができる。追加で請求ができない場合（自分たちで修正したり、他社に修正を依頼したりする場合）に、代金の減額を請求できる権利（代金減額請求権）が発生する。

・一括請負契約締結時で、成果物が全て完成していなくても、その一部において利益を得ていれば、利益に応じた請求ができる権利を明記。これはプロジェクトが中断した場合でも、ユーザ側には支払い義務が生じる可能性があることを明文化したことになる。

・準委任契約においても、成果物の完成に対して報酬を支払う契約パターンを加える。

・但し、予定されている改正は、いずれも契約内容が優先される。

商法

明治32年 3 月 9 日法律第48号
明治32年 6 月16日施行

> 第1条　商人の営業、商行為その他商事については、他の法律に特別の定めがあるものを除くほか、この法律の定めるところによる。
>
> 2　商事に関し、この法律に定めがない事項については商慣習に従い、商慣習がないときは、民法（明治二十九年法律第八十九号）の定めるところによる。

民法の特別法として、商取引に特化した法律がこの"商法"である。**当事者双方または一方が企業（商人）である取引には、商法が適用される。**商法では、商取引の営利性や迅速性を考慮して、民法の原則を変更したり（例：報酬請求権、消滅時効）、民法に規定されていない規定を補充したりしている（例：取引時間）。なお商取引については、後述している消費者契約法など、多くの商法の特別法が存在し、その場合、特別法が優先的に適用されるので注意が必要である。

■ 契約行為と意思表示（第507条～第509条）

まずは商人が絡む契約行為について整理しておくといいだろう。商法の契約行為と意思表示は、第507条～第509条に定められている。

第507条は、対話者間における契約（面談や電話での契約）の申込みについてで「契約の申込みを受けた者が直ちに承諾をしなかったときは、その申込みは、その効力を失う。」としている。

第508条は、隔地者間における契約の申込みについてで「商人である隔地者の間において承諾の期間を定めないで契約の申込みを受けた者が相当の期間内に承諾の通知を発しなかったときは、その申込みは、その効力を失う。」としている。

第509条では、**平常取引をする者**（かなり継続して取引をしている相手）からの契約の申込みに対してで、遅滞なく、それに対する諾否を通知する義務を課しているとし（きちんと、OK か NG か返事しなさいということ）、その義務を怠ったときには、その申込みを承諾したものとみなす（つまり、返事がないのは契約成立とみなす）としている。

消費者契約法

平成12年 5 月12日法律第61号
平成13年 4 月 1 日施行

目的

第1条　この法律は、消費者と事業者との間の情報の質及び量並びに交渉力の格差に鑑み、事業者の一定の行為により消費者が誤認し、又は困惑した場合等について契約の申込み又はその承諾の意思表示を取り消すことができることとするとともに、事業者の損害賠償の責任を免除する条項その他の消費者の利益を不当に害することとなる条項の全部又は一部を無効とするほか、消費者の被害の発生又は拡大を防止するため適格消費者団体が事業者等に対し差止請求をすることができることとすることにより、消費者の利益の擁護を図り、もって国民生活の安定向上と国民経済の健全な発展に寄与することを目的とする。

　個人消費者を不利な契約から保護するための法律（民法と商法の特別法）である。それまでも、特定商取引法、割賦販売法など、消費者保護のための法律は存在していたが、一定の業種や契約形態にのみ適用されるに過ぎなかった。しかし、この消費者契約法は、企業（事業者）と消費者が締結する全ての契約に適用されるため、一般的かつ網羅的に消費者を保護しているのが特徴である。

　具体的には、次の 2 つの方法で消費者を保護している。ひとつは、**不適切な勧誘行為**（嘘を言う、うまい話を持ちかけておいて都合の悪いことを隠す、不退去や監禁）による契約について消費者に取消権を認めるというもの。もうひとつは、**消費者の権利を害する契約内容**（企業側の損害賠償義務を全部免除しているもの、法外なキャンセル料を要求するもの、その他消費者の利益を一方的に害するものなど）を無効とするというもの。いずれも、消費者がいったん契約の意思表示をしたとしても無効にできる。

　最近の改正は平成 30 年（施行は 2019 年 6 月 15 日の予定）。取り消しうる不当な勧誘行為が追加されるなどした（不安をあおる告知、デート商法、霊感等による知見を用いた告知等）。

電子消費者契約法

平成13年6月29日法律第95号
平成13年12月25日施行

趣旨 第1条　この法律は、消費者が行う電子消費者契約の要素に特定の錯誤があった場合及び隔地者間の契約において電子承諾通知を発する場合に関し民法（明治二十九年法律第八十九号）の特例を定めるものとする。

　正式名称を「電子消費者契約及び電子承諾通知に関する民法の特例に関する法律」という。名称にもあるとおり民法の特別法という位置づけになる。

　企業と消費者の間で締結される契約の中でも、電子契約（Web や電子メールなどでの契約）の場合は、操作ミスや勘違いなどの錯誤（例：1個の注文を11個と入力した）が発生しやすい。その場合、民法第95条「錯誤があっても表意者に重過失がある場合は有効とする」が適用されると悪徳商法に対して無力になりかねない。そこで、本法によって、消費者に申込の意思がなかった場合等、錯誤があった契約を無効としている。ただし、この場合でも、「確認画面の表示などの対策が採られていた場合」や「消費者自ら確認画面が不要だと意思表明があった場合」は有効とするとしている。これが、いわゆる "ワンクリック詐欺" から消費者を守ってくれるところであり、EC サイトのシステム開発で考慮しなければならない根拠でもある（注文の後に確認画面を表示するなど）。Amazon が以前特許を持っていた "ワンクリック注文" でも、最初に顧客の同意を取っているし、何よりそこに錯誤があった場合に容易にキャンセルができるようになっている。

　なお、電子契約の成立時期については、民法第526条（申込に対する承諾の通知が発信された時点で契約成立：発信主義）ではなく、申込に対する承諾の通知が到達した時点で契約が成立したものとしている（到達主義）（第4条）。民法の原則は、郵便などのように時間がかかる通知方法を想定しており、迅速性を重視して承諾の発信時点を基準としている。しかし、瞬時に届く電子契約では成立時点を発信時に早めるメリットはなく、反対に回線エラーなどで発信しても到達しない不安がある。そのあたりを考慮して "承諾メール" が確実に到達した時点をもって契約成立としたわけだ。

特定商取引法

昭和51年6月4日法律第57号
昭和51年12月3日施行

第1条（目的） この法律は、特定商取引（訪問販売、通信販売及び電話勧誘販売に係る取引、連鎖販売取引、特定継続的役務提供に係る取引、業務提供誘引販売取引並びに訪問購入に係る取引をいう。以下同じ。）を公正にし、及び購入者等が受けることのある損害の防止を図ることにより、購入者等の利益を保護し、あわせて商品等の流通及び役務の提供を適正かつ円滑にし、もって国民経済の健全な発展に寄与することを目的とする。

事業者と消費者の間でトラブルが発生しやすい取引（第1条の7つの取引類型）にターゲットを絞って、消費者を保護する法律である。

通信販売に該当するECサイトでは、広告の表示事項に関して細かく定められており（必要事項の表示義務）、加えて、わかりやすい画面表示の義務付けや、意に反する申込をさせる広告の禁止などを定めるとともに、迷惑メールへのオプトイン規制（事前の承諾を得た顧客以外に対する電子メール広告の送信を禁止する規制）などについても定めている。

特定電子メール法

平成14年4月17日法律第26号
平成14年7月1日施行

第1条（目的） この法律は、一時に多数の者に対してされる特定電子メールの送信等による電子メールの送受信上の支障を防止する必要が生じていることにかんがみ、特定電子メールの送信の適正化のための措置等を定めることにより、電子メールの利用についての良好な環境の整備を図り、もって高度情報通信社会の健全な発展に寄与することを目的とする。

いわゆる"迷惑メール"を規制する法律。特定商取引法とともに、迷惑メール防止二法といわれている。具体的には、次のようなことを定めている。

・オプトイン規制（事前の承諾よる同意の取得を義務化）
・ダブルオプトイン（利用者が自ら登録した時に、確認メールを送り、その確認メールにクリックしてもらうなど二度同意を得る方法）の推奨
・送信者の氏名又は名称、電子メールアドレスなど（苦情窓口）の表示義務
・受信拒否を連絡する電子メールアドレスの表示義務
・拒否者への再送信禁止
・送信者情報を偽った送信や架空電子メールアドレスによる送信の禁止

割賦販売法

昭和36年 7 月 1 日法律第159号
昭和36年12月 1 日施行

目的及び運用上の配慮

第1条　この法律は、割賦販売等に係る取引の公正の確保、購入者等が受けること
のある損害の防止及びクレジットカード番号等の適切な管理等に必要な措
置を講ずることにより、割賦販売等に係る取引の健全な発達を図るととも
に、購入者等の利益を保護し、あわせて商品等の流通及び役務の提供を円
滑にし、もつて国民経済の発展に寄与することを目的とする。

2　この法律の運用にあたつては、割賦販売等を行なう中小商業者の事業の安
定及び振興に留意しなければならない。

　割賦販売（分割払い）、ローン提携販売（ローン）、信用購入あっせん（クレ
ジット）に関する取引を規制している法律。いずれも 2 月以上の期間にわたり、
かつ、3 回以上に分割して支払うことを約束した販売形態だが、購入先と契約
する場合が割賦販売、購入者が金融機関から金銭を借り入れて分割して金融機
関に返還する形態がローン提携販売、信販会社などとあらかじめ契約を結んで
いる販売業者（加盟店）から指定商品などを購入し、その際に信販会社等が商
品などの代金を一括して支払い、その代金に相当する額を購入者から分割して
受領する形態が、信用購入あっせんになる。

大規模小売店舗立地法

平成10年 6 月 3 日法律第91号
平成12年 6 月 1 日施行

目的

第1条　この法律は、大規模小売店舗の立地に関し、その周辺の地域の生活環境の
保持のため、大規模小売店舗を設置する者によりその施設の配置及び運営
方法について適正な配慮がなされることを確保することにより、小売業の
健全な発達を図り、もって国民経済及び地域社会の健全な発展並びに国民
生活の向上に寄与することを目的とする。

　大規模小売店（店舗面積 1,000 ㎡超）の出店と運営方法に関する法律。中
心市街地活性化法、改正都市計画法とともに、街づくり 3 法と呼ばれている。
この法律により、新たに市町村が自由に「特別用途地区」を指定できるように
なった。例えば、ある地区を中小小売店立地地区と指定すれば、大店舗の出店
規制をかけることができる。これにより、都市計画に応じた商業地区形成が市
町村レベルで可能になった。大規模店に限らず、今後出店計画を行う際には、
より地域社会との連携や環境への配慮が必要になったというわけである。

Chapter
3

販売管理

不正競争防止法

平成 5 年 5 月 19 日法律第 47 号
平成 6 年 5 月 1 日施行

目的 　**第 1 条**　この法律は、事業者間の公正な競争及びこれに関する国際約束の的確な実施を確保するため、不正競争の防止及び不正競争に係る損害賠償に関する措置等を講じ、もって国民経済の健全な発展に寄与することを目的とする。

　不正競争防止法は、商取引において、他の社名、商品名、サービス名などと紛らわしい名称などを用いて、不正に商取引を行うことを禁じた法律である。特に他の知的財産権（特許法、実用新案法、意匠法、商標法、著作権法など）で保護されない場合に有効であり、届出の義務もなく、広く周知されている事実も不要である。

　不正競争には、競合他社の営業上の信用を害する虚偽の情報を流す行為（悪意のある不正行為）や、他人の商品の形態の丸写し（デッドコピー）などの模倣、他人の商品や営業活動と誤認混同されるような表示の不正な使用などがある。

　この不正競争防止法に、1991 年の法改正で、トレードシークレット（営業秘密）が追加された。営業秘密に関してスパイ行為やハッキングによって侵害（取得、使用、開示）がなされた場合、権利が保護されるというものである。ただし、営業秘密は、次の 3 点を満たしたものでなければならない。

秘密性：秘密として管理されていること
有用性：技術上又は営業上有用であり、経済的効果をもたらす情報であること
非公知性：常識であったり、刊行物に掲載されたりすることがなく、公然と知られていないこと

　具体的には、秘密管理規定を作成し、対象とするドキュメントには、社外秘の表示などを行っておく。このようにしていれば、ソーシャルエンジニアリング（社会工学）やスキャベンジング等のハッキングにあった場合や、産業スパイ・退職社員の資料持出し等で情報漏えいした場合でも、差止請求権、損害賠償請求権、廃棄除去請求権、信用回復請求権等の権利があり、違反者には刑事罰を課すこともできる。2015 年には、営業秘密の保護強化を目的に、刑事罰の罰則強化と民事面の改正が行われた。

景品表示法

昭和37年 5 月15日法律第134号
昭和37年 8 月15日施行

第1条 この法律は、商品及び役務の取引に関連する不当な景品類及び表示による顧客の誘引を防止するため、一般消費者による自主的かつ合理的な選択を阻害するおそれのある行為の制限及び禁止について定めることにより、一般消費者の利益を保護することを目的とする。

正式名称は「不当景品類及び不当表示防止法」。不当表示（実際より良く見せかける表示）や、過大な景品付き販売を規制する法律。景品類の最高額を制限している（例：総付景品の場合、取引価額の20％以内など）。

外国為替及び外国貿易法

昭和24年12月 1 日法律第228号
昭和25年 3 月31日施行

第1条 この法律は、外国為替、外国貿易その他の対外取引が自由に行われることを基本とし、対外取引に対し必要最小限の管理又は調整を行うことにより、対外取引の正常な発展並びに我が国又は国際社会の平和及び安全の維持を期し、もつて国際収支の均衡及び通貨の安定を図るとともに我が国経済の健全な発展に寄与することを目的とする。

対外取引の正常な発展、我が国や国際社会の平和・安全の維持などを目的に外国為替や外国貿易などの対外取引の管理や調整を行うための法律である。特定の貨物の輸出入、特定の国・地域を仕向地とする貨物の輸出、特定の国・地域を原産地・船積地とする貨物の輸入などを行う場合に、経済産業大臣の許可や承認が必要となる。

【参考】 EAR（Export Administration Regulations：米国輸出管理規則）

日本の法律ではないが、EAR（米国輸出管理規則）も重要になる。米国原産品目がこの規則の規制対象となっているからだ。管轄権の及ばない他国での取引にも域外適用され、ある貨物が米国から輸出されるときだけではなく、全ての再輸出取引に対しても適用される。

Professional SEになるためのNext Step

https://www.shoeisha.co.jp/book/pages/9784798157382/3-N/

"プロフェッショナル"を目指すITエンジニアのために、最後に、次の一手を紹介しておこう。（本書で基礎を身につけた）ここからが、本当のスタートになる。

1. 業務知識が必要になるまでに学習しておくべきこと

販売管理は、すべての業務の中で最初に学ぶべきものだ。商品を売買するときの手続きは、ITエンジニアというよりも社会人にとって常識といっていい。業務知識を本格的に学ぶ第一歩と位置づけて、ここからスタートしよう。

■ 書籍およびブックマーク

まずは、"流通業"について学ぶのがベスト。"流通のしくみ"という内容の書籍を1冊購入し、それで販売管理の知識を定着させていこう。また、今の間にしっかりとした基礎を体系的に身につけようと考えるなら、中小企業診断士試験対策本の「運営管理（オペレーションマネジメント）」を使うのもよい。さすがにテキストだけあってよくまとまっている。

■ スキルアップに役立つ資格

あえて"流通のしくみ"に関する書籍を買う必要もないと考えているなら、情報処理技術者試験の学習の一環として勉強するのはどうだろう。午前問題ならストラテジ系の問題に販売管理の問題が出てくるし、SAやDB、STなどの高度系区分の午後Iや午後IIの問題も、販売管理業務のことが多い。資格取得を目標にすれば、モチベーションも維持されるだろう。

■ その他

自社に販売管理システムのパッケージ（ERP含む）があれば、そのマニュアルや仕様書などのドキュメントを使って勉強するのもいい。デモ版を利用して業務の流れを理解するのもいいだろう。また、自社のリソースだけではなく、セミナーや展示会に積極的に顔を出し、他社のパッケージ製品を見て回るのも役立つだろう。

2. 業務知識が必要になったら

実際に、業務知識が必要になったときは、もっと深いレベルの知識が必要になる。

■ 書籍

まずは、販売管理を例に用いたデータベース設計に関する書籍が欲しいところだ。あるいは、販売管理を含む業務別にモデリングを説明している書籍でもいい。「データベース　販売管理」で検索して書籍を探そう。

販売管理はイメージしやすいので基礎知識は比較的早く身につく。しかし、ある程度知識をつけると、頭打ちになってしまう。その先に導いてくれる良書がないからだ。だから"経験の中で……"となってしまうことが多いわけだが、それでは顧客に迷惑がかかってしまう。そこで、次のステップは"財務会計"と"法律"の勉強をすることをお勧めする。いずれも、非常にハイレベルになるが、"頭打ち状態"なら、もうこれらを学ぶ域に達していると考えていい。ぜひチャレンジして、確固たる知識を身につけよう（財務会計は第2章の「Professional SE になるための Next Step」を参照）。

なお、最近では、(ERP の提案などで) IT エンジニアが業務改革を提案する機会も増えてきているが、財務会計や法律の知識がない IT エンジニアの言葉には、誰も耳を貸してくれないだろう。

■ 本書関連の Web サイトをチェック！

まずは本書関連の Web サイトをチェックしよう。ページの制約上、詳しく書けなかったことを書いている。参考になる Web サイト（特に、今後の動向を注視しておかないといけない消費税対応（軽減税率）や、収益認識基準などの方向性）や、参考書籍、最新情報なども随時更新していく予定である。

☑ 業務知識の章末チェック

次の章に移る前に、本章で学んだ分野の業務知識についてチェックしてみよう。

全体像の把握

☐ 最上位の DFD が書ける（第 3 章の扉の図のようなもの）

☐ 一連の販売管理業務の流れについて説明できる

受注

☐ 受注時に必要な情報を理解している

☐ 受注入力画面の代表的な機能について説明できる

売上

☐ 売上計上基準を理解している

発注

☐ 需要予測モデルを理解している

☐ 伝統的な定量発注方式と定期発注方式を理解している

☐ 発注点、経済的発注量、安全在庫を理解している

仕入・購買

☐ 複社購買を理解している

債権管理／債務管理業務

☐ 債権と債務を理解している

消費税増税と軽減税率

☐ 消費税増税と軽減税率を理解している

輸出入取引

☐ 輸出入取引特有の用語を理解している

関連法規

☐ 販売に関連する法律を理解している

Part2
第4章
物流・在庫管理

　ここで説明するのは、在庫管理とその在庫を運搬する物流管理になる。第4章の販売管理のところで説明したとおり、情報システムでは、販売管理システムの一機能として用意されることが多い。その場合は販売目的の在庫がメインになる。また、生産管理システムにも在庫管理機能はあるが、その場合は製造目的の資材在庫や、仕掛品在庫になるだろう。どのシステムでも共通している部分は、在庫品目別の現在在庫数を正確に把握し、いつでも提供できるように準備しておくところ。そのためには、在庫品の入出庫はもちろんのこと、管理場所の移動さえタイムリーに反映する必要がある。

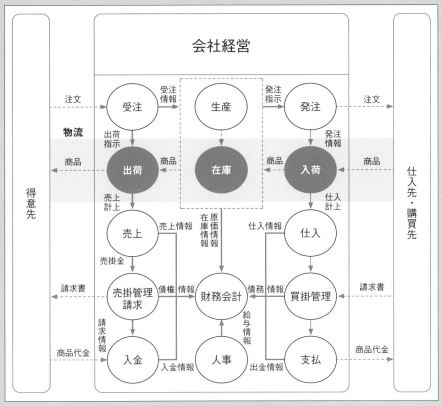

本章で解説する業務の位置づけ

物流・在庫管理の学び方

▶ 学習のポイント

当該業務の存在理由	顧客の期待他	情報収集
当該企業の創意工夫部分	・顧客しか知らなくても当然のこと ・要件定義、設計等でしっかり確認 ・相手主導のコミュニケーション	都度確認
何かしらのメリットがあるので準拠している部分 ＝業界習慣／業界標準／事実上標準	・顧客から知識・経験を期待される部分 ・効率の良いコミュニケーション ・いわゆるITエンジニアの業務ノウハウ	応用部分 経験 OJT
準拠するのが望ましい部分 ＝ISO規格／JIS規格を知るその他基準	・顧客は「知ってて当然」と思う部分 ・顧客からの説明が無い可能性が高い ・逆に、顧客が知らなければ情報提供を行わなければならない	基礎部分 机上で 事前学習
法律による規制がある部分		

　物流在庫管理業務については、販売管理業務と同じ考え方で良い。おそらくこの部分だけを単独で学習することは少なく、販売管理業務の一部として学習することになるからだ。ただ、販売管理業務に先だって、在庫管理に関する知識を固めておくのは得策かもしれない。"在庫"がわかれば、販売管理業務もよくわかるようになるからだ。"棚卸資産の評価"のように法律によって規制されているところはしっかりと細かく理解しておき、"ピッキング"や"ロケーション管理"等、企業の競争力の源泉部分は、これまでに生み出された各種技法（？）を理解しておこう。

■ 各業務とその存在理由

　物流在庫管理業務と、その存在理由の組合せを以下に示してみた。もちろん、はっきりとした境界線があるわけでもなく、解釈の違いもあるだろう。それを理解した上で大胆に分類してみた。

表：物流在庫管理の各業務とその存在理由

	法律等	規格等	業界等	独自
4-1　在庫	○			○
4-2　在庫場所				○
4-3　在庫の引当	○			○
4-4　出庫（出荷）	○			○
4-5　入荷（入庫）	○			○
4-6　棚卸	○			○
4-7　棚卸資産の評価	○			
4-8　マテハン機器				○
4-9　物流				○

218

在庫は会計上、棚卸資産として計上される。したがって、在庫品を適切に分類し、管理していくうえで「会計上の分類」は必須になる。もちろん、そのうえで企業独自の切り口で在庫品を分類してもかまわないが、少なくとも会計上の分類は必要だ。

在庫場所に関しては、安全に管理できることを前提としつつ、効率よく必要時に確認できたり、物の出し入れができるように企業独自の創意工夫が行われたりしている部分だ。

そして、在庫品の移動と棚卸処理である。ここをしっかりとしておかないと"数量"がおかしくなる。そのため、内部統制の観点から最低限求められている機能を持ち合わせておかないといけないだろう。ただし、在庫場所への配慮と同様、ピッキング処理をいかに効率よく行うか、棚卸処理をどうすれば短時間でできるのか、そこは各企業が様々な事例を参考にしながら創意工夫をしている。

最後の棚卸資産の評価に関しては、会計基準及び税法等で定められているルールに従って実施されなければならない部分である。

■ 顧客がIT エンジニアに期待する業務知識のレベル

在庫管理に関する課題で多いのが、在庫の圧縮や帳簿上の在庫と実在庫の差異を小さくしたいというものだろう。仮に顧客が、情報システムによってそのあたりを解消したいと考えていたら、IT エンジニアには、その解決を含めた提案が期待される。そのときに必要になるのは、ずばり他社事例。他社が、どのような在庫管理を行っているのかという点だろう。

　・他社は、どのような効率の良いピッキング作業を行っているのか？
　・他社は、どのように効率の良い配送を行っているのか？
　・他社は、どのように倉庫を配置しているのか？
　・他社は、どのように物流在庫費用を低減しているのか？

そのあたりの提案が出てくるだけの業務知識を顧客は期待している。

4-1　在庫

在庫とは、企業が製造や販売を目的に"もの"を保有することである。そもそも、企業はなぜ在庫をするのだろうか？

消費財※の場合、コープランド（Copeland）※の商品分類（最寄品、買回品、専門品に分ける分類）で考えるとわかりやすい（表4-1）。店頭に商品が無い場合、それは専門品だったら顧客は待ってくれるかもしれないが、最寄品や買回品だと待てない。その結果、販売機会損失になるだろう。だから在庫を持つ。

表4-1　コープランドの商品分類

分類	意味	例
最寄品	消費者が購入にあたって特別な労力をかけようと思わない消費財。欲しくなった時に"最寄りの店"で購入するもの。	たばこ、ジュース、雑誌・新聞など
買回品	最寄品に比べて高価格で、購入するために情報収集を行うなど、労力をかける消費財。欲しくなった時に、あちこちの店を回って決めようとするもの。今ならネットで調査してから買うもの。	電化製品、衣料品、家具など
専門品	特別な知識や嗜好、こだわりをもって指名買いするようなもの。購入にあたっては、労力を厭わない。	自動車、高級ブランド品、宝石、住宅

生産財※や資本財※の場合も本質的には変わらない。顧客が「明日納品可能なら発注するけど、無理なら他に頼む」と、在庫しないことで機会損失になるのなら、在庫が必要になるだろう。競合他社との兼ね合いや、最終製品（消費財）の特性、デカップリングポイントなども在庫するかどうかを判断する基準になる。その他、言い出したらきりがないが、安全在庫、非常時への備え、客寄せなど様々な理由がある。

■ 在庫の是非

物を作れば売れる時代は、在庫は多ければ多いほうがよいとされていた。しかし、物あまりの時代になると、"在庫＝リスク"

用語解説
【消費財】
消費者によって消費を目的として生産される財・サービス。

用語解説
【M.T. コープランド】
経営学者。最寄品・買回品・専門品という購買動機や購買特性による商品分類を提唱。1920年代で商品分類の最初だと言われているが、今でもよく使われている。

用語解説
【生産財】
材料や部品のように他のものに組み込まれるもの。

用語解説
【資本財】
将来の生産のために使用する道具や機械などの財・サービス。

ともなりかねない。よって、できる限り在庫を抱えないようにする企業が増えてきている。

　企業が在庫を"積極的に持つ"べきか、"できる限り持たない"べきかを判断することは非常に難しい。商品在庫や最終製品在庫を、たくさん保有すればするほど顧客からの注文に対する欠品率は低下するだろう。しかし、それだけ破損や陳腐化に対するリスクは大きくなる。これは部品や資材などでも同様である。

　こうした"欠品による販売機会損失"と"在庫リスク"というトレードオフの関係に対して、「必要かつ適切な数量を在庫する」という適正在庫を算出して在庫を保有するのが一般的である。定量発注方式や定期発注方式も、結局は適正在庫を保つための概念に他ならない。近年は、物流の発展によって納品リードタイムが短くなったり、ネットショップが伸びてきたり、環境変化も激しいため、定期的に在庫を考える必要があるのは間違いない。

■ 在庫管理の目的

　在庫を持つのなら、その管理（在庫管理）は必ず必要になる。その理由は、大きく分けると次の2点になる。

① 財務会計で必要になる「在庫金額」を算出するため

　在庫管理の対象は、主として（会計上は）棚卸資産になる。したがって、決算の時などに棚卸資産として、その金額を算出しなければならない。これは法律で義務付けられているものだ。

② 在庫品目別の現在在庫数の把握目的

　商談時に顧客に納期を回答したり、生産計画を立案したりする時に「現時点での在庫数量(現在在庫数または有効在庫数)」が必要になるからだ。適正在庫を確保するために発注数量を決定する時にも現在在庫数の把握は必要になる。

　なお、①の目的は、全取扱品の合計金額で構わないが、②の目的の場合、在庫品目別に把握する必要がある。

参 考

在庫リスクを避ける（在庫を極力持たない）方向で考えられるものには、次のようなものがある。
・ファブレスメーカー
・SCM（P.286 参照）
・かんばん方式（P.284 参照）
・生産方式（受注生産やBTO など、P.280 参照）
・直送販売
・消化販売

Chapter
4

物流・在庫管理

■ 在庫品の分類（会計上の分類）

　在庫品の分類は会計上のもの（勘定科目）を使うことが多い。しかし、財務会計及び税法上の分類でいうと、勘定科目には"在庫"という項目はない。現場では普通に"在庫"という言葉が飛び交っているが、在庫というのは、本来は管理状態（英訳：stock）を示す言葉だ。勘定科目でいうと、棚卸資産が最も近い表現になるだろう。

　棚卸資産とは、直接または間接的に販売を目的として保有する資産のことで、次のような勘定科目で構成されている（表4-2）。また、棚卸資産は貸借対照表の流動資産の部に表示されるもので、無形の用役やサービス、不動産会社の販売用の土地や建物、証券会社が売買目的で保有する有価証券なども含んでいるが、ここでは原則"在庫管理"に関係のあるものだけを説明する。

表4-2　棚卸資産の勘定科目

勘定科目	意味
商品	販売を目的として外部から仕入れた物品。包装や値札付け等の流通加工を除き、加工や変形を加えないもの
製品	販売を目的として自社で生産（加工や変形等）したものの完成品。その他、副産物※、作業くず※なども含む
半製品	製造過程にある中間製品で、販売する可能性のあるもの。仕込在庫とも呼ばれているもの
仕掛品	製造過程にある中間製品で、販売する可能性のない物品やサービス。未成工事なども含む
原材料	原料、材料、買入部品など、製品を製造するために消費される物品
貯蔵品	燃料、包装材、事務用品、消耗工具、消耗器具備品などで、未使用のまま貯蔵中の物品。製造目的のものに事務用品等も含まれる。こまごましたものというイメージで良いだろう

 参考

会計上の分類なのでこの分類での管理は必須といえる。

用語解説
【副産物】
ある製造工程から2種類以上の"物"が必然的に産出される場合で、相対的に価値の低い"物"のこと（その場合、価値の高い"物"は主製品という）。貸借対照表上は製品勘定に含めて表示する。

用語解説
【作業くず】
ある製品の製造工程で発生する原材料の残存部分。"くず（屑）"という名称からゴミのように思われがちだが、そうではなく、売却価値や利用価値、つまり資産価値のあるもののこと。

 参考

品質基準に満たないとか規格適合外とか、いわゆる"失敗品"のうち、形が残っているものを**仕損品**（しそんひん）という。

■ 在庫品の管理単位（SKU：Stock Keeping Unit）

　在庫管理を行う場合、最初に製品や商品の最小管理単位を決める。これをSKU（Stock Keeping Unit）と呼ぶ。SKUは、会社にとって必要なレベルを考慮して決めるが、その管理単位には表4-3のようなものがある。

表4-3 SKUの管理単位例

管理単位		意味
固体	個別単品	品目1点1点に個体識別番号を振って個別に管理。宝石などの高額商品や生体など
	ロット	同一品目でも、製造番号や製造日付単位で管理する。トレーサビリティ管理でよく用いられる管理単位
	JAN＋色・柄	同一品目で、色や柄、大きさ、容量などが異なる場合に、その単位で管理する。流通業では、これをもってSKUコードという意味で使うことがある
	JANコード	品目や、アイテムを表す代表的なコード
	自社コード	品目やアイテムを表す自社で割り当てたコード。インストアコードともいう
プロセス産業における液体や気体の管理単位		容器の概念を用いて、複数単位（総容量と容器別個数など）での在庫管理が必要になることがある。 （例）ある液体A 　・総容量単位 …………1,000t、100r、200ccなど 　・容器の個数単位 ……200rのドラム缶が5本、 　　　　　　　　　　　10rケース20個など

■ セット品（アソート品）

　お菓子の詰め合わせセットのように、単品の商品をいくつかまとめて作り出した"新しい商品"をセット商品と呼ぶことがある。

　セット商品を取り扱っている場合、通常は、セット商品に新たな管理コードを付与することが多い。そして、セット商品を組み立てる場合、各単品の数量を減らしてセット商品の数量を増やし（セット商品組立て）、逆に、セット商品をばらす場合、各単品の数量を増やしてセット商品の数量を減らしたりする（セット商品ばらし）。

参考

ロット単位で在庫管理を行う場合は注意が必要である。ひとくちに**ロット番号**といっても、原料のロット番号、加工業者で手を加えられたときのロット番号、流通業者でのロット番号などさまざまある。ひとつではないことに注意しよう。

参考

プロセス産業での在庫管理は、複数単位の管理以外にも、同一製品（型番）であっても純度などで細かく分けて管理しなければならないこともある。

参考

セット商品のことを"アソート"や"アソート品"ということがある。アソートとは「混ぜ合わせる」という意味で、セット商品の中身のバランスを考えた詰め合わせセットのことである。

Chapter 4

物流・在庫管理

■ 在庫管理のシステム化

物流在庫管理サブシステムに関係するマスタの一例を図4-1に示す。製造業と流通業のように業種による違いや、企業の在庫場所の持ち方によっても変わってくるが、基本的には次の情報になる。取引先から商品情報が送られてくる場合には、それを利用して商品マスタを登録することもある。

① 在庫の管理場所に関するマスタ
② 在庫対象の商品や製品に関するマスタ
③ 在庫数量や金額を管理するマスタ

参考

必要に応じて軽減税率への対応（区分記載請求書等保存方式や適格請求書等保存方式）を行う。
→ P.196 参照

出荷先（出荷先コード、出荷先名称）
ライン（ラインコード、ライン名称）
製品倉庫（製品倉庫コード、製品倉庫名称）
品目（品目コード、品目名称、品目区分、自社製造区分）
原料（原料品目コード、運搬方法）
包装資材（包装資材品目コード）
製造品（製造品品目コード、品目区分）
半製品（半製品品目コード、基準保存期間）
製品（製品品目コード、単品セット品区分）
単品製品（単品製品品目コード、半製品品目コード）
セット製品（セット製品品目コード）
製品使用包装資材（製品品目コード、構成包装資材品目コード、構成数量）
半製品構成（半製品品目コード、構成原料品目コード、構成数量）
セット製品構成（セット製品品目コード、構成単品製品品目コード、構成数量）

ライン内在庫（製造品目コード、製造ロット番号、製造ラインコード、在庫数量）
製品在庫（製品品目コード、製造ロット番号、製品倉庫コード、在庫数量）

図4-1 在庫に関係するマスタ類の例　情報処理技術者試験 DB 平成20年午後Ⅱより

表4-4 基幹システムの在庫管理機能（在庫確認処理）例

処理タイミング／処理・機能			概要	関連業務知識（本書参照箇所）
日次	在庫確認	在庫照会在庫問合せ	・商品等を入力すると、場所別に現在在庫数等を表示する ・顧客からの在庫問合せに回答するときなどに利用 ・受注時に利用することが多いので、受注入力画面から呼び出されることが多い	→ 3-2 受注 P.157 参照
		在庫一覧表	・場所（エリア、倉庫、棚等）別に在庫数量を確認する帳票 ・在庫金額を表示させるものもある	

224

在庫確認の機能

在庫管理の最大の目的が在庫確認である。したがって、物流在庫管理サブシステムには、表4-4のような在庫確認の機能が必要になるだろう。そして必要に応じて他の処理（受注入力処理など）から呼び出されることもある。

■ システムに求められる業務処理統制

マスタ登録業務に関しては、他の章の業務のところと同様、不正な登録はないか、二重登録や登録漏れ、登録誤りがないかがちゃんとコントロールされるようになっていないといけない（表4-5）。在庫管理業務特有の部分としては、"もの"に関する情報、すなわち商品や製品に関する情報で、予定単価や棚卸資産の計算が正しく行われていることが担保されていなければならない。

Chapter 4

物流・在庫管理

表4-5 たな卸資産プロセス（マスタ登録）のリスク、統制活動の例

関連する勘定科目：製品、商品、半製品

項番		IT統制目標	リスク	統制活動の例	統制活動の評価
1	マスタ登録	正当性	承認されていない製品商品が登録される	生産管理本部長が承認した製品、商品、半製品のみがマスタ登録される	承認された製品、商品、半製品のみがマスタ登録されていることを確かめる
2				マスタへの入力者は、アクセス権で制御されている	マスタ入力者は、アクセス権で制御されていることを確かめる
3			正当でない予定単価等が登録される	承認された予定単価等のみが登録される	承認された予定単価等のみが登録されていることを確かめる
4			たな卸資産の評価の方法、計算方法が会計の規則や、企業の会計方針に沿っていない	たな卸資産の評価の方法、計算方法は、企業の方針に沿って承認されたものが登録されている	たな卸資産の評価の方法、計算方法は、企業の方針に沿って承認されたものが登録されていることを確かめる
5		完全性	マスタの二重登録や不足がある	マスタ登録後にプルーフリストを出し、登録内容を確認する	プルーフリストによる確認が実施されていることを確かめる
6		正確性	マスタ登録に誤りがある	マスタ登録後にプルーフリストを出し、登録内容を確認する	プルーフリストによる確認が実施されていることを確かめる
7		維持継続性	正当でないたな卸資産が登録される	マスタの登録内容を一定時期に見直し、更新する	マスタの登録内容の見直しが実施されていることを確認する

システム管理基準　追補版（財務報告に係るIT統制ガイダンス）追加付録9．IT業務処理統制における業務プロセスごとの、リスク、統制活動、統制活動の評価手続きの例示（経済産業省（平成19年12月26日））より

225

4-2 在庫場所

https://www.shoeisha.co.jp/book/pages/9784798157382/4-2/

在庫品は、出荷や払出し、棚卸作業のときなど、"どこにあるのか"、すなわち在庫場所の確認が必要になる。

その企業が、「在庫はこの倉庫にしかない」というのであれば、在庫管理も簡単なのだが、普通はそんなにシンプルなものではない。企業の在庫場所はさまざまである。物理的な在庫場所では、**倉庫・工場・本社・営業所・店頭・輸送中のトラックの中、船の上・取引先工場・取引先倉庫・取引先店頭**など、建物単位でざっとあげるだけでもこれだけあるし、これに、論理的な在庫場所を合わせるともっと複雑になる（表4-6）。

> **参 考**
> 論理的な在庫場所とは、例えば、ひとつの倉庫の中で、ロケーションごとに自社在庫、取引先B社在庫などと分けたり、近畿エリアの在庫として集約したり、輸送中の在庫だけというようにまとめたりするなど、さまざまである。

表4-6 主な在庫場所

自社の管理施設	自社所有在庫品	倉庫（製品倉庫・資材倉庫・仕掛品倉庫・流通倉庫など）
		工場（製造工程単位の在庫、検査中など）
		営業所（部屋別、置き場所別など）
		店頭・バックヤード
	自社の在庫品ではない（管理はするが、在庫計上はしない）	仕入先委託管理場所
		グループ会社の在庫品管理場所
他社の管理施設	自社所有在庫品（管理はしないが、在庫計上はする）	外注先工場（外注先への無償支給品など）
		物流会社の倉庫（在庫管理を委託している）
		輸送中在庫（トラックの中、船の上など）
		顧客倉庫、顧客店頭（委託販売、貸し出し品など）

■ 倉庫の配置

自社倉庫を持ち、しかも取引先が全国に均等に存在するような企業では、どこにどういった用途の物流拠点（倉庫）を持つのかも経営戦略上重要になる。そこで、複数の倉庫を持っている企業がどういった考えに基づいて配置しているのか、基本的な考え方をいくつか紹介する。

最も代表的な配置方法が**ハブアンドスポーク**である（図4-2）。ハブ（HUB）とはITエンジニアにお馴染みのネットワーク機器と同義で、中心となる物流倉庫という意味。そしてスポークはそこから地域拠点の倉庫に伸びている幹線ルートのた

とえである。元々は空港を指す言葉（ハブ空港など）だったが、物流拠点の配置でも使われるようになった。

> **参考**
> この出荷拠点には、共同配送の場合、ほかのメーカーからの荷物が預けられることもある。

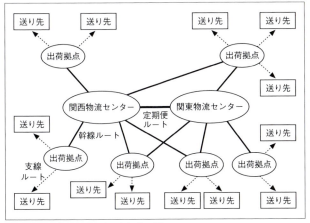

図 4-2 ハブアンドスポーク方式の例

また、クロスドッキングやクロスドックという言葉も最近よく耳にする（図4-3）。これは、入荷された商品を在庫することなく物流センターで仕分けして直ちに出荷することである。XDと略されて呼ばれることもある。クロスドッキングを実現させるには、異なるメーカーからのリードタイムを正確に把握するとともに、メーカーが異なっても商品が異なっても、入荷するタイミングを配送単位で合わせなければならない。図4-3

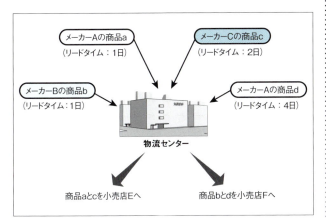

図 4-3 クロスドッキングの仕組み

を見るとわかるように、複数のメーカーが関わるため調整するのは難しい。とても人手ではできない。まさしく、リードタイムの平準化や納入タイミングの統一などを、情報システムを駆使することによって可能にしている高度な物流技術であるといえる。

■ 倉庫内の保管場所

　倉庫内では、写真4-1のようにスチールラックを配備するなどして在庫品を保管している。それぞれのラックには**エリア番号（ゾーン番号ともいう）**が割り当てられており、さらに、各ラックの中も、それぞれの区画ごとに番号が割り当てられている。これが**棚番**である（図4-4）。倉庫で保管されている在庫品は、棚番とともに管理されているので、どの棚番に何が（いくつ）あるのかがわかるようになっている。

写真4-1　倉庫内の保管例（写真提供：(株)ダイフク「グッシェルフ」）

■ ロケーション管理

　在庫管理システムで、在庫場所を管理することをロケーション管理や置き場管理という。実在庫のロケーション（置き場）を明確にするとともに、図4-5のように親子関係で紐付けて管理する。なお、こうした紐付けは、実際のロケーションのくく

りにこだわることなく、論理的なまとまりでも可能である（論理的な在庫場所）。

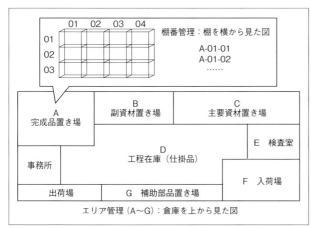

図 4-4　倉庫内の管理例

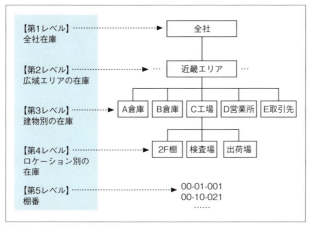

図 4-5　在庫場所の管理例

情報化のポイント！

企業の在庫場所の確認は必須である。大きな組織になると、在庫場所も多くなるので、十分確認しておこう。そのときに、物理的な在庫場所に加えて、在庫情報をどのように利用するのか（特に、受注時の確認方法）もチェックしておこう。

■ 店頭在庫

　小売業の場合、店頭や店のバックヤードも重要な在庫場所のひとつになる。在庫管理の観点では、店頭だろうが倉庫だろうが、あまり大差はない。しかし、販売目線で考えると、どこに何を置くのかはとても重要な販売戦略になる。そこで、ここでは店頭在庫についてのキーワードをまとめてみた。

ゾーニング、フェイス、POP 広告

　売場の基礎知識は、来店客の行動分析すなわち行動科学や心理分析の観点から、販売にどのように影響するのかを示すものである。その根底には、どの商品を購入するかの大部分は店舗内で決まるというところからきている。そのため、ゾーニング※ やフェイス※、POP 広告※ などが重要になってくるのだ（図4-6）。

ゴールデンライン

　陳列の高さによっても商品の販売数は影響を受ける。来店客が商品を手にとって確保することができる高さの範囲を有効陳列範囲と呼ぶ。ホームセンターなどでは、有効陳列範囲を超える陳列を行っているが、そういった場合は店員が対応することになる。

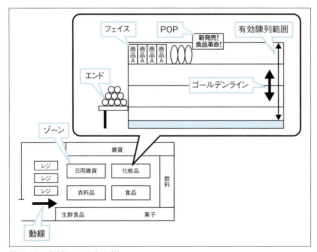

図 4-6 店舗レイアウト例

📖 **用語解説**
【ゾーニング】
店舗内の売場を「生鮮食品」、「冷凍食品」、「菓子」など、なんらかの基準によって売場を区画化することをゾーニングと呼ぶ。それぞれまとまった区画はゾーンと呼ばれ、来店客の利便性が考慮されている。

📖 **用語解説**
【フェイス】
フェイスとは商品の陳列面のことである。また、来店客に"見せる"ことができる商品数をフェイス数と呼ぶ。図4-15の例では、商品Ａのフェイス数は「4面」ということになる。フェイスの取り方によって販売数は大きく左右されるため、メーカー担当者にとって自社商品のフェイス確保は極めて重要な意味を持つ。店舗側としては、情報分析の結果による売れ筋商品（自店あるいは他店）や、売りたい商品にフェイスを割くようにする。

📖 **用語解説**
【POP（Point Of Purchase）広告】
購入時点の広告。店頭で直接、来店顧客に対してアピールする広告で、ポスターやちらしなどさまざまな形で訴求される。"POP広告クリエイター"などの民間資格もあるぐらい奥は深い。

有効陳列範囲の中でも、自然な状態で視線に入り、そのまま商品を手にとることのできる胸元の範囲をゴールデンラインと呼ぶ。ここが最も商品販売力の強いラインである。

有効陳列範囲やゴールデンラインは、対象商品によって異なる。成人男性向け商品であれば、手を伸ばして届く180〜190センチ程度が有効陳列範囲で、ゴールデンラインは80〜150センチ程度である。成人女性の場合は、いずれも10センチ程度低くなり、さらに子供や幼児になると極端に低くなる。スーパーやコンビニエンスストアで低価格のお菓子が床上10センチ程度のところに陳列されているのは、子供や幼児にとってのゴールデンラインだからだ。

さまざまな陳列方法

商品は什器に陳列される。その什器によってある程度陳列方法は決まってくる。

例えば、最近のコンビニエンスストアの飲料棚のように、前方に向かって緩やかな傾斜があり、商品を取り出すと自動的に後ろにある商品が前面（フェイス）に自動的に出てくるような什器がある。この什器を使った陳列がフェイスアップ陳列（または前進立体陳列）と呼ばれる。

また、特売品や広告の商品を通常の棚とは別に、エンドにテーブルのようなものに配置することがある。このテーブルのようなものをゴンドラと呼び、エンドに配置したものをゴンドラエンドと呼ぶ。ゴンドラエンドではしばしばボリューム陳列※が行われている。

プラノグラム (planogram)

プラノグラムとは、plan（計画）と diagram（ダイアグラム）の合成語で、最適な棚割計画を立案するために利用する支援システムのことである。棚割を計画する場合、過去の販売情報を分析して、店舗全体の売上が最大になるように棚割を考えるが、それをシミュレーションする機能を持っている。

参考

エンドは非常に販売力のある場所になるため、大量に販売したいときに配置する。

用語解説
【ボリューム陳列】
ゴンドラに大量に商品を積み上げて、ボリューム感を持たせる陳列方法。

参考

プラノグラムを使っての具体的な分析は、過去の棚別販売情報から、店舗内棚別の平均売上金額を求める。そして、一般的な棚別販売平均売上額や理論値などから、売れる棚位置、売れない棚位置の特性を把握する。

4-3 在庫の引当

https://www.shoeisha.co.jp/book/pages/9784798157382/4-3/

帳簿上（もしくはコンピュータ上）の在庫は、その目的を達成するために、（当然のことながら）実在庫と同じように保たなければならない。そのために、引当や受払、棚卸などの業務が行われている。

> **参考**
> 実際には、コンピュータ在庫と実在庫の数量が合っていないケースが多い。ひどい場合は、経営課題になって緊急の経営改善対象になる。

■ 引当

小売店やスーパーマーケットのように、商品在庫の現物を消費者が手に取り持っていくスタイルではなく、電話やネットなどで"現物を動かさずに"注文を受けるビジネススタイルにおいて、注文を受けた段階で、いわゆる"取り置き"をする行為を、在庫引当もしくは単に引当という。受注（オーダ）と現物を帳簿上もしくはコンピュータ上で紐付ける行為だと考えてもらえれば良いだろう。

引当を実施する業務は主として2つ。**受注時**と**生産指示**のときである。また、"取り置き"しているもの（もう既に引当済のもの）の数を**引当済数**、まだ引当できるものの数を**引当可能数**という（表4-7）。

受注時、もしくは確定の生産指示をかけたときには、この引当可能数を見て引当を実施する。ただし、受注時における顧客の希望納期（に答えられる出荷日）や、生産開始日が当日よりも先の日付だった場合、今からその日付（出荷日や生産開始日）の入庫予定も含めて考える場合がある。

> **参考**
> 受注時に客先希望納期を確認して、その日に配達可能かどうかを回答する必要があるケースでは、実在庫数に日別入庫予定数を加味して希望納期ごとの引当可能数を考える。

表4-7 実在庫数、引当済数、引当可能数

名称	意味	数量の更新タイミングと増減
実在庫数	実際に、倉庫等に物理的に存在している在庫数 ※現時点での棚卸資産を把握するために必要	出庫処理でマイナス（-） 入庫処理でプラス（+）
引当済数	受注や生産に割当て済みで、まだ出庫していない在庫数	受注や生産指示でプラス（+） 出庫処理でマイナス（-）
引当可能数	どこにも引当していない在庫数 ※入荷予定も含めて考える場合あり	実在庫数-引当済数で算出する

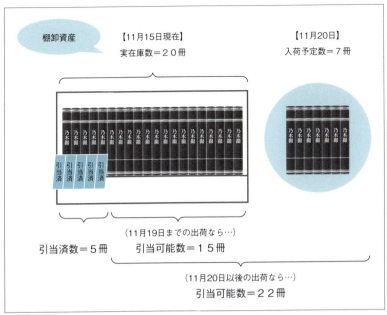

図 4-7 実在庫数、引当済数、引当可能数、入荷予定数の関係

　在庫数の概念はとても重要で、情報処理技術者試験でも普通に問題文中で使われていたり、設問になっていたりする。

　仮に今（11月15日）、倉庫の棚に写真集「乃木撮」が実際に20冊あるとしよう（図4-7）。これはまだ所有権が保有会社になるので実在庫に該当する。財務会計上は棚卸資産だ。したがって11月15日の実在庫数は20冊になる。

　しかし、現段階で受注が5冊入っていて出荷待ちの状態だ。顧客とも話がついているため、いわば取り置き状態になる。この5冊が引当済数になる。ということは、実際に20冊目に見える形で存在していても、今現在受注できるのは15冊になる。したがって受注可能数（引当可能数）は15冊になる。

　ただ、これは即出荷の注文に対する受注可能数（引当可能数）で、客先納期がもう少し先で20日以後の出荷で構わないのなら、現段階で入荷待ちの7冊も出荷時の在庫数になる。したがって出荷日が20日以後の受注に関しては、受注可能数（引当可能数）が22冊になる。

4-4 出庫（出荷）

https://www.shoeisha.co.jp/book/pages/9784798157382/4-4

原材料や部品を工場に届けるために、あるいは受注した商品や製品を顧客から指示された納品場所に届けるために、保管している倉庫から出してきてトラックに積み込んだり、配達を依頼している物流会社に渡したりする。その一連の処理を"出庫処理"もしくは"出荷処理"、"払い出し"などという。

販売管理システムや生産管理システムの持つ在庫管理機能のうち、出庫処理に関する機能一覧の例を表4-8に記す。基本的には出庫指示をかけて出庫入力をする流れになる。

参考

出庫を"払い出し"、入庫を"受け入れ"といい、入出庫を"受払（受け払い）"ということもある。なお、出荷と出庫の違いについては、P.237のコラムを参照

表4-8　基幹システムの在庫管理機能（出庫処理）例

処理タイミング／処理・機能		概要
日次	出庫処理	出庫指示入力	・出庫指示を出す。出庫指示書としてプリントアウトすることもあれば、自動倉庫やピッキングロボットにデータで指示を出すこともある
		出庫予定表	・本日出庫予定のものの一覧表 ・ピッキングリストを兼ねることもある
		ピッキングリスト （出庫指示リスト）	・これからピッキングする商品のリスト ・ピッキング方法にあった順番にソートして出力される （納品先別、商品別）
		出庫入力	・ピッキング完了後、出庫が確実になったときに行う入力処理。出庫データを作成したり、受注データに出庫済みビットを立てたりする ・売上データを生成する （売上計上基準が出庫基準の場合） ・ピッキング時にハンディターミナル等を使ったり、ピッキング後の荷物置き場でまとめて固定スキャナでスキャンしたり、入力負荷の軽減措置が考えられている ・出庫指示入力時に、出庫（実績）データを作成している場合は、差分発生時のみ利用
		出庫伝票	・出庫単位に発行する伝票 ・出庫伝票を発行して自社で保存しておく場合に利用
		出庫照会 出庫問合せ 出庫一覧表 出庫チェックリスト	・実際に出庫した商品の一覧表または照会画面 ・検索及び範囲指定の機能を持つ 　（例）日付別…当日の出庫業務のチェック 　　　　　（重複入力等のミスや不正がないかどうか） 　（例）出庫先別…納入先単位で確認したいとき 　（例）商品別…出庫したかどうかを確認
		納品書発行 （自社分含む）	・納品時、顧客に渡す納品伝票（自社で作成したフォーマット）を発行する ・範囲指定（伝票番号、日付、得意先別など）もしくは、特定の伝票番号を指定して、出力対象を絞り込むことができる ・納品伝票は受領書等との複写式にすることもある
		指定伝票発行	・相手先指定の納品書を使わなければならないとき、そのフォーマットに合わせたレイアウトで印字して発行する ・EUCで、利用者が容易にフォーマットを作成できる機能を持っている場合が多い ・フォーマット以外は、納品書発行に同じ機能

■ システムに求められる業務処理統制

"モノ"の出口の部分になるので、ここで不正や過失が発生しても、棚卸資産に関する勘定が正しくなくなる。したがって、表4-9のような業務処理統制が求められている。

表4-9 たな卸資産プロセス（出庫）のリスク、統制活動の例

関連する勘定科目：製品、商品、半製品

項番	IT統制目標		リスク	統制活動の例	統制活動の評価
1	出庫	正当性	正当な出庫指示以外の出荷が行われる	出庫指示データからのみ入庫予定が作成される	出庫指示データからのみ入庫予定が作成されることを確かめる
2				出庫指示と出庫データは消し込まれる出庫指示番号のある製品等のみが出庫される	出庫指示と出庫データは消し込まれる出庫指示番号のある製品等のみが出庫されていることを確かめる
3		完全性	出庫の二重入力、入力漏れが発生する	同一の出庫指示番号は2回消し込まれない	同一の出庫指示番号は2回消し込まれていないことを確かめる
4			出庫漏れが発生する	出庫指示と出庫データは消し込まれる	出庫指示と出庫データは消し込まれていることを確かめる
5				出庫残リストが出力され検証される	出庫残リストが出力され検証されていることを確かめる
6			売上等の二重計上、計上漏れが発生する	出庫確認データから売上データ等に転送時のコントロールトータルを設定している	出庫確認データから売上データ等に転送時のコントロールトータルが設定されていることを確かめる
7		正確性	誤った出庫が行われる	入力後にプルーフリストを出し、登録内容を確認する	プルーフリストによる確認が実施されていることを確かめる
8				出庫時に検品が実施され、出庫指示と不一致の出庫は出庫されない	出庫時に検品が実施され、出庫指示と不一致の出庫は出庫されないことを確かめる
9		維持継続性	出荷ファイルに権限者以外が不正な入力をする	入力者は、アクセス権で制御されている	入力者は、アクセス権で制御されていることを確かめる

システム管理基準 追補版（財務報告に係るIT統制ガイダンス）追加付録9．IT業務処理統制における業務プロセスごとの、リスク、統制活動、統制活動の評価手続きの例示（経済産業省（平成19年12月26日））より

■ 出庫指示

出庫処理は、倉庫等の保管場所に出庫指示を行うところから始まる。

通常、倉庫側では物流量に応じて「1日1回12時までの注文を13時に出庫指示を行う」や、「1日3回、10時、13時、16時に出荷指示を行う」などのルールを決めて、指示を出している。

販売管理システム側で出荷日や納期を、生産管理システム側で出庫日や製造日を入力している場合には、その情報を元に出庫対象のモノを確定する。

参考

近年は、リードタイム（オーダーを入れてからモノが届くまでの時間）を短縮させるために、**多頻度少量（小口）配送**が増えてきている。

参考

出庫日や出荷日は、工場で製造を始める日や、受注した商品の納期から逆算して確定させる場合もある。

■ ピッキング作業

　倉庫では、あるタイミングで、当日出庫予定の"もの"のピッキングリスト（出庫指示リスト）を出力し、それに基づいて出庫作業に入る。具体的には、ピッキングリストに記載されている出庫対象の在庫品を、倉庫を回って集めてくる作業である。この作業をピッキング作業という。

　取扱品目が少なくて倉庫そのものも小さければ問題にはならないだろうが、そうでない大型倉庫にもなると、ピッキング作業にかかるコストも無視できないものになる。そのため、人件費を抑える工夫（アルバイトの作業にするなど）とともに、作業の効率化を目指して、商品の配置（置き場所）とそれに合わせた最適なピッキング方法が模索されてきた。

　作業効率のいいピッキング方法は、受注特性によって決められる。例えば、複数の配送先に対して同一商品が多いケースでは、種まき型ピッキング※（商品別ピッキング）が有利になるだろう。しかし、複数の配送先に対して全て異なる商品なら、摘み取り型ピッキング※（配送先別ピッキング）が有利になるはずだ。他にも、商品の大きさや重さ、新製品と既存製品の回転のばらつきや、受注時間帯のばらつきなども影響する。そういったいくつかの要因を加味した上で、在庫場所とピッキング方法は決められる。

　また、以下に示すように、ITを使ってピッキング作業そのものを効率化することも可能である（「4-8 マテハン機器」参照）。

- ハンディターミナルの利用
  ピッキング作業とバーコードスキャン、ラベル発行などを同時に行う。
- 台車式ピッキング
  携帯端末とカートが一体化したもの。
- デジタルピッキングシステム
  棚などに取り付けられたデジタル表示器の指示に従って、商品を摘み取っていく。

参考

ピッキング作業を、新人研修時の仕事にしたり、1年目の配属先にしたりする企業もある。そうして取扱品目を覚えさせるという効果も。

用語解説
【種まき型ピッキング】
商品別ピッキングや種まき方式ともいわれるもので、棚からは（複数の配送先に必要な数量をまとめて）商品ごとにピッキングし、それを別の場所（荷さばき場）に用意された配送先ごとのカートの中に分配していく方法。その分配している姿が種まきのようになるので、このような名称がついた。

用語解説
【摘み取り型ピッキング】
配送別ピッキングや摘み取り方式ともいわれるもので、配送先ごとのカートとともに倉庫内を移動しながら、棚から商品を取っていくのでそう呼ばれている。

参考

ほかに、ケースピッキング（ケース単位）、ピースピッキング（ピース単位）などがある。

■ その他の出庫理由

出庫は、製造や販売目的だけに限定しない。倉庫間を移動したり、営業担当者がサンプルを持ちだしたりする場合もある。その場合でも、正確な理論在庫数を維持するために、漏れなく処理をしなければならない。よくある出庫の理由には、次のようなものがある。

```
【出庫理由（区分）】      【勘定科目】

・売上出荷            売上原価
・払出（製造目的）       製造原価
・倉庫間移動           なし
・サンプル出し          販売促進費
・経費出庫            研究開発費など
・廃棄処分            廃棄損（売上原価 or 営業外費用）
```

図 4-8 出庫理由の例

COLUMN　出庫と出荷

出荷と出庫は、同じような意味で使われることも少なくない。物流の視点であれば特に差はないからだ。

しかし厳密にいうと、**"出庫"** は単に **"倉庫から出す作業"** の意味で使われ、**"出荷"** は **"顧客や市場に向けて（荷物として）出す時の一連の行為"** の意味で使われる表現になる。したがって、自社の中での移動（工場での製造目的であったり別倉庫や営業所への移動）の時には **"出荷"** とはいわないし、最終的に顧客や市場向けではあるが、いったん別の場所に向かったり、タイムラグがある場合には **"出荷"** ではなく **"出庫"** が使われることもある。

このように、実際に現場で使われている言葉は、微妙に意味が違ってくる可能性があるので、現場で確認するようにしよう。本書では **"倉庫から出す作業"** として出庫で説明しているが、必要に応じて読み替えて欲しい。なお、入荷と入庫も同じ考え方になる。

Chapter
4

物流・在庫管理

4-5　入荷（入庫）

https://www.shoeisha.co.jp/book/pages/9784798157382/4-5/

注文した商品や部品が納品されると、それを受領するとともに（入荷処理）、在庫場所に収納する（入庫処理）。受領に当たっては検品や受入検査を行い、必要に応じて流通加工※を施す。

検品処理では、数量の確認だけではなく、破損や腐敗の有無をチェックする。そして不具合があれば受領せず持って帰ってもらい、直ちに再納品してもらう。

検品処理が短時間でできない場合（受け入れに時間がかかる場合）には、いったん全部その場に置いて行ってもらう（受け取るわけではない）。そして、入念に検査して不具合があれば次回の納品時に持って帰ってもらう。未受領と返品では会計処理が異なるからだ。

さらに、"もの"によっては、厳密な受入検査、品質検査を必要とするものもある。その場合、以下の機能が必要になる。

① 品質管理システム
　　（検査方法や検査結果を入力して記録しておく）
② 検査を意識した在庫区分
　　（検査中在庫、または検査待ち在庫、検査結果承認待ち在庫など）
③ 在庫場所に検査場が加わる
　　（他に、不良品在庫場所、グレード別在庫場所など）
④ 商品管理を品質結果別に行う
　　（品質によってグレードまたは純度、濃度など）

ノー検品

検品作業に要するコストは案外大きい。そこで、検品を行わずに、到着した商品等をそのまま受け入れるやり方もある。それがノー検品である。ノー検品が可能になるのは、経験的に誤送（誤って配送されること）の発生率が10万分の1程度になったときに可能だといわれている。

用語解説
【流通加工】
流通段階で商品に手を加えることで、昔から行われていた商品の値付や包装などから、最近ではパソコンのセットアップなど高度になってきている。

参考

入荷した商品は、同じ商品を保存している特定の棚に格納することが多い。しかし、一部の企業では、商品単位で保存場所を決めずに、入荷したらひとまず空いている場所に保存するようにしている。そうすれば、入荷時にわざわざ場所を探さなくてもよくなる。たとえバラバラに同一品が分散配置されていても、コンピュータシステムで結合できるので問題はない。

販売管理システムや生産管理システムにおける入荷処理部分の機能一覧を表4-10に記す。ざっとこんな感じになる。

　発注処理をシステム化している場合は、入荷予定日ごとに入荷予定表を作成し、それを使って発注品が正しく納品されているかどうかを確認する。問題なければ入荷処理を行う。一方、発注処理をシステム化していない場合は、良品として正式に受け入れた段階から入荷入力（入庫入力）を行う。

　また、発注先が、納品に先だって出荷に関するデータを送ってくれる場合がある。それをASN（Advanced Shipping Notice：事前出荷通知）というが、この情報と入庫した荷物のSCMラベルをコンピュータ上で突き合わせることによって、検品作業が効率化できる仕組みもある。

表4-10　基幹システムの在庫管理機能（入庫処理）例

処理タイミング／処理・機能			概要
日次	入荷処理	入荷予定表 入荷予定一覧表	・発注済み未入荷分の一覧表 ・検索及び範囲指定の機能を持つ 　（例）日付別…当日の入荷準備に用いる 　（例）仕入先別…仕入先単位で納入予定を確認 　（例）商品別…納期回答に用いる
		入荷入力 入荷実績入力	・入荷した商品を登録する 　（入荷データが生成されたり、入荷フラグを立てる） ・発注データを呼び出す機能を持つこともある ・仕入入力を兼ねることもある。その場合、仕入伝票発行処理を持つこともある
		入荷伝票	・入荷単位に発行する伝票 ・入荷伝票を発行して自社で保存しておく場合に利用
		入荷照会 入荷問合せ 入荷一覧表 入荷チェックリスト	・実際に入荷し受け入れた商品の一覧表または照会画面 ・検索及び範囲指定の機能を持つ 　（例）日付別…当日の入荷業務のチェック 　　　　（重複入力等のミスや不正がないかどうか） 　（例）仕入先別…仕入先単位で納入状況を確認 　（例）商品別…入荷したかどうかを確認
	倉庫間移動処理	移動入力	・倉庫間や場所の移動があったときに行う入力 ・出庫や入庫以外の出入りで使うこともある
		移動照会 移動問合せ 移動一覧表	・移動があったものを確認するときに利用する帳票もしくは照会画面 ・検索及び範囲指定の機能を持つ 　（例）伝票番号…特定の移動を確認したいとき 　（例）日付…1日の移動をチェックする 　（例）場所別…特定場所の移動を確認したいとき
		移動伝票	・移動伝票を発行する ・出庫側の場所では出庫伝票を、入庫側の場所では入庫伝票をそれぞれ保存することもある

■ システムに求められる業務処理統制

"モノ"の入り口の部分になるので、ここで不正や過失が発生すると、棚卸資産に関する勘定が正しくなくなるため、表4-11 のような業務処理統制が求められている。

表4-11　たな卸資産プロセス（入庫、内部移動）のリスク、統制活動の例

関連する勘定科目：製品、商品、半製品

項番		IT 統制目標	リスク	統制活動の例	統制活動の評価
1	入庫	正当性	正当でないたな卸資産が計上される	入庫入力者は、アクセス権で制御されている	入庫入力者は、アクセス権で制御されていることを確かめる
2				マスタに登録されていない製品、商品の入庫は登録できない	マスタ登録されていない製品、商品の入庫が登録されないことを確かめる
3				入庫予定と異なる入庫は登録できない	入庫予定と異なる入庫は登録できないことを確かめる
4		完全性	たな卸資産の二重入力、入力漏れが発生する	入力後にプルーフリストを出し、登録内容を確認する	プルーフリストによる確認が実施されていることを確かめる
5				入庫番号は自動採番されるが製造時の製造ロット番号は引き継がれる	入庫番号は自動採番され、製造ロット番号は引き継がれていることを確かめる
6				入庫予定がある場合は予定との差額リストが出力され検証される	入庫予定がある場合は予定との差額リストが出力され検証されていることを確かめる
7		正確性	入力に誤りがある	入力後にプルーフリストを出し、登録内容を確認する	プルーフリストによる確認が実施されていることを確かめる
8				製品単価は取引先ごとにマスタ登録された単価でのみで登録される。入庫ごとに単価が異なる場合は、発注者が承認した単価で入力される	製品単価は取引先ごとにマスタ登録された単価でのみ登録されていることを確かめる
9				プルーフリストによる確認が実施されていることを確かめる	プルーフリストによる確認が実施されていることを確かめる
10		維持継続性	在庫ファイルに権限者以外が不正な入力をする	入力者は、アクセス権で制御されている	入力者は、アクセス権で制御されていることを確かめる
11				入庫は毎日集計され、発注担当者と管理者に報告され確認される	発注担当者、管理者が報告を確認していることを確かめる
12	内部移動	正当性	認められない資産の移動が計上される	資産の移動は、正式に承認された移動の依頼によって指示され、登録される	資産の移動は、正式に承認された移動の依頼によって指示され、登録されていることを確かめる
13				移動の入力は、入力権限にある担当者の ID とパスワードで制御されている	移動の入力は、入力権限にある担当者の ID とパスワードで制御されていることを確かめる
14		完全性	すべての移動は記録される	移動元の出庫データは、入庫先で入庫がないと未受入残として表示される	移動元の出庫データは、入庫先で入庫がないと未受入残として表示されることを確かめる
15				入力後にプルーフリストを出し、登録内容を確認する	プルーフリストによる確認が実施されていることを確かめる
16		正確性	移動すべきたな卸資産が正確でない	入力後にプルーフリストを出し、登録内容を確認する	プルーフリストによる確認が実施されていることを確かめる

システム管理基準　追補版（財務報告に係る IT 統制ガイダンス）追加付録 9．IT 業務処理統制における業務プロセスごとの、リスク、統制活動、統制活動の評価手続きの例示（経済産業省（平成 19 年 12 月 26 日））より

4-6 棚卸

https://www.shoeisha.co.jp/book/pages/9784798157382/4-6

会社は、決算時に、棚卸資産を確定させるとともに売上原価を計算しなければならない。そのために必要な処理が棚卸である。

棚卸とは、在庫（棚卸資産）の数量を把握すること。その方法には、期中の受払を記録した帳簿を用いて数量を把握する帳簿棚卸法と、実際に現物を見て数えて数量を把握する実地棚卸法がある。

ただ、多くの企業では、いずれか択一というわけではなく、2つの方法を併用している。期中に在庫の推移を把握したければ、きちんと日々記帳するか、コンピュータで在庫の受払管理を行っているはずで、その場合、理屈的には実地棚卸は不要になる。しかし、日々大量の取引を行っている企業だと、時間の経過とともに帳簿上の在庫数量と実際の在庫数量が合わなくなってくる。それも取扱量が多くなるほどその乖離も大きくなることが多い。そこで、定期的に——普通は決算のタイミングで、実地棚卸を実施して、帳簿上の在庫数量を修正しているというわけだ。陳腐化する商品などは、実地棚卸のときに商品そのものの価値を再評価することもできる。

ただし、単に"棚卸"とか"棚卸作業"といった場合、実地棚卸のことを指すのが一般的だ。その作業イメージを紹介しよう。

（実地）棚卸作業の例

大企業の場合、倉庫の入出荷作業を1日停止して、全社員一丸で（人海戦術で）行うことも多い。早朝から全社員が集合し、集まった社員に棚卸記入表（商品ごとのコンピュータ在庫を、倉庫別棚番別に出力した表）を担当エリアごとに分けて配布する。あとは実際に自分の目で商品を数え、その数量を「棚卸記入表」に記入したり、ハンディターミナルに入力したりする。

> **参考**
>
> 実在庫と理論在庫が合わなくなる原因はさまざまで、気づかない盗難や、入力忘れ、タイムラグ（サンプル持出し、緊急出荷、伝票記載ミス）、前回の棚卸時の数え間違いなど多岐に渡る。

そうして実地棚卸が完了したら、次に棚卸差異の原因を追及する。棚卸業務をコンピュータ処理している場合は、「棚卸差異リスト」を出力し、それをもって再度、現場で確認する。それでも（数え間違いや見落としがなく）差異が発生していたら、その時点で差異を確定し、棚卸で求めた現在の数量で訂正入力する。以上で、一連の棚卸処理は完了する。

■ 一括棚卸と循環棚卸

実地棚卸には一括棚卸と循環棚卸がある。一括棚卸とは、1日なら1日ですべての棚卸を完了させることである。一方、循環棚卸とは、倉庫内の区画ごとに順番に棚卸を行い、一定の期間をかけて一巡させるやり方である。循環棚卸の場合、棚割※の変更がやりにくいのが難点である。

■ 棚卸後の会計処理

棚卸後、帳簿棚卸と実地棚卸で表面化した数量差異は、会計上は"棚卸減耗費"として処理する。損益計算書上は、原価性があれば売上原価に繰り入れ、原価性がないものは営業外費用、もしくは特別損失に繰り入れる。

また、棚卸の段階で減耗や目減り、陳腐化を発見すると、廃棄するか評価替えをするのかを考える。そして、廃棄した場合は"商品廃棄損"に、評価替えをした場合（それは単価が下落するということなので）、下落分は"商品評価損"に計上する。

用語解説
【棚割】
一般に、倉庫の中では、棚を組んで在庫品を保管している。このとき、棚のどの場所にどの商品を保管するのかを決めることを棚割という。

表4-12 基幹システムの在庫管理機能一覧

処理タイミング／処理・機能			概要
月次・年次	棚卸処理	棚卸調査リスト 棚卸記入表	・棚卸時に使用するリスト ・場所（エリア、倉庫、棚等）別に出力可能 ・（コンピュータ上の）在庫数量を印字するかどうか選択できると良い
		棚卸入力	・実地棚卸の結果を入力する ・ハンディターミナルを使用する場合、棚卸調査リストを使わずに、ハンディターミナルの画面に表示し、そこに実際の数量も入力する
		棚卸差異一覧表	・実地棚卸の後、コンピュータ上の在庫数量と、実地棚卸で入力した在庫数量が異なるものだけを抽出して一覧表で出力する ・この帳票をもとに、再調査する ・在庫金額を計算できる場合、棚卸差異金額が把握できる

システムに求められる業務処理統制

ここでは、表4-13のような業務処理統制が求められている。

表4-13 たな卸資産プロセス（評価、たな卸、廃棄）のリスク、統制活動の例

関連する勘定科目：製品、商品、半製品

項番		IT統制目標	リスク	統制活動の例	統制活動の評価
1	評価	正当性	会社の会計方針に従わない評価がされる	会社のルール通りであることを一部計算して確かめる	会社のルール通りであることを一部計算して確かめていることを確かめる
2		完全性	対象となる全ての資産が評価されない	月次等での評価結果の処理件数は確認されている	月次での評価結果の処理件数は確認し、処理漏れの無いことを確認していることを確かめる
3		正確性	対象となる資産の評価が正確ではない	一部の計算結果を手作業で確認している	計算結果を検証していることを確かめる
4		維持継続性	在庫ファイルに権限者以外が不正な入力をする	ファイルへの不正なアクセスは制限されている	正当な権限者のみがファイルにアクセスしていることを確かめる
5	たな卸	正当性	実在しない在庫が計上される	たな卸により、実在を確認した在庫が登録される	たな卸により、実在を確認した在庫が登録される
6				たな卸の結果は、内部監査部恩と生産管理部門によって承認される	たな卸の結果は、内部監査部恩と生産管理部門によって承認されていることを確かめる
7		完全性	たな卸資産の二重計上、計上漏れが発生する	たな卸結果は、継続帳簿と突合され差異が検証される	たな卸結果は、継続帳簿と突合され差異が検証されていることを確かめる
8				入力後にブルーリストを出し、登録内容を確認する	ブルーリストによる確認が実施されていることを確かめる
9		正確性	たな卸の結果が正確に反映されない	入力後にブルーリストを出し、登録内容を確認する	ブルーリストによる確認が実施されていることを確かめる
10		維持継続性	在庫ファイルが不正に改ざんされる	アクセス権は制御されている	アクセス権は制御されていることを確かめる
11				在庫ファイルの分析を経理が実施して異常点が無いかを確認する	在庫ファイルの分析を経理が実施して異常点が無いかを確認していることを確かめる
12	廃棄	正当性	正当でない廃棄データがある	廃棄は所定の承認手続により廃棄指示をし、廃棄される	廃棄は所定の承認手続によっていることを確かめる
13				廃棄の実際の記録を確認して廃棄の登録をする	廃棄の実際の記録を確認して廃棄の登録をしていることを確かめる
14		完全性	廃棄の二重計上、計上漏れが発生する	入力後にブルーリストを出し、登録内容を確認する	ブルーリストによる確認が実施されていることを確かめる
15				廃棄指示の未処理残が経理で確認される	廃棄指示の未処理残が表示され経理で確認されていることを確かめる
16		正確性	誤った廃棄が行われる	ブルーリストによる確認が実施されていることを確かめる	ブルーリストによる確認が実施されていることを確かめる
17		維持継続性	支払ファイルが不正に改ざんされる	アクセス権は制御されている	アクセス権は制御されていることを確かめる
18				一定の条件で在庫状況を抽出し、廃棄対象となるべき在庫が未処理となっていないなど異常点がないかを経理が確かめる	異常点の検証が経理により、実施されていることを確かめる

システム管理基準　追補版（財務報告に係るIT統制ガイダンス）追加付録9. IT業務処理統制における業務プロセスごとの、リスク、統制活動、統制活動の評価手続きの例示（経済産業省（平成19年12月26日））より

Chapter
4

物流・在庫管理

243

4-7 棚卸資産の評価

https://www.shoeisha.co.jp/book/pages/9784798157382/4-7/

棚卸処理によって把握された商品や製品、資材などの在庫数量は、一定の計算によって金額に換算され、資産価値が求められる。これを棚卸資産の評価という。

■ 財務会計（売上原価の計算）

棚卸資産の評価は、決算期等に売上原価を計算するために行われる。

例えば、ある年度の売上高が10,000円だったとする。この年度の売上原価と利益を求めるには、先だって、期末商品棚卸高（図4-9 ③）を計算して求めなければならない。期末商品の数量は棚卸作業で把握できる。あとは、その数量に単価をかけて金額に変えればいい。このときに、いくつかの考え方があるというわけだ。

その"考え方"すなわち計算方法は後述するとして、期末商品棚卸高が求められれば、それは期末に残った"棚卸資産"を表すので、1年間の総取扱金額（期首商品棚卸高＋当期商品仕入高）から減じることで、当期の売上原価が求められる。この例だと、7,000円になる。

> **参考**
>
> 会計処理において、会計期間中の仕入れは全て"仕入計上"して積み上げているが、これを全て費用（仕入原価や製造原価）にすることはできない**（費用収益対応の原則）**。そこで、期末には未使用分を棚卸処理で確認して**"棚卸資産"として資産に計上**し、使用した分を**"売上原価"として費用に計上**する。

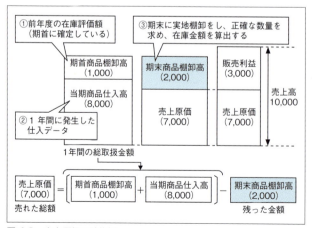

図4-9 売上原価の計算例

■ 代表的な棚卸資産の評価方法

棚卸資産の評価方法にはいろいろな考え方がある。ここでは、そのうち代表的な8つの評価方法について説明する。ひとまず、この8つの評価方法を知っていればいいだろう。いずれも原価法と低価法に分けていうと原価法になる。ちなみに低価法とは、正味実現可能価額（正味売却価額）が低下したら、その低い額で計上するという方法のことである。

なお、ここでは理解を深めるために、棚卸資産評価額や期末及び期首商品棚卸額などの"金額"を表す用語を"在庫金額"で、棚卸資産数量や期末及び期首商品棚卸数量などの"数量"を表す用語を"在庫数量"で説明するようにした。また、棚卸資産については"商品"で説明するようにしている。必要に応じて読み変えてほしい。

①個別法

個別の商品に対して、（同じ商品であっても）個別に単価を設定する方法である。個体識別が可能な高額商品（貴金属やペット）で、個体によって仕入原価や売単価に差があるものに向いている評価方法である。

この方法を採用すると、期中における商品単価は個別に把握されている。また、期末商品棚卸高の計算は、在庫の個体単価の総和で求められる。

②総平均法

総平均法は、一定期間（1カ月や6カ月、1年など）の"受け入れ金額の総額"を"総受け入れ数量"で割って単価を求める方法である。後述する移動平均法や先入先出法、後入先出法と違って、1カ月や6カ月を基準の計算単位とすることで、処理はシンプルになる。

この方法を採用すると、期中に販売された商品の単価は、前回計算時（1カ月前や6カ月前等）の商品単価を適用する。また、期末商品棚卸高の計算は次のようになる。

参考

後述するように、法人税法や会計基準で全てが認められているわけではない。昔は認められていたが、認められなくなったものもある。また、細分化した場合、この8つに限らない。

参考

個別法を採用するには、いうまでもなく個体管理が必須になる。ただ、個体管理が実現していれば、期中でも個体別に正確な利益が把握できる。

参考

個別法が認められるのは、個別管理が行われ、かつ個別原価計算されていることが前提になる。

Chapter
4

物流・在庫管理

245

【総平均法】

期末商品棚卸高 = 期末商品棚卸数量 × 商品単価

商品単価 = 総受け入れ金額 ÷ 総受け入れ数量

※ 総受け入れ金額 = 期首商品棚卸高 + 期中取得原価
（総金額）

※ 総受け入れ数量 = 期首商品棚卸数量 + 期中取得総
数量

③移動平均法

　移動平均法は、仕入等で商品を受け入れるたびに、その時点での平均単価を求める方法である。具体的には、その時点（毎回の仕入時）の在庫に、取得した仕入分を加えて単価を再計算して改定する。

　表4-14の例では、前月繰越の在庫が6,000円（単価300円×20個）残っている。そして4月2日に、14,000円分（単価280×50個）の商品を仕入れた。移動平均法では、このタイミングで単価を再計算して改定する。棚卸資産評価額20,000円に対して、棚卸資産数量が70個なので、商品単価は286円（20,000円÷70個）に改定される。

　この方法を採用すると、期中に販売された商品の単価は、仕入の都度改定された仕入単価を適用する。4月2日から次の入荷（4月4日）までは、商品単価286円の商品が販売されたと考える。また、期末商品棚卸高の計算は、総平均法と同じ計算になる。

参考

移動平均法と総平均法の違いは、前者がリアルタイム処理（仕入れの都度リアルタイムに単価を改定していく）で、後者がバッチ処理（月1回など）だとイメージすれば理解しやすい。計算方法は同じだが、移動平均法では、期首商品棚卸高や期首商品棚卸数量は、前回仕入時のそれになる。

表4-14　移動平均法の例

20,000÷70で計算する

日時	取引内容	入庫			出庫			在庫		
		数量	単価	金額	数量	単価	金額	数量	単価	金額
4月1日	前月繰越							20	300	6,000
4月2日	商品を50個仕入れる	50	280	14,000				70	286	20,000
	商品を10個販売する				10	286	2,860	60	286	17,140
4月4日	商品を20個販売する				20	286	5,720	40	286	11,420
4月5日	商品を60個仕入れる	60	320	19,200				100	306	30,620
	商品を50個販売する				50	306	15,300	50	306	15,320

④ 単純平均法

いたってシンプルな考え方のひとつに単純平均法というものがある。異なる仕入単価のみに焦点を当てて、それを単純に平均して仕入単価とする方法だ。

表 4-15　単純平均法の例

日時	取引内容
4月2日	商品Aを、@500円で50個仕入れる
6月15日	商品Aを、@480円で20個仕入れる
8月22日	商品Aを、@550円で40個仕入れる
10月11日	商品Aを、@700円で10個仕入れる
12月12日	商品Aを、@300円で200個仕入れる

表 4-15 の例でいうと、仕入数量にばらつきがあろうがなかろうが、最終的な商品単価は 506 円（(500 + 480 + 550 + 700 + 300 円) ÷ 5 回）になる。

なお、この方法だと、毎回仕入数量や仕入単価が一定の範囲でないと正確な単価を表すことができない。参考までに、表 4-16 の例を総平均法で計算すると単価は 386 円になる。

⑤ 先入先出法

先入先出法の考え方は最も理解しやすいものになる。現物の管理と同じ考え方になるからだ。通常、現物の商品は古いものから出荷されていくが、会計的にもそれと同じ動きになる。

商品単価を仕入れた順番に把握して、商品を販売する時点で、残っている最も古い仕入時の在庫が販売されたと考える。ここも例を使って見ていくことにしよう。

表 4-16 は、表 4-14 と全く同じ取引である。4月2日の商品入荷によって仕入単価の異なる在庫ができたので、そのまま分けて管理しているのがわかる。そして同日、商品が 10 個販売されたが、この 10 個は商品単価 300 円のものが販売されたと考えるわけだ。4月4日に販売されたのは、半分が単価 300 円、もう半分が 280 円と考える。要するに、その時点で最も古い仕入における商品単価を適用することになる。管理は複雑になるが、理

参考

先入先出法による期末商品棚卸高の計算は、期末在庫と期末に近い時期の仕入とを、順次、突き合わせして算出する。もしくは、販売都度、古い仕入情報とを引当てていって残ったものを在庫と考える。

にかなった考え方には違いない。

表4-16 先入先出法の例

日時	取引内容	入荷 数量	単価	金額	出荷 数量	単価	金額	在庫 数量	単価	金額	内訳 数量	単価	金額
4月1日	前月繰越							20	300	6,000			
4月2日	商品を50個仕入れる	50	280	14,000				70	286	20,000	20 50	300 280	6,000 14,000
	商品を10個販売する				10	300	3,000	60	283	17,000	10 50	300 280	3,000 14,000
4月4日	商品を20個販売する				10 10	300 280	5,800	40	280	11,200	40	280	11,200
4月5日	商品を60個仕入れる	60	320	19,200				100	304	30,400	40 60	280 320	11,200 19,200
	商品を50個販売する				40 10	280 320	11,200 3,200	50	320	16,000	50	320	16,000

⑥後入先出法

後入先出法は、先入先出法のちょうど逆の考え方になる。現物の処理とは関係なく、販売され出荷されていくのは、最も後（直近）に仕入れた在庫からになる。残されるのは常に古い在庫だ。

仕入単価の管理方法は、先入先出法と同様に、仕入単価が異なればその違いを把握しておく必要がある（表4-17）。

期中の商品原単価を求める場合、その時点での最も近い仕入単価を適用する。また、期末商品棚卸高の計算は、その時点で残されている最も古い仕入れ単価を適用する。

表4-17 後入先出法の例

日時	取引内容	入荷 数量	単価	金額	出荷 数量	単価	金額	在庫 数量	単価	金額	内訳 数量	単価	金額
4月1日	前月繰越							20	300	6,000			
4月2日	商品を50個仕入れる	50	280	14,000				70	286	20,000	20 50	300 280	6,000 14,000
	商品を10個販売する				10	280	2,800	60	287	17,200	20 40	300 280	6,000 11,200
4月4日	商品を20個販売する				20	280	5,600	40	290	11,600	20 20	300 280	6,000 5,600
4月5日	商品を60個仕入れる	60	320	19,200				100	308	30,800	20 20 60	300 280 320	6,000 5,600 19,200
	商品を50個販売する				50	320	16,000	50	296	14,800	20 20 10	300 280 320	6,000 5,600 3,200

⑦最終仕入原価法

最終仕入原価法は、期末等の計算時点において、最後に仕入れたときの仕入単価を仕入原価とする方法である。最もシンプルで管理しやすいが、単価変動が激しい商品だと、実態とかけ離れた評価になってしまう。

この方法を採用すると、販売時点でも期末商品棚卸高を計算するときでも、その直前に仕入れたときの商品単価が原価になる。表 4-16 及び表 4-17 の例だと、4 月 5 日時点の在庫 50 個の商品単価は、最後に仕入れた時の 320 円になる。

⑧売価還元法

売価還元法は、売価（販売価格）に原価率をかけて原価を求める方法になる。

商品が多く、期中の在庫管理や受払の記帳が手間な場合に採用される方法のため、商品販売時点の原価や利益を把握する用途には向かない。もっぱら、期末に行う売上原価の計算及び棚卸資産の評価で用いられる。

参考までに、棚卸資産の評価における計算式を以下に記す。

期末棚卸資産額 ＝

（在庫品の）販売予定価額の総額 × 原価率

$$\text{原価率} = \frac{\text{（期首棚卸資産額 ＋ 当期仕入額）}}{\text{（当期売上高 ＋ 販売予定価額の総額）}}$$

参　考

売価還元法は、小売店や百貨店でよく用いられる方法。この方法は、差益率が異なるグループごとに計算することができる。

Chapter 4
物流・在庫管理

■ 原価法と低価法

　棚卸資産の評価方法には、さらに原価法と低価法という2つの基準がある。原価法は、棚卸資産を取得原価で評価する方法で、これまで説明してきた評価方法を使って計算して求める。他方、低価法では、取得原価（これまで説明してきたいずれかの評価方法を使って算出）と時価を比較して、いずれか低い方を原価とする方法になる。

　企業会計原則では、時価が原価よりも著しく低くなり回復見込みがない場合、原価法を採用していても時価を適用することになる（強制評価減）が、低価法では、時価が原価より低い場合（著しく低くなくても良い）や、時価が原価よりも著しく低い場合で、かつ回復見込みのある場合でも、時価を適用することができる。

■ 洗替法と切放法

　棚卸資産の評価方法で低価法を採用してた場合で、取得原価よりも時価の方が低く、時価を棚卸資産の評価額とした時に、簿記の仕訳では棚卸資産評価損として処理する。

　このときさらに、洗替（あらいがえ）法と切放法の二つの処理方法がある。いずれも、期末に時価によって評価したものを、翌期首にどうするのかを決めるもので、洗替法では評価損を戻し入れ原価法による評価額に戻し、切放法ではその時価のままにしておく。

■ 会計基準と棚卸資産の評価方法

　このように棚卸資産の評価方法には、いくつかの選択の余地があるが、すべての方法が選べるわけではない。以前は使えたものの今では採用できないものもある。

　例えば、上場企業や大企業等金融商品取引法監査の適用会社に要求されるASBJの会計基準の中に、平成18年に公表され、平成20年に改正された企業会計基準第9号「棚卸資産の評価に関する会計基準」がある。その会計基準では、棚卸資産

の評価方法として、個別法、先入先出法、平均原価法（総平均法と移動平均法）、売価還元法の4つが認められていて、後入先出法に関しては認められなくなっている（選択できる評価方法から削除）。また、それまで原価法と低価法の選択適用が可能だったのが、低価法の適用が義務付けられている（洗替法と切放法は選択適用）。

　また、中小企業には、同じくASBJより公表された「中小企業の会計に関する指針（平成25年版）」（平成26年2月3日最終改正）によると、棚卸資産の評価方法は、個別法、先入先出法、総平均法、移動平均法、売価還元法等に、期間損益の計算上著しい弊害がない場合に限定されるが最終仕入原価法も用いることができるとしている。また、原価法と低価法も、及び洗替法と切放法も選択適用できる。

■ 法人税法と棚卸資産の評価方法

　一方、法人税法施行令28条（棚卸資産の評価の方法）では、選定することができる評価方法を、個別法、先入先出法、総平均法、移動平均法、最終仕入原価法、売価還元法の6つと定めている。また、原価法と低価法も選択適用できる（低価法を採用する場合は、税務署に届け出る必要がある）。ただ、その場合、平成23年度の税制改正によって切放法が認められなくなった。低価法を採用する場合、洗替法だけが認められる。

4-8 マテハン機器

https://www.shoeisha.co.jp/book/pages/9784798157382/4-8

マテハンとは Material Handling のことで、貨物の荷役運搬を意味する用語である。正確には、マテハン機器－すなわち、物流業務効率化のためのさまざまな機器（フォークリフト、搬送ロボット、ベルトコンベアーなど）のことを指している。ここでは、マテハン機器のうち、コンピュータと連動するものを中心に紹介していこう。

■ 自動倉庫システム

写真4-2、写真4-3のようにラックを高度化（機械化）させたものが自動倉庫システムである。ピッキングのためのクレーン（写真4-2のラックマスター）が移動して保管商品を手元まで搬出してくるという仕組みになっている。

ラックに対する搬出（または搬入）指示は、手元のスイッチ（ラックマスター操作ボックス）、フォークリフトからのリモコン操作などから行う。手作業による棚への搬入搬出ではなく、確実にコンピュータを介することによって、在庫数量やロケーションの管理が正確になるし、写真4-2、写真4-3のように棚間隔も小さくすることができる（棚間にはフォークリフトの稼働スペースが不要になるため）。

また、写真を見れば明らかだが、機械化することで"高さ"のある空間を有効活用できる。管理対象が、重いものでも大丈夫。ピッキング作業や入庫作業も自動化されることから、正確かつ迅速な納品に寄与する部分も大きいだろう。物流倉庫で働く人々の確保が困難な時にや人件費抑制にも有効だろう。

但し、自動倉庫での管理に向いている在庫品もあれば、そうでない在庫品もある。1件当たりの管理コストを算出した場合、作業は楽になったがコストは倍増したという可能性もある。そのため、導入にあたっては慎重に検討し、物流ABCや物流KPIの結果を見て投資効果を判断する必要があるだろう。

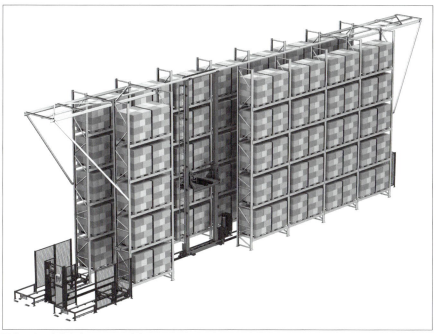

写真 4-2 自動倉庫システムの例
（資料提供：(株) ダイフク「コンパクトシステム」）

写真 4-3 自動倉庫システム利用例
（写真提供：(株) ダイフク「コンパクトシステム」）

■ 自動仕分けシステム（ソータ）

　台車でのピッキングにせよ、自動倉庫にせよ、そこからトラックに積み込むまでの間は、人間やマテハン機器（フォークリフト、あるいはコンベヤなど）によって運ばれることになる。コンベヤとは、商品を移動させるための線路のようなものだ。そのコンベヤでコンピュータ制御によって自動で搬送先別に振り分けるシステムを自動仕分けシステム（ソータ）と呼ぶ(写真 4-4)。

参考

コンベヤ（convoyer / conveyor）はコンベアと言われることもある。本書ではコンベヤとしている。

写真 4-4　自動仕分けシステムの例
　　　（写真提供：(株)ダイフク「サーフィンソーター」）

■ パレタイズ機器

　入庫時でも出庫時でも、コンベヤの行きつく先では、トラックに積み込むまでに一時的にパレットに積んでおくことがある。図 4-10 や図 4-11 のようなイメージだ。コンベヤを使用していなくても、保管やフォークリフトでの運搬を目的にパレットに積む時があるが、このパレットに積み付ける作業をパレタイズ（Palletize）という。これを自動化するマテハン機器が、パレタイズ機器である。

　図 4-10 は、コンベヤの先にコンピュータ制御で上下する台を設け、そこにパレットを置いて流れてくるモノを積み付けて

いくシステムになる。他方、図4-11ではロボットアームを使ってパレットに積んでいる。

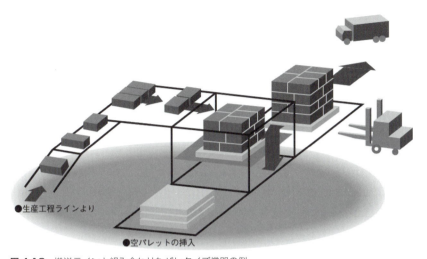

図4-10 搬送ラインと組み合わせたパレタイズ機器の例
オークラ輸送機株式会社のパレタイザシリーズ
http://www.okurayusoki.co.jp/product/plant/pallet/mechanical.html

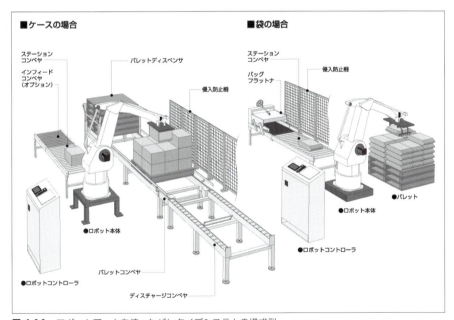

図4-11 ロボットアームを使ったパレタイズシステムの構成例
（オークラ輸送機株式会社のパレタイザシリーズ）
http://www.okurayusoki.co.jp/product/plant/pallet/robot_05.html

なお、パレットに積み付けられた貨物を、トラックに一気に積み込むトラックローダシリーズもある（写真4-5）。パレタイズではないが一連の流れを押さえておくのもいいだろう。

写真4-5　オークラ輸送機株式会社のトラックローダシリーズ
　　　　写真はコンパクト型トラックローダー（地上走行フォーク式）
　　　　http://www.okurayusoki.co.jp/product/plant/pallet/truck.html

■ デジタルアソートシステム

　ピッキング作業を自動化するマテハン機器は、先に紹介した自動倉庫以外にもいろいろな種類がある。完全自動化ではなく、作業員（ピッカー）の作業効率を高めるために考えられたマテハン機器が、デジタルアソートシステムだ。種まき型ピッキングの効率化を図るために使われるマテハン機器である。

　ピッキング作業そのものは人の作業になるので、ピッカーが出庫指示書や出荷指示書に基づきピッキングしてくることになるが、それを仕分けする時に、仕分け先のコンテナやパレットにデジタル表示器を取り付けておき、その指示に従って、ピッカーがピッキングしてきた商品等を配送先ごとに仕分けていく。

■ デジタルピッキングシステム

　摘み取り型ピッキングを効率よく実施するために、保管棚に取り付けられたデジタル表示器の指示に従ってピッキングできるようにしたシステムをデジタルピッキングシステムという（写真4-6）。

　事前に読み込まれた出荷指示データに基づいて、棚に取り付けられたデジタル表示器が点灯し、数量を表示する。ピッカーは、その点灯している表示器を頼りに摘み取り型ピッキングを行う。ピッキング後は、表示器のボタン操作で点灯を消していく。

写真4-6　デジタルピッキングシステム
　　　　　（写真提供：(株)ダイフク「デジタルピックシステム」）

■ 自動走行ロボット

　広大な物流倉庫を、お掃除ロボットを大きくしたような自動走行ロボットが、商品棚の下に入って棚を持ち上げて人（作業員）の前まで運んでくるというシステムも、導入され始めている。自動走行ロボットにはカメラとセンサがついており、それぞれぶつからないよう自動運転している。倉庫に物が入ってきた時、倉庫から物を出す時、いずれも効率化できる。

写真 4-7　Amazon：自立走行ロボット
https://amazon-press.jp/Logistics/Logistics/Presskit/amazon/jp/Operations/FC_AR_OverView/

COLUMN　Amazon の物流関係の特許戦略

　大手 EC サイトを運営する Amazon は、事あるごとにビジネスモデル特許を取っていることで有名である。EC サイトでワンクリックで注文できる"1-Click 注文"特許（米国では 2017 年に失効、日本でも 2018 年 9 月に失効）を持っていたことは記憶に新しいが、物流関連の特許もいろいろ取得している。

予測出荷

　2013 年 12 月には米国内で「予測的な配送システム」の特許を取得している。これは、顧客が注文する前に「注文される確率の高いもの」を宛先未定で出荷し、向かっている途中に正確な配送先（確定した配送先）を指定するモデルである。これによってリードタイムを究極的に短くすることができる。場合によっては、スマホから注文のクリックをした瞬間にチャイムがなって届けられるということも不可能ではなくなる。配達先の予測は、様々な変数を分析することによって行われるとしている。そのあたりは Amazon にはこれまでの膨大なデータがあるので強みになるのだろう。単なるエリアへの在庫移動ではなく、潜在顧客に近づいていく経路選定や、トラックから荷卸ししないなどが新規性だとしている。ただし、日本のように国土が狭い場合には、あまりメリットはないかもしれない。普通に、需要予測に基づき、地域の物流倉庫に"売れそうなもの"を"売れそうな数だけ"置いていれば十分賄えるからだ。

ドローン配送関連の特許

　ドローンを使った物流（ドローン物流、ドローン配送）の実験が始まっているが、Amazon はドローン配送関係の特許も取得している。2018 年 3 月には米国内で、配送用ドローンに地上から手を振るなどジェスチャーで合図をしたら、それをカメラが認識して、そこまで自律飛行して荷物を届ける技術に関して特許を取得している。その他にも、集団で重いモノを運ぶ技術、飛行中に故障した時に安全に自ら破壊する技術、ドローンタワー構想もあるようだ。

　他にも、自動運転する車と道路の管理システムが連携して自動運転を支援する自動運転に関する特許なども取得している。今後の動向にも注目が必要である。

4-9　物流

https://www.shoeisha.co.jp/book/pages/9784798157382/4-9/

　1990年代も半ばになった頃、日本でも"ロジスティクス"や"3PL"という言葉が聞かれるようになってきた。ロジスティクス（Logistics）とは、これまでの物流に対するイメージを刷新した考え方で「戦略物流」という概念になる。それを提案するのが3PL（サードパーティロジスティクス）※企業になる。3PLは、従来の運送会社のイメージとは異なり、単に物流機能だけを受託するのではない。ITを駆使し、リードタイムの短縮、経費削減、情報共有、情報提供などを自立的に考えて提案しながら、「顧客サービスの向上」、「市場競争力の向上」をともに目指す、より良きパートナーという位置づけになる。

■ WMS (Warehouse Management System)

　そんな中、3PLを実現するソリューションとして登場したのがWMSである。物流・在庫管理の高度化を目指すソリューションとして、従来の在庫管理に加えて、物流センターや倉庫内部の業務効率化と高度化を総合的に支援するソリューションということになる。

■ 物流KPI

　WMSの主要機能のひとつに物流KPI（表4-18参照）がある。物流作業の"品質"ともいえるもので、各種指標を高めていくことで顧客満足度を高めて売上アップにつなげたり、効率化を図って経費を削減することを狙う（そのあたりの因果関係をつなげるとBSCのインフルエンスダイアグラムになる）。

　具体的には、物流作業を"見える化"し、現状の数値を把握するとともに、同業他社の数値と比較して課題を見つける。課題が見つかれば、それを数値目標として自社の作業内容を見直すなどの改善活動（課題への取組み）を行って、現状の数値を向上させていく。

用語解説
【3PL（3rd Party Logistics）】
企業の流通業務を一括して請け負うサービスのこと。実際の運搬だけをアウトソーシングする形態を1PL（ファースト・パーティ・ロジスティクス）、物流会社に物流の一部機能をアウトソーシングする形態を2PL（セカンド・パーティ・ロジスティクス）と呼び、それらに対して、直接取引に関与しない「第三者」が行う物流というところからきている。そこから派生して、戦略物流を行うようになった物流企業も3PLというようになっている。

表4-18　代表的な物流KPI

	物流KPI	【計算式】／（例）／概要
総合	完全注文達成率	**【完全注文達成機会／総注文数 ×100】（例）95% など** 完全注文（完全オーダー：Perfect Order）とは、受注から配送、請求まで"注文"が完結するまでに全くミスのなかった注文のことをいう。「何をもって完全注文とするのか？」は、企業の考え方によって異なるが、顧客満足につながる重要な指標とされているのは間違いない
顧客	各種リードタイム	・出庫指示を受けてから、出庫完了になるまでの時間 ・出庫指示を受けてから、顧客が受領するまでの時間 ・顧客の注文を受けてから、顧客が受領するまでの時間
	欠品率	**【欠品数／総注文数 ×100】（例）1% など** 品揃えの充実度を表す指標。顧客から低減を求められることも少なくない。「100回の注文中1回欠品が発生した（欠品率1%）」とか、「100個発注したら90個しか確保できなかった（欠品率10%）」とか、分母と分子に何を使うかは様々である。EOSやEDIなどで商談交渉の無いケースでは、特に重要となる指標でもある
作業品質	納期遵守率	**【納期内出荷件数／総出荷件数 ×100】（例）99.5% など** 納期を守れた割合。納期を、客先指定納期や客先希望納期、客先への回答納期（約束納期）のように細部化する場合もある。その場合、指標の見方が変わってくる点に注意。客先希望納期の順守率の高さは顧客にとって魅力になるが、回答納期の遵守率の高さは信頼につながる
	誤出荷率	**【出荷ミス件数／総出荷件数 ×100】（例）0.005%など** 出荷作業の品質向上を目的に、原因（商品誤り、数量誤り、配送先誤りなど）を分析して改善活動していくときなどの目標値として使用する。総出荷件数は、総出荷指示数、出荷伝票枚数、出荷金額などで分析することもある。出荷精度ともいう この作業ミスに関しては、原因別に指標をとることもある ・誤納率＝違う商品を納品してしまった割合 ・誤配率＝違う場所に納品してしまった割合 ・ピッキングミス率＝ピッキング作業の段階でのミス
	棚卸差異率	**【棚卸差異金額／帳簿在庫金額 ×100】（例）3% など** 帳簿在庫と実在庫の差を表す割合。在庫管理の精度を表す指標で、在庫精度や在庫差異率などとよばれることもある。この数値を求めるタイミングは実地棚卸の時が多い
在庫管理（適正在庫）	在庫回転率	**【（一定期間の）売上原価／（その期間中の平均）棚卸資産額】** **（例）1か月で3回転、1年間で36回転など** ある一定期間中に在庫が何回転したのかを表す指標。全体及び商品別の販売効率や在庫管理の効率を見る時の指標。金額以外に数量を使うこともあるし、売上原価は売上金額を使うこともある。棚卸資産も平均を使ったり、ある時点を使ったり、様々である
	在庫回転期間	**【（その期間中の平均）棚卸資産額／（一定期間の）売上原価 ×100】** ※ 上記の一定期間が"1年間"の場合、上記で算出した割合に365を乗じると在庫回転日数になる。 **（例）在庫回転日数は10日など** 在庫回転率の逆数で、在庫が何日で売れていくのかを表す指標
生産性	各作業の平均時間やサイクルタイム	**（例）入荷処理時間（入荷から棚入れまでの時間）** **（例）平均出荷処理時間（ピッキングから配送車への積み込みまでの時間）** サイクルタイム（cycle time）とは、ひとつの作業（○○から△△まで等も含む）に要する時間。特に連続した作業が行われている場合に使われるもので、しばしば回数と総時間から算出される
	人・時生産性	**（例）人・時入庫量（1人1時間で入庫処理した件数や金額）** **（例）人・時出庫量（1人1時間で出庫処理した件数や金額）** 労働者の生産性を測る指標として、様々な人・時生産性がある。作業範囲や作業の成果をどう設定するかも様々。単位も、伝票の行数や、商品数、金額など様々。SEの工数（人月生産性）と同じ考え方

Chapter
4

物流・在庫管理

261

■ トレーサビリティ管理

近年、食の安全が叫ばれる中、BSE問題によって牛肉のトレーサビリティシステム※が確立されたのは記憶に新しいところだ。牛肉を例に説明すると、牛肉トレーサビリティシステムを使えば、例えばある牧場でBSEが発生した場合に、同時期に飼育されていた牛の肉が「どこの焼肉店に流通したか？」まで把握できる。また、ある牛肉に異常が出た場合、同じ牛から出た肉が「どこのスーパーに並んでいるのか？」ということも追跡できる。それを可能にするのがトレーサビリティ（Traceability：追跡可能性）管理である。製品の生産から消費・廃棄に至るまで、どの時点においても"いつどこで製造されたものか"がわかるようにする仕組みである。

トレーサビリティ管理の仕組み

実際、トレーサビリティ管理を生産者から消費者まで追跡可能にするならば、牛肉トレーサビリティ法で示しているように、流通経路でかかわる企業すべてに、履歴管理を義務付ける必要がある。

ただ、業界全体を巻き込んだ大きな話ではなく、一企業に閉じた範囲でのトレーサビリティ管理であれば、ロット管理とロケーション管理を組み合わせることで可能になる。発注単位に調達ロット番号を割り当て、生産単位に生産ロット番号を割り当てる。そして、実際に生産する時に、原材料や部品の調達ロット番号を生産ロット番号に紐づけて管理し情報を残しておけば（受払データとして）追跡は可能になる。製造工程が複数に分かれている場合は、工程単位にロケーション番号等を割り当てて同様に管理すればいい。

用語解説
【牛肉のトレーサビリティシステム】
牛肉トレーサビリティ法の施行により、2004年12月から、国産牛肉については、牛の出生後10桁の個体識別番号で管理し、と畜場（食肉処理場）から小売店頭に並ぶまでの一連の履歴を管理するようにしたシステム。

バックトレースとフォワードトレース

　図4-12、図4-13は、ある製造業者を例に用いて、バックトレースとフォワードトレースを説明するために使用した模式図である。調達先から入手した原材料を自社で加工し（原料→半製品→製品）、顧客に販売され出荷していくまでの変遷を図式化している。

　バックトレースとは、下図のように、問題のあった品目を基点（●）にし、それに関連するすべての品目・ロットを（消費者に近いところから原材料の調達先の方に遡って）追跡していく方法になる。ちょうど時間もしくは物流の逆の流れだ。

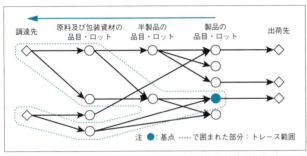

図4-12　バックトレースの模式図（情報処理技術者試験データベーススペシャリスト平成20年午後Ⅱ問2より引用）

　一方、フォワードトレースとはその逆で、下図のように、問題のあった品目・ロットを基点（●）にし、それ以降関連する（その品目・ロットを使用している）すべての品目・ロットを（消費者方に向かって）抽出する方法になる。

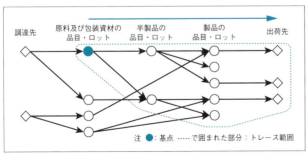

図4-13　フォワードトレースの模式図（情報処理技術者試験データベーススペシャリスト平成20年午後Ⅱ問2より引用）

■ TMS (Transport Management System)

　物流センターを出たあとの業務を支援するシステムで、配送管理システムに該当するソリューションがTMSである。配送計画支援システム、運行管理システム、GPS動態管理システム、貨物追跡システム、求貨求車システム、などを指す。

配送計画支援システム

　配送計画支援システムは、最適な配送計画を求めるためのシステムである。配送先と配送条件を登録して、最適配送台数、最適配送経路を求めるためにシミュレーションを行うことができる。そして最適な配送計画が決定されると、その結果を車両別の運行計画表や配送リストに出力する（図4-14）。

　この時、荷物の積載効率を高めるために最適な積付計画※を作成させる。荷物の形状、重量のバランス、作業効率などを考えた上で、積載効率を高めることが狙いである。昔からベテラン担当者の頭の中で行われてきたが、それをコンピュータでシミュレーションする。

用語解説
【積付計画】
トラック等の荷台に商品等を積み込む時に考える積込方法（積む場所、積む順番など）の計画。積載効率が最大で、荷卸しを考えて遠い所が奥になるように配慮が必要。

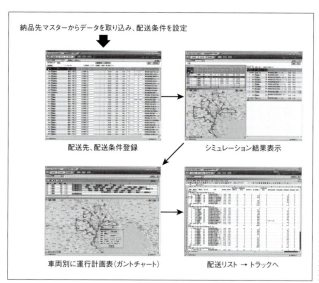

図4-14　配送計画支援システムの例
　　　（株）パスコ「LogiSTAR」(https://www.pasco.co.jp/)

■ 運行管理システム

デジタル走行記録計※で収集したデータ（速度・距離・時間や、速度オーバー時間、エンジンオーバー時間など）を入手したり、デジタル運行記録計からは取れない情報はGPSやETCと連動させて、それらから取得したり、人の入力が必要な時は（休憩中とか、荷卸し中などのステータス他）スマホから入力できるようにしたりするシステムもある。

そうした情報をまとめて、運行管理や労務管理（運行日報、安全運転管理表）を作成する。また、車両別稼働実績集計なども自動で作成する。

GPS動態管理システム

GPS（Global Positioning System：測位衛星システム）を車輌に搭載し、本部側で車輌の現在位置をリアルタイムに把握するシステムのこと。本部で車輌位置を監視したり、指示を出したりする場合に必要になる。あらかじめ、配送計画システムなどから計画ルートを登録しておけば、遅延しているトラックをすばやく検知し、迅速に対応することも可能になる。

宅配業者のシステムは、各宅配業者のサイトを見れば一目瞭然である。どの企業も、集荷の受付機能や貨物追跡機能を備えていることがわかる。

貨物追跡システム

宅配便業者などのWebサイト上で、送り状の番号などを検索して、貨物が現在どこの倉庫まで来ているかを荷主に情報提供するシステムを見たことがあるだろう。このように荷物が現在どこにあるのかを追跡できるシステムが、貨物追跡システムである。宅配便業者などは自サイトで荷主に公開している（インターネット貨物追跡システム）。

荷物は、通常は複数の倉庫を経て配送される。そのため、単に"配送中"としただけでは、いつ手元に届くのかがわからない。特に、現在の宅配業者は、主要な都市間であれば、翌日午

用語解説

【デジタル走行記録計】
トラックまたはトラック事業者の過労防止や安全走行指導などのために、総重量7トン以上（最大積載量4トン以上）の大型貨物自動車には運行データの記録（速度・距離・時間）が義務付けられている。これを、「運行記録計」や「タコグラフ」などと呼ぶ。運行記録計にはアナログ系もある。

前配送が基本になっている。荷主の希望する日に到着しないなど、何かあったときには細かく保管場所の移動を確認できなければならない。そのため、こうした貨物追跡システムが用意されている。

（インターネット）求貨求車システム

物流業者の抱える経営課題のひとつに、実車率※の向上がある。例えば、大阪から東京へ荷物を搬送する場合、東京から大阪への荷物を積むことができなければ、復路を空で帰らざるを得ない。そうすると実車率は50％になってしまう。

大手の物流業者なら、東京－大阪間を定期便にして、往復とも積荷を確定させることも可能だろうが、すべての物流業者にそのような体制がとれるとは限らない。そこで、帰り荷（積荷を降ろしたあとの復路の荷物）を埋めたい物流業者の「求貨」と、荷物を依頼したい荷主の「求車」とをマッチングさせるシステムが必要になる。それが求貨求車システムである。

代表的なものに、(社)日本トラック協会が開発して、日本貨物運送協同組合連合会（日貨協連：http://www.nikka-net.or.jp/）が運営する「WebKIT」がある。詳細は、いずれかのホームページで確認しよう。

物流EDI

物流業者と荷主企業間のEDIは、(社)日本物流団体連合会（物流連）の物流EDIセンターによって、CIIシスタックスルールをベースにJTRN（ジェトラン）という標準メッセージが作成されており、物流業者と荷主企業の間のデータ支援などに利用されている。

【実車率】
「実車キロ÷走行キロ」で求められる。「実車キロ」は、自動車が実際に貨物または人を乗せて走った距離（キロで表す）のこと。

【実働率】
「実働延日車÷実在延日車」で求められる。「実働延日車」は、実働車（貨物輸送または旅客輸送のため走行した自動車）の（単位期間内における）延べ車両日数。「実在延日車」は、同登録自動車の延べ車両日数のこと。

COLUMN　ヒアリングの勘所　物流・在庫管理

＜事前調査＞　ヒアリングの前に調査しておこう

1. 一般情報……第2章「財務会計」参照
2. 物流倉庫の場所、あるいはその部門での仕事の進め方（学生向けリクルート情報などで公開されている場合がある）

＜ヒアリング時＞　以下の現状をひとつずつ確認していこう

1. 在庫に関する内容
   - （何が）…… 在庫管理対象品（在庫管理方法別）
   - （どこに）……在庫場所の確認
   - （どれだけ）……在庫の管理単位の確認、保管方法、容器、荷姿など
   - 在庫数量を利用するシーンを確認（受注時、引き当て時、MRP実行時など）
2. 入出庫作業に関する内容
   - 出庫や入庫の理由を確認
   - 出荷指示や出庫指示とピッキング作業について確認
   - 入荷処理、検品処理、品質検査などを確認
3. 棚卸作業（実地棚卸）に関する内容
   - 頻度と方法を確認
   - 棚卸資産の評価方法を確認（併せて受注時、生産計画立案時など、原価を利用するときの評価方法も含む）
4. 物流に関する内容
   - 自社倉庫かどうかを確認
   - 自社物流かどうかを確認
   - 物流 KPI の数字を把握しているかどうか、把握していれば、その数字を確認

Professional SEになるためのNext Step

https://www.shoeisha.co.jp/book/pages/9784798157382/4-N/

　最後に、"プロフェッショナル"を目指すITエンジニアのために、次の一手を紹介しておこう。(本書で基礎を身につけた)ここからが、本当のスタートになる

1. 業務知識が必要になるまでに学習しておくべきこと

　情報処理技術者試験の基本情報技術者試験からデータベーススペシャリスト、システムアーキテクトなどの高度系試験まで、この在庫管理の部分がよく出題されている。特に"引当"に対する考え方だ。それらは販売管理システムや生産管理システムのいずれにもある在庫管理の部分でもあるので、まずはそこをしっかりと理解しておこう。

■ 簿記3級で棚卸資産の評価方法の勉強をしておく

　基礎として理解しておきたいのは、棚卸資産の評価方法の部分である。財務会計の部分(決算処理)になるので簿記3級の範囲だが、ここをしっかりと理解しておくと後々、楽になる。

■ データベーススペシャリストの勉強をしておく

　本書でも、いくつか紹介しているが、情報処理技術者試験のデータベーススペシャリスト試験の午後Ⅱ試験(事例解析)を使った勉強は、業務知識を習得するのにも役立つ。高度系試験になるとデータベース設計をテーマにしているので、技術者ではなくても十分ついていける。しかも1問が10～15ページぐらいで、事細かに業務ルールを説明しているので、問題文を読んでいるだけでも、普段あまり業務ルールを整理する機会がない人には有益だ。過去にはトレーサビリティや、クロスドッキングをテーマにした問題もあった。基礎知識を確認するには最適だろう。

■ 最新技術の調査(WMSやTMS)

　実際に、物流在庫管理の業務知識が必要になるまでは、後述するように倉庫を見学したり、マテハン機器を調査したりする必要はない(もちろん興味があれば別)。しかし、市販されているWMSやTMSなどのITソリューションに関しては、その機能について日頃から情報収集しておく必要はあるだろう。

2. 業務知識が必要になったら

実際に、業務知識が必要になったときは、もっと深いレベルの知識が必要になる。

■ 本書関連の Web サイトをチェック！

まずは本書関連の Web サイトをチェックしよう。ページの制約上、それ以上詳しく書けなかったことを書いている。参考になる Web サイトや参考書籍、最新情報なども随時更新していく予定である。

■ 最新技術の調査（マテハン機器、倉庫見学）

物流や倉庫の高度化が進んでいる。大規模な倉庫では、最新の"メカ"が導入されていることも多い。IT エンジニアが、IT を活用した事業戦略を策定する上で、最新 IT の動向調査が必要だと第 1 章で説明しているが、まさに物流や倉庫で使われている技術にはアンテナを張っておかないといけないだろう。そのためにも、まずはネット上で最新の物流機器、最新のマテハン機器をチェックしておこう。

そして、倉庫見学が可能なメーカーや物流倉庫を探して、実際に現場を自分の目で見てみるのも有益だろう。過去には、Amazon が日本に進出してきた時に、わざわざアルバイトで潜入して、どういう運用をしているのかを体験したジャーナリストもいたぐらいだ。そこまでする必要はないので、見学する機会があれば見ておこう。

後は、IT ソリューションだ。市販されている WMS や TMS の機能について日頃から情報収集しておこう。

■ スキルアップに役立つ資格

物流に関する資格には、社団法人日本ロジスティクスシステム協会が主催する物流技術管理士や、社団法人全日本トラック協会が主催する物流経営士などの民間資格でいくつか存在する。ただし、これらの資格は有償講座受講が前提のものが多い。テキストを利用する分には問題ないが、資格取得までを考えるなら十分に投資効果を考えて判断しよう。

☑️ 業務知識の章末チェック

次の章に移る前に、本章で学んだ分野の業務知識についてチェックしてみよう。

在庫

- ☐ 在庫品の会計上の分類（勘定科目）を理解している
- ☐ SKU と SKU の例を理解している

在庫場所

- ☐ さまざまなところにある数多くの在庫場所を理解している
- ☐ ハブアンドスポークや XD を理解している
- ☐ 店頭在庫ならではの専門用語を理解している

在庫の引当・出庫・入荷・棚卸

- ☐ 引当、引当済数、引当可能数を理解している
- ☐ 倉庫からの出庫理由と勘定科目の関係を理解している
- ☐ 種まき型ピッキングと摘み取り型ピッキングの違いを理解している
- ☐ 帳簿棚卸と実地棚卸の違いを理解している
- ☐ 一括棚卸と循環棚卸の違いを理解している
- ☐ マテハン機器の最新動向について説明できる

棚卸資産の評価

- ☐ 代表的な棚卸資産の評価方法を理解している
- ☐ 今現在、会計基準で認められているものを理解している
- ☐ 今現在、法人税法で認められているものを理解している

物流

- ☐ 物流 KPI について説明できる
- ☐ トレーサビリティの仕組みについて説明できる
- ☐ WMS、TMS の機能について説明できる

Part2
第5章
生産管理

　製造業で行われている様々な"ものづくり"……それを管理するのが生産管理業務である。需要予測や受注情報を基に生産計画を立案し、必要な資源（部品、設備、要員など）の手配（段取り）を行う。生産が開始された後は、計画どおりに作業が進むかどうかを管理する。生産過程で発生する様々な情報は、原価管理に引き継がれるので、そのことも考慮しなければならない。元々、法律で規制されている部分ではなく（環境への配慮等一部の特別な法律を除く）、いわば、ベテラン社員の頭の中で柔軟に意思決定されてきたところなので、システム化するのが難しいところだといえる。

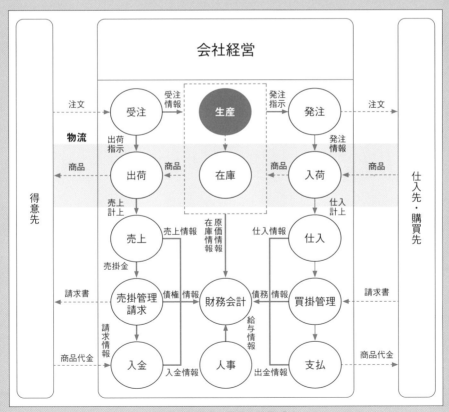

本章で解説する業務の位置づけ

生産管理の学び方

学習のポイント

当該業務の存在理由	顧客の期待他	情報収集
当該企業の創意工夫部分	・顧客しか知らなくても当然のこと ・要件定義、設計等でしっかり確認 ・相手主導のコミュニケーション	都度確認
何かしらのメリットがあるので準拠している部分 ＝業界習慣／業界標準／事実上標準	・顧客から知識・経験を期待される部分 ・効率の良いコミュニケーション ・いわゆる IT エンジニアの業務ノウハウ	応用部分 経験 OJT
準拠するのが望ましい部分 ＝ ISO 規格／JIS 規格を知るその他基準	・顧客は「知ってて当然」と思う部分 ・顧客からの説明が無い可能性が高い ・逆に、顧客が知らなければ情報提供 　を行わなければならない	基礎部分 机上で 事前学習
法律による規制がある部分		

　製造業者は、個々の工場で独自の文化（用語の意味やプロセス）が醸成されていることが多い。顧客は、その言葉が世間で認知されているかどうかなど知る由もなく説明するため、生産管理に関する基礎知識を持たない IT エンジニアは、たまたま担当した企業で聞いたことが標準の業務知識だと思い込んでしまう。

　実は、自分の過去の経験のみで業務知識の有無を判断できないのが生産管理業務であり、ほかの業務以上に、しっかりとした基礎知識の学習が必要になるのが特徴である。生産管理業務を担当することになったら、早い段階で、何が標準なのかを常に判断できるだけの業務知識は最低限身につけておかなければならない。

■ 各業務とその存在理由

　生産管理業務と、その存在理由の組合せを以下に示してみた。もちろん、はっきりとした境界線があるわけでもなく、解釈の違いもあるだろう。それを理解した上で大胆に分類してみた。

表：生産管理の各業務とその存在理由

	法律等	規格等	業界等	独自
5-1　製造業の組織構造				○
5-2　生産方式				○
5-3　生産計画				○
5-4　製造実績情報の収集と進度管理	○			○
5-5　原価計算	○			○
5-6　ABC ／ ABM				○
5-7　損益分岐点分析（CVP 分析）				○

生産管理業務をその存在理由で考えると、財務会計で求められている原価計算部分以外のほとんどが、独自性の強い分野だといえる。

　会計上、損益計算書に必要な製造原価を計算で求めるのと、製造原価明細書を作成することが必要になってくるだけで、それ以外の部分は、特にこれといった"ルール"はない。逆に、製造業が抱える最大かつ永遠のテーマである"コストコントロール"によって原価を低減していくためには、日々大小の課題を解決しながら業務を変えていかないといけない。生産方式も、計画立案方法も、組織構造さえも。それが「製造プロセスは、百社あれば百様ある」といわれる所以になる。そういう意味で生産管理業務に関しては、数多くの事例に触れることが必要になるだろう。

　但し、環境への配慮や品質確保に関しては、法規制されていたり、JIS 規格等で強い制約になっていたりするケースもあるので、そこは注意しよう。

■ 顧客が IT エンジニアに期待する業務知識のレベル

　製造業でも、会計や販売に関するところは、正解ともいえる共通認識をお互い知っていれば事足りるのだが、生産管理のところはそうでもない。ある意味、顧客は IT エンジニアに期待していないかもしれないし、逆に、自分たちが知っていることぐらいは常識的に知っているものだと思い込んでいるかもしれない。そういう意味では、顧客の期待する知識レベルというものを画一的に設定することは非常に難しい。

　しかし、ひとつだけ製造業者共通の課題がある。それは"原価低減"だ。製造業者は原価を低減させるために日々格闘している。原価を低くすれば、それだけ利益も大きくなるからだ。そういった"原価低減"について話ができるなら……もっというと提案できるのなら、顧客からの信頼を勝ち取ることも可能だろう。そのために必要な業務知識は、ずばり原価計算。原価計算や原価管理に IT を絡めて議論したいと顧客は考えている（かもしれない）。

5-1 製造業の組織構造

https://www.shoeisha.co.jp/book/pages/9784798157382/5-1/

製造業の現場を理解するために、最初に説明しておかなければならないのは、各部門の役割や機能である。製造業では分業化が進んでいるため、多くのセクション（部門）が存在している。それら各部門はそれぞれ異なった責務を持ち、互いに有機的に連携し機能している。そこを最初に理解しよう。

■ 工場

機械や装置を駆使してさまざまな"もの"を作り出している場所、それが工場である。普通は、生産方法や規模、製品の種類、原材料などで分類されて、"○○工場"という名称で呼ばれている。

例えば、生産方法で分類すると、加工組立工場と装置工場（プロセス・バッチ業）に大別される。加工組立工場とは、部品の加工と組み立てを行って製品を作り上げていく工場のことで、装置工場とは、気体、液体または粉粒体などの流体を原料とし、これらが装置を流れるうちに品質の変化によって製品を作っている工場のことをさす。

また、工場の規模、すなわち、従業員数と資本金で分類すると、大工場（従業員300名以上または資本金1億円以上）や中工場（従業員300名以下）、小工場（従業員50名以下）になる。

工場では、「生産ラインを確保する（生産スケジュールを押さえる）」とか、「生産ラインを止める（生産を中止する）」というように、ものづくりの一連の流れを、"生産ライン"ということがある。生産ラインという言葉は、もともとは製品を製造するための物理的な機械やベルトコンベヤなどを指していたが、そこから、それらを使った一連の製造工程をさすようになったといわれている。

> **参考**
> 製品種類による工場の分類には、金属工場、機械工場、繊維工場、薬品工場、食料品工場、木製品工場などがある。

> **参考**
> 原材料による工場の分類には、金属工場、農産品工場、畜産品工場、水産品工場、木材工場などがある。

> **参考**
> 加工組立工場で生産されているものには、一般機械、自動車、車両、船舶、電気機器などがある。

> **参考**
> 装置工場で生産されているものには、化学、石油、ガス、薬品、化粧品、製鉄などがある。

■ スマート工場 (Smart Factory)

ドイツのIndustry4.0をはじめとする第4次産業革命で、世界各国が目指しているのがスマート工場である。日本でもコネクテッドインダストリーズを発表し、日本の工場のスマート化を目指している。

ネットワークでつなげる、インターネットとつなげる

スマート工場では、工場で稼働している製造装置や制御装置をネットワークで接続したり（これをセンサネットワークという）、情報システム（生産管理システムやMESなど）とネットワークで接続して製造過程の情報をリアルタイムに提供したりする（IoT：つながる化）。工場で稼働する生産設備同士もネットワークでつながるM2M（Machine to Machine）などもある。SCMで取引先ともつなげて情報を共有することで、リードタイムも短縮できる。

ビッグデータをAIで分析する

また、そうした生産現場での大量の情報を収集し（ビッグデータ）、AIで分析するなどして、省力化と品質の高度化を両立して工場全体の生産性を高める。

柔軟なカスタマイズ性の確保（カスタマイズ生産）

スマート工場では、そこで製造するモノのきめ細やかなカスタマイズをも可能にする。顧客は、いくつかの製品ラインナップから"選択"するのではなく、顧客仕様のオリジナルな仕様を要求し、スマート工場がそれに応える。しかも、生産計画を柔軟に変更できるので、オーダーが入ってから製造に入るまでの時間も短縮できる。すべてを自動化することで製造原価も低く抑えることができる。

要するに、世界でひとつの独自仕様のものを短期間で安く提供できるようになる。受注生産なので在庫リスクも小さくなるから利益も出やすい。まさに夢のような工場だ。

用語解説
【コネクテッドインダストリーズ】
→ P.005参照

参考
カスタマイズ生産以外に、変種変量生産やフレキシブル生産ということもある。

■ 工場の代表的な組織

生産管理業務に携る組織の例を図5-1に示す。

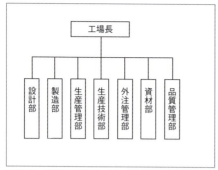

図 5-1　工場の組織図の例

■ 工場長

　製造部長ともいわれ、工場のものづくり最高責任者であり、製造、品質、納期、コストなどすべての面における最終の責任者かつ意思決定権者である。

　最近は組織の分業に伴う権限委譲が進んではいるが、生産計画、資材発注、外注への依頼、納期回答、工程着手状況、在庫状況、進捗状況などの重要な情報はすべて工場長を経由して承認、発令が行われると考えてよい。

情報化のポイント!

生産管理システムを導入する場合、最終的に決定権を持つ経営者の意向を汲むことは当然であるが、工場長の意向も無視できない。経営者と工場長で意見が統一されていれば話はスムーズに進むが、そうでないケースも少なくない。経営的視点からシステム化を考える経営者に対して、工場長は現場指向であることが多いからである。この点に留意し、必ず経営者および工場長双方の意見を確認して（必要であれば調整して）進めなければならない。

■ 設計部

　設計部門は顧客の要求に応じ、製品デザインを作成する部門である。見込生産（計画生産）を行っている製造業では、設計部門のことを開発、商品企画などと称する場合があるが、基本的には設計のニーズがマーケット（自主開発設計）にあるか、個別の顧客にある（受注設計）のかの違いである。

　なお、最近ではほとんどの製造業において、前述したCAD*が導入されており、図面はデジタルな形式で保存、管理されている。

■ 製造部

　製造部門とは、実際にものづくりを行っている部門であり、付加価値を創出している。一般にラインや現場とも呼ばれ、コンベアが動き、フォークリフトが走り回り、生産設備の騒々しい音が飛び交っている。

　製造現場には、フライス一筋30年や旋盤一筋20年などという、ものづくりにしか興味がないスペシャリストが存在することも多い。生産管理システムでは工程ごとの情報（完了、出来高、工数など）を入力する。

　また、製造現場では、5Sが重要だといわれている。5Sとは、生産現場の守り神で、「整理・整頓・清掃・清潔・躾」の5つを指している。5S運動などとも呼ぶ。

■ 生産管理部

　生産管理部門では生産計画を立案する。工場の心臓部であり、ここから出される生産計画の良し悪しが、工場全体の稼働を大きく左右する。

　生産管理システムを活用して、生産計画とその進捗コントロールを司る非常に重要なセクションである。生産管理システム構築においては、ここの担当者と話を詰めていくことになる。

用語解説
【CAD（Computer Aided Design）】
CADは、コンピュータを使ってデザインや設計を支援するシステムであり、外観図や設計図面をアウトプットする。プロダクトデザインを担当している設計部門で使われるシステム。

用語解説
【CAM（Computer Aided Manufacturing）】
しばしばCADと一緒に使われるシステムに、CAMがある。こちらは、コンピュータによって製造を支援するということで、具体的には、NC工作機械で使用するデータを、コンピュータで効率的に作成するシステムのことを指す。

参考

生産計画を立案するには、膨大な知識が必要であり、各部門との調整能力を発揮し、現場に計画を通達し、進捗の遅れを是正しなければならない。ある意味、工場の中のスーパーマン的な役割が求められるので、やはり経験豊富な人材が割り当てられる部門であり、システムに対する発言力も大きい。

■ 生産技術部

　生産技術部は、設計を除くものづくり全般における技術的な分野を担当している。製造設備の管理メンテナンスやレイアウトの改善、冶具・ツールなどの開発などを主として行う。そこから発展して、生産性向上のための各種の施策の立案と定着化などの役割も担うことも少なくない。

　比較的規模の小さな製造業では、製造部門直下に配置される場合が多く、場合によっては資材部門に所属することもある。しかし、企業の規模が大きくなればなるほど、この部門の役割も大きくなり、大企業では生産技術センターという名称で完全に独立した組織として運営される場合もある。

■ 外注管理部

　外注管理部は、外注加工品（都度設計を起こす特注部品など）の調達を中心に行う部門であり、外注加工に関する一切の権限と責任を持っている部門である。有償・無償の支給品管理なども外注管理部の仕事となる。

■ 資材部

　資材部は、市販品（一般に型式を有しており、標準品として流通しているもの）または内作部品の調達を行う部門である。そうして調達した部品や市販品などを必要になるまで保管（在庫）し、必要に応じて現場への払出しを実施する。

■ 品質管理部

　品質管理部は、製品の品質に問題がないかどうかを管理している部門である。品質とは技術であり、顧客に対する信用である。信用のない上に取引は不可能であるから、品質は最大のサービスだといえる。ゆえに、どんなに小さな町工場に行っても品質を意識しない工場はない。

5-2　生産方式

https://www.shoeisha.co.jp/book/pages/9784798157382/5-2/

　これまで、数多くの生産者が、いろいろな生産方式を考えてきた。最初に、そこから理解していこう。

　ひとくちに"生産方式"といっても、その切り口も様々だ。典型的な生産管理の教科書に出てくる**"少品種大量生産"**と**"多品種少量生産"**のように、品種が多いか少ないか、品種ごとの量が多いか少ないかによって分けて呼ぶこともあれば、生産形態の違いを意味するもの、需要特性の違いを意味するものもある。

■ ディスクリート生産とプロセス生産

　生産方式を生産形態（あるいは生産物）で分類すると、ディスクリート生産とプロセス生産に分類される。

　ディスクリート生産とは、主に、（数の数えられる）固体の形状を変えたり、組み立てたりする加工・組立型の生産形態のことをさしている。

　一方、プロセス生産とは、液体や気体に化学変化を起こさせる装置工場、つまり、化学工場などで行っている生産形態のことをさしている。このプロセス生産は、さらに生産単位によって、**連続生産**と**バッチ生産**に分けられる。

　連続生産とは、その名のとおり、生産設備を止めることなく原材料の投入と製品の生産を繰り返し行う形態である。石油精製などが例に出されることが多い。

　また、バッチ生産とは、連続生産に対する言い方となる。複数の製品を作っているような場合で、段取り替えが発生するような場合は1回1回生産活動をいったん停止しなければならないので、バッチ生産になる。ここで、1バッチとは、ある生産設備に対して原材料を投入して製品（複数の化合物ができる場合もある）を1回生産することをいう。そのため、もちろん生産指示についてはバッチ単位で行う。

参考

ディスクリート生産はほかに、ディスクリート型生産、ディスクリート系産業などというようにも使う。その生産単位は、同じ製品または部品を、一定数量ごとにまとめて生産するロット単位（**ロット生産**）が主流になっている。

参考

バッチ生産と連続生産という表現は、例えば「4バッチを連続生産する」というように、組み合わせて使われることもある。

参考

通常、生産管理システムにおいては、ディスクリート生産対応（組立加工業向けシステム）とプロセス生産対応（プロセス業向けシステム）は別物として考えられているほど、両者には多くの違いがある。無理やり適用しようとして失敗しているケースも少なくない。

■ 受注生産方式と見込生産方式

　生産方式を需要特性の違いによって分類すると、受注生産と見込生産に大別される。

　受注生産とは、製品の受注を受けてから生産を行う方式で、本社機構（営業部門）などを通じて得る"顧客からの受注情報"をきっかけに生産を開始する方式だ。

　これに対して、顧客から注文が入ったときに直ちに出荷できるよう前もって生産しておく生産方式が見込生産になる。見込生産では、"製品の需要予測"や、それをもとに作成した"販売計画"に基づいて、在庫状況の推移を見ながら生産を行う。

　企業が、受注生産と見込生産のどちらを選択するかは、生産物の需要特性によるわけだが、消費者の、ある意味わがままなニーズにできる限り応えようと、今では多くのバリエーションも生まれている。ATO、BTO*、CTO*、DTO、ETO、MTO、MTS など。まとめると図 5-2 になる。

用語解説
【BTO（Build To Order）】
製品を、いくつかの半製品（アッセンブリ）の状態で準備しておき、注文を受けてから最終工程の組立てを行うという考え方。パソコンメーカーの DELL がパソコンを BTO で出荷することで有名になった。

用語解説
【CTO（Configure To Order）】
BTO の進化形で、カタログなどに、あらかじめ選択可能な部品を掲載しておき、顧客が自ら仕様を決定できるようにした形態である。

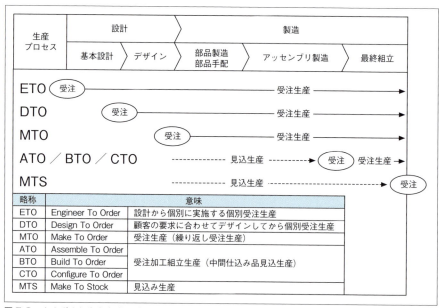

図 5-2　さまざまな生産方式のバリエーション

図 5-2 のように、受注生産は、設計部分をどのように考えるかによっていくつかのパターンに分かれる。デファクトになっているのは、設計から個別に行うケースを"個別受注生産"、そうでないケース（設計は変更がないケース、規格品や既製品など）を"繰り返し受注生産"もしくは単に"受注生産"とする考え方だ。英字略称だと、前者は ETO、後者は MTO になる。また、ETO でも、それが"デザイン"の場合は特に DTO ということもある。

一方、見込生産についても細分化できる。旧来からの製品見込生産は MTS というが、部品やアッセンブリなど中間品・半製品を見込で生産しておき、受注が入ってから最終組み立てを行うケースが登場している。それが ATO や BTO、CTO で、中間仕込み品見込生産などといわれている方式だ。ちなみに、最終組立工程を、工場よりも顧客に近い"外部の物流会社"や"販売店"など流通段階で行うようにした場合は、**チャネルアッセンブリ**と呼ぶことがある。

デカップリングポイント（De-coupling point）

見込生産と受注生産が分かれる点、すなわち在庫を持つポイントをデカップリングポイントという。図 5-2 でいうと、それぞれ(受注)と書いているところになる。完全見込生産なら製品在庫を持ち、BTO ならアッセンブリの在庫を持つ。MTO では部品在庫を持つ場合と、持たない場合でデカップリングポイントは変わってくる。ちなみに、この用語は、"De-coupling"が"分ける"という意味から来ている。

このデカップリングポイントをどこにするのかは、オーダーメイドで受注の都度、設計から開始しなければならない個別受注生産などの場合を除き、在庫リスクと機会損失にならない（顧客が待ってくれる）期間、及び注文から納品までのリードタイムによって決める。

参 考

ATO、BTO、CTO は登場した背景などが異なるが、今では同じような意味で使われている。

Chapter
5
生産管理

281

■ ロット生産方式

アッセンブリ（中間品）などを作り置き（見込み生産）しておく場合、"ロット"という単位でまとめて生産することが多いが、その方式をロット生産方式という。

ロットとは生産単位を意味する言葉。通常は、1回の製造指示に基づく生産で作り出される量を表している。例えば、図5-3のように、納期7月31日で生産数量1,000個の生産指示書を発行したとする。そのときのロットは1,000になる。

また、ロットに番号を付与すればロット管理も可能になる。通常は、生産指示書に指示書番号がついているので、これをそのままロット番号とすることが多い。図の例だと"AC1167921"だ。7月31日に出荷される1,000個の製品にだけ、この同じロット番号を割り当てておく。そうすれば、何か不具合があったときでも、この同一ロットを調査分析、あるいは回収をかければ、問題を最小限に抑えることができる。

参 考

ロット番号は、製造番号、指図番号（指番）などと同じ意味を指すこともある。ただし、商品コードや品目コードとは異なり、その関係は商品コード"1"に対して、ロット番号は"多"になる。

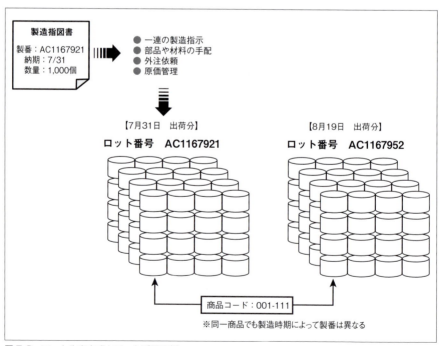

図 5-3　ロット生産方式とロット番号の例

■ セル生産方式

　セル生産方式とは、従来のライン生産方式、またはコンベヤ生産方式（少品種大量生産、人間の能力を軽視、仕掛品が多い）に対峙する概念（生産方式）になる。

　ひとりの人もしくは少人数のチームで複数の工程を担当し、製品を完成させる方式だ。ひとりの人が最初から最後まで一連の工程を担当するケースもある（そのケースは、一人生産方式や屋台生産方式などといわれることもある）。

　セル生産方式には、人間の能力を重視したやり方でモチベーション向上が期待できる点、多品種少量生産に対応できる点、仕掛品が少ない点など多くのメリットが考えられる。

　しかし、個々の担当者には高度なスキルが要求されるため、育成にコストと時間がかかる。離職率が高い企業には向かない。長期雇用の上に成立する生産方式といえよう。

■ ダイナミックセル生産

　Industry4.0 のスマート工場では、ダイナミックセル生産という生産方式について言及している。これは、ライン生産方式とセル生産方式のいいところどりをしたような生産方式で、ライン生産方式と同じようにラインで必要な部品等が流れてくるが、製造するのはひとつの種類ではなく多品種で、それをロボットが自律的に見極めて判断し生産する。

　要するに、ライン生産方式が産まれた時は（少品種）大量生産に威力を発揮していたが、その後、多品種少量生産に移行して、セル生産方式やBTOなども生まれてきた。そしてさらに進化したダイナミックセル生産方式では、顧客ひとりひとりのニーズに基づいたカスタマイズ生産、あるいは変種変量生産を大量生産同様のスピード感で実現することを可能にする。

　この生産方式が実現すれば、もはや既製品とは競争にはならない。同じ生地、同じ縫製で、同じ金額、ほぼ同じスピードでオーダースーツが手に入るとしたら、もはや店頭に吊るされた身体にフィットしないスーツは選ばれないだろう。

参 考

セル生産方式はパソコン本体や周辺機器、家電製品など、（部品を揃えて）組み立てて完成品にする工程に向いている。

Chapter
5
生産管理

■ かんばん方式

トヨタ自動車が開発した有名な生産管理手法がかんばん方式だ。その名の通り、"かんばん※"を巧みに使って、「必要なものを、必要なときに、必要なだけ生産する」というJIT（just-in-time）を実現して生産効率を高めるという考え方になる。

最大の特徴は、後工程を起点にして、そこから前工程に対して補充指示を出すというところ。その基本的な動きを、シンプルなモデル（図5-4）を使って見ていこう。

製品Xの生産指示がかかって、組立てのために部品A、部品B、部品Cが使用されたとする（①）。すると、部品A、部品B、部品Cそれぞれの箱や容器に添付されていた"引取かんばん"を外し、それを持って各部品を引き取りに行く。この例では、部品Aの製造工場に、部品Aの引取かんばんを持って取りに行っているが、同様に、部品Bや部品Cなど全ての部品に対して同じように引き取りに行く（②）。

そして、使われた数（引取かんばんの数）だけ部品Aを用意し、引取かんばんを付けて製品Xの製造工場へと運搬する。それと同時に、元々ついていた部品Aの"仕掛かんばん"を外して生産指示を行うと（③）、それを受けた部品Aの製造ラインは、指示された生産を行うというわけだ。部品Aの完成後は、完成品置き場に、仕掛かんばんをつけて置く（④）。以上が一連の流れになる。

このように、後工程から"引っ張ってくる"方式のため、引っ張り生産方式といわれることもある。

かんばん方式のメリット・デメリット

"かんばん方式"の最大のメリットは、いうまでもなく、各工程間の部品在庫等が圧縮できるところになる。作り過ぎを防止できるので、在庫リスクは小さくなる。また、生産計画も最終工程を中心に立てれば良いので、シンプルに管理できるというメリットもある。

ただ、当然、デメリットもある。そもそも在庫を極限まで抑

用語解説

【かんばん】
生産管理において、ひらがなの「かんばん」はかんばん方式、もしくは、その方式で使用するかんばんそのものを指す。そのため、英語表記も"kanban"になる。かんばんは、ここに示したように、引取かんばんと仕掛かんばんに大別されるが、そこから派生して、いろいろな"かんばん"が登場してきている。

参 考

ここで説明しているかんばん方式を含めて、トヨタ自動車が考案した効率の良い生産方式を、まとめて**トヨタ生産方式**とか、**TPS（Toyota Production System）**という。また、そのトヨタ生産方式が米国で研究され、**リーン生産方式**（贅肉のない生産方式という意味）という名称で、紹介されている。

参 考

生産計画に基づく前工程中心の生産方式を、引っ張り生産方式に対して、押し込み生産方式という。

えているため、災害等で物流が止まると生産もストップせざるを得ない。先のモデルでいうと引き取りができないため、生産が滞るというわけだ。それに、どんな"もの"の生産にも合うというわけではない。自動車に代表されるように、長期間にわたって繰り返し生産されるもので、かつ、生産が平準化されているものに適している。さらに、前工程の品質が安定していること、調達が確実に行われることなど、機能させるには、事前準備も必要になってくる。

なお、"かんばん"には、先に説明した"引取かんばん"と"仕掛かんばん"があるが、前者の"引取かんばん"は、前工程に対しては**"発注書"**としての役割を、後工程に対しては**"納品書"**の役割をそれぞれ果たす。他方、後者の"仕掛かんばん"は、製造ラインに対しての**"生産指示"**と**"実績報告書"**の役割を果たす。いずれも、元々は紙等を使用していたが、最近ではRFIDを利用する電子かんばんなども登場している。

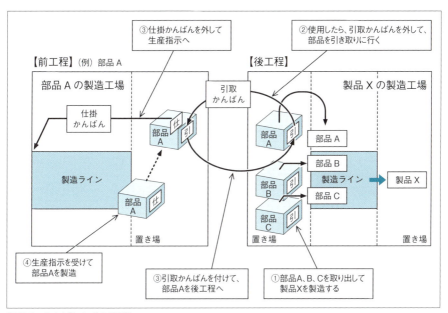

図 5-4 かんばん方式の仕組み

■ SCM (Supply Chain Management)

　SCMとは、原材料の供給者から製造、物流、販売を経て最終需要者に至るまでの一連の流れを"供給（supply）の連鎖（chain）"と捉え、その間の情報を共有することで生産を最適化させる管理手法のことである。導入の狙いは、トレードオフの関係にある「在庫削減」と「リードタイムの短縮」を両立させる点にある。

各種計画情報の共有による在庫の削減

　SCMでは、サプライチェーン全体の在庫を削減するために、計画情報を共有する。計画情報を企業内および企業外で共有できて初めて市場の変化に対してタイムリーに生産計画まで反映させることができる。その結果、不必要な生産が抑えられ、不良在庫を最小に抑制できるのである。

　最も重要なのは「需要予測」には違いないが、需要予測はあくまでも予測であって確定ではない。そのため適宜見直さなければならない。SCMでは、この需要予測の見直しがタイムリーに生産計画へ反映される（図5-5では、矢印で結ばれた各種計画が連動して修正されるイメージである）。

> **参考**
> SCMを、**インバウンドSCM**と**アウトバウンドSCM**に分けて使う場合がある。これは、自社から見て顧客側とのSCM（アウトバウンドSCM）と、自社内及びサプライヤとのSCM（インバウンドSCM）に分ける考え方になる。

> **参考**
> 需要予測の見直しのサイクルを計画サイクルと呼ぶ。計画サイクルを短サイクル化すれば、生産開始直前まで計画変更を受け入れることができるようになる。だが、そうなると生産ロットが小さくなりすぎるというデメリットが生じてしまう。生産効率をよく考え、最適な計画サイクルを決める必要がある。

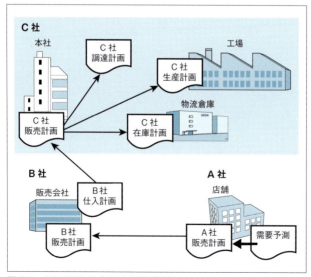

図5-5 SCM概念図（計画情報の共有）

リードタイムの短縮

一方、在庫削減とトレードオフの関係にあるリードタイムの短縮も必要になる。各企業の各種リードタイムが短縮できれば、その分、サプライチェーン全体のデカップリングポイントが上流企業に移っていくので、チェーン全体での低コスト化と市場への安定供給が可能になる。

例えば顧客の許容できる納期が5日の商品があったとしよう（図5-6）。仮にECサイトの納品リードタイムが5日だとしたら、在庫はECサイトに持たなければならない。しかし、それぞれのリードタイムを短縮すれば、消費財メーカーが部品在庫を持っておき見込み生産を受注生産に変更しても、注文から5日で顧客の元に届けることができる（図5-6の下）。

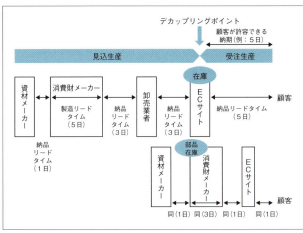

図5-6 リードタイムの短縮効果

VMI（Vender Managed Inventory）

SCMで利用される在庫管理手法のひとつである。供給者側になる資材メーカーや部品メーカーが、顧客（販売先）の在庫を直接的に管理し、供給者側の判断で資材を適宜補充する方式をVMIという。顧客（購入者）側では、倉庫を供給者側にオープンにする。発注は行わず、実使用量によって精算する方式が多い。在庫場所が工場に近ければ、調達物流のリードタイムをほぼゼロにできる。

> **参考**
> 精算のタイミングによってVMIと使い分ける場合（VMIは実売上基準、CRP（Continuous Replenishment Program）は納入検収基準）もあるが、同じ意味で使われることも多い。

> **参考**
> VMIやCRPの在庫補充の概念をもとに、サプライヤーと小売業者の関係をさらに強化し、"協働体制"を確立させたものがCPFR（Collaborative Planning Forecasting and Replenishment）である。SCMの抱える販売計画に対する責任問題を解消するために、サプライヤーと小売業者の両者が各種計画に対して合意するまで協議するところがポイントである。また、"協働"における契約から補充ルール、同意書の作成などビジネスプロセスを標準化するという特徴がある。

> **参考**
> もともとCPFRは、CFAR（Collaborative Forecasting and Replenishment）と呼ばれていたため、「シーファー」と呼ぶこともある。

5-3 生産計画

https://www.shoeisha.co.jp/book/pages/9784798157382/5-3/

　製造業では無作為にものを製造することは、まずあり得ない。顧客の要求納期や受注状況、需要予測に応じて生産計画を立案している。この計画立案を支援するのが**生産計画システム**である。全体的な流れは、図5-7のようになる。

　個別受注生産の場合は受注後（内示後）に、見込生産の場合は需要予測値や販売計画などから、生産計画を作成する。生産計画を立案する場合、最初に基準生産計画を作成することが多い。生産計画システムでは、基準生産計画を入力すると、品目データベースに登録されているリードタイムから、自動的に着手予定日を計算する。

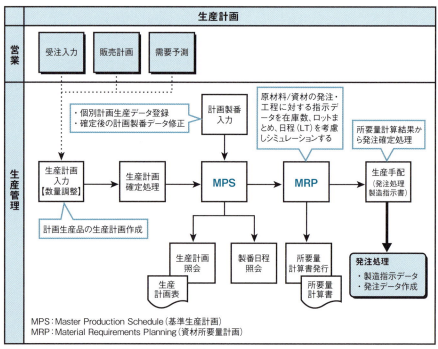

図 5-7　生産計画の流れ（受注生産の場合）の例

表5-1 生産管理システムの主要機能一覧(生産計画部分)

処理タイミング／処理・機能			概要
随時	基準情報管理	品目マスタ	・品目情報を登録しているマスタ (部品・材料・半製品・製品)
		品目構成マスタ	・親部品と子部品の関係を保持するマスタ ・構成が変更されることがある場合、過去の構成を残さないといけないなら、構成適用開始日等を設けて時系列に構成関係を保持する ・所要量計算のときに必要となる
		工程マスタ& 手配マスタ (手順マスタ)	・工程マスタは製造工程を登録するマスタ ・手配マスタは製品を製造するときの工程を順番に登録しているマスタ
日次	生産計画	生産計画入力	・計画生産品の生産計画を入力する ・完全マニュアル入力 ・自動立案+日程や数量をマニュアル調整 ・受注数(出荷予定)と製造数(確定)を基に在庫推移を確認しながら生産計画を行う
		生産計画作成処理	・対象期間内で、基準となる数量から不足する製品を検索して自動で生産計画を立案する
		生産計画照会 生産計画表	・立案した生産計画の照会 ・立案した生産計画の一覧表を出力する
	MRP手配	所要量計算処理	・基準生産計画(MPS)を受けて所要量を計算する ・所要量計算対象製番を各種条件で指定し、所要量を計算する ・品目構成をもとに総所要量・有効在庫引当・正味所要量・発注数(指示数)と、発注(指示)日・納期、発注先(手配先)を自動計算

■ システムに求められる業務処理統制

他の章で紹介している「システム管理基準追補版[※1]」には、生産業務に関連する部分の記述はない。財務諸表の損益計算書に製造原価の部分はあるものの、そこはそれぞれ他の章で説明している。

参 考

※1. システム管理基準追補版(財務報告に係るIT統制ガイダンス)追加付録「9. IT業務処理統制における業務プロセスごとの、リスク、統制活動、統制活動の評価手続きの例示」(経済産業省(平成19年12月26日))

・材料費=第3章(購買業務、債務管理業務)
　　　　　第4章(棚卸資産管理業務)
・労務費=第6章(給与計算業務)
・経　費=第2章(仕訳入力業務)

■ MRP (Material Requirements Planning)

MRPとは資材所要量計画のことで、製品の需要計画（基準生産計画：MPS）に基づき、その生産に必要となる資材および部品の手配計画を作成する一連の処理のことである（図5-8）。

通常、製品（この最終製品を独立需要品目と呼ぶ）は、多くの資材や部品（その製品を構成する品目を従属需要品目と呼ぶ）から構成されている。そのため、最終製品（独立需要品目）の需要計画を立てても、そのままでは、いつ、どの資材・部品がどれだけ必要なのかがわからない。そこで、その製品を構成品目（従属需要品目）に展開して、手配計画を立てるというわけである。

また、受注活動は日々行われているため、その要求納期もばらばらである。同じ最終製品であっても1日に100個、2日に300個、5日に500個というように連続して発生する。MRPは、こうした受注状況に合わせて柔軟に生産計画を変更するために実行するものである。

そのMRPを実行する区切りをパケットと呼ぶ。パケットは1週間であったり、1日であったり、はたまた1カ月であったりまちまちである。例えば、パケットを1週間とすると、その期間に発生した受注、または要求納期のものをまとめて（合計して）MRPにかける。

参 考

広義のMRPは、生産計画から部品発注、その後の進捗管理までを含むが、狭義のMRPは、最終製品（独立需要品目）を構成品目（従属需要品目）に展開する部分のみを指す。

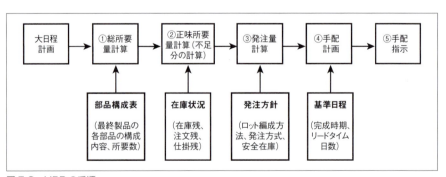

図 5-8　MRPの手順
情報処理技術者試験 午前問題より

それでは、ここで図5-8の部品展開プロセスをざっと見ていこう。

① 総所要量計算（ストラクチャ型部品表※を使って、独立需要品目を従属需要品目に展開）。生産計画（大日程計画）の（製品の）必要生産量から、各部品の"総所要量"を算出する

② 正味所要量計算（各部品の総所要量から、各部品の手持在庫を引いて、手配が必要な"正味所要量"を計算）

③ 発注量計算（ロット、発注方式、安全在庫などを考慮し、発注量を計算する）

④ 手配計画（製品の納期、リードタイムから、いつ発注するのかを計画する）

⑤ 手配指示

■ リジェネレーションとネットチェンジ

MRPで所要量計算を行う場合、これまでの計画をどのように考えるかによって2つの仕組みがある。ひとつがリジェネレーションで、もうひとつがネットチェンジである。

リジェネレーションは、既存の計画のうち未実施のものをいったんオールクリアして、新たに再計算を行う方式で、時間はかかるが、変更箇所が多かったり受注順など優先順位を考慮して最初から新たに再計算させたい場合などに有効である。

ネットチェンジは、既存の計画から変更分（マスター変更、需要の変更など）のみについて再計算する方法で短時間で実行できる。階層が深い場合など、変更のあった下位の階層のみ、再計算することもできる。

情報化のポイント！

MRPを導入すればすべてがうまくいくというのは大きな誤解である。①コンピュータ在庫や発注残の信頼度（精度）が高いこと、②部品表のメンテナンスが適切に行われていることなどがあって初めて有効に機能する。

用語解説

【ストラクチャ型部品表】
構成部品に加えて、仕掛品や工程なども含めて階層化した多階層型部品表である。下位の部品などは見込生産で、上位の製品を受注生産行うときなどに適している。

参考

ストラクチャ型部品表に対して、比較的浅い階層（製品、ユニット、部品レベル）を持ち、必要な部品をそのレベル直下に集計（サマリー）して管理する形式の部品表をサマリー型部品表と呼ぶ。

参考

手配指示のあとは資材購買管理につながるが、これは、第3章「販売管理」で説明している。

参考

最近はコンピュータのハードウェアが高速化したのでネットチェンジを行うシステムは少なくなってきている。

■ 基準情報管理

　生産計画を立案するとき、MRP等を利用して、「いつ、何が、どれだけ必要なのか？」を計画に落とし込む。このときに使用する情報を、特に基準情報という。生産計画どおりに生産できるかどうかは、この基準情報の精度に依存しているといわれるほど、重要な役割を果たす。

　そんな基準情報には、在庫情報や手配や購買に関する情報など、いろいろあるが、最も重要なものが部品表である。

部品表（BOM：Bill of Materials）

　部品表とは、ある製品について、その製品を構成する部品や材料等、構成品に関する情報をまとめたリストのことをいう。部品点数が少ない製品だと、手作業で管理できるかもしれないが、部品点数が多ければそれも難しい。通常は、コンピュータで管理されている。

　また、部品表は、設計部品表（E-BOM：Engineering BOM）と製造部品表（M-BOM：Manufacturing BOM）に分けて管理されていることもある。用途が違うため、管理項目も違ってくるからだ。

　設計部品表は、設計部門で作成される。当該製品に、どういう部品を使うのか、その製品を構成する全部品をリストアップしたものだ。なお、設計図がある場合、その設計図と連動して管理されることが多い。通常、表の構造はサマリ型BOM※になる。

　一方、製造部品表は、実際の製造現場で用いられる部品表になる。MRPで部品展開するときに用いるのはこちらだ。生産管理部門等で、設計部品表をベースにして、製造に必要な情報（加工順序、標準リードタイムなど）を付加して作成されるのが一般的である。構造は、サマリ型ではなく、階層構造をもつストラクチャ型BOM※になる。

参考

ITエンジニアにとっては、BOM（ボム）が最も身近な言い方だが、顧客は、**部品管理表や部品構成表**などといったりする。また、食品関係では**"レシピ"**といったり、プロセス業では**"配合表"**などといったりする。

用語解説
【サマリ型BOM】
最終製品を1個製造するために必要なすべての部品を階層構造なしで表現したもの。

用語解説
【ストラクチャ型BOM】
最終製品を1個製造するために必要なすべての部品を親子関係等で表現したもの。

設計部品表と製造部品表の両方を管理しているケースで、しばしば問題になるのが、下記のような両者の乖離である。

① 品目コードや体系そのものが違う。統一されていない
② 代替部品や新旧部品などの存在。両方が同じタイミングでメンテナンスされていない
③ 設計変更と在庫優先のタイムラグ（新たな部品に切り替わった設計部品表と、部品在庫を使い切るまで変えられない製造部品表など）
④ 設計段階では不要な販売目的の追加品の存在（包装・副資材など）

　全社的視点が欠如（①）しているか、時間の経過に起因するものだ（②③④）。システム化するときには、このあたりも考慮しておく必要があるだろう。

PDM (Product Data Management)

　部品表など、設計から製造に至るまでに発生する各種のデータを一元的に管理するという概念を PDM という。管理する情報には、部品表や部品構成表のほか、CAD による設計図や仕様書なども含まれる。いずれも、過去の履歴から最新情報までを区別して管理しておく。そのため、最終製品に対して仕様変更や改造が必要となった場合でも、すばやく対応することが可能になる。

PLM (Product Lifecycle Management)

　PDM の概念よりも広く捉えて、製品の企画から販売終了までに発生するすべての過程やすべての情報を包括的に管理する概念を PLM という。設計や開発に関する情報はもちろんのこと、自社内の他部門、あるいは他社（協力会社やパートナ企業など）との間でも情報を共有・活用する。これにより、開発・生産のリードタイム短縮や機動的な製造数量の調整が期待される。

■ 生産スケジューラ

生産スケジューラは、生産スケジュール（大日程計画、中日程計画、小日程計画）の立案に特化したアプリケーションシステムの総称である（図5-9）。

日程計画を作成する機能は、多くの生産管理システムにも含まれているが、スケジュールを立案するときの条件を細かく設定できたり、シミュレーション機能を持っていたり、専用パッケージならではの特徴を持っている（以下参照）。

【生産スケジューラの機能】
・原料や要員・設備などの制約条件を考慮した生産スケジュールの立案
・納期回答・納期遅れのチェック
・計画変更をタイムリにスケジュールに反映させる

スケジューリングの技法としては、かつては計画の変動に合わせて逐次リスケジューリングを行う山積み山崩し法と呼ばれる技法が主であったが、コンピュータの性能の進化により、さらに複雑な要因（品質特性や段取りの相関関係など）を加味したスケジュールを作成できるシミュレーション技法が利用されるようになってきている。この技法は、部品や設備、要員などの資源を最大限に活用したり、生産変更が頻繁で、変更には柔軟に対応しなければならないような場合に効力を発揮する。

最近では、スケジューラソフトにMRPの機能を持たせたり、BOMを持たせたり、MESの機能を持つなど、スケジュール立案の枠を超えて、生産管理システムそのものになってきている製品もある。

ただし、スケジューラを効果的に活用するには、日頃から各資源の管理を細やかに、かつ正確にきちんと行う必要がある。製品や工程の相互関係を整理し、常時、基準データを最新のものにメンテナンスしておかなければならない点に注意しよう。

参考

生産スケジューラを、APS（Advanced Planning & Scheduling）ということがある。但し、単なる生産計画を立案するソフトではなく、工場の生産能力や負荷を加味するとともに、受注計画や手配計画、物流計画などを踏まえて生産計画を考える"高機能な"あるいは"最新型の"生産スケジューラソフトを意味する。

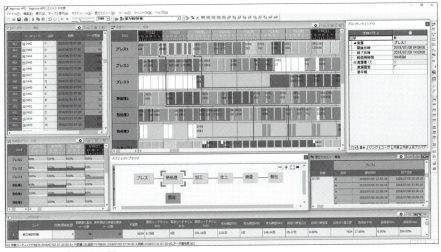

図 5-9 スケジューラの例
アスプローバ株式会社「Asprova APS」より (http://www.asprova.jp/)

COLUMN　MRP → MRP Ⅱ → ERP

　MRPに対して、MRP Ⅱという概念がある。こうみるとMRPの1号、2号だと考えられがちだが、同じ"MRP"でもその意味するところは異なっている。MRPは、"Material Requirements Planning"の頭文字を取ったMRPで、一般的には「資材所要量計画」と訳される。これに対してMRP Ⅱは、"Manufacturing Resource Planning"の頭文字を取ったMRPで、「生産資源計画」や「製造資源計画」という意味になる。

　ただ、MRP ⅡがMRPの進化系であるのは間違いない。一説によるとMRPという言葉が誕生したのは1970年代でMRP Ⅱは1980年代だそうだ。MRPで作成する資材の手配計画に、製造設備の生産能力や労働者の人員計画、原材料の物流計画などを加味して、現実的で総合的な生産計画を立案するという概念に発展したのがMRP Ⅱだ。その後、MRP Ⅱは、会計や人事管理など企業全体の業務を包含していき、1990年代にERPの概念へと進化していったといわれている。

　これらを全部"資源の最適化"という観点からみれば、MRP＝原材料の資源計画、MRP Ⅱ＝工場の資源計画、ERP＝企業全体の資源計画へと進化してきたと言い換えることもできるだろう。

■ TOC (Theory of Constraints)

TOC という言葉を、最近よく耳にする。これは「制約条件の理論」とか「制約理論」とも呼ばれるもので、『ザ・ゴール－企業の究極の目的とは何か』（ダイヤモンド社）の著者として有名なイスラエル人物理学者のゴールドラット博士が考案した理論である。

TOC では、工場の生産能力は、一連の生産工程の中で最も「ボトルネック」になるところで決まるとしている。そのため、生産能力を上げるには、そのボトルネック工程を改善するところに主眼を置かなければならないとしている。例えば、「生産工程」がボトルネックになっているのであれば、いくら「品質検査工程」の能力を上げても仕方がないことは明らかだ。生産工程に合わせて品質検査すべきであるのは間違いない。また、生産工程の中でも、ある部品の製造工程がボトルネックになっているのなら、その部品の製造工程に合わせて他の工程を稼働させなければならないことも当然である。

そうしたボトルネック工程に合わせた最適化を、TOC では DBR を使って説明している。そして、ボトルネック工程を見つけ出し、その工程に他の工程を合わせるとともに、生産能力を改善していくのであれば、そのボトルネック工程の時間短縮を図る必要があるとしている。

DBR (drum buffer rope：ドラム・バッファ・ロープ)

DBR とは、TOC 理論に出てくる考え方で、ボトルネック工程の稼働を最大限に発揮させる生産管理手法である。しばしば図 5-10 のように、大人に交じって行進する中央の背の低い子供（ボトルネック）、ドラム、ロープの 3 つを使って説明される。

ドラムは、ボトルネックとなる工程、もしくはその工程のペース（ボトルネック工程のサイクルタイム）に合わせることを意味している。図 5-10 のイメージを使って説明すると、兵隊が隊列を組んで行進するときに、中央の背の低い子供（ボトルネック）の歩調に合わせてドラムを叩くことで、前後の大人が

参考

従来の MRP システムでは、設備や倉庫、要員の数や能力など資源の負荷が考慮されていないケースが多く、その部分は、人手で作業していた。最も複雑な作業である。そこで、TOC 理論等の実現に向けて、それらリソースの能力を加味した計画を立案する仕組みが考えられた。

そのドラムに合わせて歩調を合わせられるというイメージだ。

バッファは、ボトルネック工程に持たせる時間的余裕や在庫である。ボトルネック工程の停止（ドラムが停止する）は極力避けないといけない。そのための在庫である。図5-10のイメージでいうと、子供以外の大人が遅れても問題はない、歩調を早めればいずれ追いつくしカバーできる。注意しないといけないのは子供の足が止まることだが、子供と直前の大人の間に"バッファ"がないと、前の大人が足を停めた時に子供も止まらないといけなくなる。それを避けるために余裕を持たせているというわけだ。

最後のロープは、先頭とボトルネック工程の間にもたせておく"離れすぎないようする"ためのものである。先頭がスタートする時に、ボトルネック工程から指示を出すことができる。図5-10が実際の行進だったら、ボトルネックになる子供を先頭に行かせればいいだけの話だが、生産工程ではそうした入替えができない。なので、ロープやドラムが必要というわけだ。

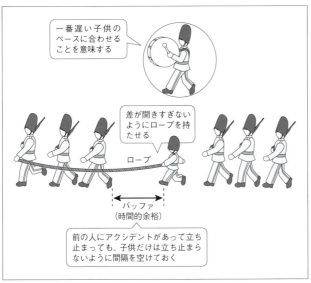

図 5-10　DBR

5-4 製造実績情報の収集と進度管理

https://www.shoeisha.co.jp/book/pages/9784798157382/5-4/

生産指示に基づいて製造が開始されれば、製造実績情報を収集しなければならない。原価計算が必要になるからだ。そして、計画どおりに事が運んでいるかどうかを監視・コントロールする。

■ 製造実績情報の収集

生産計画、生産指示に対して、次のような実績情報を収集していく必要がある。

① 投入した資材・原料等（原価計算及び在庫情報更新のため）
② 製造に使った時間（原価計算のため）
③ 工程別の進度（進度管理のため）
④ 完成品、不良品、仕損等（原価計算ほか）

■ 進度表

進捗の遅れを把握するための表を「進度表」または「進捗管理表」という。この進度表には、工程別進度表、部品別進度表、総合進度表などいくつも種類がある。

<u>工程別進度表</u>とは、作業工程ごとに工程別基準日数をもとにマイルストーンを設け、その進捗を管理するものである。各工程が連続的に行われる場合に向いている。

<u>部品別進度表</u>では、各工程で完成する半製品や手配品の数をたよりに進捗を管理するものである。製品が多くの部品や外注加工品で構成されている場合などに向いている。

<u>総合進度表</u>とは、並行作業が可能な工程や部品の手配など複数の工程が同時進行している場合などに個別工程の進捗や個別部品の状況を、1枚のレポートにまとめて見やすくしたものである。個別受注生産などでは、オーダー別に総合進度表を使うことが多い。

 参考

進度表の表現方法としてはガントチャートを利用することが多い。

■ 作業時間の考え方

製造実績情報の収集において、できる限り正確な製造原価を把握したいという狙いがあれば、工場で働く労働者の作業時間の収集が鍵を握る。そこで、作業時間に関しての考え方を整理しておこう。

労働者の勤務時間には、図 5-11 のように、休憩時間、手待ち時間が含まれている。これらを差し引いたものが実働時間になる。この実働時間を、特定製品の作業に直接費やした時間（直接作業時間）とそうでない時間（間接作業時間）に分ける。

昔のように、少品種大量生産中心だった頃は、この直接作業時間の比率が大きかった。しかし、多品種少量生産が主流になってくると、段取り替え時間※ が増えてくる。

そうすると、配賦基準次第では正しい原価を表せなくなってしまう。そこで、段取り時間は間接作業時間に入れずに、直接作業時間に含めて考えた方が良いという意見もある。

参考

IT エンジニアの中にも、工数実績の報告を義務付けられている人がいるだろう。プロジェクトコード別工程別に作業時間を登録する。特定のプロジェクトに関連のない勉強会や部門会議などは、間接コードを使ったりする。それと同じである。

用語解説
【段取り替え時間】
生産設備等において、生産する製品を切替えるときに必要となる時間のことだ。次の製品の生産に向けていろいろ準備したり（それこそ段取りしたり）、設定変更やデータを入れ替えたり、洗浄したり……。設備を停止せずに行える作業（これを外段取りという）もあれば、設備停止しないとできない作業（これを内段取りという）もある。

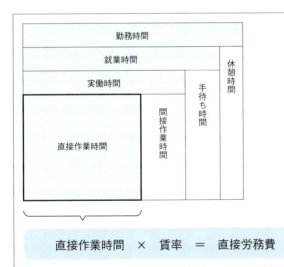

図 5-11　勤務時間の内訳

■ MES (Manufacturing Execution System)

MESは、日本語では「製造実行システム」と訳される。工場の上位にある計画・管理系システム（ERP、スケジューラ、販売管理、生産管理など）と製造現場の中間に位置し、「何をどのように作るかという情報」と「何がどのように作られたか」という情報の相互管理を行う。生産現場の進捗や品質に関係する各種の情報を統合的に管理し、製品品質の向上、プロセスの改善、生産リードタイムの短縮、仕掛品の低減、製造コストの低減を実現することを目的としている。

■ FA (Factory Automation)

FAとは、一連の生産工程を自動化し、それとともに工程の進捗もリアルタイムに状況把握する仕組みである。すなわち、「工場の自動化」を意味する。

FAでは、コンベア上を流れる製品をバーコードで認識させたり、画像認識技術によって把握したりする（これを「現品認識」と呼ぶ）。最近では、ICタグによる認識も注目されている。なお、コンベヤを自動化するためには、シビアなタイムコントロールが必要であるため、リアルタイムOSが使われる。

 参考

IoTに対応している製造機器や検査機器、またはそれを制御するPLC（Program Logic Controller）やDCS（Distributed Control System：分散制御システム）などがあれば、それらと連動したり、きめ細やかな情報を正確かつ効率よく収集できたりする。

COLUMN　シックスシグマ

シックスシグマとは、エラーや不良の発生を100万件のうち3.4件の精度にするための品質管理活動をさす。シックスシグマの"シグマ"とは、標準偏差をあらわす「ギリシャ文字"σ"」のことで、正規分布における"6σ"よりも外の件数が100万分の3.4であるとして、こういった数値目標がでてきた。

シックスシグマの考え方では、品質の平均値ではなく、品質の"ばらつき"が諸悪の根源（ムダで、非効率な作業へとつながるもの）になっているとし、品質のばらつきを抑制する活動を行うとしている。いずれにせよ、品質改善活動というよりも経営改善活動として大きく捉えられることのほうが多い。

元々は日本企業の品質の高さに危機感を抱いた米国が、日本企業を調査した上で米国流のアレンジをして開発した手法だが、それが逆輸入のような形で日本でも注目される結果となった。

■ 品質管理サブシステム

　品質管理サブシステムとは、製品の品質に関する情報を管理するシステムである（図5-12）。品質経営の根幹を成すシステムであり、検査実績の総合的かつ多面的な管理による不良の再発防止、品質向上やISOに準拠するトレーサビリティの管理などを行う機能を持つ。

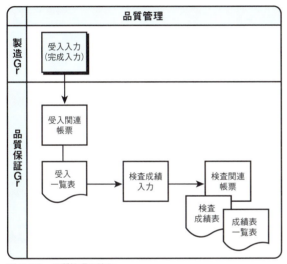

図 5-12　品質管理の流れ

　品質管理サブシステムを構築するとき、以下のように、検討しなければならないことがいくつかある。

- 検査結果表を製品に添付する必要があるか？
- 同一製品で、品質の違いを意識した管理が必要か？
  （濃度、純度、規格、等級、クラスなど）
- 顧客別に許容品質が異なるケースがあるか？
  （A社は30%以上でOKだが、B社は40%以上でなければいけないなど）
- 品質検査をクリアするまで、同一ロットを製品計上しない運用が必要か？

5-5 原価計算

https://www.shoeisha.co.jp/book/pages/9784798157382/5-5/

製造原価は、製造に要した材料・資源（材料費）、製造に関わった人たちの人件費（労務費）、製造に関連する経費（経費）の3つの要素を漏れなく積算して求められる（図5-13）。

財務会計のもとでは、こうして求めた製造原価を損益計算書などに記載すれば事足りるが、管理会計では、しばしば製品単位の製造原価が必要になる。そのためには、材料費、人件費、経費の各費用を、製品ごとの直接費と間接費に分けて収集しておかなければならない。

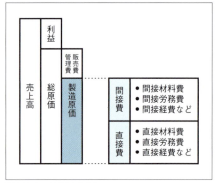

図 5-13　原価の内訳

■ 直接費と間接費

直接費とは、ある特定製品の製造に直接的に関係が見出せる費用のことである。特定製品の部品費（**直接材料費**）、その製造に要した人件費（**直接労務費**）などが該当する。一方、間接費とは、複数の製品の製造に関わる費用のことである。接着剤など共通部材（**間接材料費**）や工場長の給与（**間接労務費**）などが該当する。直接費はその製品の製造原価にそのまま組み込むことができるが、間接費は一定の基準に基づいて振り分けなければならない。これを**配賦**と呼ぶ。

📖 用語解説
【直接材料費と間接材料費】
直接材料費には、ある特定の製品のみに使用した原材料、素材、部品（買入部品費）、専用接着剤、ねじ、燃料費、工場消耗品費、消耗工具器具備品費、包装、パッケージなどが含まれる。一方、間接材料費は、複数製品に共通で使用されたものを対象とする。

📖 用語解説
【直接労務費と間接労務費】
直接労務費は、その製品に直接関わった従業員の給与、諸手当、賞与、福利厚生費、退職給与引当金繰入額などである。一方、間接労務費は、工場長の労務費や、複数製品の製造に関与した従業員の労務費である。

📖 用語解説
【直接経費と間接経費】
経費とは、材料費や労務費以外の費用で、土地建物の賃借料、水道光熱費、保険料、旅費交通費、通信費、外注加工費、減価償却費、棚卸減耗費などを指す。直接経費か間接経費かは、それがある特定製品だけの経費なのか、共通の経費なのかの違いによる。例えば、ある特定製品だけを製造している工場の賃借料などの経費は直接経費になるが、その工場で複数製品を製造している場合、間接経費になる。

■ 原価計算の目的

「原価計算基準」によると、原価計算の目的は次の5つになる（表5-2）。

表5-2　原価計算の目的

制度会計	財務諸表作成	財務諸表作成のため必須 （貸借対照表）棚卸資産（製品・仕掛品・原材料） （損益計算書）売上原価、製造原価
管理会計	売価決定	原価をもとに販売価格を決定
	原価管理	原価を把握した上で…… コストコントロール コストマネジメント（原価低減活動ほか）
	予算統制	原価を計算して…… 予算を立案、必要利益確保のための意思決定
	経営計画作成	原価をシミュレーションして…… 新商品開発、設備投資計画などに活用

制度会計（財務会計）においては、財務諸表を作成するときに原価計算が必要になる。それ以外は、製品の売価を決定するためや、コストコントロール、各種計画立案時に必要になるが、管理会計側では、原価を把握する目的は企業によって大いに異なる。

情報化のポイント！

原価計算の考え方は、昭和37年に制定された「原価計算基準」がひとつの指針となっている。しかし、制度会計（財務会計）で必要となる部分を除いて、管理会計上有効な原価計算に関しては、特に厳密に規定するものはない。ユーザーと打ち合わせをしていると、時には「原価計算とは○○だ！」と講釈をたれる古い考え方（コンサルタントに多い）の人に出会うこともあるが、そういった古い考え方に惑わされずに、本当に「効果の出る」基準にアレンジすればいい。あくまでも管理会計であって、制度ではない。本書でも、そういった考え方に基づいて一般論でわかりやすく説明している。

■ さまざまな「原価計算」

　一般に、原価計算をマスターするには「6つの（基本となる）原価計算」の違いを正確に理解するところから学習する。その6つとは、個別原価計算、総合原価計算、全部原価計算、部分原価計算、実際原価計算、標準原価計算である。

個別原価計算

　個別原価計算とは、個々の製品ごとに原価を計算することである。（顧客からの注文に応じて製品を生産する）受注生産で、生産のたびに原価が異なるケースに使われる原価で、建物や受託ソフトウェアなどがその典型になる。
　具体的には、製造指示書ごとに直接費を集計するとともに、一定の基準に基づいて間接費を配賦して、個別原価を求める。

総合原価計算

　同一製品で、同一売価の場合、わざわざ手間をかけて個別に原価計算をする必要はない。同一製品を繰り返し製造する場合、ある一定期間（通常は1カ月が多い）の直接費と間接費から1個あたりの原価を求める。見込生産の場合に適用されることが多い。これを総合原価計算と呼ぶ（図5-14）。

【個別原価計算】

製品A
原価100円

製品B
原価300円

製品C
原価200円

製品D
原価500円

個々に売価が違うなど、個別に原価を求めなければならないようなケース。個別に原価が計算できることが前提

【総合原価計算】

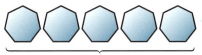
製品E
原価80円／個

同じものを同じ売価で製造するようなケース。個々に原価を求めても仕方がないようなとき

図5-14　個別原価計算と総合原価計算の違い

情報化のポイント！

個別原価計算と総合原価計算は、計算する単位の違いによる表現であるが、それによって原価計算システムの考え方もまったく異なってくる。

全部原価計算

全部原価計算とは、生産に費やしたコストの全部を原価として換算する方法がある。通常、「原価計算」と呼ばれているものは、この全部原価計算である。直接費に加えて間接費も一定の基準で製品に配賦し、原価に加えて計算する。制度会計では、全部原価計算が義務づけられている。

部分原価計算

部分原価計算とは、生産に費やしたコストの一部だけを計算して求める方法である。全部原価計算と異なり、財務諸表や税務会計上の原価としては認められない。

部分原価計算の代表的なものが、コストの変動費のみを原価とする直接原価計算である（図5-15）。変動費のみに焦点を当ててシミュレーションし、利益計画や利益管理、CVP分析をする場合に利用する。

情報化のポイント！

全部原価計算と部分原価計算は、原価計算の対象とする範囲で分けた場合の表現である。利益シミュレーションを行う場合、全部原価計算で算出された原価を使うと正確に把握できない。操業度の変化に応じて、（固定費も含まれた）原価がそのまま増加するためである。よって、直接原価計算のほうが適している。

情報化のポイント！

制度会計としての財務諸表は全部原価計算により作成されるが、社内の管理目的としては部分原価計算である直接原価計算のほうが適している。いったん直接原価計算したものに対して調整計算をして制度会計上の財務諸表を作成するケースもある。

Chapter
5

生産管理

```
                ┌─────────────────────────────────────────────────────┐
                │  販売単価        @600円    生産量100個  =  60,000   │
                │                                                     │
                │  変動費                                              │
                │     材料費       @100円    生産量100個  =  10,000   │
     製品A      │     外注加工費   @200円    生産量100個  =  20,000   │
                │  固定費                                              │
                │     機械         10,000円                            │
                └─────────────────────────────────────────────────────┘

             【全部原価計算】(原価40,000円)
                原価=40,000÷100個=@400円
                1個あたりの利益=600円−400円=200円
        利益  ┌ 100個の利益=200円×100個=20,000円
   シミュレーション ┤ 200個の利益=200円×200個=40,000円(?)
              └ 500個の利益=200円×500個=100,000円(?)
                ※固定費が原価の中に入っているので利益シミュレーションには
                  向かない

             【直接原価計算】(原価30,000円)
                原価=30,000÷100個=@300円
                1個あたりの利益=600円−300円=300円（限界利益）
        利益  ┌ 100個の利益=300円×100個=30,000円
   シミュレーション ┤ 200個の利益=300円×200個=60,000円
              └ 500個の利益=300円×500個=150,000円
                ※それぞれから固定費を引けば正確な利益シミュレーションができる
```

図5-15 全部原価計算と直接原価計算の違い

実際原価計算と標準原価計算

　実際原価とは実際に要した原価である。制度会計で必要となる原価は全部原価計算で、かつ実際原価計算によって求められる。

　実際原価に対して、標準原価とは、それぞれの製品に設定された基準原価のことである。実際原価計算のように正確に原価を表すものではないが、①おおよその目安の原価でよく、②タイムリーに原価を知る必要がある場合や、③原価があまり頻繁に変わってほしくない場合に標準原価が使われる。具体的には、意思決定に必要な「利益速報」を知りたいケースや、営業活動段階でどこまで値引きが可能かを判断したいケースなどである。

　標準原価の算出には、新製品の場合は、生産技術の分析、試作品作成、過去の（類似）経験などから算出する。その後、一定期間ごとに標準原価の見直し（実際原価計算で求めた原価との比較：差異分析※）が行われ、再設定される（図5-16）。

参考

製造業の使う販売管理システムでは、製品マスターに設定される"製造原価"に標準原価を使うものが多い。本文中の①②③がまさに該当するからである。

用語解説

【差異分析】

具体的には、予定（標準原価）よりも実際原価が高い場合に、どこに問題があったのかを調査することである。また、予定どおりでも、どうすればさらに原価低減できる可能性があるかを追求したりするのに使われる。

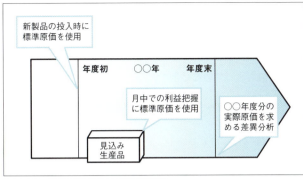

図 5-16 標準原価計算と実際原価計算

情報化のポイント!

実際原価はその性質上「過去原価」を表し、標準原価は「未来原価」を表している。

■ 原価計算の目的と種類の関係

　原価計算は、目的を明確にして最適な原価計算を実施しなければならない（ただし、財務諸表作成のために実施するケースを除く）。この際には、どういった原価計算の考え方を適用させるかはじっくりと吟味しなければならない。

表 5-3 原価計算の目的と種類の関係

向き・不向き		生産形態		範囲		時期	
		個別原価	総合原価	全部原価	部分原価（直接原価）	実際原価	標準原価
制度会計	財務諸表作成	○	○	○		○	
管理会計	売価決定	○	○		利益○		○
	原価管理	○		△		差異分析○	○
	予算統制	○		○	利益○	差異分析○	○
	経営計画作成	○		○	○		○

管理会計における原価計算の考え方は、一概に「これだ！」という正解がない。そのため本書では、大胆にも目的と手法のマトリクスを作成してみた（表5-3）。厳密にいえば、どの升目も成り立つ可能性があるが、ひとつの目安と思っていただきたい。

■ 原価計算の手順

　制度会計における原価計算の手順は、「原価計算基準」によって規定されている。それによると、原価計算手順は、表5-4のような3段階の手続きを経る。

表5-4　原価計算手順

第1段階	費目別計算	材料費、労務費、経費の費目別に集計する
第2段階	部門別計算	部門ごとに集計する
第3段階	製品別計算	直接費、配賦された間接費から製品ごとに集計する

　第1段階は、「材料なら材料費という費目に、社員の固定給や残業手当などは労務費に……」というように費目ごとに集計する。この結果、材料費・労務費・経費が明確になる。

　第2段階では、第1段階で求めた費目ごとの金額を、部門（製造部、経理部門などのスタッフ部門など）ごとに振り分ける。すなわち、部門ごとの材料費・労務費・経費を算出する。

　第3段階では、第1・2段階で求めた金額を製品に賦課する。直接費はそのまま全額配賦し、間接費は何らかの合理的な配賦基準によって製品別に配賦する。

5-6　ABC/ABM

https://www.shoeisha.co.jp/book/pages/9784798157382/5-6/

ABC（Activity Based Costing：活動基準原価計算）は、キャプランとクーパーが提唱した新しい原価計算の手法である。それまでの伝統的原価計算（「5-5 原価計算」で説明）では、必ずしも正確な製造原価を表現できなくなってきたため、新たに考案された。

伝統的原価計算においては、製造原価は直接費と間接費で構成されている。このうち直接費に関しては、正確な原価に該当しうるものであるが、間接費の配賦方法に関しては、生産量や生産金額など一定の配賦基準に基づいて按分するしかなかったため、多品種少量生産が主流の現在では、必ずしも信頼のおけるものではなくなってきた。例えば図5-17の製品Aの場合、直接費（150円）に間接費を加えるとき、どの配賦基準を採用するかによって175円（生産量基準）から、217円（直接労務費基準）と42円もぶれてしまうというわけだ。

従来の少品種大量生産のころと違い、多品種少量生産では、画一的な配賦基準にならないことのほうが多い。そうすると、製品によっては、実際の原価と大きく異なってしまう。

> **参考**
> ロバート・S・キャプランは、ハーバードビジネススクールの教授で、バランス・スコアカードについても考案した。

> **参考**
> 作業Xは製品Aに手間がかかるが、作業Yは逆に製品Bに手間がかかってしまうというケースも考えられるので、画一的な配賦基準は必ずしも適用できるわけではない。

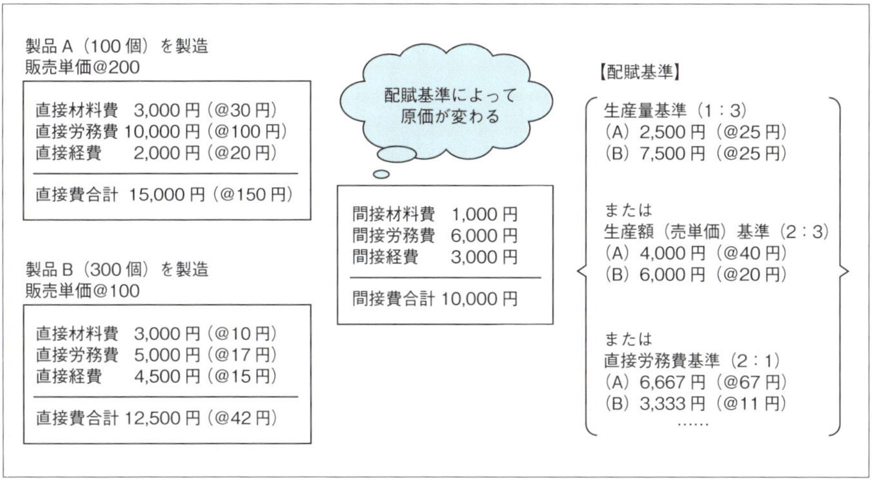

製品A（100個）を製造
販売単価@200

直接材料費　　3,000円（@30円）
直接労務費 10,000円（@100円）
直接経費　　　2,000円（@20円）

直接費合計 15,000円（@150円）

製品B（300個）を製造
販売単価@100

直接材料費　3,000円（@10円）
直接労務費　5,000円（@17円）
直接経費　　4,500円（@15円）

直接費合計 12,500円（@42円）

> 配賦基準によって原価が変わる

間接材料費　1,000円
間接労務費　6,000円
間接経費　　3,000円

間接費合計 10,000円

【配賦基準】

生産量基準（1：3）
（A）2,500円（@25円）
（B）7,500円（@25円）

または
生産額（売単価）基準（2：3）
（A）4,000円（@40円）
（B）6,000円（@20円）

または
直接労務費基準（2：1）
（A）6,667円（@67円）
（B）3,333円（@11円）
……

図5-17　伝統的原価計算の問題点

309

■ ABC（活動基準原価計算）の仕組み

ABCと伝統的原価計算モデルでは、間接費の配賦方法や、コストドライバー※（原価計算上は、間接費の配賦基準を表す）に違いがある。ABCでは、より実態に近い原価を得るために、リソースドライバー※に加え、アクティビティドライバー※を用い、2段階（または、それ以上）に分けて計算する。

では、ABCの仕組みを図5-18の例で確認してみよう。まず、資源10,000円を部門の人数比や専有面積によって3つの活動センターに配賦する。今回は簡潔に活動センターとコストプールを1対1にしているので、第1段階はこれで完了である。

次に、製品企画活動の原価3,000円は、製品企画時間の比によって製品に賦課される。今回は全体で40時間で、そのうち製品Aの企画に25%の10時間使っているので、3,000円の25%である750円を製品Aに配賦する。あとは、同様にすべてのコストプールについて計算していけば製品原価が算出される。

用語解説
【コストドライバー】
原価を増減させる要因（原価作用因）。原価計算上では、間接費の配賦基準として表されることが多い。伝統的原価計算では、リソースドライバーをコストドライバーとしていたが、ABCでは、（リソースドライバーに加え）アクティビティドライバーをコストドライバーとしている。

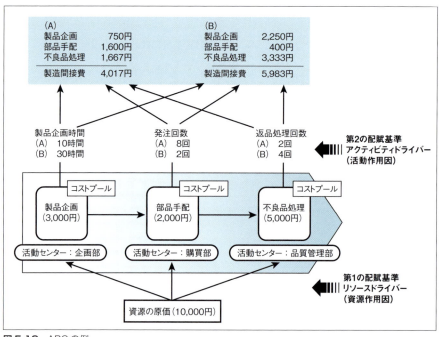

図5-18　ABCの例

■ ABM（活動基準原価管理）

ABM（Activity Based Management）とは、ABCを導入することによって、原価低減、プロセス改善などを狙っていくマネジメント手法である。

ABCを導入するメリットとして、間接部門の業務効率化を促進し、改善活動につなげることができるという点が挙げられる。

ABMの具体的な継続的改善と変革のプロセスとして、「活動分析」、「コストドライバー分析」、「業績分析」などがある。最近では、ABCを活用して予算編成を行うABB（Activity Based Budgeting）という考え方も登場している。

活動分析

活動分析とは、その名のとおり、企業の活動そのものについて分析を進めることである。「どういった活動があるのか？」、「なぜその活動が必要か？」など、これらの問いかけから、その活動のあるべき姿（ベンチマーク）の検討まで、幅広く実施することをいう。

コストドライバー分析

コストドライバー分析とは、コストドライバーの製品別数値から非効率的要因を抽出し、本当に必要なものかどうかを判断するための分析である。コストドライバーからムダの要因を発見し、改善活動につなげていく。

業績分析

活動分析やコストドライバー分析によって行われた改善活動が結果として業績にどう表れているかを確認し、問題の検知から改善までのプロセス改善サイクルを回す。これを業績分析という。

用語解説
【リソースドライバー】
原価を増減させる要因（コストドライバー）のうち、資源に起因するもの（資源作用因）。図5-18の例では"部門"が該当する。なお、図5-18では簡潔なモデルにするため1活動センターにつき1コストプールにしているが、1活動センターの中で複数のコストプールに分かれている場合、"作業比重（時間）"や"担当社比"などを利用して配賦することも考えられる。

用語解説
【アクティビティドライバー】
原価を増減させる要因（コストドライバー）のうち、活動に起因するもの（活動作用因）。図5-18の例では、"製品企画活動"、"発注活動"、"返品処理活動"などが該当する。

参考
ABC/ABMは、非製造業においても導入されている。非製造業では、製品ではなくサービス業務を活動ごとに集計し、"ムダ"がないかをチェックして改善していくことになる。特に銀行が力を入れている。

5-7 損益分岐点分析（CVP分析）

https://www.shoeisha.co.jp/book/pages/9784798157382/5-7/

損益分岐点分析とは非常に単純なモデルで、企業の利益ゼロ地点（損益分岐点）の必要売上を求め、それを参考に総合予算を立案するときに使うものである（図5-19）。

損益分岐点は、Cost（原価）、Volume（操業度）、Profit（利益）の関係から求める。まず、原価を変動費と固定費に分ける。変動費は生産量とともに変動する費用で、製造原価や仕入費用、包装費などが該当する。一方、固定費は生産量の影響を（短期的に）受けない費用で、製造機械や建物、固定給である人件費の基本給部分などである。

損益分岐点売上高（円）	＝ 固定費 ÷ 限界利益率
	＝ 固定費 ÷（1 − 変動費率）
限界利益（円）	＝ 売上高 − 変動費
限界利益率（%）	＝ 限界利益 ÷ 売上高 ×100
変動比率（%）	＝ 変動費 ÷ 売上高 ×100

例えば、売価10千円で、変動費が6千円の商品があったとする。この商品の変動費率や限界利益※は下記のようになる。

限界利益 ＝ 10千円 − 6千円 ＝ 4千円
限界利益率 ＝ 4千円 ÷ 10千円 ×100 ＝ 40%
変動費率 ＝ 6千円 ÷ 10千円 ×100 ＝ 60%

ここで、この会社の固定費が1,000千円だったとすると、損益分岐点は下記のようになる。

損益分岐点売上高 ＝ 1,000千円 ÷ 0.4 ＝ 2,500千円

用語解説

【限界利益】
売上金額から変動費だけを引いた利益。

参考

限界利益を貢献利益と同じ意味で使う場合もあるが、本来両者は異なるものである。貢献利益は、主として業績評価で使われる。そのため、限界利益のように売上金額から変動費だけ控除した利益ではなく、固定費でも管理下にあるもの（例：ある部門の業績評価をするときに、その部門の費用であることが明確にわかる固定費など）も合わせて控除した利益になる。

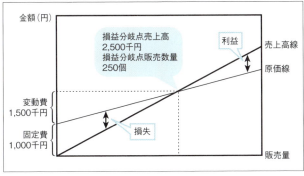

図 5-19 損益分岐点分析の例

目標利益達成点

次に、目標利益を 500 千円とすると、目標売上高は 3,750 千円になる。

目標売上高 =（固定費 + 目標利益）÷ 限界利益率
　　　　　 =（1,000 千円 + 500 千円）÷ 0.4
　　　　　 = 3,750 千円

安全余裕率

安全余裕率とは、損益分岐点に対してどれだけ売上高が上回っているかを、売上高に対する割合で見る指標である。次に示す式で求められる。

```
安全余裕率（%）=（売上高 − 損益分岐点売上高）
                ÷ 売上高
```

先の目標利益 500 千円の例では、売上高 3,750 千円から損益分岐点売上高の 2,500 千円を引くと 1,250 千円。それを 3,750 千円で割ると 33% になる。

COLUMN　ヒアリングの勘所　生産管理

＜事前調査＞　ヒアリングの前に調査しておこう

① 一般情報……第2章「財務会計」を参照

② 製造工程（どのような手順で、どのような機械で、どのように製造して
いるのか？　組織と対応付けることも重要である）

＜ヒアリング時＞　以下の現状をひとつずつ確認していこう

1. 生産方式の確認

   ① 見込み生産か受注生産か

   ② ディスクリート生産かプロセス生産か

   ③ 連続生産か、ロット生産やバッチ生産か

2. 製造工程の確認

   ・事前調査よりも詳細に確認　・工程間の指示・引継ぎ方法の確認

3. 基準情報の管理レベル、MRPは使用しているか、または利用可能か

4. 品質に対する考え方、品質検査方法、品質管理方法など

5. 実績入力（進度管理等を含む）

   実績入力が可能か、原価計算との関連も出てくるので、原価計算を
   確認するときに再度チェックする

6. 原価管理

   原価管理（製造原価と実績入力の関連は重要）

7. その他の章の内容

   ・第3章……販売管理（受注部分、内示受注や与信限度など）

   ・第4章……物流・在庫管理（ロット在庫管理、部品・資材在庫など）

法律を知る

https://www.shoeisha.co.jp/book/pages/9784798157382/5-L/

下請代金支払遅延等防止法

昭和31年6月1日法律第120号
昭和31年6月1日施行

目的

第1条　この法律は、下請代金の支払遅延等を防止することによつて、親事業者の下請事業者に対する取引を公正ならしめるとともに、下請事業者の利益を保護し、もつて国民経済の健全な発達に寄与することを目的とする。

本法律では、上記の目的を達成するために"下請事業者"や"下請け関係"を定義し、その関係にある場合の禁止事項等を定めている。

下請事業者の定義は次のように定められている（第2条）。

・製造委託、修理委託、政令で定める情報成果物作成委託及び役務提供委託の場合　（**システム開発、プログラム作成はこの場合になる**）

　　（親）資本金3億円超→（下請）個人又は資本金3億円以下

　　（親）資本金1千万円超かつ3億円以下→（下請）個人又は資本金1千万円以下

・情報成果物作成委託、役務提供委託の場合（政令で定めるものを除く）

　　（親）資本金5千万円超→（下請）個人又は資本金5千万円以下

　　（親）資本金1千万円超かつ5千万円以下→（下請）個人又は資本金1千万円以下

その上で、上記の関係性にある場合には、下請代金の支払期日に関して、親事業者が受領した日から起算して60日の期間内において、かつ、できるだけ短い期間内において定められなければならないとしている。ここで注意しなければならないのは、**60日の起算日が"検査合格日"ではない**点である。起算日は**"納品日"**になる。ただし、受入れ検査時にバグが見つかって修正が必要になった場合（検査不合格の場合）には、受け入れを中断し修正に入るため、修正済みプログラムが納品された日を改めて起算日とする。

また、支払代金の遅延以外にも、次のような行為を禁止している。

・親事業者側の都合（担当者が多忙など）で検収時期を遅らせる行為

・正当な理由がなく自社製品の購入を求める（押し込み販売）行為

・親事業者が、自社の部品と付属品を原材料として下請事業者に購入させ、下請代金支払前に支払わせる行為

製造物責任法

平成 6 年 7 月 1 日法律第 85 号
平成 7 年 7 月 1 日施行

目的

第 1 条　この法律は、製造物の欠陥により人の生命、身体又は財産に係る被害が生じた場合における製造業者等の損害賠償の責任について定めることにより、被害者の保護を図り、もって国民生活の安定向上と国民経済の健全な発展に寄与することを目的とする。

　製造物責任法（通称、PL 法。PL = Product Liability）とは、製造物の欠陥により人の生命、身体または財産に係る被害が生じた場合における製造業者などの損害賠償責任について定めた法律。

　従来の民法では、欠陥商品を購入した消費者は、販売店に対して売買契約に基づく瑕疵担保責任を追及することができる。しかし、製造業者に対しては、直接の契約関係にないため瑕疵担保責任は追及できず、メーカーの故意・過失を証明して不法行為責任を追及するしかなかった。つまり、製造業者の故意又は過失責任を、消費者自らが証明しなければ損害賠償請求ができなかったというわけである。そういう事態を改善するため、1995 年に本法律が施行され、消費者が「製品に欠陥のあることだけを証明」できれば、損害賠償請求できるようになった。

　この法律では、製造物を「製造又は加工された動産」と定義しているため、住宅、マンションなどの不動産やソフトウェアなどは対象外である。また、欠陥については、「製造物が通常有すべき安全性を欠いていること」と定義しているため、安全性が問題にならないような単なる故障では、メーカーの責任を追及することはできない。さらに、もっぱら消費者の誤使用によって事故が起こった場合にも製造物責任は発生しないが、その誤使用が通常予想される範囲のもので、取扱説明書などに特段の警告表示をしていないような場合はメーカーに責任が生じるので注意が必要である。なお、メーカーが製品を引き渡してから 10 年を経過したときは、消費者の損害賠償の請求権は消滅するとされている。

　なお、製造業者以外でも、輸入業者も対象になる。また、ソフトウェア単独では、本法の"製造物"にあたらないが、ROM に焼き付けたソフトウェアを組み込んだ機器の場合は、本法の"製造物"に該当する。

Chapter
5

生産管理

317

リサイクル関連法

　環境問題への取り組みや姿勢は、企業価値に大きく影響する。地球温暖化対策をはじめ世界規模で取り組みが叫ばれている背景を受け、日本でも環境関連の法整備が進められてきた。キーワードは、「大量生産・大量消費・大量廃棄型社会から循環型社会への移行」である。

　まず、2001年1月に**循環型社会形成推進基本法**が施行された。これを契機に、リサイクルに関する法律が続々と制定（もしくは改正）されていくことになる。その背景には、大量生産・大量消費・大量廃棄型社会から脱却し、環境への負荷が少ない循環型社会へ移行しなければならないという環境庁（現環境省）の考えがあった。そこで、循環型社会形成推進基本法を策定し、廃棄物・リサイクル対策を総合的かつ計画的に推進していくための基盤を作ったというわけだ。

　その後、図に示すようにリサイクルに関する法体系が整備されてきた。全業界に適用される**資源有効利用促進法**、**廃棄物処理法**、**グリーン購入法**に加え、個別物品が対象のリサイクル法が存在する。

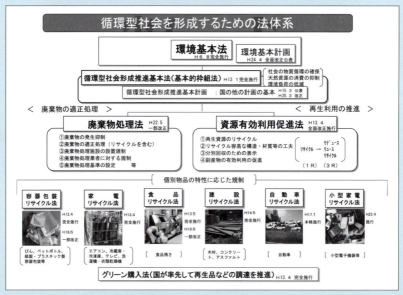

図：循環型社会を形成するための法体系
https://www.env.go.jp/recycle/circul/keikaku/gaiyo_3.pdf

廃棄物処理法

廃棄物処理法は、廃棄物の処分についての取り決めを定めた法律で、昭和45年に制定、昭和46年に施行されている。元々は、廃棄物処理を行う事業者を対象にしたものだったが、循環型社会形成推進基本法の施行に伴い、排出事業者自体の責任を強化し、排出事業者にも罰則および原状回復義務を負わせ責任を強化したものに改正された。また、都道府県に対しては、処分場の設置促進、廃棄物の減量計画作成を義務付けている。

資源有効利用促進法

資源有効利用促進法は、循環型社会を形成していくために必要な3R（リデュース・リユース・リサイクル）の取り組みを総合的に推進するための法律である。具体的には、自動車やパソコンなど指定製品について、使用済み部品を新製品に組み込んで再使用することや、余分な部品を使わないで省資源化設計の採用をメーカーに義務付けている。平成3年に制定された「再生資源の利用の促進に関する法律」を一部改正し平成13年に施行された。

3R	意味
Reduce：リデュース	必要以上の資源を使わない概念。製造時から廃棄が少なくなるような設計なども含む。
Reuse：リユース	使用済み製品の再利用。形状を変えずに再利用するための設計なども含む。
Recycle：リサイクル	使用済み製品を、再度融解するなどして（形状は変わる）再利用する。そのための設計なども含む。

表：3R

グリーン購入法

国や地方公共団体に対して、環境負荷の少ない製品を調達することを推進している法律である。平成13年4月に施行。

Professional SEになるためのNext Step

https://www.shoeisha.co.jp/book/pages/9784798157382/5-N/

　最後に、"プロフェッショナル"を目指すITエンジニアのために、次の一手を紹介しておこう。(本書で基礎を身につけた) ここからが、本当のスタートになる

1. 業務知識が必要になるまでに学習しておくべきこと

　ITエンジニアは、情報システムやプログラムを生産する"ものづくり"の職人でもある。産業分類上はサービス業に属しているものの、実際にやっていることは製造業そのものだ。QCD (Quality＝品質、Cost＝予算、Delivery＝納期) を常に意識しているところなどは製造業そのままだ。したがって、そういう意識をもって"ものづくり"を考えていくといいだろう。

■ 簿記2級で原価計算の勉強をしておく

　本格的に製造業の顧客を担当する前に獲得しておきたい知識は、とにもかくにも"原価計算"に関する知識だろう。

　製造業を営む経営者や工場長は、常に"原価"を意識している。原価を低減できれば、価格競争力もつき売り上げも期待できるし、利益も確保できるからだ。永遠のテーマだと言ってもいいだろう。したがって、原価に対する知識がなく、経営者や工場長が話していることがわからなかったり、共感できなかったりすると、おそらく相手にはしてもらえないだろう。

　勉強するためのツールも揃っている。簿記2級の工業簿記だ。独学できる環境にあるのにそれをしないのは怠慢と言われても仕方がない。そういう観点からも簿記2級の学習を通じて、まずは原価計算の基本的な知識を会得していこう。

2. 業務知識が必要になったら

実際に、業務知識が必要になったときは、もっと深いレベルの知識が必要になる。

■ 本書関連の Web サイトをチェック！

まずは本書関連の Web サイトをチェックしよう。ページの制約上、それ以上詳しく書けなかったことを書いている。参考になる Web サイト（特に、国の政策や未来投資戦略関連ページなど）や参考書籍、最新情報なども随時更新していく予定である。

■ 工場見学

製造業者は、日夜ものづくりに励みながら、もっといい製品を、もっと低価格で、もっと早く作れないかと試行錯誤を繰り返している。新しい設備を導入することもあるだろう。環境や衛生に配慮する規制はあるものの、特に「これはこういう段取りで作らなければならない」という法律は無いので、様々な IT が投入される部分でもある。

「100 の会社があれば、100 様の製造プロセスがある」

同じような製品を作っている企業でも、個々の企業によって、その製造プロセスは一様ではないことも少なくない。

そのような環境下では、やはり工場見学が有益だろう。筆者の所属しているコンサルタントが多い各種団体でも、頻繁に工場見学のツアーを組んでは募集をかけていたりする。「僕は、国内 1200 社の工場を見てきた」というと、それなりに「おー！」となるだろう。言葉にも説得力が増す。

多くの工場では工場見学のコースを設けているので、機会があれば実際に見に行くことをお勧めする。

■ バーチャル工場見学

工場見学には行きたいが、遠方で予算的にも日程的にも困難だという人は、バーチャル工場見学というのでもいいだろう。最近は、積極的に情報公開する企業が増えてきており、自社の Web サイト等のオウンドメディア上で、ものづくりの手順等を公開してくれている。そういうのを利用するのもいいだろう。実際に工場見学する際にも、事前に予備知識として情報収集しておくのもいい。

☑ 業務知識の章末チェック

次の章に移る前に、本章で学んだ分野の業務知識についてチェックしてみよう。

製造業の組織構造

- ☐ 製造業によくある部門を理解している
- ☐ スマート工場について説明できる

生産方式

- ☐ ディスクリート生産とプロセス生産の違いを理解している
- ☐ ATO ／ BTO ／ CTO ／ DTO ／ ETO ／ MTO を理解している
- ☐ ロット生産からセル生産、ダイナミックセル生産への変遷を理解している
- ☐ かんばん方式を理解している
- ☐ SCM を理解している

生産計画

- ☐ MRP、MRP Ⅱ、ERP の違いについて説明できる
- ☐ E-BOM と M-BOM について説明できる
- ☐ ストラクチャ型とサマリ型の違いについて説明できる
- ☐ E-BOM と M-BOM の問題点について説明できる
- ☐ PDM、PLM について説明できる
- ☐ TOC を理解している

製造実績情報の収集と進度管理

- ☐ MES について説明できる
- ☐ シックスシグマを理解している

原価計算

- ☐ 簿記 2 級のレベルで原価計算を理解している
- ☐ ABC ／ ABM を理解している
- ☐ CVP（損益分岐点分析）を理解している

法律を知る

- ☐ 関連法規について理解している

Part2
第6章
人事管理

　企業が従業員を雇用したら人事管理業務が発生する。従業員に関する様々な情報（基本属性、異動履歴、昇給・昇格履歴、実績、能力、コンピテンシーなど）を管理し、給与支払い業務に利用したり、戦略的に活用したりする。優秀な人材を集めてつなぎとめておくためには、福利厚生を充実させたりすることも重要だろう。我が国の評価制度や賃金制度、等級制度がどのように変わってきているのか、その変遷も理解しておきたいところだ。いずれにせよ、各種法律（労働基準法や健康保険法、厚生年金法、雇用保険法、労災保険法等）で義務付けられていることと、そうでないことが混在しているところなので、両者を分けて理解しておくことが望まれる管理分野である。

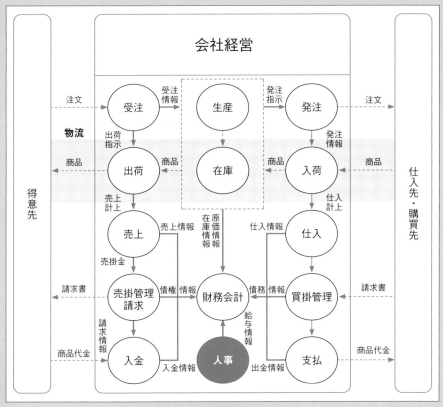

本章で解説する業務の位置づけ

人事管理の学び方

学習のポイント

当該業務の存在理由	顧客の期待他	情報収集
当該企業の創意工夫部分	・顧客しか知らなくても当然のこと ・要件定義、設計等でしっかり確認 ・相手主導のコミュニケーション	都度確認
何かしらのメリットがあるので 準拠している部分 ＝業界習慣／業界標準／事実上標準	・顧客から知識・経験を期待される部分 ・効率の良いコミュニケーション ・いわゆる IT エンジニアの業務ノウハウ	応用部分 経験 OJT
準拠するのが望ましい部分 ＝ ISO 規格／JIS 規格を知るその他基準	・顧客は「知ってて当然」と思う部分 ・顧客からの説明が無い可能性が高い ・逆に、顧客が知らなければ情報提供 を行わなければならない	基礎部分 机上で 事前学習
法律による規制がある部分		

　人事管理も、その多くは法律や各種会計基準で定められている部分になる。上の表でいうと、基礎部分だ。したがって、人事管理に強くなるには、法律や各種会計基準について学習するのが一番の近道になる。そのため本書でも、どのような法律や会計基準が存在しているのか、そこを中心に説明している。

■ 各業務とその存在理由

　人事管理業務と、その存在理由の組合せを以下に示してみた。もちろん、はっきりとした境界線があるわけでもなく、解釈の違いもあるだろう。それを理解した上で大胆に分類してみた。

表：人事管理の各業務とその存在理由

	法律等	規格等	業界等	独自
6-1　働き方改革	○			
6-2　雇用形態	○			
6-3　評価制度				○
6-4　等級制度				○
6-5　賃金制度	○			○
6-6　HRM/HCM システム				○
6-7　福利厚生制度	○			○
6-8　健康保険	○			
6-9　厚生年金保険	○			
6-10　労働保険	○			
6-11　所得税	○			
6-12　住民税	○			
6-13　人事部門の業務				○
6-14　給与管理システム	○			

本書では、表に示した通り 14 に分けて人事管理関連業務を説明している。先に
説明した通り、そのうちの 10 の業務については法律等で決められている業務にな
る。労働者保護の観点から考えても当然と言えば当然だ。したがって、この部分の
システム化に携わる立場になったら、労働基準法をはじめとした各種関連法規を学
ぶことを、学習の中心に据えた方がいいだろう。

　とはいうものの、"魅力ある会社" として "優秀な人材確保" を考えて独自に工夫
できる部分もある。評価制度、等級制度、賃金制度、（法定外の）福利厚生制度など
である。これらに関しては、他社の成功事例や失敗事例、ベストプラクティス、今
のトレンド、現在に至る歴史などの情報が価値をもつところだ。

■ 顧客が IT エンジニアに期待する業務知識のレベル

　人事管理部分のシステム化に関しても、顧客が IT エンジニアに期待する知識レベ
ルは比較的高い。財務会計同様、その中身は法律や各種基準で規程されていること
が多いので、事前にいくらでも情報収集できるからだ。

　特に、給与計算システムに関する打ち合わせの時などは、法律等で決められてい
る部分は "知っていることが前提" で会話は進んでいく。したがって、給与明細の
計算方法や各項目の内容に関する知識は必須だろう。

　一方、人事管理に関しては、ある程度、人事管理の歴史について知っておいたほ
うが良い。産業革命以来、労働者の生産性を最大にするための管理方法が研究され
ている。それらを知ることで、"あるべき人事管理制度" について顧客と議論できる
だろう。

　その上で、各種人事管理システムに関する知識を押さえておく。人事管理システ
ムも数多くのパッケージが存在している。それも企業によって差のない給与計算シ
ステム部分だけではなく、人事管理（HRM や HCM）システムのほうも。それら数
多く存在するパッケージの特徴やメリット、デメリットを十分理解して、顧客にそ
れぞれの違いを説明できる……顧客は最低でもそのレベルを望んでいる。

6-1 働き方改革

https://www.shoeisha.co.jp/book/pages/9784798157382/6-1/

　GDP600兆円を目指す"アベノミクス"は2015年に第2ステージに移ると宣言し、次のような新三本の矢を発表するとともに、その新三本の矢の実現を目的とする一億総活躍社会を目指すと発表した。

【新・三本の矢】
- 希望を産み出す強い経済（GDP600兆円）
- 夢を紡ぐ子育て支援（出生率1.8）
- 安心につながる社会保障（介護離職ゼロ）

【一億総活躍社会】
- 若者も高齢者も、女性も男性も、障害や難病のある方々も、一度失敗を経験した人も、みんなが包摂され活躍できる社会
- 一人ひとりが、個性と多様性を尊重され、家庭で、地域で、職場で、それぞれの希望がかない、それぞれの能力を発揮でき、それぞれが生きがいを感じることができる社会
- 強い経済の実現に向けた取組を通じて得られる成長の果実によって、子育て支援や社会保障の基盤を強化し、それが更に経済を強くするという『成長と分配の好循環』を生み出していく新たな経済社会システム

　こうした一億総活躍社会実現に向けた最大のチャレンジとして推進したのが人生100年時代構想※と働き方改革である。

　そのコンセプトは「多様な働き方を可能とするとともに、中間層の厚みを増しつつ、格差の固定化を回避し、成長と分配の好循環を実現するため、働く人の立場・視点で取り組んでいく。」としている。

参考

2016（平成28）年6月2日に「ニッポン一億総活躍プラン」を閣議決定している。

用語解説

【人生100年時代構想】
一億総活躍社会実現の本丸を"人づくり"とし、子供たちの誰もが経済事情にかかわらず夢に向かって頑張ることができる社会で、いくつになっても学び直しができ、新しいことにチャレンジできる社会とする構想。

■ 働き方改革実現会議

2016（平成28）年9月、働き方改革実現推進室を発足し、それ以来定期的に働き方改革実現会議を開催してきた。その間、労働関連法案もこまめに改正されている。

そして、2018（平成30）年7月6日、働き方改革関連法（働き方改革を推進するための関係法律の整備に関する法律）が公布された。これにより、労働基準法も改正され、長時間労働の是正が本格的に推進されていくことが期待されている。

なお、厚生労働省の目指す働き方改革の実現に向けた具体策は次の通り。

【働き方改革の実現に向けた厚生労働省の取組み】

・長時間労働の是正

　（時間外労働の上限規制の在り方など）

・雇用形態にかかわらない公正な待遇の確保

　（同一労働同一賃金など非正規雇用の処遇改善）

・柔軟な働き方がしやすい環境整備

　（テレワーク、副業・兼業など）

・ダイバーシティの推進

　（病気の治療、そして子育て・介護と仕事の両立）

　（高齢者の就業促進）

　（外国人材の受入れの問題）

　（働き方に中立的な社会保障制度・税制など女性・若者
　　が活躍しやすい環境整備）

・賃金引き上げと労働生産性の向上

・雇用吸収力の高い産業への転職・再就職支援、人材育
　成、格差を固定化させない教育の問題

・ハラスメント防止対策

Chapter
6

人事管理

327

■ 働き方の未来 2035：一人ひとりが輝くために

時を同じくして 2016（平成 28）年 8 月、厚生労働省は「働き方の未来 2035：一人ひとりが輝くために」という報告書を公表した。そこには 2035 年に向けた働き方の未来を示している。

興味深いのは、"少子高齢化"という日本の課題解決に対し、技術革新（いわゆる IT）の進化を見据えている点である（だから未来を 2035 年にしている）。具体的には、AI（Artificial Intelligence：人工知能）、VR（Virtual Reality：仮想現実）、AR（Augmented Reality：拡張現実）、MR(Mixed Reality：複合現実 ※)、センサー技術などを活用し、時間や空間に縛られず、より充実感が得られる働き方を、働く人が自ら選択できるような社会を目指すとしている。

そして、仮に未来がそうあるならば、働き方の変革は、我々 IT エンジニアが牽引するものになるといえるのではなかろうか。

■ 働く意味が変わる

働く意味が、これから大きく変わることが予想されている。AI やロボットが生産性を高め、時に人間の代わりに働いてくれる時代が来れば、働く意味が"お金"や"生活"のためから、社会への貢献、地域との共生、自己実現へと移っていく。ちょうどマズローの欲求五段階説で、より高次の欲求に高まっていくのと同じである。

少子化で売り手市場が続き、転職市場も活況になってくると、企業が若い労働力を確保し定着させることが益々難しくなってくる。労働者の権利意識は益々高まるとともに、企業は労働者に選ばれる時代になってくるだろう。

さらに、まだまだ現実的ではないものの、技術の進展はベーシックインカムさえ実現するかもしれない。そうなった時、すなわち"お金"と"生活"に困らなくなったとしたら、働く意味を何に求めるのか、人生 100 年時代の人生とともに考えておく時が来たといえるだろう。

用語解説
【MR（Mixed Reality：複合現実）】
現実空間と仮想空間を混合させてリアルタイムかつスムーズに融合させる技術。例えば、3D データを現実空間の一定の位置に実寸大で表示し、誰もが共有できるようになる。

用語解説
【ベーシックインカム】
国民の最低限度の生活に必要なお金（ベーシック＝基礎的、インカム＝収入）を、国が全国民に給付するという政策。

■ ティール組織

未来組織として、これからの組織の在り方やマネジメント、上司と部下の関係などを示唆しているのが、ティール組織という書籍である。2018（平成30）年1月に、日本語訳が日本で発売された時、大きな反響があった。

表6-1　組織モデルの発達段階

組織の型	組織の概要	指針となる比喩（メタファー）
衝動型レッド	最も初期の組織。力、恐怖による支配（マフィアやギャングなど）	狼の群れ
順応型アンバー	規則、規律、規範による階層構造の組織。社会的階級による支配（軍隊など）	軍隊
達成型オレンジ	実力・成果主義。強いリーダーシップが組織を牽引する（企業）	機械
多元型グリーン	理想主義。奉仕型（サーバント型）のリーダーが組織を牽引する。多様性と平等を重視	家族
進化型ティール	変化の激しい時代における生命体型組織の時代へ	生命体

フレデリック・ラルー氏は、人類の歴史における組織の進化を色とともに表現している（表6-1）。組織はレッドから始まり進化し、最終的な進化形をティールとしている。興味深いのは意思決定を行う時の判断基準である。

衝動型（レッド）：欲しいものが獲得できるか否かで考える

順応型（アンバー）：社会規範への順応度に照らして考える

達成型（オレンジ）：効果や成果が上がるかどうかで考える

多元型（グリーン）：帰属意識と調和を基準に考える

進化型（ティール）：自分の内面に照らして考える

ティール組織では、組織を一つの生命体として自主経営（セルフ・マネジメント）、全体性（ホールネス）、存在目的を三つのブレイクスルーとしている。抽象的な表現のため筆者の受け取ったイメージになるが、誰もがありのままの自分で、組織そのものの方向性に共感して、自発的貢献意欲をもって接するという感じで働くというイメージになる。

参考

ティール組織とは、強いサッカーチームをイメージすれば腑に落ちる。チームの勝利を全員が目指し（存在目的）、皆自律的にチームメイトの動きを見据えたうえで、自分にできる最善のことを考えて最適な所に切り込む（自主経営、ホールネス）。お互いを信頼しあって動きを読みながら動く。決して、味方チームでボールを奪い合わない。

Chapter
6

人事管理

329

6-2 雇用形態

https://www.shoeisha.co.jp/book/pages/9784798157382/6-2/

正社員、契約社員※、派遣社員※など、今の時代、働き方（あるいは会社側から見れば雇用形態）や雇用契約はさまざまである（表6-2）。

表6-2 雇用形態

雇用形態	定義および特徴
正社員	期間の定めのない雇用契約を結んで働く
契約社員	期間の定めのある雇用契約を結んで働く
派遣社員	派遣元企業から他社に派遣されて働く

また、労働時間の違いによって常勤（フルタイム（労働者））と非常勤（短時間（労働者）、パートタイム（労働者））に分けている場合もある。通常は、正社員はフルタイムで、契約社員がフルタイムもしくはパートタイムで働くことが多いが、最近は短時間正社員制度※を導入する企業も増えている。

なお、パートタイム労働法では、同法の対象になるパートタイム労働者を「一週間の所定労働時間が同一の事業所に雇用される通常の労働者の一週間の所定労働時間に比し短い労働者」と定義している。

■ 雇用契約（民法）

雇用契約に関しては、民法の第八節「雇用」で、「雇用は、当事者の一方が相手方に対して労働に従事することを約し、相手方がこれに対してその報酬を与えることを約することによって、その効力を生ずる（第623条）。」と規定されている。

そして、その「報酬を与える側」を使用者、「労働に従事する側」を労働者とし、さらに「期間の定めのない契約」と「期間の定めのある契約」に分けている。一般的には、それが正社員と契約社員、あるいは正規雇用と非正規雇用との違いだとしている（期間の定めのない契約が正規雇用、もしくは正社員になる）。

用語解説
【契約社員】
期間の定めのある雇用契約を結んでいる社員のことで、パートやアルバイト、準社員、嘱託、非常勤、臨時社員などと言われることもある。
現在の労働基準法（平成30年11月現在）では、3年（専門職等は最長5年）を超えた労働契約を結ぶことを禁止している（更新は可能）。

用語解説
【派遣社員】
労働者派遣法に基づき、派遣元企業から派遣されている社員。派遣社員は派遣元企業と契約し、賃金もそこから支払われる。派遣先企業（派遣された企業）とは雇用契約はないが、指揮命令権は派遣先企業に属する。昔から"労働者供給事業"は職業安定法44条で禁止されているが、それを労働者保護を踏まえた"労働者派遣"という形で合法化した。

用語解説
【短時間正社員制度】
育児や介護、定年後の再雇用、多様な働き方などを推進するために、期間の定めのない労働契約を締結した上で、短時間労働を認める制度。

■ 使用者と労働者（労働基準法）

労働基準法でも、**使用者**（事業主又は事業の経営担当者その他その事業の労働者に関する事項について、事業主のために行為をするすべての者）と、**労働者**（職業の種類を問わず、事業又は事務所（以下「事業」という。）に使用される者で、賃金を支払われる者）の定義をしている（同法10条、9条）。

■ 出向

労働者派遣とよく似た形態に**出向**がある。雇用されている会社から別の会社に派遣され、その別の会社の指揮命令の元で業務を遂行するという点では同じように見える。

しかし、出向先は子会社や関連会社など資本関係のある会社や取引先などで、出向元との雇用契約に加えて出向先とも雇用契約を結び、かつ次のような目的のため、職業安定法の第44条で禁止されている"労働者供給事業"に該当しないと判断される点などが異なる。

・雇用機会の確保
・子会社や関連会社の経営指導、技術指導
・職業能力開発
・グループ内人事異動

なお、出向には出向元との雇用契約を残したまま（二重の労働契約）の**在籍出向**と、出向元との雇用契約を解除する（籍を移す）**転籍出向**がある。

> **参考**
> 出向の目的はさまざまである。賃金カット目的や適当なポストがないような場合に子会社に転籍出向させるようなケースもあるし、関連会社の建て直しや、教育の一環として在籍出向させるようなケースもある。

> **参考**
> 【偽装出向】
> 出向を厳密に定義した法律はない。しかし、出向とは名ばかりで、実態は労働者供給事業である場合、職業安定法第44条に抵触することがある。これを偽装出向という。

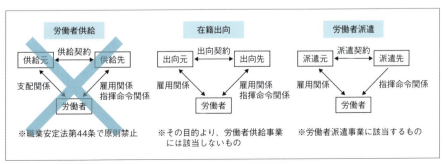

図 6-1　労働者供給事業（違法）、在籍出向、労働者派遣事業の違い

6-3 評価制度

https://www.shoeisha.co.jp/book/pages/9784798157382/6-3/

人事制度の中でも、社員を評価する評価制度（人事評価や人事考課という場合もある）は特に重要である。人事評価は賞与の査定、昇進や昇格（昇級）の判断に使われるからである。

評価制度には後述するようにいろいろな方法論があるが、どの評価制度を採用しているにせよ、評価方法、評価項目、評価基準の3つを明確にしておく必要がある。これらの要素が不明確であったり客観性を欠くものであったりすると、社員のモチベーションに影響するからだ。

評価方法には、相対評価と絶対評価、加点方式と減点方式などがある。また、一方的に上司が部下を評価するのではなく、後述する部下や同僚、時には取引先などにも評価を求める360度評価（多面評価）という方法もある。

評価項目には、①これまでの実績や成果、②能力や知識、資格、③姿勢、態度、④コンピテンシーなどがある。この評価項目にそれぞれ明確な評価基準が必要になる。

■ 伝統的な評価方法＝年功序列（勤務年数で評価）

戦後復興期から高度経済成長時代の間（1970年代ぐらいまで）は、大量生産大量消費の時代でもある。労働者は、長期間にわたって同じことを繰り返す、いわゆるルーチンワークが多かったため、その時代には「勤務年数の長いベテラン＝仕事のできる人」という構図があった。したがってこの当時は、いわゆる年功序列型で、従業員の評価の中に"勤務年数"の占めるウエイトが大きかった時代だといえる。

■ 成果主義と目標管理制度

バブル崩壊後——1990年代から、大手企業中心に成果主義が導入され始める。それまでの勤続年数での評価から、その人がどんな"成果"をあげたのかを評価しようとする考え方だ。

参考

モラルとモラール
人事部の人と話をしていると、よくこの話になる。モラル（moral）は「道徳」や「規範」のことで、モラール（morale）は「やる気」である。

参考

相対評価と絶対評価
相対評価とは、個々の社員を評価した結果を順序づけし、その上位から5％をA評価、同20％をB評価というように評点を付ける制度である。一方、絶対評価とは、ポイント80以上はA評価、60以上はB評価というような制度である。前者は常に競争にさらしていることでモチベーションを維持することを狙っている。しかし、逆にあきらめも早くなるというデメリットもある。後者は競争というよりも自分との戦いをモチベーションにしているといえるだろう。

参考

加点方式と減点方式
両方とも読んで字のごとくである。一般的に、加点方式の意図は、新しいことに積極的にチャレンジさせようというものであり、減点方式の意図は、失敗可能性の高いことには手を出させないというものである。このほかに、企業体質や風土、成長企業か安定企業かなども考慮して決める。

と言っても、ただ単に"結果としての業績"を評価するのではなく、目標管理制度とともに導入されるケースが多かった。

■ 目標管理制度

目標管理制度とは、MBO（Management By Objectives）制度とも呼ばれるもので、年度開始前に社員が今期の目標を設定し、年度末にその達成状況から個人の業績を評価する制度である。達成状況によって、給与や賞与、昇進、昇格などに影響する仕組みで、年俸制との相性が良いため、年俸制と同時に導入されるケースが多い。

目標を設定する段階では、上司の調整が入る。上司は、個々の目標の積み上げが組織としての目標達成につながるかどうかや、個々の目標が低すぎたり、逆に実現可能性の乏しい努力目標であったりしないかをチェックして調整に入る。

なお、MBOは、単純作業やルーチンワークの評価には向かないとされ、管理職や専門職だけに導入されることが多い。

■ コンピテンシーによる評価

2000年前後になって、日本にもコンピテンシー※という言葉が注目され出した。人事評価に、このコンピテンシーの概念を組み込み始めた。目標管理制度においても成果目標だけではなく、コンピテンシーに関する目標を設定し、コンピテンシーの習熟度を評価に加味することで、それまでの短期的成果を追求しがちな成果主義の弊害を払しょくできるとみなされた。

コンピテンシーに何を設定するのかは企業、職種によって異なるが、職種を問わない共通コンピテンシーとしては、コミュニケーションスキル、関係形成能力、問題解決能力などがある。

コンピテンシー制度では、採用や配置、評価をあらかじめ決めておいたコンピテンシーに基づいて実施する。こうすることがひいては、適材適所につながるという考え方である。

Chapter 6

人事管理

📖 **用語解説**

【コンピテンシー】

コンピテンシーとは、高い業績をあげている人の持つ（能力や行動）特性のことで、単に業務知識や資格の有無などの「能力面」だけでなく、人が本来持っている「良い結果を生み出す素養（例えば、人間関係形成能力や問題解決能力など）」も含むものである。

■ 360度評価

従来の“上司”からだけの評価ではなく、同僚や部下などの評価も加味して評価する方法。多面評価ともいう。

上司からの評価と自己評価のギャップから生まれる不信感や不満を和らげる目的で、複数かつ異なる視点の評価を加えて、客観性や公平性を示したり、気付かない部分を示したりし、評価を前向きに受け入れてもらうことを目的としている。

しかし、評価する側の心理的抵抗（気を遣うなど）や能力の問題も存在する。“人気”や“嫉妬”、“配慮”が公平性を損ねたり、上司が部下に媚びるようになるなどの弱点もある。

そのため、従業員の育成を目的とした利用（不足するスキルに対する助言など）に限定したり、従業員の評価を目的とする場合（昇進や昇格、昇給の判断材料に使う場合）には、“評価する者”としての教育を実施するなど慎重に行わなければならない。

> **参考**
> 評価目的よりも、育成目的で使われる方が相性がいいので、360度フィードバックとか、多面観察とよばれることもある。

■ ノーレイティング

社員の評価に相対的な優劣をつけるのを止めようという動きも出てきている。それをノーレイティング（制度）という。

レイティング（ランク付け）による評価制度は、どうしても全員の（特に最も人数の多い中間層の）モチベーションを高めるのが難しく、モチベーションが高まってもそれが競争に向かってしまうという弊害がある。最悪のケースでは同じ組織であるにも関わらず足を引っ張り合うことにもなる。そこで、全員のモチベーションを向上させ、社員の能力を最大限に引き出し、競争から協調に転換してコラボレーションを促進するために、レイティングによる評価を廃止することを考えた。

ただし、評価そのものを廃止するわけではなく、年次評価を廃止し、リアルタイムに評価と改善指導（教育）を繰り返す育成は行う。成果が出るかどうかは、給与額の決定や、昇進などとどうリンクするのか、評価される側の納得感が得られるかどうか、などにかかっている。

> **参考**
> 人と組織のパフォーマンスの最大化を狙うことからエンゲージメントマネジメントの実現には有効である。競争から協調へ転換できるところも強い組織になる可能性を秘めている。

■ OKR (Objectives and Key Results)

目標（Objectives）と、その達成のカギを握る成果指標（Key Results）を設定し、その成果指標を評価する仕組みをOKRという。ひとつのOに対して3～4のKRを設定することが多い。また、Oは直接コントロールできないもの、KRは直接コントロール可能なものを設定する。そして会社のOKRと、チームのOKR、個人のOKRの同期をとって関連付けることで、個人の目標達成がチームや会社の目標達成につながることが理解できる。

従来のMBOと違う点は、KRの測定は常時"進捗"として行われる点（この点だけをアジャイルHR*ということもある）や、目標の達成度よりも野心的な目標の方が評価が高い点などである。ちょうど従来のMBOの弱点を改善する考え方だ。

■ ピープルアナリティクス

内定を辞退した人、1年以内に退職した人、成果をあげている人などの行動データを、ウェアラブルやセンサを利用して収集し、そのビッグデータを分析する。分析にはAIを用いる場合もある。そうして、新卒採用や、リテンションマネジメントに活用するなどして、今後の人事に関する意思決定に客観性のある基準を持たせる

> **参考**
> OKRは、経営戦略立案ツールのBSCと同じように考えればいい。ちょうど"O = KGI"、"KR = KPI"と同じ考え方だ。会社が設定したKPIと、個人が納得して設定したKRを整合性のあるものにすれば、個人の目標を会社の目標とリンクさせることができる。そう考えると確かに理に適っている評価方法だと言える。

> **用語解説**
> 【アジャイルHR】
> アジャイル思想を取り入れた人事管理。年1回、半年に1回だった従来の人事評価に対し、短期間で目標設定と進捗確認、改善指導を繰り返す概念。

COLUMN SMART

目標設定に不可欠な要素をSMARTという。ジョージ・T・ドラン氏が1980年代に発表した目標設定法である。SMARTは、下記の5つの頭文字をとったもの。

・Specific（具体的に）
・Measurable（測定可能な）
・Achievable（達成可能な）
・Related（経営目標に関連した）
・Time-bound（時間制約がある）

COLUMN　動機付けとその歴史

　人事制度や評価制度を考えるとき、必ず出てくるのが"動機付け"。「どうすれば労働者は生産性高く働いてくれるのか？」という問いは、産業革命（英国、1830年代）以来の永遠のテーマといっても過言ではないだろう。

　動機付けとは、いわゆる"モチベーション（motivation）"のことで、簡単に言うと「行動の原因」である。いわゆる"やる気"と同義で使われたりもするが、「動機付けを行った結果、やる気になった。」というように、「やる気」とは別物として扱われたりもする。広義には「やらないといけない」という使命感をも含める概念でもある。

　そんな"動機付け"に関する考察の歴史は古い。20世紀初頭、出来高給制度が組織的怠業を産み出した。従業員が「働きすぎると給料が下がる」と不信感を抱き、示し合わせてゆっくりと作業するようになったのである。それに対してテイラー（Frederick Winslow Taylor）は、科学的管理法を提唱した。標準作業時間などの客観的な基準や成功報酬の概念を導入することで、労働意欲を高めることに成功した。正当な評価の走りだといえよう。

　1924年には有名なホーソン実験が始まる。人の生産性に対する作業条件の影響を見る大規模な実験である。当初は、照明の明るさなどの環境要因を調査する目的であったが、結果的に、インフォーマル組織の人間関係が、モラール（morale：労働意欲）の向上に影響を与え、生産性を高めることがわかった。それでこの後、人間関係論が研究されるようになった。

　ハーズバーグ（Frederick Herzberg）は、モチベーションに影響を与えるものとして「動機付け要因」と「衛生要因」からなる二要因理論を提唱した。"承認"や"仕事への責任"などのように満足度を高める動機付け要因と、"賃金"や"仕事の内容"などのように不満になることを防ぐ衛生要因との二つである。

　マズロー（Abraham Harold Maslow）は、欲求5段階説を提唱する。人間の欲求を5段階に分け、「人は、下位の欲求が満たされてはじめてその上の欲求の充足を目指す。」という有名な考え方だ。個々の欲求の意味は次の通り。下位の4つを欠乏欲求、自己実現欲求を存在欲求ということもある。さらに、自己実現欲求の上には自己超越という段階もあるとした。

1）生理的欲求（食事や睡眠、性欲など生きていくための本能の欲求）

2）安全欲求（健康で文化的な生活、事件や事故がなく安全に暮らしたいという欲求）

3）社会的欲求（社会や集団に属したい、孤独は嫌だという欲求）

4）尊厳欲求（他社から尊敬されたい、名声が欲しいという欲求）

5）自己実現の欲求（自分の持つ能力を最大限に発揮したいという欲求）

※ 番号が若い方が下位の欲求で、番号が大きい方が上位の欲求である。

マクレガー（Douglas Murray McGregor）が提唱したのは、XY 理論である。「人間は本来怠け者で自己中心的。組織の欲求に対して無関心」という性悪説にたった人間観で管理を行う X 理論と、その逆で、「人間は自己実現のために自発的に行動する」という性善説にたった人間観で、労働者の自主性を尊重する管理で構わないとする Y 理論があると提唱。低次欲求が満たされた社会では Y 理論が必要だと主張している。

以上が、古典的な動機付けやマネジメントに関連した有名な理論になる。その後、リーダーシップを"タスク志向"と"人間関係志向"の強弱で４つの型に分類し、部下の成熟度によって、有効なリーダーシップの型が変化するとした SL 理論などのリーダーシップに関する理論などもでてきた。

さらに、最近実施された Google のプロジェクト・アリストテレスの研究成果では、心理的安全性が高いパフォーマンスの鍵を握ると結論付けている。心理的安全性とは、簡単にいえば「ありのままの自分をさらけ出しても、それを皆が受け入れてくれる環境や雰囲気」のことである。"ありのままの自分で働く"というのはティール組織の書籍の中にも書いていたことだ。

確かに、本来の自分ではない"もう一人の自分"を職場で作り上げているとしたら最高のパフォーマンスは出せないだろう。何かするとすぐ叩かれる時代なので、心理的安全性を感じない場所ではだんまりを決め込むのが得策だともいえる。そう考えたら、心理的安全性が確保されていない場所で高い生産性が発揮できるわけがないことは容易に理解できる。

だとすれば、これからのリーダーは、どうすれば誰もが心理的安全性を感じられる環境になるのかを考え、心理的安全性の担保された職場にすることにエネルギーを使わないといけないのかもしれない。

6-4 等級制度

https://www.shoeisha.co.jp/book/pages/9784798157382/6-4/

　等級制度とは、社員の評価制度のひとつで、社員を一定の基準に基づいて何段階かの等級に区分し、その等級によって社員の処遇を決める制度である（図6-2）。

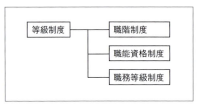

図 6-2　等級制度

■ 職階制度

　昔の年功序列時代の制度。終身雇用と年功序列が守られていた旧日本的経営時代における人事制度の主流であった。職階とは職位に応じた等級のことで、昇進＊と昇級＊は同じであった（職位が上がれば給与も上がる）。

　次の職能資格制度の導入が進むにつれ、衰退してきたが、最近、成果主義の導入とともに再度、注目されている（成果が出なければ昇進も昇級もさせないという考え方で、昔の職階制度とは180度考え方が違うが、シンプルな考え方は同じである）。

■ 職能資格制度

　職能資格制度は、組織のポジション（職位）や仕事の難易度（職務）ではなく、職務遂行能力（職能）によって等級を定義した制度である（図6-3）。

　等級は5～15程度で分類されることが多いが、各等級に資格＊（または資格呼称）を付けることもある。

　この制度は、昇進と昇級が（さらに昇格も）分離できるのが特徴である。企業は、この部分をうまく使うことによって年功序列と成果主義を混在させることができるため、最近の傾向と

参考

人事評価システムに正解はない。社員が納得し、モラール向上、満足度向上することが最大の目的になる。よって、ここで説明する各種の等級制度も、企業によって大きくアレンジされて運用されるのが普通で、独自の表現「〜制度」と名づけているところも多い。

用語解説
【昇進と昇級】
昇進とは、会社組織の職位（社長や部長、課長など）が上がることで、昇格とは等級制度などにおいて資格が上がることをいう。また、昇級は、等級が上がることを指している。

用語解説
【資格】
等級ごとに、部長や課長という職位名称とは別に付ける名称である。参与、参事、主務、主事など、役職名称とはまったく違うイメージのものを使う場合もある。

して、成果主義への移行が進んでいるものの、現在でも広く採用されている。

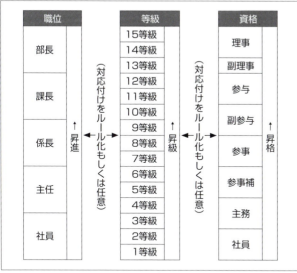

図 6-3 職位と等級の関係

■ 職務等級制度

職務等級制度では、職務（仕事）について職務記述書※を作成し、その職務ごとにポイント（難易度や労力などを総合的に評価）を付け、ポイントの高さに応じて等級を関連づける。人事評価に客観的公正さが必要な米国で主流の方式で、ジョブグレード制度と呼ばれている。

 用語解説

【職務記述書】
個々の職務ごとに、仕事内容、期待効果、必要スキルなどを記載したもの。職務ごとにポイントも付けられる。

 参 考

職掌
職種を分類したときの単位のひとつを職掌という。営業職掌、一般職掌などのように比較的大きな単位である。

情報化のポイント！

ITエンジニアが人事部の人と話をするとき、職位、職能、職務を正しく使い分けて話をしなければならない。「職位」とは、組織の指揮命令系統や機能を役割分担したもので、人事評価制度とは関係ない。一方、人事評価制度の評価基準として使用する「職能」や「職務」は、次のようなベースになる考え方の相違からくるものである。職能は、能力のある人をまず定義して、その能力に応じた仕事をさせようという考え方がベースにある。職務は、最初に仕事ありきで、そこにその仕事を成就できる人をアサインしようという考え方がベースになる。

6-5 賃金制度

https://www.shoeisha.co.jp/book/pages/9784798157382/6-5/

賃金制度とは、賃金（＝労働の対価として、使用者が労働者に支払う給与や賞与を含むすべてのもの）の支払ルールのことである。産業革命以後、労働者の生産性やモチベーションを高めようと、さまざまな賃金制度が研究されてきた。

■ 賃金制度の種類と変遷

終身雇用制や年功序列の崩壊によって、賃金制度も多様化してきた。従来の年功給（年齢給や勤続給のこと、属人給とも呼ぶ）に変わって、仕事給や業績給が主流になってきた（図6-4）。

年功給そのものは、経験が年齢とともに蓄積されていくので、「年齢＝経験＝能力＝会社への貢献」という関係が成立する時代には、理にかなった考え方であった。しかし、昨今のように、技術革新が急速で、求められる知識や技術も多様化している時代では、必ずしも「年齢＝経験＝能力＝会社への貢献」になるとは限らなくなってきている。そのため、職能給※や職務給※などいわゆる仕事給や業績給の割合が高くなってきたというわけである。

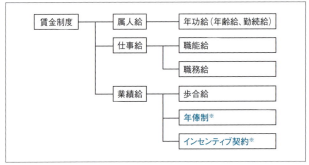

図6-4　賃金制度の種類

用語解説
【職能給】
担当職務に対しての能力の評価によって決定される給与のこと。日本的な能力主義といわれている。また、職能給を取り入れた給与制度を職能資格制度と呼ぶ。

用語解説
【職務給】
担当職務そのものに対して決定される給与のこと。職務が変われば給与も変わる。

用語解説
【年俸制】
業績給のひとつ。すべて業績評価によって決まる「完全年俸制」や、保障給（固定給）部分と成果に応じて決定する変動部分からなる「日本型年俸制」がある。最近のプロ野球の契約でも多く見られるような、保障給（固定給）にインセンティブ契約や出来高を付加するケースもある。

用語解説
【インセンティブ契約】
事前に社員と会社（上司）が協議して、一定の目標数値に達したらその結果、あらかじめ決められている金額が支払われるという契約。年俸制や保障給（固定給）と組み合わせて契約する場合が多い。

参考
いずれの制度・給与の種類も、どれか単独で用いることは少なく、「年功給＋職能給＋インセンティブ契約」など、複数組み合わせている企業が多い。

■ 賃金表による基本給の決定

　給与の基本給部分は、通常「賃金表」を用いて決定される。この賃金表は人事制度と連動したもので、自分の人事上のポジションがわかれば、基本給も確認できるようになっている。

　賃金表とは、年功給、職能給、職務給ごとに、また役職手当、家族手当などの手当てごとに作成されるものである。このうちよく使われているものに号俸表がある（表6-3）。

　号俸表は、代表的な職能給の賃金表である。等級別、号別の2次元で表すことができる。昇格は等級（表では横軸）が、昇給は号（表では縦軸）が上がっていく。毎年号がひとつずつ進むものを「1号俸表」と呼ぶ。これに対して、評価によって進む号数が異なるものを「段階号俸表」と呼ぶ。"号"には上限と下限があり、当該等級の号が上限に達すると昇給はなくなる。なお、号の差を「号差金額」または「号俸間格差」と呼ぶ。

　このような号俸表を基本とし、改変を加えたものにマトリクス表※や複数賃率表※などがある。

参考
実際には賃金表のない企業も多い。小企業や零細企業ではほとんどないと考えておいたほうがいい。

用語解説
【マトリクス表】
号俸表と同じ等級別号別の賃金表と、マトリクス表を使う。マトリクス表では、評価（S、A、B、Cなど）によって昇級率に格差をつけたり、号俸によって差を変えたりすることができる。すなわち、マトリクス表を使うことによって3次元の賃金表にしているのである。

用語解説
【複数賃率表】
等級別号俸別の号俸表に評価軸（S、A、B、Cなど）を入れた3次元の賃金表である。

表6-3　賃金表サンプル（号俸表）

等級	1等級	2等級	3等級	4等級	5等級	6等級
号俸間格差	500	1,000	1,500	1,500	1,600	1,600
1号俸	80,000	100,000	130,000	160,000	200,000	250,000
2号俸	80,500	101,000	131,500	161,500	201,600	251,600
3号俸	81,000	102,000	133,000	163,000	203,200	253,200
4号俸	81,500	103,000	134,500	164,500	204,800	254,800
5号俸	82,000	104,000	136,000	166,000	206,400	256,400
6号俸	82,500	105,000	137,500	167,500	208,000	258,000
･･･	･･･	･･･	･･･	･･･	･･･	･･･

6-6　HRM/HCM システム

https://www.shoeisha.co.jp/book/pages/9784798157382/6-6/

　近年、HRM（Human Resource Management）システムやHCM（Human Capital Management）システムと呼ばれる新たな人事管理のソリューションが出現している。

　企業によって微妙にその解釈は異なるものの、多くのソリューションで共通する点が2つある。ひとつは、単に個人情報を管理するだけではなく、戦略的人事を実現するためのソリューションという位置付けである点。もうひとつは、従業員を"人財"や"人事資本"と位置づけて、従業員のライフサイクル全体を支援（管理）している点である。要するに、"採用"から"人事考課"はもちろんのこと、"育成計画"や"後任計画"まで、一貫して従業員を管理できるということだ。具体的には、表のような機能を持つ。

　また、これらのシステムを利用しながら実施する新しい管理概念として、タレントマネジメントやワークフォースマネジメント、リテンションマネジメントなども生まれている。

表 6-4　HRM/HCM の機能一覧

処理タイミング／処理・機能		概要	関連業務知識（本書参照箇所）
随時 HRM／HCM	従業員基礎情報入力	・従業員の基礎情報を登録する 　（社員番号、社員名、生年月日、性別、住所、連絡先、学歴、職歴、入社年月日、退職年月日など） ・従業員のその他の情報を登録する 　（家族情報、資格情報、異動履歴など）	
	人事考課	・個人ごとの目標登録 ・成績情報入力 ・人事考課情報入力 ・人事考課情報リスト（個人別、一覧表） ・人事考課情報照会	
	人材開発	・コンピテンシー情報入力 ・研修受講実績入力 ・コンピテンシーリスト（個人別、一覧表） ・コンピテンシー照会	
	各種集計表	・人件費、人材育成費などの集計 ・研修受講済み人数、資格取得者数 ・コンピテンシー別レベル別人数集計表	
	各種シミュレーション	・異動シミュレーション ・昇級・昇格シミュレーション ・年度別退職金シミュレーション ・年金シミュレーション	

■ タレントマネジメント

　タレントマネジメントとは、ひとことで言うと、全社員の才能（タレント）を一元管理し、その情報を戦略的に活用する概念である。SHRM* や、ASTD* では、次のように定義している。

SHRM「2006年度版タレントマネジメント調査報告書」での定義

> 人材の採用、選抜、適切な配置、リーダーの育成・開発、評価、報酬、後継者養成等の各種の取り組みを通して、職場の生産性を改善し、必要なスキルを持つ人材の意欲を増進させ、現在と将来のビジネスニーズの違いを見極め、優秀人材の維持、能力開発を統合的、戦略的に進める取り組みやシステムデザインを導入すること

米国人材開発協会 ASTD での定義 2009 年版

> 仕事の目標達成に必要な人材の採用、人材開発、人材活用を通じて、仕事をスムースに進めるための最適の職場風土、職場環境を構築する短期的／長期的、統合的な取り組み。

　ASTDでは、タレントマネジメントの実現には、次の4つの視点と8つの具体的施策が必要だとしている。

> 4つのカテゴリ
> ・Culture（組織風土）
> ・Engagement（仕事に対する真摯な取り組み）
> ・Capability（能力開発）
> ・Capacity（人材補強／支援部隊の強化）
>
> 8つの領域
> ・組織開発　　・人財の獲得
> ・後継者計画　・キャリア計画
> ・業績管理　　・能力評価アセスメント
> ・人財維持　　・チームと個人の能力開発

参考

ひとことで言うと全社員の才能（タレント）を一元管理し、その情報を戦略的に活用する概念。

用語解説
【SHRM（Society for Human Resource Management）】
全米人材マネジメント協会

用語解説
【ASTD（American Society for Training & Development）】
米国人材開発機構。1944年に設立された非営利団体で、米国ヴァージニア州アレクサンドリアに本部を置く。約100カ国以上の国々に約40,000人の会員（20,000を越える企業や組織の代表を含む）をもつ、訓練・人材開発・パフォーマンスに関する世界最大の会員制組織（www.astd.org）
日本支部のHP（www.astdjapan.com）

終身雇用や年功序列が崩れた今、従業員と会社の関係も変わってきた。雇用義務を果たす企業に対する滅私奉公的な忠誠心（ロイヤルティー）はなくなり、個人の自己実現欲求が高まるにつれ、会社や組織の目指すべき成長の方向と、個人の目指すべき成長の方向を擦り合わせることが、エンゲージメント※を向上させることにつながると考えられている。狭義には、そのすり合わせ行為そのものを、従業員エンゲージメントということもある。

■ ワークフォースマネジメント（WFM：Workforce Management）

労働者の提供できる労働力と、その日やその時間に必要な仕事量を分析して、（例えば時間帯ごとに）人員配置の最適化を図り、一定のサービス品質を確保しながら、人件費の抑制を狙う管理概念を、ワークフォースマネジメントという。要するに、製造業で労働者の手待ち時間を少なくし稼働率を上げるのと同様、労働者の人事生産性を最大化する取り組みだ。

人員配置の最適化に関しては、レイバースケジュールシステム※を利用することが多い（図6-5）。

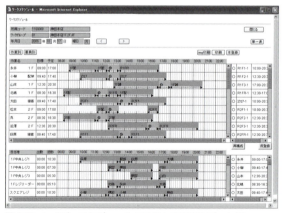

図6-5　レイバースケジュールシステムのアウトプット例
　　　　株式会社東計電算のWFPレイバースケジュールシステムより

レイバースケジュールシステムを活用すれば、例えば小売業だとこういうこと（次ページ先頭の①～③）ができる。

📖 **用語解説**
【エンゲージメント（Engagement）】
"エンゲージリング＝婚約指輪"でお馴染みのこの言葉は、"約束"や"婚約"を意味するもの。そこから、人事や労務用語として、会社に対する愛着心という意味で使われるようになった。エンゲージメントレベルは、会社への愛着心の割合ということになる。ロイヤルティーや従業員満足度とは異なる概念として説明されることが多い。

📂 **参　考**
Workforceとは「全従業員」や「労働力」を意味する用語。したがって、ワークフォースマネジメントでは、正社員だけではなく、パートやアルバイトなどの非正規雇用も含む全従業員を対象にする。

📖 **用語解説**
【レイバースケジュールシステム（Labor Schedule System）】
最適な人員配置を行う要員計画作成のためのシステム。情報システムに限定しない場合は、LSP（Labor Scheduling Program）と言うこともある。

① 過去の売上実績等を分析して日別時間帯別の来店客数や売上金額を予測する。

② その予測に基づいて、どういう役割（もしくはスキルを持った）従業員が何人必要なのかを算出する。

③ 従業員の希望スケジュールや勤務可能時間、保有スキル、制約事項、就業ルールなど様々な条件を加味した上で、店舗の時間帯別要員計画を最適化する。

■ リテンションマネジメント

優秀な従業員の流出を防ぎ定着してもらうことを目的とした"引き留め"のためのマネジメントを、リテンションマネジメントという。いわゆる"人財"流出防止策のことである。

終身雇用制が崩壊し、新入社員の3割が3年で退職する時代になって久しいが、そこには、従業員の価値観が多様化し、従来の成果主義型賃金制度だけでは社員を繋ぎとめられなくなっているという背景がある。特に、しっかりとした教育を施している企業にとってみたら、コストをかけて教育しても、育った頃に辞めていかれるのは大きな損失である。そうならないように、従業員の心をつなぎとめておく様々な取り組みが必要になり、リテンションマネジメントという概念が生まれた。

具体的には、過去の退職要因を分析し、根本的原因を除去する方策を考えるというプロセスになる。一般的には、社員が納得する適正な評価・賃金体系にすることと、それに加えて就業環境を整備する、風通しのいい企業風土の醸成、自己実現につながる教育への積極的な取り組みなど"企業の魅力"を高めるための施策が中心になる。

■ LMS (Learning Management System)

HRM や HCM の中でも、特に"教育"部分にフォーカスしたシステムを LMS という。研修実績の管理から、個々のスキルの習得状況や活用状況（実績の管理、キャリア情報）までを一元管理する。

参 考

優秀な社員の引き留めのほか、優良顧客の引き留め策なども、リテンションマネジメントという。ちなみに、"retention" とは "維持" や "保持" を意味する用語。過去の退職要因を分析し、根本的原因を除去する方策を考えるというプロセスになる。

参 考

LMS を有効活用するには、企業の求める人材像を明確にしたうえでキャリアパスを体系化することが重要になる。それがないと単なる研修実績管理システムになってしまう。また、全社的に部下を育成する土壌（コーチング、メンタリング）も必須になる。

Chapter
6
人事管理

6-7 福利厚生制度

https://www.shoeisha.co.jp/book/pages/9784798157382/6-7/

福利厚生制度とは、従業員の労働意欲向上や定着率向上、あるいは恩給や功労の目的で、会社が用意する諸々の制度の総称だといえる。会計や税務上の勘定科目のひとつ"福利厚生費"の概念とほぼ同じで、シンプルに、ES（＝ Employee Satisfaction：従業員満足度）向上を目的とした諸制度だと考えておけば良いだろう。最近では、カフェテリアプラン※なども導入され、優秀な従業員の確保やつなぎ止めの戦略として重視されている。ちなみに、"福利"は幸福と利益を、"厚生"は健康で豊かな生活をすることを意味する言葉だそうだ。

■ 法定福利と法定外福利

福利厚生は、法定福利と法定外福利に分けられる（図6-6）。

法定福利とは、法律（健康保険法、厚生年金保険法、介護保険法、労働者災害補償保険法、雇用保険法）に準じて強制的に適用されるものである。

これに対し、法定外福利とは個々の企業が任意で行うもので、賃金以外の自己啓発支援（各種教育・研修）、社員食堂、住宅補助（または社宅や寮）、保養施設などのことをいう。

> **用語解説**
> 【カフェテリアプラン】
> 福利厚生をメニュー化して、従業員の選択制にするという制度。自己啓発の研修などで採用する企業が多い。いずれも、福利厚生制度自体が企業の一方的で固定的なものになるのを避ける目的がある。

> **参考**
> 法定福利は社会保険とも呼ばれている。社会保険とは、個人保険（民間企業の生命保険など）に対するもので、公的機関の提供する保険のことである。よって、図6-17の法定福利のものに加えて国民健康保険や国民年金なども含まれる。ただし、狭義の社会保険は、年金事務所で手続きを行うものを指し、労働保険と区別して使う。

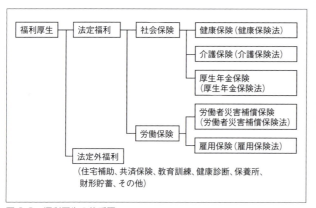

図 6-6 福利厚生の体系図

■ 福利厚生に関係のある機関

　福利厚生に関する行政を司るのは厚生労働省になる。そして、法定福利関係の運営や事務に関しては、社会保険は協会けんぽと日本年金機構が、労働保険は労働基準監督署と公共職業安定所が、それぞれ担当している（表6-5）。

表6-5　福利厚生に関係のある機関

厚生労働省　http://www.mhlw.go.jp/

国民生活の保障及び向上を図り、並びに経済の発展に寄与するため、社会福祉、社会保障及び公衆衛生の向上及び増進並びに労働条件その他の労働者の働く環境の整備及び職業の確保を図ることを任務とする（厚生労働省設置法　第3条）。具体的には、健康保険、年金、雇用などについての行政を司る

全国健康保険協会　http://www.kyoukaikenpo.or.jp/

平成20年10月1日設立。設立の根拠法は健康保険法。健康保険組合に加入できない被用者のための全国健康保険協会管掌保険（（旧）社会保険庁（国）が行っていた政府管掌保険）の運営機関。非公務員型の特殊法人で、本部と47都道府県支部で構成される。愛称は"協会けんぽ"

日本年金機構　http://www.nenkin.go.jp/

平成22年1月1日設立（同時に（旧）社会保険庁を廃止）。設立の根拠法令は日本年金機構法。国（厚生労働大臣）から委任・委託を受け、公的年金に係る一連の運営業務（適用・徴収・記録管理・相談・裁定・給付など）を担う非公務員型の公法人（特殊法人）。全国約300箇所にある年金事務所（旧社会保険事務所）が事務を行う

労働基準監督署

設立の根拠法令は厚生労働省設置法。都道府県労働局の所掌事務の一部を分掌させるために設置される。事業者が、労働基準法や労働安全衛生法、労災保険法等を遵守しているかどうかを監督指導するほか、事業主などから提出される許認可申請、届出などの処理なども行う。労働保険に関する加入手続き、労災保険の給付などの業務も行っている

公共職業安定所（ハローワーク）

設立の根拠法令は厚生労働省設置法。労働基準監督署と同じく都道府県労働局の所掌事務の一部を分掌（労働基準監督署に分掌されたものは除く）させるために設置される。他に、職業安定法や雇用対策法などでも、公共職業安定所の業務が定められている。主な業務内容は、職業紹介や雇用保険の受給手続き、雇用に関する補助金等の申請手続き、求人の受理など

〈届出書の正式名称〉
※ 被保険者資格取得届 ＝「健康保険・厚生年金保険被保険者資格取得届」
※ 算定基礎届 ＝「健康保険・厚生年金保険被保険者報酬月額算定基礎届」
※ 月額変更届 ＝「健康保険・厚生年金保険被保険者報酬月額変更届」
※ 被保険者賞与支払届 ＝「健康保険・厚生年金保険被保険者賞与支払届」

6-8 健康保険

https://www.shoeisha.co.jp/book/pages/9784798157382/6-8/

我が国では、国民が必ず何らかの公的医療保険に加入しなければならない国民皆保険制度※が運用されている。会社員や公務員など雇用されている人は被用者保険に、高齢になると後期高齢者保健に、そうした保険のいずれにも該当しない場合は国民健康保険に加入しなければならない。

■ 保険料の計算（会社員の場合）

会社員が給与から毎月納める（天引きされる）"保険料"は、標準報酬月額に保険料率を乗じて算出される。また、賞与の場合も同様に標準賞与額に保険料率を乗じて算出される。

表6-6 保険料の計算

保険料の種類	保険料額の計算方法
毎月の保険料額	標準報酬月額 × 保険料率
賞与の保険料額	標準賞与額 × 保険料率

■ 保険料率

保険料率に関しては、健康保険法の第160条で規定されている。平成30年11月現在では3〜13%の範囲で保険者が決める。

全国健康保険協会管掌健康保険※の場合は、平成21年9月より都道府県単位保険料率へ変更されているので、現在では都道府県が独自に保険料率を決める。これに40歳以上65歳未満の人（介護保険第2号被保険者）は、全国一律の介護保険料率が加わる（いずれも毎年見直しされる）。そこで決定した保険料は、会社と従業員が折半（社員は半額）を負担する。

組合管掌健康保険※の場合は、健康保険法の範囲内で組合が決める。介護保険料率や会社と従業員の負担割合も組合の実情に応じて決めることができる。

以下本章では、全国健康保険協会管掌健康保険及び、組合管掌健康保険の会社側での手続きについて説明する。

用語解説
【国民皆保険制度】
全ての国民を、必ず公的な医療保険（全国健康保険協会管掌保険・組合管掌保険・各種共済組合・船員保険・国民健康保険のいずれか）に加入させる制度。昭和36年に実現（スタート）した。

用語解説
【全国健康保険協会管掌健康保険】
全国健康保険協会（P.347）が運営する健康保険。

用語解説
【組合管掌健康保険】
被保険者の数が一定以上集まった場合、設立できる保険者。その数は政令で決められている。企業単独（単一健保組合）なら700人、同業種の複数企業が共同（総合健保組合）なら3000人以上。

参考
【全国健康保険協会管掌健康保険の都道府県単位保険料率と介護保険料率】
平成30年度の東京都は9.90%、最も高いのは佐賀県の10.61%で、最も低いのは新潟県の9.63%。介護保険料率は全国一律での1.57%。

348

■ 標準報酬月額※の決定

標準報酬月額は、月次の給与に関しては資格取得時決定、定時決定、随時改定によって決定される。また、賞与の場合は別に計算して保険料を決定する。

①資格取得時決定

従業員を雇用したら、事業所を管轄する年金事務所に、今後支払う予定の賃金から標準報酬月額を求め、その予定を記入した"**被保険者資格取得届**"を提出する。それを受理した年金事務所は、その標準報酬月額をもとに保険料を決定して決定通知書を返送する。保険料は採用月から必要で、翌月に納付することになる。

②定時決定

健康保険料は1年間に1回見直される。それを定時決定という。7月1日現在に被保険者の資格のある者については、4月、5月、6月の3カ月間の報酬より標準報酬月額を算出し、"**算定基礎届**"に記入して年金事務所に届ける。その手続きによって、9月分からの新保険料が決まる（翌月納付）。

③随時改定

定時決定とは異なる時期（4、5、6月の3カ月間以外の月）に報酬が著しく変動した場合にも健康保険料を見直さなければならない。これを随時改定という。手続は、算定基礎届とよく似た書式の"**月額変更届**"を使って行う。（記入する）3カ月分の標準報酬月額は、変動した月から3カ月間のもので、改定後の新保険料は4カ月目から適用される。

④賞与支払

賞与を支払った場合（年3回以下の場合。年4回以上は給与とみなして処理する。標準報酬月額の対象になる）は"**被保険者賞与支払届**"を提出して、賞与からも一定の健康保険料を支払うことになる。

用語解説

【標準報酬月額】
健康保険と厚生年金保険の保険料を決める基礎となる金額のこと。保険料は、被保険者の月額報酬を事務の簡便化を目的に、いくつかの等級に区分している。その等級ごとの金額のこと。その等級ごとの金額に保険料率を乗じて保険料を算出する。毎年のように法改正によって変わる。

6-9 厚生年金保険

https://www.shoeisha.co.jp/book/pages/9784798157382/6-9/

会社は、労働者を雇用すると厚生年金保険にも加入させなければならない。年金も医療保険同様、国民皆年金制度が実現しているからだ。

■ 日本の年金制度

非常に複雑だと言われている日本の年金制度（図6-7）だが、基本的な考え方は次のようになる。

①3階建て方式

1階部分：基礎年金＝20歳以上60歳未満の全国民が加入。
2階部分：1階と2階が公的年金。民間企業勤務者の厚生年金と公務員等の共済年金に分けられる。
3階部分：様々な形態の企業年金。
※国民年金の2階、3階相当は、付加年金、国民年金基金、確定拠出年金（個人型）がある。

②被保険者資格は3種類

第1号被保険者：自営業者、自営業者の妻、学生等
第2号被保険者：民間企業の給与所得者、公務員等
第3号被保険者：第2号被保険者の被扶養配偶者

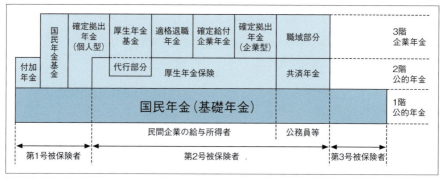

図6-7 日本の年金制度

■ 厚生年金保険料の計算

一般的な会社員（民間企業で働く給与所得者）を対象とする公的年金は厚生年金保険になる。その手続きは、健康保険と同時に行うので、詳細は前項の健康保険のところを参照してもらいたい。

表6-7 厚生年金保険料の計算

保険料の種類	保険料額の計算方法
毎月の保険料額	標準報酬月額 × 保険料率
賞与の保険料額	標準賞与額 × 保険料率

■ 保険料率

厚生年金保険の保険料率は、国が一律に決めている。現在（平成30年度）は、一般・坑内員・船員（厚生年金基金加入者を除く）が18.300%で、これを会社と従業員で折半する。したがって従業員の負担は9.150%になる。

■ 企業年金

厚生年金に上積みされる、いわゆる3階建て部分の企業年金には、表6-8のようなものがある。

表6-8 企業年金の種類

企業年金	概要
厚生年金基金	会社が厚生年金基金を設立している場合に加入することができる。国の年金給付のうち一部を代行する
確定給付企業年金	2002年（平成14年）より施行された「確定給付企業年金法」に基づく年金制度。規約型と基金型があり、給付額を確定させてそれに応じた掛金を納付する
確定拠出年金	日本版401K。2001年（平成13年）10月より施行された「確定拠出年金法」に基づく年金制度。「企業型」と「個人型」がある。拠出された掛金は個人ごとに明確に区分され、掛金と個人の運用指図による運用収益との合計額をもとに給付額が決定される
適格退職年金	社外の信託会社や生命保険会社を利用して積み立てる退職金。税制の優遇措置が取られる。平成24年3月末までに廃止が決まっている

参考

標準報酬月額を資格取得時決定や定時決定などで年金事務所に提出すると、健康保険と厚生年金保険の手続きが行われる。

参考

厚生年金保険料率に関しては、平成16年から平成29年まで、毎年0.354%ずつ引き上げられ、平成29年以後は最終保険料率の18.300%で固定されている。

Chapter
6
人事管理

6-10　労働保険

https://www.shoeisha.co.jp/book/pages/9784798157382/6-10/

会社は、従業員をひとりでも雇って**労働保険の適用事業**※となった場合、労働保険（労働者災害補償保険と雇用保険）に加入し、労働保険料を納付しなければならない。雇うのは、正社員だけではなく、パートやアルバイトも含む。

労働保険の適用事業には、労災保険と雇用保険の保険料の申告と納付を一元処理する**一元適用事業**と、労災保険と雇用保険の適用の仕方を別個に行う**二元適用事業**がある。

■ 労働保険の成立手続

最初に、労働保険の適用事業になったときには、次の手続きを行う。これを**"労働保険の成立手続"**という。

① 保険関係成立届 → 労働基準監督署または公共職業安定所
② 雇用保険適用事業所設置届 → 公共職業安定所
③ （初年度の）概算保険料申告書 → 労働基準監督署等
④ 雇用保険被保険者資格取得届 → 公共職業安定所

■ 労働保険の申告・納付手続き

労働保険の計算期間（これを**保険年度**という）は4月1日から翌年3月31日までで、1年間を単位とする。**賃金総額**※もこの期間に労働者に支払った賃金の総額になり、（一元適用事業の場合）労災保険と雇用保険をまとめて申告する。

ただし、申告と納付は前払い（当該年度分は年初に払い込む）になる。年度当初に概算（これを**概算保険料**という）で申告・納付して、翌年度の当初に確定申告（これを**確定保険料**という）の上精算する形を取る。これを**労働保険の年度更新**といい、毎年6月1日から7月10日までの間に行うよう決められている。なお、申告手続には、「**労働保険概算・確定保険料／石綿健康被害救済法一般拠出金申告書**」を用いる。

用語解説
【労働保険の適用事業】
ひとりでも労働者を雇用すると、原則、適用事業になるが、その事業を当然適用事業という。対して、小規模（5人未満）の農林水産の事業等で個人経営の場合、労災保険の加入は任意になる。これを暫定任意適用事業という。

参考
通常、農林水産業や建設業など一部の事業だけが二元適用事業になり、それ以外は一元適用事業になる。

参考
ここに記載している労働保険の成立手続や労働保険の申告・納付手続きについては、**労働保険の保険料の徴収等に関する法律**で定められている。

用語解説
【賃金総額】
賃金、給与、手当、賞与など名称の如何を問わず労働の対償として事業主が労働者に支払うすべてのものを含む。

■ 労働者災害補償保険

労働保険のひとつ、労働者災害補償保険は、業務中や通勤中に起きた病気や事故、死亡（これらを業務災害という）などに対して補償する保険になる。補償の対象は、障害年金・一時金、遺族年金・一時金、治療費や休業中の賃金（一部）など。これらに対して保険給付が行われる。

保険料は、次の計算式によって事業単位に算出され、全額企業が負担する。

保険料 ＝ 賃金総額 × 労災保険率

このときの保険料（労災保険率）は、事業の種類（業種）により異なる。平成30年度（平成30年4月1日〜）は、0.25%から8.8%の範囲だった。

■ 雇用保険

雇用保険は、以前は通称、失業保険と呼ばれていたもので、失業中の労働者に保険を給付し、再就職までの期間の生活を安定させることが目的の保険である。

保険料 ＝ 賃金総額 × 雇用保険率

保険料率（雇用保険率）も事業によって異なるが、平成30年度（平成30年4月1日〜平成31年3月31日）は、一般の事業で0.9%。このうち0.3%を従業員が負担し、残りを企業が負担する。

> ⚖ **法律**
> 労災保険率はよく変更されるので、必要に応じて、厚生労働省のWebサイトで最新情報を確認するようにしよう。

> 📖 **参考**
> 雇用保険率もよく変更されるので、必要に応じて、厚生労働省のWebサイトで最新情報を確認するようにしよう。

Chapter 6 人事管理

表6-9　平成30年度の雇用保険料率と負担割合

	雇用保険料率	労働者負担（失業等給付に係る保険料率のみ）	事業主負担		
				失業等給付に係る保険料率	二事業に係る保険料率
一般の事業	9/1000	3/1000	6/1000	3/1000	3/1000
農林水産・清酒製造業	11/1000	4/1000	7/1000	4/1000	3/1000
建設業	12/1000	4/1000	8/1000	4/1000	4/1000

6-11 所得税

https://www.shoeisha.co.jp/book/pages/9784798157382/6-11/

個人が得た所得にかかる税金が所得税である。1月1日から12月31日までの1年間（これを**暦年**という）の全ての所得に対して所得税額を計算して、自ら確定申告を行って納税しなければならない（確定申告の時期は、翌年の2月中旬から3月中旬頃までになる）。

所得は、その性質によって10種類に分かれ（表6-10参照）、それぞれの所得について、収入や必要経費の範囲あるいは所得の計算方法などが定められている。そのうち本書では、会社から社員に支払われる給与所得について説明する。

表6-10 所得の種類

所得の区分	内容（代表的な収入）
利子所得	預貯金の利子など
配当所得	株の配当、投資信託の収益など
不動産所得	土地や建物の賃借料など（事業的規模を除く）
事業所得	製造業、小売業、サービス業、農業、漁業など
給与所得	勤務先から受け取る給料や賞与
退職所得	勤務先から受け取る退職金など
山林所得	5年超保有の山林の伐採や譲渡
譲渡所得	土地や建物を譲渡した時の所得
一時所得	上記8つのいずれにも属さない一時的な収入
雑所得	上記9つのいずれにも属さない収入

■ 給与所得に対する所得税の計算方法

給与所得に対する所得税は、図6-8のように計算される。順を追って説明すると次のようになる。

① 給与収入 − **給与所得控除**※ ＝ 給与所得
② 給与所得（①）− **所得控除**※ ＝ 課税所得
③ 課税所得（②）× 税率 ＝ 所得税額
④ 所得税額（③）− **税額控除**※ ＝ 納付する所得税

用語解説
【給与所得控除】
給与所得を求めるために、給与収入から差し引かれるもの（金額）。給与所得者の必要経費としての意義を持つ。給与収入に応じて控除額が決まる。

用語解説
【所得控除】
所得から税額を計算する前に差し引かれるもの（金額）。所得税の課税対象から最低生活費を除く方法としての意義を持つ。各納税者の個人的事情を加味した14種類が定義されている。

用語解説
【税額控除】
所得税から差し引かれるもの（金額）。二重課税の調整目的や、政策上の狙いがある。

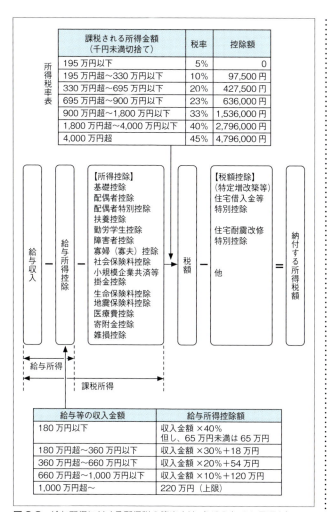

図 6-8 給与所得に対する所得税の算出方法（H30年11月現在）

参考

【特定支出控除】

給与所得者の場合、"サラリーマン"の経費相当分とよばれている給与所得控除があるので、原則"経費"は認められていない。しかし、職務に必要な研修費や資格取得費、図書費、交際費など一部の個人払い分は経費として認められる場合がある。これを特定支出控除という。控除を受ける場合は、会社から証明書を発行してもらい、それを添付して確定申告を行う。

■ 復興特別所得税

　平成23年12月2日に「東日本大震災からの復興のための施策を実施するために必要な財源の確保に関する特別措置法」が公布された。これにより、平成25年1月1日から2037年12月31日までの間に生ずる所得について復興特別所得税（所得税の額の2.1%相当）を所得税と併せて国に納付しなければならないこととされた。

■ 源泉徴収

前述の通り、所得税は、当該個人が確定申告を行って納税しなければならない。しかし会社員の場合は、確定申告の手間を省いて確実に税を徴収するために、源泉徴収制度が採用されている。

源泉徴収制度とは、会社が従業員に対して給与や賞与などを支払ったとき、あらかじめ、そこから所得税相当分を差し引いて預かっておき、それを毎月本人に代って納付する制度のことをいう。

毎月の（源泉徴収）税額は、図 6-9 で示しているとおり、源泉徴収税額表を使って決める。

> **参考**
> 源泉徴収した所得税は、源泉所得税納付書を使って、給与支給した翌月 10 日までに管轄税務署へ納付する。源泉徴収は、支払が個人に対するものであれば、月給だけではなく、アルバイト料や一時金、講演料などの報酬に対しても行わなければならない。

> **参考**
> 甲欄と乙欄の違いは、支給される給与が「主たる給与」か、そうでない（2 ヶ所目からなど）かで判断する。主たる給与の場合は甲欄の源泉徴収額を適用し、そうでないケースは乙欄を適用する。普通の会社員は 1 社だけで働いていることが多いため、通常は甲欄を使う。

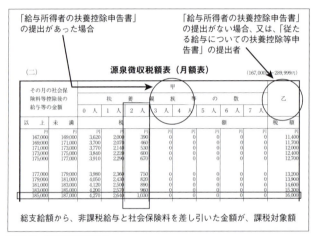

図 6-9　源泉徴収税額表

例えば、ある会社の従業員 A 君（妻と子の 3 人暮らし）の社会保険料控除後の給与が 186,000 円だったとしよう。その場合、185,000 円以上 187,000 円未満の行の、甲欄の"扶養親族の数＝2 人"の列を見て"1,030 円"という税額を求める。これが源泉徴収税額になる。

表 6-11　源泉徴収税額表の甲欄、乙欄、丙欄の意味

欄	意味
甲	主たる給与。扶養親族等の控除を考慮して計算
乙	2 ヶ所以上から給与を受け取っている場合の"主たる給与"ではない方
丙	日雇い等

■ 年末調整

毎月の給与から天引きされていた（源泉徴収されていた）所得税額は、あくまでも概算なので、本来の納付額とは一致しないことが多い。すべての所得控除と税額控除を加味して計算されているわけでもない。そこで、1年間の給与所得が確定する12月後半の年末に、最終の調整を行うようにしている。これを年末調整という（図6-10）。

12月初旬に、まずは社員に年末調整関連の申告書を配布して提出させる。会社は、その申告書をもとに源泉徴収簿を作成して納税額を確定させる。そしてその内容をもとに法定調書と法定調書合計表を作成し税務署に提出するとともに、給与支払報告書等を従業員の住む市区町村に提出する。最後に、社員に渡す源泉徴収票を準備して次の給与明細に入れるとともに、還付金もしくは追徴がある場合はその処理を行う（支給額に加減算する）。

> **参考**
> 通常は年末に実施するので「年末調整」というが、年の途中で退職した場合などは、年末でなくても年末調整を実施する。

> **参考**
> 年末調整関連の申告書には、扶養控除等（異動）申告書、配偶者特別控除申告書、保険料控除申告書（ここまで所得控除）、住宅借入金等特別控除申告書（税額控除）などがある。

> **参考**
> 法定調書自体は40種類ぐらい存在するが、この時期に企業で提出を義務付けられているのは、給与所得の源泉徴収表、退職所得の源泉徴収表、報酬、料金、契約金及び賞金の支払調書に、不動産関係の支払調書3種類の合計6種類である。

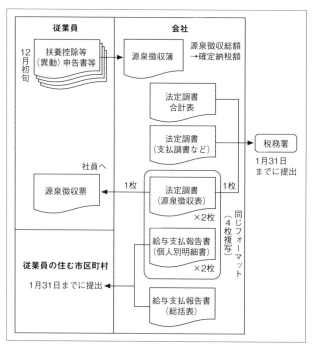

図6-10　年末調整とその後の処理

6-12　住民税

https://www.shoeisha.co.jp/book/pages/9784798157382/6-12/

従業員個人にかかる税金で、会社が代行徴収して納税する税金は、所得税以外にも**個人住民税（以下、住民税とする）**がある。住民税は、地方税法で納付を義務付けられている税金のひとつで、都道府県に納める都道府県民税と、区や市町村に納める区市町村民税を合わせたもので、次のような特徴がある。

- 住民税は、従業員が1月1日に居住している都道府県と区市町村に納税する
- 住民税は、前年1年分の収入に対して課税される
- 住民税額は、後述する計算で1年分（6月～翌年5月）を算出して12で割って月ごとの税額（給与天引きの住民税額）を計算する

■ 住民税の計算方法

住民税の内訳は、前年度の所得金額に応じて課税される**所得割**と、所得金額にかかわらず定額で課税される**均等割**に分けられる。

Ⅰ．所得割額の計算
　　所得割額＝（所得－所得控除）× 税率－調整控除－税額控除
　　※ 税率は合計10%（都道府県民税率4%、区市町村民税率6%）

Ⅱ．均等割額（世帯単位に市町村ごとに決まっている）

なお、住民税の計算方法（計算式）については、各都道府県のWebサイトで公表されている。一度、自分の住民税がどのように計算されているのかを確認してみるとよく理解できるだろう。

参考

個人に対する住民税を個人住民税、法人に対する住民税を法人住民税という。

参考

地方税法の条文では、各道府県の道府県民税と東京都の都民税、各市町村の市町村民税と東京23区の特別区民税に分けて表現している。また各都道府県では、道民税（北海道）とか府民税（大阪府）と表現している。

参考

住民税の所得割部分の計算手順は、所得控除や税額控除の適用対象や金額は異なるが、所得税のそれと同じプロセスで算出する。

参考

東日本大震災からの復興に関し地方公共団体が実施する防災のための施策に必要な財源の確保に係る地方税の臨時特例に関する法律
東日本大震災復興基本法に基づき、防災財源に充てるため、平成26年度から2023年度までの10年間、市民税・県民税の均等割にそれぞれ500円ずつ加算される。また、給与収入金額が1500万円以上の場合の給与所得控除額について、245万円の上限が設けられた。

■ 住民税の徴収方法

住民税の徴収方法には、給与から天引きされ会社が代わりに納付する**特別徴収**と、直接個人に住民税額通知書が発送され、それに基づいて、個人自ら住民税を納付する**普通徴収**がある。

会社は、**住民税の特別徴収義務者**になっているので、会社が給与支払報告書を提出した従業員については、特に指定をしない限り、自動的に特別徴収になる。

■ 住民税に関する事務処理

最後に、住民税に関する事務処理を整理していこう。まとめると次のようになる（図 6-11）。

① 新入社員や中途社員に対しては、前年は、その会社が給与を支払っていないため、原則特別徴収の処理はない。図は、4月入社の新入社員の例
② (N + 1) 年1月31日までに、給与支払報告書（総括表、個人別明細書）を市区町村（1月1日現在の住所地）へ提出
③ 市区町村で住民税を算定し、6月までに住民税額通知書が届く
④ 6月分の給与より"新住民税額"の控除が始まる

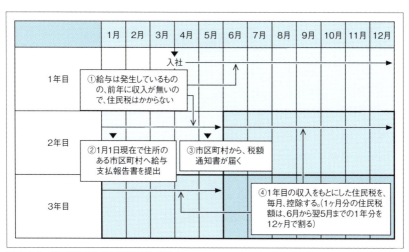

図 6-11 住民税に関する事務処理（例）

6-13 人事部門の業務

https://www.shoeisha.co.jp/book/pages/9784798157382/6-13/

■ 年間の定例業務

人事担当者の1年間の動きは図6-12のようになる。

人事面では、4月から採用活動が開始され、6月以後内定を出していく。その後、内定辞退者が出る都度、追加募集をするかどうかを検討しながら必要人員を確保する。また、1月から3月にかけては昇進・昇格を検討し、4月の組織変更に備える。

給与計算は、月次の定例業務としての月給支払業務を行いながら、一般的には年2回の定例賞与がある。さらに、企業は従業員に対する給与支払いだけではなく、従業員から預かっている源泉所得税や住民税を納税している都合上、年末調整業務も発生する。

福利厚生面では、社会保険の定時決定処理や、労働保険関連業務などが発生する。

> **参考**
> 企業の採用活動は年々早期化してきている。3回生の頃から就職活動を開始し、4回生になるまでに内定をもらう学生も少なくない。要するに、年間を通して採用活動が実施されているということになる。

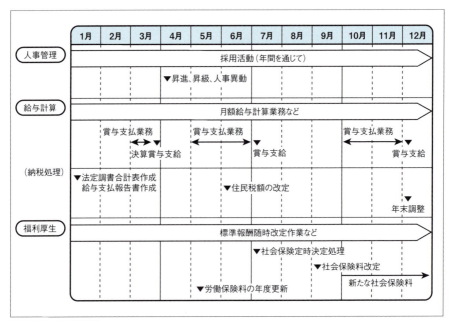

図6-12 年次業務例

■ 毎月の定例業務

一方、人事担当者の毎月の動きは、図6-13のようになる。給与計算に必要な「勤怠データの収集」、「給与支払業務」、「税金納付」などが主要ルーチンワークとなる。

日々発生する作業は、勤怠データの収集である。この作業を効率よく行うにはタイムカードや勤怠管理システムを利用する。締め日（図6-13では月末）を過ぎると、その期間の従業員別月間労働時間、残業時間、遅刻・早退、有給、欠勤などをチェックする（図6-13の前月分勤怠データ確認）。

勤怠内容に問題がなければ、給与計算処理に入る。給与を計算し、再度入念にチェックした後、給与明細を印字する。また、ファームバンキングシステムを利用している場合には、金融機関にデータを送信する。

そして最後に、税務署に源泉所得税と特別徴収の住民税を支払い（毎月10日まで）、日本年金機構の年金事務所に社会保険料を支払って（月末まで）、一連の処理は完了する。

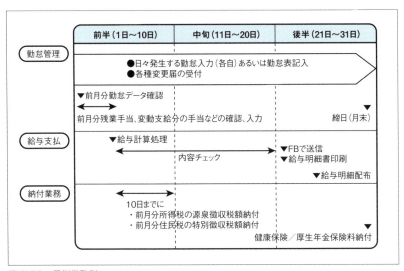

図 6-13　月例業務例

6-14 給与管理システム

https://www.shoeisha.co.jp/book/pages/9784798157382/6-14/

人事部門（企業によっては総務部門や経理部門）で利用されているシステムのうち、最も普及しているのが給与管理システム（給与計算システム、給与システムなどともいう）だろう。いわゆる企業の基幹業務のひとつで、ERPパッケージにおいても必須のモジュールになっている。その歴史も古い。

給与管理システムの機能を表6-12にまとめた。制度として決まっている業務が多いので、企業間での差も限定的になる。したがってパッケージ化しやすい。

参 考

給与システムを開発する場合、必要に応じて秘密保持契約等を交わしたうえで、就業規則と給与管理規定を借りてチェックし、その後の打ち合わせを効率よく進めていくことが望まれる。

表6-12 給与管理システムの機能

処理タイミング	処理・機能		概要	関連業務知識（本書参照箇所）
導入時	基準情報設定	会社情報の設定	・事務所・部門の設定 ・住民税納付先の設定 ・給与規程の設定 ・社会保険料・負担率の設定 ・給与明細項目の設定	→ P.364
		従業員情報の設定	・従業員基礎情報の登録 ・従業員の給与関連情報を登録（固定給、各種手当等） ・有給休暇設定	
月次	給与支払業務	給与明細入力	・給与明細書の金額を入力する ・個人別、一覧表形式で入力できる ※マスタ登録属性や自動計算で求めるもの、ほかのプログラムから引っ張ってくる項目などの修正や、それら以外のものを入力するために利用	→ P.368
		給与明細書	・給与明細書を発行する ・社員番号、年月などで範囲指定ができる	
		給与一覧表 給与チェックリスト	・給与明細書の内容を一覧にして出力した帳票 ・給与明細に誤りがないかどうかをチェックするために使用するリスト	
賞与支払時	賞与支払業務	賞与明細入力	・賞与明細書の金額を入力する ・個人別、一覧表形式で入力できる ※マスタ登録属性や自動計算で求めるもの、ほかのプログラムから引っ張ってくる項目などの修正や、それら以外のものを入力するために利用	
		賞与明細書	・賞与明細書を発行する ・社員番号、年月などで範囲指定ができる	
		賞与一覧表 賞与チェックリスト	・賞与明細書の内容を一覧にして出力した帳票 ・賞与明細に誤りがないかどうかをチェックするために使用するリスト	
随時	管理資料出力	賃金台帳	・賃金台帳を出力する ・従業員番号、年月で範囲指定を可能	
		源泉徴収簿	・源泉徴収簿を出力する ・この源泉徴収簿で算出された源泉所得税を、税務署に納付する	

表 6-13 給与管理システムの機能（続き）

処理タイミング／処理・機能			概要	関連業務知識 （本書参照箇所）
年次もしくは随時	社会保険	算定基礎届	・給与実績データから算定基礎届を自動作成 ・算定基礎届の修正も可能 ・算定基礎届を発行する	6-8. 健康保険 6-9. 厚生年金保険
		月額変更届	・給与実績データから月額変更届を自動作成 　（給与が変動した場合、対象者として設定する） ・月額変更届の修正も可能 ・月額変更届を発行する	
		社会保険料改定 　対象者一覧表	・標準報酬月額が変更するなど、社会保険料を改定 　すべき対象者の一覧表 ・年金事務所からの社会保険料決定通知と突き合わ 　せてチェックするために用いる	
		社会保険料改定通知	・社会保険料が改定されたときに、従業員に配布す 　るための用紙を出力する ・給与明細書に同封する	
		社会保険料集計表	・社会保険料の総額を示す一覧表 ・従業員負担分、会社負担分、健康保険、厚生年金 　等ごとに集計する ・年金事務所から送付される社会保険料納付書と突 　き合わせてチェックし、社会保険料を納付する	
		労働保険集計表	・雇用保険の総額を示す一覧表 ・労災保険の総額を示す一覧表 ・金額に誤りがないかどうかをチェックして、保険 　料を納付する	6-10. 労働保険
	年末調整	扶養親族等入力	・従業員から提出された年末調整関連の申告用紙を 　もとに、扶養者情報や支払保険料の情報を入力す 　る ※ 従業員ごとに、控除額や過不足税額を自動計算 ※ 所得税還付もしくは徴収を、当年最終支払の給 　与または賞与に反映する	6-11. 所得税 6-12. 住民税
		年末調整照会年末調整 （過不足税額）一覧表	・年末調整後の所得や所得税還付もしくは徴収額を 　チェックする一覧表、もしくは照会画面 ・個人別、一覧表が指定可能	
		提出書類作成	以下の各種報告書類を発行する ・給与支払報告書・総括表／源泉徴収表 ・法定調書合計表	
日次	勤怠管理	勤怠入力	・従業員の勤怠情報を入力する ※ 残業時間、休日出勤などを自動計算 ・タイムカードと連動するものもある	→ P.366
		勤怠一覧表 勤怠チェックリスト 勤怠照会	・勤怠入力にミスや不正がないかをチェックする ・従業員、年月で範囲指定可能	
		各種集計表	・月別残業時間の集計表 ・毎月の残業分の支払賃金総額をチェックするた 　めなどに利用	
月次もしくは年次	他システムと の連携	FB連動	ファームバンキングへ振込データを送る ・従業員への支払（給与支払、賞与支払） ・源泉所得税の納付／住民税の納付	→ P.370
		他システム	・人事管理システムから従業員情報を取り込む ・財務会計システムへ仕訳データを送る ・生産管理システムへ、原価計算に必要な情報を 　送る	

Chapter

6

人事管理

363

■ 基準情報設定

　給与管理システムでは、いろいろ事前に設定しておくのが一般的である。そうすることで、給与明細の多くの部分が自動的に計算されるからだ。どのような事前設定項目があるのかは、製品別に把握しておこう。提案のときにきっと役に立つだろう。

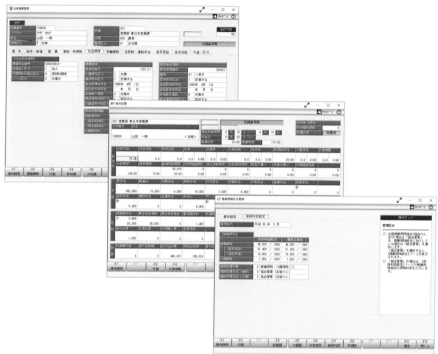

図 6-14　基準情報設定画面の例
　　　　株式会社オービックビジネスコンサルタント「給与奉行 i10」より（https://www.obc.co.jp/）

　図6-14に示す画面では、導入段階で実施する企業全体の給与形態の設定を行っている。一般的には、この例のように、給与支払形態や各種手当ての有無など、その企業の給与体系を最初に登録する。また、社会保険に関する設定もここで実施するように設計されている。

　一方、図6-15の画面は、従業員個人の情報設定画面である。一般情報に加えて、通勤手当、扶養情報、住民税、労働保険、社会保険などを個別に設定する。そのほかには、給与振込先の指定や、その割合なども登録可能にしているケースが多い。

364

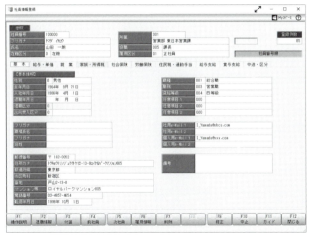

図 6-15 従業員給与情報設定画面の例
株式会社オービックビジネスコンサルタント「給与奉行 i10」
より（https://www.obc.co.jp/）

システムに求められる業務処理統制

基準情報の設定、すなわちマスタ登録業務に関して必要な業務処理統制を表に示す。給与手当他、表 6-14 に示すような勘定科目に関連する部分なので、不正（不正登録）や過失（二重登録や登録漏れ、登録誤り）が入らないようにリスクをコントロールしなければならない。

表 6-14 人事給与プロセス（マスタ登録）のリスク、統制活動の例

関連する勘定科目：給与手当、通勤手当、預かり金、社会保険料、預金					
項番	業務	IT 統制目標	リスク	統制活動の例	統制活動の評価
1	マスタ登録	正当性	承認されていない給与マスタが登録される	人事部長が承認したマスタのみが登録される	承認された給与マスタ登録されていることを確かめる
2				マスタの入力者は、アクセス権で制御されている	マスタ入力者は、アクセス権で制御されていることを確かめる
3			正当でない職階や手当が登録される	担当部長と人事部長が承認した職階や手当のみが登録される	担当部長と人事部長が承認した職階や手当のみが登録されていることを確かめる
4		完全性	マスタの二重登録や不足がある	マスタ登録後にプルーフリストを出し、登録内容を確認する	プルーフリストによる確認が実施されていることを確かめる
5		正確性	マスタ登録に誤りがある	マスタ登録後にプルーフリストを出し、登録内容を確認する	プルーフリストによる確認が実施されていることを確かめる
6		維持継続性	給与マスタが見直されず正当でないマスタが登録されている	マスタの登録内容を一定時期に見直し、更新する	マスタの登録内容の見直しが実施されていることを確認する

システム管理基準 追補版（財務報告に係る IT 統制ガイダンス）追加付録 9. IT 業務処理統制における業務プロセスごとの、リスク、統制活動、統制活動の評価手続きの例示（経済産業省（平成 19 年 12 月 26 日））より

■ 勤怠管理サブシステム

　勤怠管理サブシステムでは、図6-16のような勤務実績入力によって社員の日々の勤怠状況を収集し、給与計算のもとになる勤務実績データ（通称、勤怠データ）を作成する。

勤務実績入力							

| 従業員番号 | 98005 | 氏名所属 | 山田　太郎東京支店　総務課総務係 | | | 印刷　更新 | |

対象年月　2014　年　7　月

日	曜日	勤務区分	勤務開始時刻	勤務終了時刻	休憩時間	深夜休憩時間	勤務時間	超過勤務時間	深夜勤務時間
1	木	通常	9:30	18:00	1:00		7:30	0:00	
2	金	通常	9:30	19:00	1:00		9:00	1:30	
3	土	休日							
4	日	休日							
5	月	通常	10:00	20:30	1:00		9:30	2:00	
6	火	通常	9:40	20:00	1:00		9:20	1:50	
7	水	通常	9:40	17:30	1:00		6:50	-0:40	
8	木	通常	9:40	17:30	1:00		7:10	-0:20	0:30
9	金	通常	9:40	22:30	1:00		12:00	4:30	
10	土	休日							
11	日	休日							8:40
12	月	通常	9:40	19:00	2:00		8:10	8:40	
						合計	8:10	4:30	

図6-16　勤怠入力画面の例
　　　　　　（情報処理技術者試験 データベーススペシャリスト平成12年度午後Ⅱ 問2より）

従業員別勤務入力ステータス（従業員コード, 勤務年月, 従業員別勤務入力ステータス）

課別勤務入力ステータス（課コード, 勤務年月, 課別勤務入力ステータス）

勤務実績エントリデータ（従業員番号, 勤務年月日, 勤務区分, 勤務開始時刻, 勤務終了時刻, 休憩時間, 深夜休憩時間）

勤務実績（従業員番号, 勤務年月日, 勤務区分, 勤務開始時刻, 勤務終了時刻, 休憩時間, 深夜休憩時間, 修正区分）

勤務実績修正データ（従業員番号, 勤務年月日, 変更区分, 勤務区分, 勤務開始時刻, 勤務終了時刻, 休憩時間, 深夜休憩時間）

勤務実績集計（従業員番号, 勤務年月, 月間超過勤務時間, 月間深夜勤務時間, 月間休日勤務時間, 有給休暇取得日数）

月別事業所別超過勤務時間集計（事業所コード, 勤務年月, 月間超過勤務時間, 月間深夜勤務時間, 月間休日勤務時間, 有給休暇取得日数）

図6-17　勤怠関連テーブル構造の例
　　　　　　（情報処理技術者試験 データベーススペシャリスト平成12年度午後Ⅱ 問2より）

図 6-16 の勤務実績入力画面では、ひとりひとりの従業員に
ついて、1 日の勤務区分、勤務開始時間、勤務終了時間、休憩
時間などを入力する。これらを入力すれば、その日の勤務時間、
超過勤務時間（残業時間）、深夜勤務時間などが計算されて表
示される。

　こうして入力された勤務実績データは 1 カ月分蓄積され、締
め処理によって、当該月の超過勤務時間（残業時間）や深夜勤
務時間が集計される。集計されたデータは、そのまま給与計算
システムに引き継がれる。

> **参考**
>
> 給与計算システムのパッケージ製品では、通常、勤怠データ取り込み用の外部インタフェースを用意している。これを利用することにより、タイムカードや、オリジナル開発した勤務実績入力と連動することができる。

システムに求められる業務処理統制

　勤怠入力には、次のような業務処理統制が必要になる。

表 6-15　人事給与プロセス（入力・集計）のリスク、統制活動の例

項番	業務	IT 統制目標	リスク	統制活動の例	統制活動の評価
			関連する勘定科目：給与手当、通勤手当、預かり金、社会保険料、預金		
1	入力・集計	正当性	正当でない勤怠や評価が計上される	勤怠の報告入力者は、アクセス権で制御されている	入力者は、アクセス権で制御されていることを確かめる
2				マスタに登録されていない勤怠項目の登録はできない	マスタに登録されていない勤怠の登録はできないことを確かめる
3				特別手当や賞与加算、減算は担当部署と人事部長承認で登録される	特別手当や賞与加算、減算は担当部署と人事部長承認で登録されていることを確かめる
4		完全性	勤怠の二重入力、入力漏れが発生する	入力後にプルーフリストを出し、登録内容を確認する	プルーフリストによる確認が実施されていることを確かめる
5				人事コードはユニークである	人事コードはユニークであることを確かめる
6				給与リストが出力され人事で異常点が無いか検証される	給与リストが出力され人事で検証されていることを確かめる
7		正確性	入力に誤りがある	入力後にプルーフリストを出し、登録内容を確認する	プルーフリストによる確認が実施されていることを確かめる
8				勤怠システムに入力されたデータとマスタテーブルからのみ給与計算され、これ以外のルートでの変更はできない	勤怠システムに入力されたデータとマスタテーブルからのみ給与計算されることを確かめる
9				一部、計算チェックを人事で実施する	一部、計算チェックを人事で実施していることを確かめる
10		維持継続性	勤怠ファイルに権限者以外が不正な入力をする	入力者は、アクセス権で制御されている	入力者は、アクセス権で制御されていることを確かめる
11				異常な残業等は人事でリストされ分析される	異常な残業等は人事でリストされ分析されていることを確かめる

システム管理基準　追補版（財務報告に係る IT 統制ガイダンス）追加付録 9．IT 業務処理統制における業務プロセスごとの、リスク、統制活動、統制活動の評価手続きの例示（経済産業省（平成 19 年 12 月 26 日））より

■ 給与計算及び給与明細書

給与計算を行い給与明細を発行する。

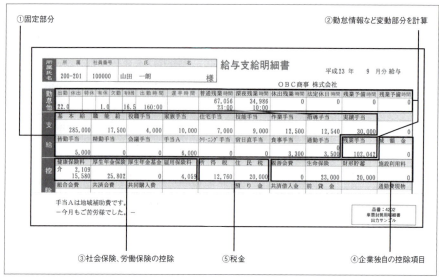

図6-18　給与明細例
　　　　株式会社オービックビジネスコンサルタント（https://www.obc.co.jp/）

システムに求められる業務処理統制

給与支払額計算処理では、次のような業務処理統制が必要になる

表6-16　人事給与プロセス（給与支払額計算）のリスク、統制活動の例

関連する勘定科目：給与手当、通勤手当、預かり金、社会保険料、預金					
項番	業務	IT統制目標	リスク	統制活動の例	統制活動の評価
1	給与支払額計算	正当性	人事部長が承認した支払が実施されない	人事部長が承認した給与のみが支払われる	支払は人事部長が承認していることを確かめる
2		完全性	給与の二重入力、入力漏れが発生する	人事番号はユニークで2回消しこまれない	人事番号はユニークで2回消しこまれないことを確かめる
3				給与支払について休職者や海外勤務者等は別途リストされ人事で個別に確認している	給与支払について休職者や海外勤務者等は別途リストされ人事で個別に確認していることを確かめる
4		正確性	誤った給与計算が行われる	給与テーブルはマスタ登録され、変更はできない	給与テーブルはマスタ登録され、変更はできないことを確かめる
5				人事がサンプル数件で計算を確認している	人事がサンプル数件で計算を確認していることを確かめる
6		維持継続性	給与ファイルに権限者以外が不正な入力をする	アクセス権は制御されている	アクセス権は制御されていることを確かめる
7				支払の総人数、支払総金額は給与計算のリストと確認される	支払の総人数、支払総金額は給与計算のリストと確認されていることを確かめる

システム管理基準　追補版（財務報告に係るIT統制ガイダンス）追加付録9．IT業務処理統制における業務プロセスごとの、リスク、統制活動、統制活動の評価手続きの例示（経済産業省（平成19年12月26日））より

■ マイナンバー制度

マイナンバーという12桁の個人番号が割り当てられ始めたのが2015（平成27）年の後半で、そこから事業者は、社員の個人番号について社員研修をしたり、社員の個人番号の管理を始めたりしだした。その個人番号の取扱いで、最初に押えておきたいことが二つある。それは、個人番号をどこで使うかという点と、どう管理するのかという点である。

税金、社会保険に関する提出書類への個人番号の記載

税金の方は2016（平成28）年分から、社会保障（健康保険と厚生年金保険）の方は翌2017（平成29）年分から、それぞれ「提出書類に個人番号の記入が義務付けられる」ようになった。これらの事務処理（提出物の作成と提出処理）は、社員個人ではなく会社がまとめて行うことになるため、会社には社員から預かった個人番号を安全に管理する義務が生じることになった。具体的には、安全管理措置を施さなければならないとしている。

安全管理措置

個人情報保護委員会が公表した「特定個人情報の適正な取扱いに関するガイドライン（事業者編）」では、事業者が取り扱う個人番号が適切かつ安全に取り扱われるように、4種類の安全管理措置を規定している（表6-17）。

表 6-17 マイナンバーの4種類の安全管理措置

安全措置	内容
組織的	責任者と事務取扱担当者を明確にし、それ以外の者が関与できない仕組みなど、取扱体制を構築する
人的	人的ミスを防ぐため、事務取扱担当者の監督と定期的な研修（教育）を行う。就業規則に秘密保持に関する事項を盛り込む
物理的	個人番号を保持しているサーバや書類を物理的に保護する。堅牢なサーバルーム、保管室、入退室管理、盗難防止措置（暗号化や施錠）など
技術的	個人番号を保持しているサーバへのアクセス制御、ネットワークへの不正侵入の防止など。いわゆる不正アクセスに対するセキュリティの強化

参 考

"マイナンバー"というのは通称（日本国政府が商標権を取得）で、正式名称は"個人番号"になる。

Chapter
6
人事管理

369

■ その他のサブシステム

随時業務としての「賞与計算サブシステム」や、「社会保険サブシステム」、「年末調整サブシステム」などがある（図6-19）。それぞれどのような仕組みなのかについては、次節で説明する。

参考

会社から給料をもらっているSEは、自分の給与構造がどうなっているのか、年末調整処理や社会保険はどうなっているのかを調べることによって給与計算業務の知識が身につく。

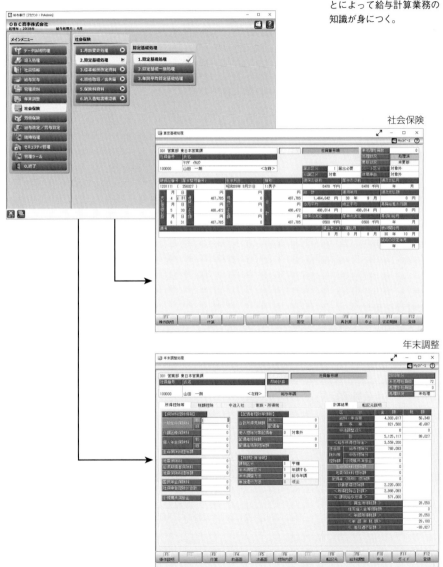

図6-19 その他のサブシステム
株式会社オービックビジネスコンサルタント「給与奉行i10」より
(https://www.obc.co.jp/)

システムに求められる業務処理統制

源泉給付等、支払には、次のような業務処理統制が必要になる。

表6-18 人事給与プロセス（源泉納付等、支払）のリスク、統制活動の例

関連する勘定科目：給与手当、通勤手当、預かり金、社会保険料、預金

項番	業務	IT 統制目標	リスク	統制活動の例	統制活動の評価
1	源泉納付等	正当性	正当でない納付が行われる	納付額等はマスタに登録されたテーブルや控除額に基づいて計上される	納付額はマスタに登録されたテーブルや控除額に基づいて計上されていることを確かめる
2				退職等の特例は必ず人事で計算調べをする	退職等の特例は必ず人事で計算調べをしていることを確かめる
3		完全性	納付の二重計上、計上漏れが発生する	納付額はマスタに登録されたテーブルや控除額に基づいて計上され個人は 1 項目につき一度しか控除されない	納付額はマスタに登録されたテーブルや控除額に基づいて計上され個人は 1 項目につき一度しか控除されないことを確認する
4				納付額は全て未払ファイルに登録後、支払をする	未払ファイルの残を検証する
5		正確性	誤った控除が行われる	退職等の特例は必ず人事で計算調べをする	退職等の特例は必ず人事で計算調べをしていることを確かめる
6				納付額等はマスタに登録されたテーブルや控除額に基づいて計上され個人は 1 項目につき一度しか控除されない	納付額等はマスタに登録されたテーブルや控除額に基づいて計上され個人は 1 項目につき一度しか控除されないことを確認する
7		維持継続性	納付ファイルが不正に改ざんされる	アクセス権は制御されている	アクセス権は制御されていることを確かめる
8	支払	正当性	正当でない給与支払が実施される	給与計算は勤怠の入力とマスタテーブル、人事部長に承認された特別手当で計算される	給与計算は勤怠の入力とマスタテーブル、人事部長に承認された特別手当で計算されることを確かめる
9				納付額はマスタに登録されたテーブルや控除額に基づいて計上される	納付額はマスタに登録されたテーブルや控除額に基づいて形状されていることを確かめる
10		完全性	支払の二重計上、計上漏れが発生する	人事コードはユニークであり、二重計算が無いように制御されている	人事コードはユニークであり、二重計算が無いように制御されていることを確かめる
11				給与支払について休職者や海外勤務者等は別途リストされ人事で個別に確認している	給与支払について休職者や海外勤務者等は別途リストされ人事で個別に確認していることを確かめる
12		正確性	誤った支払が行われる	納付額はマスタに登録されたテーブルや控除額に基づいて計上され個人は 1 項目につき一度しか控除されない	納付額はマスタに登録されたテーブルや控除額に基づいて計上され個人は 1 項目につき一度しか控除されないことを確かめる
13				人事がサンプル数件の計算を確認している	人事でサンプルで数件の計算を確認していることを確かめる
14		維持継続性	支払ファイルが不正に改ざんされる	アクセス権は制御されている	アクセス権は制御されていることを確かめる
15				異常な残業等は人事でリストされ分析され、過大、過小な支払いはチェックされる	異常な残業等は人事でリストされ分析され、過大、過小な支払いはチェックされていることを確かめる

システム管理基準　追補版（財務報告に係る IT 統制ガイダンス）追加付録 9．IT 業務処理統制における業務プロセスごとの、リスク、統制活動、統制活動の評価手続きの例示（経済産業省（平成 19 年 12 月 26 日））より

COLUMN　ヒアリングの勘所　人事管理

＜事前調査＞　ヒアリング前に調査しておこう

① 一般情報 … 第 1 章「会社経営」を参照

② 可能であれば従業員数や雇用形態を HP などでチェックしていく

③ 打ち合わせを効率よく進めるには、守秘義務契約を締結したうえで、給
　　与規定や昇級・昇進マニュアルなど、人事制度にかかわるマニュアル
　　類を事前に入手して読み込んでおく

④ 人事管理に関しては、学生向けの就活サイトなどがあれば、そこの評価
　　制度など公開情報を確認しておく

＜ヒアリング時＞　以下の現状をひとつずつ確認していこう

1.　人事制度に関する内容

　　社員の雇用形態を確認

　　現状の管理帳票のサンプルをもとに、ひとつずつ内容を確認

　　従業員のライフサイクル（採用、配属、人材開発（教育）、異動、退職）
　　の管理方法を確認

　　社員の評価制度を確認

　　人事で行っているシミュレーション（給与、昇級・昇進、賞与など）

　　福利厚生（法定外福利）の内容確認

2.　給与に関する内容

　　給与明細をベースに支給項目・控除項目の確認

　　現状の管理帳票のサンプルをもとに、ひとつずつ内容を確認

法律を知る

https://www.shoeisha.co.jp/book/pages/9784798157382/6-L/

労働基準法

昭和 22 年 4 月 7 日法律第 49 号
昭和 22 年 9 月 1 日より順次施行

労働条件の原則

第1条　労働条件は、労働者が人たるに値する生活を営むための必要を充たすべきものでなければならない。

2　この法律で定める労働条件の基準は最低のものであるから、労働関係の当事者は、この基準を理由として労働条件を低下させてはならないことはもとより、その向上を図るように努めなければならない。

労働者の最低限の労働基準を定めた法律で、労働組合法、労働関係調整法とともに"労働三法"と呼ばれている。主な規定は次の通り。

行政官庁に届け出が必要なもの	
・就業規則の作成と届出（労働者が常時 10 人以上）…第 89 条他	
・時間外及び休日労働規定（36 協定）の作成と届出（必要時）…第 36 条	
作成して保管しておくもの（3 年間）	
・労働者名簿（第 107 条）	
・賃金台帳（第 108 条）	
	就業規則作成時のルール（一部例外あり）
第 89 条	作成および届出の義務。必要となる記載事項について記述
第 24 条	賃金の支払。通貨で、労働者に直接、全額、毎月 1 回以上支払うこと
第 32 条	労働時間。1 日 8 時間、1 週間 40 時間を上限とする。ほかに、変形労働時間制や、フレックスタイム制などについても規定
第 34 条	休憩。6 時間で 45 分、8 時間で 1 時間。一斉に
第 35 条	休日。週 1 回もしくは 4 週間に 4 回の休日
第 37 条	休日及び深夜の割増賃金。時間外労働（25%〜50% 割増、月 60 時間以上は 50% 以上）、深夜労働（25% 以上）
第 39 条	年次有給休暇。6 ヶ月継続勤務後 10 日、以後 1 年に＋ 1 〜 2 日して 6 年以上で年間 20 日が最大

平成 30 年の第 196 回国会で、本法改正を含む「働き方改革関連法案」が成立し、平成 31 年 4 月 1 日より順次施行される。主な改正の内容は次の通り。

・時間外労働の上限規制の導入（原則月 45 時間、年 360 時間、臨時的な特別の事情がある場合でも月 100 時間未満、年 720 時間までなど）

・年次有給休暇に係る時季指定の使用者への義務付け

・高度な専門的知識等を要する業務に就き、かつ、一定額以上の年収を有する労働者に適用される労働時間制度（高度プロフェッショナル制度）の創設

労働者派遣法

昭和60年7月5日法律第88号
昭和61年7月1日より順次施行

第1条 この法律は、職業安定法（昭和二十二年法律第百四十一号）と相まつて労働力の需給の適正な調整を図るため労働者派遣事業の適正な運営の確保に関する措置を講ずるとともに、派遣労働者の保護等を図り、もつて派遣労働者の雇用の安定その他福祉の増進に資することを目的とする。

　"派遣会社"と"派遣労働者"に関する取り決めをしている法律である。請負契約や（準）委任契約では、仮に同じ場所で作業をしていても、お互い指揮命令する権利は持ち得ないし、そういう関係性の契約ではない。しかし、派遣契約をしている場合は、派遣先の責任者の指揮命令のもとに働くことになる。

　また、派遣元事業主の義務として、派遣元責任者を選任するとともに、派遣元管理台帳を作成して3年間保存することを定めている。同様に、派遣先企業でも、派遣先責任者を選任するとともに、派遣先管理台帳を作成しなければならない。

　昭和60年制定の後、その後何度か大幅に改定されてきたが、平成27年の第189回国会で大きく改正された。主な改正の内容は次の通り。

- ・全ての"労働者派遣事業"を許可制とする
- ・派遣労働者個人単位の期間制限（3年）

　　企業の同じ"部署"で働ける期間を3年に制限する

　　→部署（課）が変わればOK
- ・派遣先の事業所単位の期間制限（3年）

　　事業所で派遣労働者を受け入れる場合、同じ人は3年に制限する

　　→組合等の意見を聞けば延長可能
- ・派遣元の雇用安定措置（3年継続等で派遣元に義務付けられる）

　　①派遣先企業に対して労働者の直接雇用を依頼する

　　②派遣元企業においての無期雇用

　　③新たな派遣先の提供

　　④教育訓練

労働契約法

平成19年12月5日法律第128号
平成20年3月1日より順次施行

第1条 この法律は、労働者及び使用者の自主的な交渉の下で、労働契約が合意により成立し、又は変更されるという合意の原則その他労働契約に関する基本的事項を定めることにより、合理的な労働条件の決定又は変更が円滑に行われるようにすることを通じて、労働者の保護を図りつつ、個別の労働関係の安定に資することを目的とする。

目的

労働者及び使用者の自主的な交渉の下で成立する"労働契約"の基本的事項を定めた法律。古くから存在する労働基準法が、罰則をもって担保する労働条件の基準（最低労働基準）を定めたものという位置付けに対し、本法は、労働契約に関する合理的な基本ルール（対等、合意、書面での確認、理解の促進などの原則）を明確にするもので、紛争そのものを未然に防止することを狙うものだとしている。

本法の中でも、特に重要だと思われるのは第5条の「使用者（会社）の安全配慮義務」だろう。単に身体的な安全だけにとどまらず"心身の健康"も含まれるからだ。ご存じの通り、我々の業界は心が病むケースが非常に多い。自分が病むケースもあれば、部下が病むケースもある。パワハラは言語道断だが、仮に悪意がなくても、過重労働を強いてしまって部下を追い詰め、心身の健康を害した場合には、この安全配慮義務違反で罰せられる可能性が出てくる。安全配慮義務は会社の義務なので訴えられるのは会社だが、実はその3割ぐらいは直属の上司も訴えられているそうだ。加害者にならないように注意しなければならない。

そしてもう一つの特徴が、有期労働契約（契約社員）についての定めが多い点である。労働基準法は会社の規則を決めていることもあり、無期雇用契約のイメージが強いが、それとの対比で、本法は"契約社員"の法律のようなイメージが強い。最近の大きな改正は平成25年になるが、これも有期労働契約に関連する部分が多い。主な改正は次の通り。

・有期労働契約が5年を超えて反復更新された場合、期間の定めのない労働
　契約への転換
・有期労働契約の更新等において「雇止め法理」の法定化
・期間の定めがあることによる不合理な労働条件の禁止

労働安全衛生法

昭和47年 6 月 8 日法律第 57 号
昭和47年 10 月 1 日より順次施行

目的

第 1 条　この法律は、労働基準法（昭和二十二年法律第四十九号）と相まつて、労働災害の防止のための危害防止基準の確立、責任体制の明確化及び自主的活動の促進の措置を講ずる等その防止に関する総合的計画的な対策を推進することにより職場における労働者の安全と健康を確保するとともに、快適な職場環境の形成を促進することを目的とする。

　労働者の安全と健康を確保するために、安全衛生管理体制の確立、労働者を健康障害や有害物から守るための措置、産業医の制度などの設置基準について定めている法律。

　労働契約法の第 5 条で定められている会社の安全配慮義務に対して、労働者側にも「自己安全義務」や「自己保健義務」を負う。前者は、会社から指示された措置に応じて自ら安全を確保する行動に出る義務で、後者は、健康管理に関して自らが保持する義務である。現場でヘルメットの着用を命じられた時に無視したり、健康診断で再検診や治療を促されているのに無視し続けたりすると、義務違反が問われる可能性が出てくる。ちなみに、健康診断に関しては、事業者には労働者に対し健康診断を行う義務があるが、労働者にも事業者が行う健康診断を受診する義務がある。

　最近の改正は平成 26 年。常時 50 人以上の労働者を使用する事業者は、検査、面接指導の実施状況などについて、毎年 1 回定期的に、所轄労働基準監督署長に報告しなければならないとする "ストレスチェック制度" を義務化した（平成 27 年 12 月 1 日施行）。なお、健康診断と違い、ストレスチェックは労働者に受診義務がない。会社の実施義務だけである。検査結果も、健康診断とは違い本人の同意がない限り事業所には通知されない。ただし、会社の指導や助言を無視し続けて健康を害したとしても、自己保健義務を果たしていないとみなされるかもしれない。

Chapter
6
人事管理

377

男女雇用機会均等法

昭和60年 6 月 1 日法律第45号
昭和61年 4 月 1 日より施行

目的と基本的理念

第1条　この法律は、法の下の平等を保障する日本国憲法の理念にのっとり雇用の分野における男女の均等な機会及び待遇の確保を図るとともに、女性労働者の就業に関して妊娠中及び出産後の健康の確保を図る等の措置を推進することを目的とする。

第2条　この法律においては、労働者が性別により差別されることなく、また、女性労働者にあっては母性を尊重されつつ、充実した職業生活を営むことができるようにすることをその基本的理念とする。

　昭和60年に、勤労婦人福祉法（昭和47年7月1日法律第113号）を、女子差別撤廃条約批准のため、法律名とともに改正されて成立した。そのため、一般的には昭和60年が公布年と認知されていることが多い。主な内容は次の通り。

雇用の分野における男女均等な機会及び待遇の確保等

　・募集・採用についての性別を理由とする差別の禁止（第5条）

　・配置・昇進・降格・教育訓練等についての性別を理由とする差別の禁止（第6条）

　・間接差別の禁止（第7条）

　・女性労働者についての措置に関する特例（第8条）

　・婚姻、妊娠、出産等を理由とする不利益取扱いの禁止等（第9条）

事業主の講ずべき措置

　・職場におけるセクシュアルハラスメント対策（第11条）

　・職場における妊娠・出産等に関するハラスメント対策（第11条の2）

　・妊娠中及び出産後の健康管理に関する措置（第12条、第13条）

　最近の改正は平成29年で、妊娠・出産に関するハラスメントの防止措置義務が強化された。また、女性の活躍を一層進めるため、**女性活躍推進法**が成立し、平成28年4月1日から、常時雇用する労働者数が301人以上の企業については、一般事業主行動計画の策定や届出等が義務化されている。

378

育児・介護休業法

平成 3 年 5 月15日法律第 76 号
平成 4 年 4 月 1 日施行

第 1 条　この法律は、育児休業及び介護休業に関する制度並びに子の看護休暇及び介護休暇に関する制度を設けるとともに、子の養育及び家族の介護を容易にするため所定労働時間等に関し事業主が講ずべき措置を定めるほか、子の養育又は家族の介護を行う労働者等に対する支援措置を講ずること等により、子の養育又は家族の介護を行う労働者等の雇用の継続及び再就職の促進を図り、もってこれらの者の職業生活と家庭生活との両立に寄与することを通じて、これらの者の福祉の増進を図り、あわせて経済及び社会の発展に資することを目的とする。

目的

　少子高齢化が進む我が国において、"育児"と"介護"に対する施策がとても重要になる。仕事が忙しくて育児ができなかったとか、介護のためのに仕事を辞めなければならない（介護離職）とかを極力避けられるように、法律で支援することを狙っている。最近の改正は平成 29 年 10 月で、その改正を含む主な内容は次の通り。育児も介護も強化されている。

【育児】

- ・原則として子が 1 歳に達するまで休業が可能
  （保育所に入れない等の場合に最長 2 歳まで休業が可能）
- ・休暇中は無給でも構わない（企業は支払わなくてもいい）
  →雇用保険から育児休業給付金がもらえる
  （最初の 6 か月は 3 分の 2、それ以後は 2 分の 1）
- ・事業主に、育児目的休暇制度の努力義務の創設
- ・事業主に、育児休業制度等の個別周知の努力義務の創設

【介護】

- ・対象家族 1 人につき、3 回を上限とし通算 93 日まで介護休業を分割して取得できる
- ・介護休暇（半日単位で取得可能）
- ・介護のための所定外労働の制限（残業の免除）
- ・選択的措置義務（短時間勤務、時差出勤など）

パートタイム労働法

平成 5 年 6 月18日法律第76号
平成 5 年12月 1 日施行

目的

第1条　この法律は、我が国における少子高齢化の進展、就業構造の変化等の社会経済情勢の変化に伴い、短時間労働者の果たす役割の重要性が増大していることにかんがみ、短時間労働者について、その適正な労働条件の確保、雇用管理の改善、通常の労働者への転換の推進、職業能力の開発及び向上等に関する措置等を講ずることにより、通常の労働者との均衡のとれた待遇の確保等を図ることを通じて短時間労働者がその有する能力を有効に発揮することができるようにし、もってその福祉の増進を図り、あわせて経済及び社会の発展に寄与することを目的とする。

短時間労働者（1 週間の所定労働時間が、同一の事業所に雇用される通常の労働者の 1 週間の所定労働時間に比べて短い労働者。アルバイトやパート、契約社員などと呼ばれることが多い）を雇用する場合に遵守もしくは配慮しなければならないことを定めた法律。

多様な働き方や同一労働同一賃金を進めたい国の意向によって、平成 27 年にも改正された。

まず、正社員と差別的取扱いが禁止されるパートタイム労働者の対象範囲の拡大が行われた。改正前は無期労働契約を締結している場合の差別的扱いを禁止していたが、改正後は有期労働契約を締結している人でも、①職務内容が正社員と同一で、②人材活用の仕組み（人事異動等の有無や範囲）が正社員と同一の場合は、差別的扱いを禁止とした。

また、事業主が、雇用するパートタイム労働者の待遇と正社員の待遇を相違させる場合についても明確にした。いわゆる「短時間労働者の待遇の原則」の新設である。待遇の相違は、職務の内容、人材活用の仕組み、その他の事情を考慮して、不合理と認められるものであってはならないとする。

他にも、雇い入れたときには、事業主による雇用管理の改善措置の内容について説明する義務を課したり、相談に対応するための事業主による体制整備を義務付けた。

公益通報者保護法

平成16年 6 月18日法律第122号
平成18年 4 月 1 日施行

目的

第1条 この法律は、公益通報をしたことを理由とする公益通報者の解雇の無効等並びに公益通報に関し事業者及び行政機関がとるべき措置を定めることにより、公益通報者の保護を図るとともに、国民の生命、身体、財産その他の利益の保護にかかわる法令の規定の遵守を図り、もって国民生活の安定及び社会経済の健全な発展に資することを目的とする。

勤務先が、刑法、食品衛生法、金融商品取引法、JAS法、大気汚染防止法、廃棄物処理法、個人情報保護法、その他政令で定める法律（独占禁止法、道路運送車両法等）などに違反する犯罪行為をしている時、それを内部通報もしくは行政機関等に通報した労働者に対して解雇等の不利益な取り扱いを禁じる法律。

消費者庁が公表している「公益通報者保護法を踏まえた内部通報制度の整備・運用に関する民間事業者向けガイドライン」によると、公正で透明性の高い組織文化を育み、組織の自浄作用を健全に発揮させるためには、単に仕組みを整備するだけではなく、経営トップ自らが、経営幹部及び全ての従業員に向け、例えば、以下のような事項について、明確なメッセージを継続的に発信することが必要であると、経営トップの関与の重要性を解いている。

・コンプライアンス経営推進における内部通報制度の意義・重要性
・内部通報制度を活用した適切な通報は、リスクの早期発見や企業価値の向上に資する正当な職務行為であること
・内部規程や公益通報者保護法の要件を満たす適切な通報を行った者に対する不利益な取扱いは決して許されないこと
・通報に関する秘密保持を徹底するべきこと
・利益追求と企業倫理が衝突した場合には企業倫理を優先するべきこと
・上記の事項は企業の発展・存亡をも左右し得ること

その上で、法律での保護だけではなく制度として、公益通報者が保護されるような仕組みづくりが重要だとしている。

Chapter
6

人事管理

個人情報保護法

平成15年5月30日法律第57号
平成17年4月1日から全面施行

第1条 この法律は、高度情報通信社会の進展に伴い個人情報の利用が著しく拡大していることに鑑み、個人情報の適正な取扱いに関し、基本理念及び政府による基本方針の作成その他の個人情報の保護に関する施策の基本となる事項を定め、国及び地方公共団体の責務等を明らかにするとともに、個人情報を取り扱う事業者の遵守すべき義務等を定めることにより、個人情報の適正かつ効果的な活用が新たな産業の創出並びに活力ある経済社会及び豊かな国民生活の実現に資するものであることその他の個人情報の有用性に配慮しつつ、個人の権利利益を保護することを目的とする。

個人情報の保護に関する基本法として位置付けられるとともに、民間部門が行うべき個人情報保護を規定した法律である。個人情報、個人情報取扱事業者を定義し、個人情報取扱事業者の義務を定めている。なお、社員の情報も個人情報に該当する。

最近では平成27年に改正されている。主な改正ポイントは次の通り。

・マイナンバー法（番号利用法）と連携
・個人情報保護委員会の新設（改組）
・個人情報を明確化（顔認証データ等のバイオメトリクスデータも含む）
・個人情報を細分化
　「要配慮個人情報」…人種や信条、病歴など機微な情報　取り扱いを厳しく（オプトイン）。
　「匿名加工情報」…個人を識別できないように加工。取り扱いを柔軟に（企業の自由な利活用）。
・データベース提供罪の新設（名簿業者対策。登録制にして流通経路を辿れるように）。
・それまで5,000件以下の個人情報しか取り扱っていない事業者は、個人情報取扱事業者ではなかったが、この改正から5000件の要件が撤廃される。1件でも個人情報を扱っていれば個人情報取扱事業者になるので、実質ほとんど全ての事業者が対象になる。

マイナンバー法（番号利用法）

平成25年 5 月31日法律第27号
平成27年10月 5 日より順次施行

第 1 条 この法律は、行政機関、地方公共団体その他の行政事務を処理する者が、個人番号及び法人番号の有する特定の個人及び法人その他の団体を識別する機能を活用し、並びに当該機能によって異なる分野に属する情報を照合してこれらが同一の者に係るものであるかどうかを確認することができるものとして整備された情報システムを運用して、効率的な情報の管理及び利用並びに他の行政事務を処理する者との間における迅速な情報の授受を行うことができるようにするとともに、これにより、行政運営の効率化及び行政分野におけるより公正な給付と負担の確保を図り、かつ、これらの者に対し申請、届出その他の手続を行い、又はこれらの者から便益の提供を受ける国民が、手続の簡素化による負担の軽減、本人確認の簡易な手段その他の利便性の向上を得られるようにするために必要な事項を定めるほか、個人番号その他の特定個人情報の取扱いが安全かつ適正に行われるよう行政機関の保有する個人情報の保護に関する法律（平成十五年法律第五十八号）、独立行政法人等の保有する個人情報の保護に関する法律（平成十五年法律第五十九号）及び個人情報の保護に関する法律（平成十五年法律第五十七号）の特例を定めることを目的とする。

マイナンバー（個人番号：国民一人ひとりが持つ 12 桁の番号）や、その利用方法に関して定めた法律。「行政の効率化」、「国民の利便性の向上」、「公平・公正な社会の実現」などを目的とし、社会保障・税・災害対策分野において、法律や地方公共団体の条例で定められた行政手続に使うことを想定している。

個人番号利用事務実施者と個人番号関係事務実施者

マイナンバーを扱うことができるのは、個人番号利用事務実施者と個人番号関係事務実施者になる。前者は、自らの業務でマイナンバーを利用するところなので税務署や年金事務所などの行政機関になる。対する後者は民間企業になる。個人番号利用事務実施者が利用する際に補助的に扱うということで"関係事務実施者"になっている。ちなみに、企業で行われる行政機関への提出書類にマイナンバーを記載することは個人番号関係事務という。

安全管理措置

また、個人番号関係事務実施者は安全管理措置を講じなければならないとしている（ガイドライン）。責任者と事務取扱担当者を明確にし、それ以外の者が関与できない仕組みにするなど取扱体制に言及している（P.369 参照）

Professional SEになるためのNext Step

https://www.shoeisha.co.jp/book/pages/9784798157482/6-N/

最後に、"プロフェッショナル"を目指すITエンジニアのために、次の一手を紹介しておこう。(本書で基礎を身につけた) ここからが、本当のスタートになる

1. 業務知識が必要になるまでに学習しておくべきこと

人事管理に関する知識は、(会社勤めのエンジニアは) 従業員として、人事管理される側、給与を受給する立場で、知識は必要になってくる。そう考えて、身近なところから知識を獲得するという戦略がベストである。

■ 自社の情報を積極的に収集

基礎知識は本書だけでひとまず十分だと考えている。後は、せっかくなので効率良く知識を深堀りしていく方法を考える。

ひとつは給与明細のチェック。毎月の給料日に、自分の給与がどのように計算されているのか、源泉徴収されている金額、社会保険料の金額などをチェックするだけでもかなりの力が付く。年末調整の書類など、会社から要求される事務処理（各種書類の提出）を行う時に、その都度、その意味やその流れを理解していくだけでも十分スキルアップできる。

二つ目は、会社にある情報を積極的に活用することだ。自社の勤怠管理システムや給与計算システムなどを（自分の権限の範囲で）チェックしたり、タイムカードや社員カードをチェックしたりするのもいいだろう。給与管理規定と労働基準法を比較してみるのも有益だ。

そして三つ目は、会社の説明会に積極的に参加すること。会社が説明会を開催してくれることが大前提だが、もしも運良くそういう機会があればしっかりと聞いておいた方がいい。事務連絡や説明会、会社に義務付けられているハラスメント研修、会社が推奨する年金制度の説明会などだ。これらを単に"事務処理の説明会"で終わらせるのは凄くもったいない。そうではなく"人事管理のスキルアップ研修"だと考えれば、自分にとっての価値が大きく変わってくる。そういう機会に知識を身に付けておくと、後々楽になるからだ。"知識"はいくらあっても邪魔にならない。そういう機会に、それをチャンスと捉えることこそ"真のポジティブシンキング"、積極的に活用しよう。

2. 業務知識が必要になったら

実際に、業務知識が必要になったときは、もっと深いレベルの知識が必要になる。

■ 本書関連の Web サイトをチェック！

まずは本書関連の Web サイトをチェックしよう。ページの制約上、それ以上詳しく書けなかったことを書いている。参考になる Web サイト（特に、国の政策や厚生労働省の関連ページなど）や参考書籍、最新情報なども随時更新していく予定である。

■ スキルアップに役立つ資格

関連する資格カリキュラムを活用すれば、体系的かつ順を追って、深い知識を習得することができる。IT エンジニアは、原則、顧客の実務を（直接、長期間）経験することはできない。だからこそ、しっかりとした理論を（顧客に頼らずに自分で）身に付けなければならない。

人事管理に関連する資格といえば社会保険労務士である。難易度は高く資格取得となるとかなりの労力がかかるだろうが、そのテキストを活用して、より深い知識の獲得を目指すのは、全然 "アリ" だろう。システム開発の打ち合わせで、社会保険労務士の方と話をする機会もあるかもしれない。そういう時に、そのレベルまでは必要ないが、会話できる程度の知識は必要になるからだ。

表：社会保険労務士

資　格	内　容
社会保険労務士	社会保険労務士とは、労働社会保険関係の法令に精通し、適切に労務管理を行うように指導する専門家のこと。国家資格として、社会保険労務士法（昭和 43 年 6 月 3 日法律第 89 号）で定義されている。試験は年 1 回で、合格後実務経験を経て、全国社会保険労務士会連合会に備える社会保険労務士名簿に登録される。現在約 4 万人が登録。試験科目は次のとおり（社会保険労務士法第 9 条：試験科目）。 一　労働基準法及び労働安全衛生法 二　労働者災害補償保険法 三　雇用保険法 三の二　労働保険の保険料の徴収等に関する法律 四　健康保険法 五　厚生年金保険法 六　国民年金法 七　労務管理その他の労働及び社会保険に関する一般常識 URL：www.sharosi-siken.or.jp

☑ 業務知識の章末チェック

次の章に移る前に、本章で学んだ分野の業務知識についてチェックしてみよう。

働き方改革

☐ 国の進もうとしている方向性を理解している

雇用形態

☐ 各種法律で決められている雇用形態を理解している

評価制度

☐ 代表的な評価制度について理解している

等級制度

☐ 代表的な等級制度について理解している

賃金制度

☐ 代表的な賃金制度について理解している

HRM/HCM システム

☐ HRM/HCM ソリューションについて説明できる

福利厚生制度

☐ 健康保険制度の説明と月額健康保険料の計算ができる

☐ 年金制度の説明と月額厚生年金保険料の計算ができる

☐ 労災保険制度の説明と労災保険料の計算ができる

☐ 雇用保険制度の説明と雇用保険料の計算ができる

所得税・住民税

☐ 所得税制度の説明と所得税額の計算ができる

☐ 住民税制度の説明と住民税額の計算ができる

給与管理システム

☐ 給与明細の内容を理解している

法律を知る

☐ 関連法規について理解している

索引

【英数字】

1年基準	84
200%定率法	112
250%定率法	112
360度評価	334
3C分析	43
3PL	260
3rd Party Logistics	260
4C理論	43
4P理論	41
6P理論	41
7P理論	41
80対20の法則	64
ABC	309
ABC分析	64
ABM	311
Activity Based Costing	309
Activity Based Management	311
Ad Fraud	57
Advanced Shipping Notice	239
AIDMA	51
AISAS	51
AI審査	151
American Society for Training & Development	343
ASN	239
ASTD	343
B2B	164
Balance Sheet	84
Balanced Scorecard	28
BBM	69
BBRT	69
Beyond Budgeting Model	69
Bill of Materials	292
BOM	292

Brainstorming	70
Brand Equity	62
BSC	28
BTO	280
Build To Order	280
B/S	84
CAD	277
CAM	277
CAT	172
CDO	13
Chasm	59
Chief Data Officer	13
Chief Digital Officer	13
CIF	199
Computer Aided Design	277
Computer Aided Manufacturing	277
Computer Telephony Integration	161
Configure To Order	280
COSOフレームワーク	121
CPS	7
Credit Authorization Terminal	172
Critical Success Factor	17
CRM	44
CSF	17
CTI	161
CTO	280
Customer Experience	51
Customer Relationship Management	44
CVP分析	312
Cyber Physical System	7
DASH ボタン	165
DBR	296
DCF法	138
De-coupling point	281
Demand Side Platform	56
Digital Transformation	5
Discounted Cash Flow	138

387

drum buffer rope 296

DSP広告 56

DX 5

EA 36

Earnings Before Interest & Taxes 137

EBIT 137

E-BOM 292

Economic Value Added 136

EC調達 187

EDI 164

EDINET 104

EDLP 61

EIP 163

Electric Order System 164

Electronic Commerce Procurement
 187

Electronic Data Interchange 164

Electronic Disclosure for
 Investors' NETwork 104

Engagement 344

Enterprise Architecture 36

Enterprise Resource Planning 39

EOS 164

ERP 39

EVA® 136

Every Day Low Price 61

eXtensible Business Reporting Language
 104

e-文書法 130

FA 300

Factory Automation 300

FCF 92

FFM 50

FOB 199

Focus group 72

Free Cash Flow 92

Freemium 53

Frequent Shoppers Program 45

FSP 45

Full Funnel Marketing 50

goal congruence 29

GPS動態管理システム 265

HCM 342

High-Low Price 61

HILO 61

HRM 342

Human Capital Management 342

Human Resource Management 342

IASB 132

ICC 198

IFRS 132

Incoterms 198

Industry4.0 5

Internal Rate of Return 139

International Chamber of Commerce
 198

International Financial Reporting
 Standards 132

IRR 139

Key Goal Indicator 29

Key Performance Indicator 29

KGI 29

KJ法 70

KPI 29

Labor Schedule System 344

Learning Management System 345

Letter of Credit 200

LLP 9

LMS 345

Logistics 260

LTVの最大化 44

L/C取引 201

Maintenance, Repair and Operations
 187

Management By Objectives 333

Manufacturing Execution System 300

Material Requirements Planning	290	Return On Investment	90
MBO	333	RFM分析	44
M-BOM	292	ROA	90
MES	300	ROE	90
Mixed Reality	328	ROI	90
MR	328	Sales Force Automation	162
MRO	187	SBU	11
MRP	290	SCM	286
Net Operating Profits After Tax	137	SCM ラベル	239
Net Present Value	138	SFA	162
Net Promoter Score	31	SHRM	343
NOPAT	137	Singularity	5
NPS®	31	SKU	223
NPV	138	SMART	335
O2O	49	Smart Factory	275
Objectives and Key Results	335	Society for Human Resource	
OEE	33	Management	343
OKR	335	Society5.0	6
Online to Offline	49	SPA	171
PBX	161	Stock Keeping Unit	223
PDM	293	STP理論	42
PEST分析	19	Strategic Business Unit	11
PLM	293	strategy	14
POEM	51	Supply Chain Management	286
Point Of Purchase	230	SWOT分析	18
POP広告	230	Theory of Constraints	296
POSシステム	172	TMS	264
PPM	15	TOC	296
Private Branch eXchange	161	Transport Management System	264
Product Data Management	293	VC	108
Product Lifecycle Management	293	Vender Managed Inventory	287
Product Portfolio Management	15	Viewable Impression問題	57
Profit and Loss Statement	88	VMI	287
P/L	88	VRIO分析	19
receipt	176	Warehouse Management System	260
Regression analysis	74	WFM	344
Return On Assets	90	WMS	260
Return On Equity	90	Workforce Management	344

XBRL	104

【あ】

アクティビティドライバー	311
アジャイルHR	335
アソート品	223
アップセリング	169
後入先出法	248
アドフラウド問題	57
アドボケイツ	47
アメリカ・マーケティング協会	40
洗替法	250
安全管理措置	369
安全余裕率	313
アンゾフの成長戦略	15
アンバサダーマーケティング	47
委員会型組織	12
育児・介護休業法	379
委託販売	159
一億総活躍社会	326
一括棚卸	242
移動平均法	182, 246
イノベータ理論	58
インコタームズ	198
印紙	152
インセンティブ契約	340
インターネットEDI	164
インターネット広告	54
インターネットバンキング	194
インタレストカバレッジ	91
インバウンドマーケティング	47
インフルエンサー	47
売上計上基準	166
売上原価	89
売上総利益	89
売れ筋商品	64
運行管理システム	265
営業外収益	89

営業外費用	89
営業循環基準	84
営業利益	89
エンゲージメント	344
エンゲージメント・マーケティング	49
オーダーブック方式	165
オーツーオー	49
オペレーショナル・エクセレンス	34
オペレーティングリース	114
オムニチャネル	49

【か】

回帰分析	74
会計ソリューション	115
会計帳簿	83
外国為替及び外国貿易法	213
会社法	142
外注委託加工	192
回転期間	90
回転率	90
価格弾力性	60
確定決算主義	99
加算法	91
カスタマエクスペリエンス	48, 51
カスタマジャーニーマップ	48
活動基準原価管理	311
活動基準原価計算	309
活動分析	311
割賦販売法	211
カテゴリーエクステンション	23
カフェテリアプラン	346
株式会社	8
株式発行	108
株主資本等変動計算書	83
株主総会	8, 103
貨物追跡システム	265
勘定科目	96
間接金融	108

間接経費	302	経営ビジョン	16
間接材	187	経営方針	16
間接材料費	302	経営理念	16
間接法	92	計画購買	186
間接労務費	302	計画的陳腐化	153
カンパニー制組織	11	軽減税率	196
かんばん方式	284	経常利益	89
管理会計	66	景品表示法	213
関連会社	100	契約社員	330
機関投資家	108	決済条件	200
企業会計原則	82	決算	98
企業内情報ポータルサイト	163	決算整理仕訳	99
企業年金	351	決算短信	104
基準情報管理	292	月次決算	104
機能別組織	10	決定木分析	74
逆オークション	187	限界利益	312
キャズム理論	59	原価計算	302
キャッシュフロー計算書	92	減価償却資産	110
求貨求車システム	266	原価法	250
給与管理システム	362	健康保険	348
給与計算	368	源泉徴収	356
給与所得控除	354	コアコンピタンス	17
給与明細書	368	公益通報者保護法	381
業績分析	311	工場	274
競争志向型価格設定	61	控除法	91
競争地位戦略	22	厚生年金保険	350
競争優位の戦略	20, 21	コーズリレーテッドマーケティング	62
協調フィルタリング	45	コープランド	220
協働マーケティング	46	コーホート分析	73
拠点別購買	191	ゴールコングルエンス	29
切放法	250	ゴールデンライン	230
銀行振込処理	194	子会社	100
勤怠管理	366	国際会計基準審議会	132
金融商品取引法	142	国民皆保険制度	348
クラスタ分析	72	個人情報保護法	382
クロスセクション法	71	個人投資家	108
クロスセリング	169	コスト志向型価格設定	60
経営戦略	14	コストドライバー分析	311

コストリーダーシップ戦略	21
固定資産管理	110
固定長期適合率	87
固定比率	87
コトラー	22
コネクテッドインダストリーズ	5
個別情報システム化計画	27
個別情報システム化構想	27
個別注記表	83
個別法	245
雇用形態	330
雇用契約	330
雇用保険	353
コレスポンデンス分析	72
コングロマリット	23
コンジョイント分析	72
コンタクト管理システム	162
コンタクトセンターシステム	160
コンテンツベースフィルタリング	45
コンテンツマーケティング	49
コンピテンシー	333

【さ】

サードパーティロジスティクス	260
サイクルタイム	33
債権	174
債権管理	174
在庫	220
在庫維持費用	184
在庫場所	226
在庫費用率	185
最終仕入原価法	249
差異分析	306
債務	193
債務管理	193
財務諸表	83
サイロ型システム	115
先入先出法	247

詐欺広告	57
作業くず	222
作業時間	299
差別化戦略	21
サマリ型BOM	292
三社間ファクタリング	109
残存価額	111
三本の矢	6
仕入	188
事業環境分析	17
事業部別組織	11
資金調達	108
時系列回帰分析法	71
自己資本比率	87
市場成長率	15
市場占有率	15, 31
指数平滑法	182
システム管理基準 追補版	122
事前出荷通知	239
下請代金支払遅延等防止法	316
執行役員制	12
実車率	266
実働率	266
指定請求書	176
指定伝票発行システム	171
自動仕訳	117
自動仕分けシステム	254
自動走行ロボット	258
自動倉庫システム	252
シナリオライティング法	71
死に筋商品	64
四半期決算	104
資本財	220
社訓	16
社債発行	108
社是	16
収益性分析	90
収益認識基準	166

集中購買	191	仕訳	96
集中戦略	21	仕訳入力	117
住民税	358	新・三本の矢	326
重要業績評価指標	29	新規参入時の戦略的価格設定	61
重要成功要因	17	シンギュラリティ	5
重要目標達成指標	29	申告	102
受注	154	人事	360
受注生産方式	280	人生100年時代構想	326
受注入力	156	進度表	298
出荷	234	信用状	200
出庫	234	信用状統一規則	200
出向	331	信用保証協会	109
取得原価	110	スキミングプライシング	61
需要志向型価格設定	60	スコアレンディング	151
需要予測	182	ステークホルダー	10
循環棚卸	242	ストラクチャ型BOM	292
少額減価償却資産の一括償却	110	スピリチュアルマーケティング	46
昇級	338	スポット購買	186
使用者	331	スマート工場	275
昇進	338	税額控除	354
商談状況管理システム	162	成果主義	332
消費財	220	請求締処理	175
消費者契約法	208	請求書発行処理	176
消費税法	143	生産計画	288
商品検索システム	163	生産財	220
少品種大量生産	279	生産スケジューラ	294
商法	207	生産性分析	91
情報システム戦略	26	生産方式	279
正味現在価値	138	正常仕損率	33
職能給	340	製造実績情報	298
職能資格制度	338	製造物責任法	317
職能部門別組織	10	製造部品表	292
職務記述書	339	静態比率	86
職務給	340	成長性分析	91
職務等級制度	339	税引後営業利益	137
職階制度	338	税引前当期純利益	89
所得控除	354	税務調整	102
所得税	354	セグメンテーション変数	75

393

セグメント情報	101	単純平均法	247
設計部品表	292	男女雇用機会均等法	378
セット品	223	段取り替え時間	299
セル生産方式	283	チャンドラー	15
ゼロベース予算	66	帳端	175
全体システム化計画	26	直接金融	108
戦略	14	直接経費	302
倉庫	226	直接材料費	302
総合設備効率	33	直接法	92
相殺処理	101	直接労務費	302
総平均法	245	賃金制度	340
ソーシャルCRM	49	通関手続き	201
ソーシャルマーケティング	62	摘み取り型ピッキング	236
ソータ	254	積付計画	264
ゾーニング	230	ティール組織	329
損益計算書	88	定額法	111
損益分岐点分析	312	低価法	250
損益分岐点分析	312	定期発注方式	185
損金経理	102	定型仕訳	117
孫子の兵法	14	ディスクリート生産	279
		定率法	111
		定量発注方式	183

【た】

第4次産業革命	4	データベースマーケティング	43
大規模小売店舗立地法	211	データマイニング	73
貸借対照表	84	手形	106
ダイナミックセル生産	283	手形の裏書き	106
耐用年数	110	手形のサイト	106
多角化戦略	23	手形の割引	106
タクソノミ	104	デカップリングポイント	281
多次元分析	73	デジタルアソートシステム	256
タスクフォース	11	デジタルサイネージ	54
棚卸	241	デジタル走行記録計	265
棚卸資産の評価	244	デジタルトランスフォーメーション	5
棚割	242	デジタルピッキングシステム	257
種まき型ピッキング	236	デジタルマーケティング	50
多品種少量生産	279	デシル分析	73
タレントマネジメント	343	デルファイ法	71
短時間正社員制度	330	電子記録債権	107

電子記録債権法 107
電子債権記録機関 107
電子消費者契約法 209
電子帳簿保存法 130
店頭在庫 230
当期純利益 89
等級制度 338
東京合意 133
動向調査・分析 25
当座比率 87
同質化戦略 22
特定支出控除 355
特定商取引法 210
特定電子メール法 210
特別損失 89
特別利益 89
特例有限会社 8
ドラッカー 40
ドラム・バッファ・ロープ 296
取引先信用調査 150
取引先登録 152
トリプルメディア 51
トレーサビリティ管理 262
ドローン配送関連の特許 259

【な】

内示受注 159
内示登録 159
内部統制報告書 120
内部統制報告制度 120
内容ベースフィルタリング 45
二社間ファクタリング 109
日本再興戦略 6
入荷 238
入金処理 176
入金の消込処理 176
入庫 238
ネットチェンジ 291

ネット入札 187
年功序列 332
年俸制 340
年末調整 357
納税 102
ノー検品 238
ノーレイティング 334

【は】

パートタイム労働法 380
パーミッションマーケティング 62
売価還元法 249
配送計画支援システム 264
ハイテクマーケティング 58
売買契約書締結 152
バイラルマーケティング 62
派遣社員 330
働き方改革 326
発注 180
発注点購買 186
ハブアンドスポーク 226
バランス・スコアカード 28
バリューチェーン 21
パレートの法則 64
パレタイズ機器 254
販売費及び一般管理費 89
ピープルアナリティクス 335
引当 232
非減価償却資産 110
非支配株主 100
ピッキング作業 236
ビッグデータ審査 151
評価制度 332
標準報酬月額 349
ファームバンキング 194
ファイナンスリース 114
ファイブ・フォース分析 20
ファクタリング 109

395

ファンクショナル組織	10	簿記	96
フェイス	230	保険契約	203
フォーカスグループ	72	保険料	348
付加価値	91	保険料率	348
複合現実	328	保税地域	201
副産物	222	ボリューム陳列	231
複社購買	192		
複写伝票	176	**【ま】**	
複数賃率表	341	マーケットバスケット分析	73
福利厚生制度	346	マーケティング・ミックス	41
負債比率	87	マーケティング1.0	41
不正競争防止法	212	マーケティング2.0	42
復興特別所得税	355	マーケティング3.0	46
物流	260	マーケティング4.0	48
物流EDI	266	マーチャンダイジング	63
物流KPI	260	マイナンバー制度	369
部品表	292	マイナンバー法（番号利用法）	383
ブランド・エクイティ	62	前給付原価	91
ブランドエクステンション	23	マテハン機器	252
ブランドセーフティ問題	57	マトリクス表	341
フリーキャッシュフロー	92	見込生産方式	280
フリーミアム	53	見積支援システム	163
フルファネルマーケティング	50	見計らい	159
ブレーンストーミング	70	未来投資戦略2018	6
プロセス生産	279	民法	206
プロモーション	52	無形固定資産	110
分割納入	189	無料モデル	53
文化マーケティング	46	目標管理制度	332, 333
平均調達期間	183	目標利益達成点	313
ベーシックインカム	328	持ち株会社	12
ベストプラクティス	39	持分会社	9
ペネトレーションプライシング	61	モンテカルロ法	72
ペルソナ	48		
ベンチャーキャピタル	108	**【や】**	
返品率	31	有形固定資産	110
貿易取引条件解釈の国際規則	198	有限責任事業組合	9
法人	8	融資	109
法人税法	143	輸出入業務	200

輸出入取引 198

与信限度額 150

予測出荷 259

【ら】

ラインエクステンション 23

リース 114

リードタイム 34, 287

リサイクル関連法 318

リジェネレーション 291

リソースドライバー 311

リテンションマネジメント 345

利払い前・税引き前利益 137

流通加工 238

流動性配列法 84

流動比率 86

領収書 176

レイバースケジュールシステム 344

レコメンデーション 45

連結決算 100

労働安全衛生法 377

労働基準法 374

労働契約法 376

労働者 331

労働者災害補償保険 353

労働者派遣法 375

労働保険 352

ロケーション管理 228

ロジスティクス 260

ロット生産方式 282

ロングテール 65

【わ】

ワークフォースマネジメント 344

おわりに

今から4年半前に第4版を執筆した時、この"おわりに"に乃木坂46の紹介記事を書きました。ちょうど執筆時に、彼女たちが舞台「16人のプリンシパルtrois（トロワ）」に取り組んでいて、それに感銘を受けたという内容でした。それから4年半、筆者の予想通りトップアイドルになりました。しかも最近は、日本を飛び出して世界に挑戦しています。

乃木坂46が発足したのは2011年です。コトラーがマーケティング3.0を発表した翌年でした（P.46参照）。それもあって、筆者が彼女たちを見た時最初に感じたのは「乃木坂46って、マーケティング3.0 そのものじゃん。これは売れる！」というものでした。彼女たちをマネジメントしていたのが、執行役員制を日本で初めて取り入れたソニー（ソニーミュージックエンターティメント、以下、SMEとする）だと分かった時は、妙に納得したのを覚えています。

例えば、彼女たちは絶対に人を悪く言いません。これは7年半ずっと見てきたから言えるのですが今も全く変わりません。謙虚で、周囲を立てて、決して誰かを引き摺り下ろして前に出ようとしません。あの平成で一番売れている写真集を出している白石麻衣さんがモデルをやり始めた時、Rayという雑誌の編集長は、彼女のことを「主張しない自己主張」と称していました。まさに自分を磨いてひたすら待つ…インバウンド戦略です。

エンゲージメントマネジメントで有名なコンサルティング会社のウイリス・タワーズワトソンでは、従業員が「自発的貢献意欲」を持つような組織を作らないといけないと公言しています（P.344参照）。それがエンゲージメントの高い状態だというわけです。自発的貢献意欲…それを聞いたとき「自発的貢献意欲って、まさに"乃木ヲタ（乃木坂ファン）"じゃん！いやいや俺じゃん！」と思いました。筆者自身がそうだったのです（笑）。どうすれば彼女たちが売れるのか？を誰に頼まれたわけでもなく勝手に考え、"46"をたくさんの人に知ってほしくてペンネームを"ITのプロ46"にし、業界関係者の友人をライブや舞台に招待し、アメブロ公式ブログを開設してから乃木坂46の記事を書き続けている…コンサルタントとしてのブランディングだけを考えたらデメリットしかないのに、こんなことばかりしています。

乃木坂46も順調に売れてきた2015年、コトラーがマーケティング4.0を発表しました（P.48参照）。メインはデジタルトランスフォーメーションへの対応ですが、その内容はマーケティング3.0の世界が加速していることを示唆しています。「自己主張、売り込み、強いリーダーシップの終焉」とまで言っています。そういや2018年に入ってから、アメフト、ボクシング、体操、野球、韓国のカーリングチームなどが問題になっていましたよね。確

かに強いリーダーシップは終わりを迎えたのかもしれません。そう考えたら、いよいよ乃木坂46の人気が高まっているのも納得です。プッシュ型に嫌悪感を覚える社会が、乃木坂人気の追い風になっているのだと思います。

2018年1月には「ティール組織」の書籍が日本で刊行されました（P.329参照）。話題になっていたので、筆者もすぐに目を通したのですが、その時にも「ティール組織って…間違いなく乃木坂46だな」とわかりました。強いサッカーチームと乃木坂46は似ています。つまり、乃木坂46も進化型で生命体なのです。ファンはもちろんのこと、運営も"乃木坂46"を大切に考え、メンバーでさえ乃木坂46という集合体を愛しています。それはもはや"象徴"なんですね。ファンも運営も、メンバーでさえ、そこに集えば笑顔になることがわかってるんです。そこは"愛"と"幸せ"のオーラに満たされている場所で、だからこそ大事にしようとする。まさにティール組織です。

Googleは強い組織の研究で"心理的安全性"の重要性を見つけました（P.337参照）。ありのままの自分でいい場所、安心できるし落ち着く場所、誰にも否定されない場所、ファンも運営も、メンバーも…心理的安全性を得られる場所が乃木坂46なのです。筆者は、それどころか…完全に"パワースポット"として見ていますからね（笑）。

企業内の評価制度も変わってきました。業績の良い先進的企業では社員に優劣を付けなくなったのです。ノーレイティングですね（P.334参照）。ランク付けは競争を生むもので止めて、競争から協調へとシフトさせようという取り組みです。これを聞いたときにも「あれ、ノーレイティングってやっぱり乃木坂じゃん」と思ってしまいました。ファンもメンバーに優劣をつけません。全員が乃木坂46です。シングルを出す時には選抜とアンダーに分かれますが、これもノーレイティングの短期的に評価と改善、指導を繰り返すのと同じです。

いかがでしょう。こんな感じで乃木坂46の中には、今の時代のすべてが詰まっているのです。癒されて、パワーをもらえるだけではなく、見ているだけで勉強にもなるのです。さすがソニー…「マーケティング戦略大成功！」と言いたいところですが、ソニーが優秀だったのは間違いありませんが…本当に凄いのは、今という時代に愛されたメンバーたちです。2011年はちょうど変革点。その頃に集まった奇跡のグループ…奇しくも筆者は、この原稿を、（彼女たちがライブを行う）上海に向かう船の中で書いています。いよいよ世界です。次回の改訂までにどこまで大きくなるのか…楽しみですね。

たわいのないヲタ話に、最後までお付き合いいただき、ありがとうございました。

平成30年11月

著者　ITのプロ46代表　三好康之

著者

● IT のプロ 46

乃木坂 46 を敬愛し、IT 系の難関資格を複数保有している IT エンジニアのプロ集団。現在（2018 年 11 月現在）220 名。個々のメンバの IT スキルは恐ろしく高く、SE やコンサルタントとして第一線で活躍する傍ら、SNS やクラウドを駆使してネットを舞台に様々な活動を行っている。

HP：https://www.itpro46.com（https://www.itpro46.org）

●代表　三好康之（みよし・やすゆき）

IT のプロ 46 代表。大阪を主要拠点に活動する IT コンサルタント。本業の傍ら、SI 企業の IT エンジニアに対して、資格取得講座や階層教育を担当している。高度区分において脅威の合格率を誇る。保有資格は、情報処理技術者試験全区分制覇（累計 30 区分、内高度系累計 23 区分）をはじめ、中小企業診断士、技術士（経営工学）など多数。代表的な著書に、『勝ち残り SE の分岐点』、『情報処理教科書プロジェクトマネージャ』（以上翔泳社）他多数。JAPAN MENSA 会員。"資格"を武器に、自分らしい働き方を模索している。趣味は、研修や資格取得講座を通じて数多くの IT エンジニアに"資格＝武器"を持ってもらうこと。乃木坂 46 のファン＆自発的貢献意欲の塊。蜜蜂を目指している。

mail：miyoshi@msnet.jp　HP：https://www.msnet.jp（https://www.msnet.club）

アメブロ公式：https://ameblo.jp/yasuyukimiyoshi/

装丁・本文デザイン　結城 亨（SelfScript）
DTP　　　　　　　　株式会社シンクス

IT エンジニアのための【業務知識】がわかる本 第5版

2004年 7月22日　初版　第1刷発行	
2018年12月21日　第5版第1刷発行	
2022年 3月 5日　第5版第6刷発行	

著　　者	IT のプロ46 代表：三好 康之
発 行 人	佐々木 幹夫
発 行 所	株式会社 翔泳社（https://www.shoeisha.co.jp）
印刷・製本	日経印刷株式会社

©2018 Yasuyuki Miyoshi

本書は著作権法上の保護を受けています。本書の一部または全部について（ソフトウェアおよびプログラムを含む）、株式会社 翔泳社から文書による許諾を得ずに、いかなる方法においても無断で複写、複製することは禁じられています。

本書へのお問い合わせについては、ii ページに記載の内容をお読みください。

造本には細心の注意を払っておりますが、万一、乱丁（ページの順序違い）や落丁（ページの抜け）がございましたら、お取り替えいたします。03-5362-3705 までご連絡ください。

ISBN978-4-7981-5738-2　　　　　　　　　　　　　　　Printed in Japan